図 3.13 御影新田のほぼ垂直な田切谷壁とその下部に発達するノッチ (Matsukura, 1991)
ノッチは谷壁の上下流方向に連続する.

図 3.3 カナダ・アルバータ州の Drumheller・バッドランドにあるフードー (Tanaka et al., 1996)
Cf は細粒砂岩からなるキャップロック,Pf は細粒砂岩からなる柱,Ps は白色と褐色の薄層のシルト岩からなる互層のつくる柱.

図 3.26 ドーバー海峡に面するチョークからなる海食崖 (セブンシスターズ (Seven Sisters))
古代ローマのカエサルがイングランドを Albion (英国の雅称:white land) と呼んだのも,このような崖を見たことによる.

図 3.7 大谷石を用いた塩類風化実験の一例 (山田・松倉, 2001)
供試体は 5×5×10 cm の角柱.

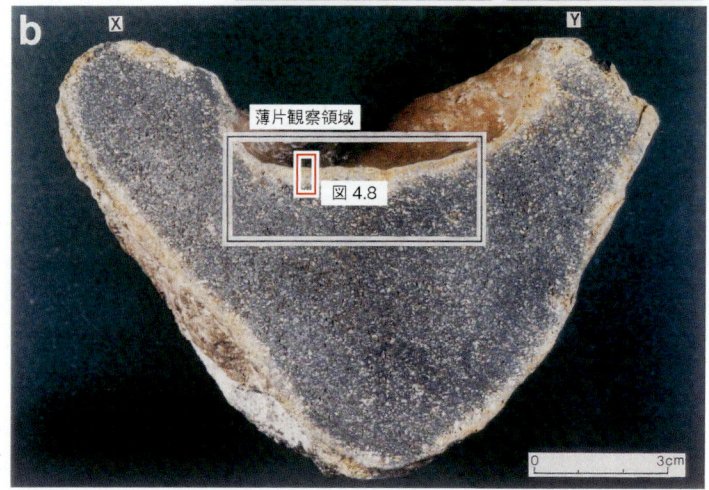

図4.7 阿蘇仙酔峡の安山岩試料（Matsukura *et al.*, 1994）
(a) ナマの窪みを上方から見たもの，(b) 切断面．

図6.1 福島県・磐梯山のカルデラ壁の基部に見られる崖錐斜面

図7.14 黄土台地上で見られる垂直に近いガリー壁とガリー頭部（谷頭の下部に大きなパイプが見える）

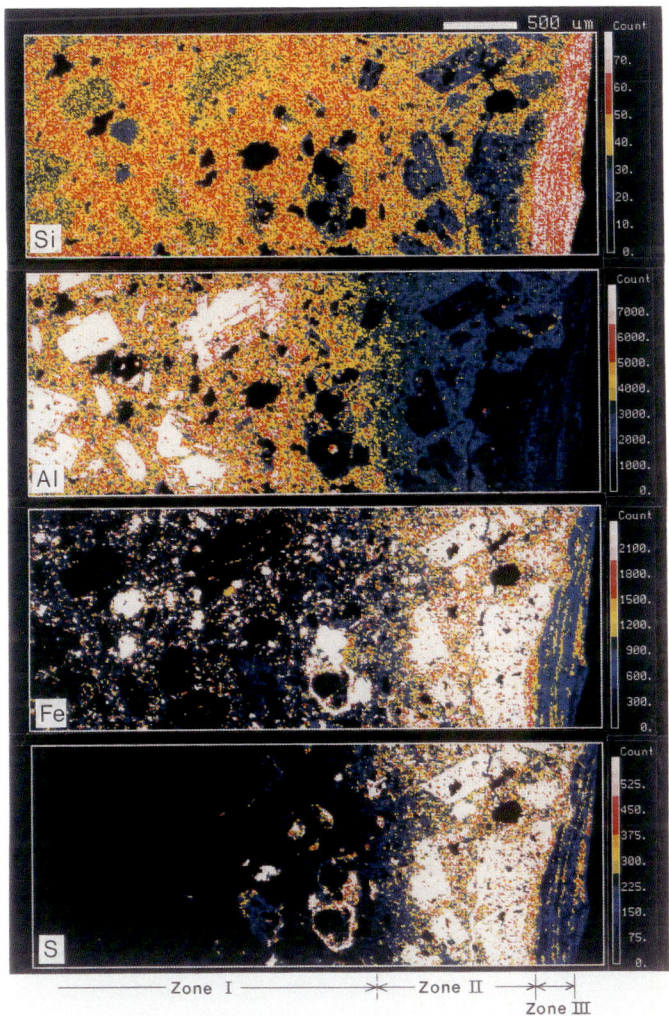

図 4.8 風化皮膜とその周辺の EPMA 元素マップ (Matsukura *et al.*, 1994)
マッピングの範囲は図 4.7 に示されている：図の右端が風化皮膜の最表面となる．図の上部にスケールが表示されており，バーの長さは 500 μm (0.5 mm) である．

図 4.26 秋吉台と平尾台のピナクル
(a) 秋吉台，(b) 平尾台．秋吉台のピナクルは尖っているが，平尾台のそれは丸みを帯びている．それぞれのピナクルの表面には，リレンカレンが発達している．

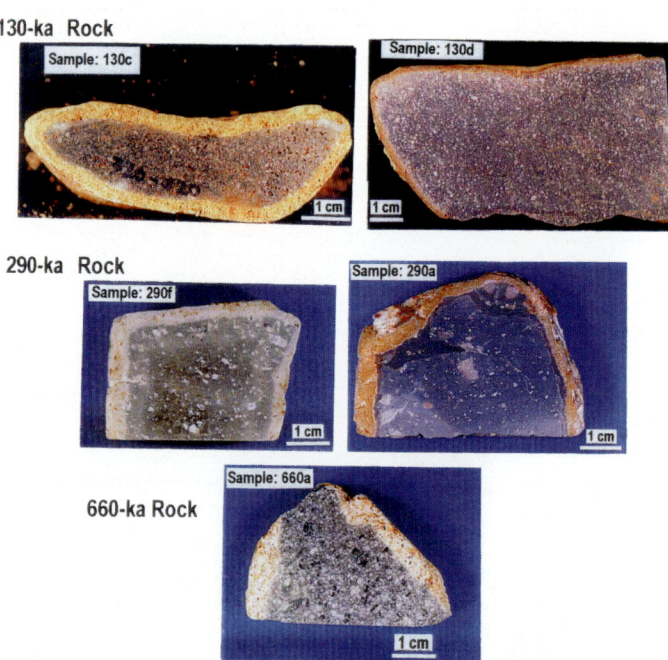

図 12.3 栃木県那須野ヶ原の段丘を構成する安山岩礫の風化皮膜 (Oguchi and Matsukura, 1999 b)

図 12.14 青島弥生橋, 第 2 橋脚 (青島側から 2 つ目の橋脚) 南面の 1971 年 (竣工後 20 年目) の様子(a)と 1989 年 (竣工後 38 年目) の様子(b) (Takahashi et al., 1994)
いずれも干潮時に撮影したものである. 橋脚基部の海抜高度はほぼ 0 m であり, 満潮時には下部から 3～4 層目位まで海面が上昇する.

図 12.7 喜界島の段丘Ⅱにあるサイト 15 (末吉神社の鳥居脇の台座岩 (Matsukura et al., 2007)
台座岩の高さは 50 cm であり, 台座岩の下部はおよそ 20 cm ほど土壌に被覆されている. 台座岩の上の巨礫は "津波石" の可能性がある.

図 14.1 韓国, ソウル北の北漢山の花崗山ドーム (Wakasa et al., 2006)
ドームの下部斜面にシーティング節理の発達がよい.

地形変化の科学
― 風化と侵食 ―

The Earth's Changing Surface
― Weathering and Erosion ―

松倉公憲 ── 著
Yukinori Matsukura

朝倉書店

まえがき

　わが国では，太平洋プレートの西縁に位置するという地理的特徴を反映して，火山噴火や地震などが頻発する．また，山地の隆起も活発なため，台風や梅雨時の豪雨によって地すべりや崩壊・土石流などが起こりやすい．日本列島はいわば**災害列島**でもある．したがって，このような地すべり，崩壊などの現象を科学的に理解することは，それらが引き起こす災害を防止したり減じたりする対策を考えるうえで重要であろう．

　一般に地すべり，崩壊などが関与する災害は**地盤災害**と呼ばれ，土木工学や地盤工学の分野で研究されてきた．一方，地質学（とくに応用地質学）や地形学においても，地すべりや崩壊は**マスムーブメント**という名称で，その地質学的・地形学的な調査が行われてきた．同じ地すべり・崩壊などを調査しても，前者の工学分野と後者の理学分野では，その調査方法には大きな差があるとともに，扱う時間の長さが大きく異なっている．ごく大まかな見方ではあるが，工学からのアプローチは，直近に発生した地盤災害を調査し，そのメカニズムなどを探るという方法をとることが多く，その防止対策を含めても現在から過去・将来100年ほどを考察の対象とすることが多い．一方，理学の分野では，数万年とか数十万年の地形変化の中で，場合によっては数百万年から数億年という長時間スケールでの地質構造を背景として地すべり・崩壊を考えることが多い．そのため両者の議論が嚙み合うことが少なく，お互いがお互いの仕事に踏み込むことは少なかったように思われる．本書はそのような工学からの短時間の視点と理学からの長時間の視点とを何とか繋げられないかと目論んだものである．その繋ぎのためのキーワードは**風化**である．斜面を構成する岩石は風化によって脆弱化し，そこに豪雨や地震などが作用したときに斜面が崩れることになるからである．

　本書の狙いを換言すると，風化・侵食プロセスとその速度の問題を，**地形材料学**（地形物質の物性から地形をみるという研究法）の立場から考えようというものである．本書の大まかな構成は，以下のようになっている．導入の第1章につづいて，第Ⅰ部（第2章～第4章）では，風化によってつくられる地形の実例をもとに，風化のメカニズムについての基礎を概説する．**風化**は，風化・侵食・運搬・堆積という一連の地形変化プロセスのなかで最初に起こるプロセスである．したがって，従来地形学の教科書では，**風化作用**は最初に取り上げられ，その理解は重要であることは認識されてはいる．しかし，せいぜいそのプロセスが簡単に説明されている程度であり，地形との関係が直接議論されている成書はほとんどなかった．そこで本書では，風化をできるだけ地形との関連で議論することに努めた．すなわち，風化が地形形成にどのように関わっているかを具体的に知ることができるように配慮したつもりである．第Ⅱ部（第5章～第11章）では，種々の斜面プロセスがどのような力学的安定・不安定によって説明されるのかについて述べる（地形形成の力学の理解が重要である）．第Ⅲ部（第12章～第14章）では，地形変化はどのような速度で起こっているか，また，そのような地形変化の速度はどのようにして見積もるのか，という研究例と研究法を記述する．多様な地形（地形プロセス）を扱う中にも，地形

プロセス学としての研究法を学ぶという一連の筋書きを構成したつもりである．ただし，本書の多くの部分は，私および私との共同研究者がこれまで行ってきた研究の内容を中心に構成されている．したがって風化・斜面プロセスの中で記述の弱い部分があったり，取り上げた地形種（地形題材）が偏っているという批判は免れえない．私自身の力不足はもちろんのことであるが，1つには地形材料学の研究者が少ないこともその要因であり，ご海容をお願いする．

本書は，私が筑波大学で行っている学部3・4年生対象の「地形プロセス学」と大学院（修士課程）の「地形学研究法（風化・侵食論）」の講義ノートを基にしている．したがって読者としては，地形学の基礎をすでに学んだ大学生と大学院生を想定している．しかし，前述したような理由で，地形学を学ぶ学生・院生以外にも，応用地質（応用地学）や土木，地盤工学，あるいは砂防関係の学生・院生や，これらの分野の出身者で，岩石の風化や地すべり・崩壊の問題に取り組んでいる実務者にも読んでもらいたいと思う．記述や議論はできるだけ定量的に行うように努めた．

本来ならば全編を通してSI単位で統一しなければならないのではあるが，この本の基本となる土質力学や岩盤力学の分野では重力単位系が使われてきている経緯もあり，また引用した論文でもそのような使用法が多いことから，やむをえず併用することにした．そのため換算の必要がある場合を想定し，巻末に付録として単位の換算表をつけた．また，紙幅の関係で，表などに引用された文献などは引用文献としては取り上げなかった．必要ならば，表の原典にあたっていただくようお願いする．

風化とマスムーブメントに関する私の研究は，1977年に筑波大学において岩石制約論で世界的に有名な谷津榮壽先生と出会ったときから始まっている．谷津先生からは，「地形の理解のためには岩石物性からのアプローチが重要である」ことと，その基礎的な考えを教えていただいた．今年米寿を迎えられた谷津先生にこの本を献じ，その御恩に深く感謝する次第である．私の研究生活も30年を超えたが，その間には実に多くの方に指導や協力を受けた．砂村継夫先生（筑波大学・大阪大学）からは研究上はもちろん公私にわたってお世話になった．また鈴木隆介先生（中央大学），高橋健一先輩（中央大学：2006年1月に逝去），横山勝三先輩（熊本大学）からは共同研究などを通して多くのことを学ばせていただいた．その他いちいちお名前はあげないが，東京教育大学地理学教室および筑波大学地球科学系の先輩・同輩・後輩の皆様，日本地形学連合（JGU），日本地理学会，第四紀学会，応用地質学会，地盤工学会，地すべり学会，粘土学会，東京地学協会などの会員から数多くの教授と示唆を受けた．また，多くの共同研究を通して，地球科学系・地形分野の教官，技官，大学院生，学部学生諸氏からは多くのことを教えられた．それらの方々に感謝申し上げる．

本書の作成過程では，小崎四郎さん，若狭 幸さん，小暮哲也さんに図表の作成・整理を手伝っていただいた．また，文献の整理などでは渡瀬幸一さんのお世話になった．横山先輩と早川裕一さんには粗稿の段階で多くの貴重なコメントをいただいた．朝倉書店には原稿の検討・調整・校正などでお世話になった．これらの方々に厚く御礼を申し上げる．

2008年9月

松倉公憲

目　次

1. 本書で何を学ぶか　　1
1.1　岩石と地形との関係：一つの研究例と本書の問題設定　1
1.2　地形学小史　3
1.3　地形学のパラダイム：地形プロセス学と地形材料学　4
1.4　本書で扱うテーマの範囲　5

第Ⅰ部　風化プロセスとその関連地形　　7

2. 風化プロセスの基礎　　9
2.1　風化の定義と分類　10
2.2　風化研究の重要性　10
2.3　物理的風化作用　11
　2.3.1　除荷作用　11
　2.3.2　熱風化・日射風化　12
　2.3.3　乾湿風化　13
　2.3.4　凍結風化・凍結破砕　17
　2.3.5　塩類風化　19
　2.3.6　凍結破砕と塩類風化の複合作用　23
　2.3.7　疲労破壊　23
2.4　化学的風化作用　23
　2.4.1　加水分解　23
　2.4.2　溶　解　25
　2.4.3　水　和　27
　2.4.4　酸　化　27
2.5　生物風化作用　27
　2.5.1　生物風化とは　27
　2.5.2　地衣類による風化作用　27
　2.5.3　バクテリアによる花崗岩の風化　28
2.6　風化分帯と風化層の厚さ　28
　2.6.1　風化分帯　28
　2.6.2　風化層・土壌層の厚さ　29
2.7　各種の風化生成物　30
　2.7.1　レゴリス　30
　2.7.2　土　壌　30
　2.7.3　デュリクラスト　31

3. 物理的風化作用とそれがつくる地形　35

3.1 乾湿風化作用とそれがつくる地形　36
- 3.1.1 波状岩　36
- 3.1.2 フードー　36

3.2 塩類風化作用とそれがつくる地形　38
- 3.2.1 塩類風化による岩石の破壊：塩類風化実験　38
- 3.2.2 タフォニ（韓国・徳崇山のタフォニ）　41
- 3.2.3 ナ　マ　43

3.3 塩類風化作用と凍結破砕作用で生じる地形：田切のノッチ地形　44
- 3.3.1 地形概観と気候　44
- 3.3.2 南向き谷壁におけるノッチの形成（塩類風化）　45
- 3.3.3 北向き谷壁におけるノッチの形成（凍結破砕）　46
- 3.3.4 風化プロセスと風化環境　48

3.4 差別削剝地形　49
- 3.4.1 差別削剝地形の例　49
- 3.4.2 岩石の抵抗性：積極的抵抗性と消極的抵抗性　53

4. 化学的風化作用と関連する地形　57

4.1 溶解実験からみた岩石の化学的風化のしやすさ　57
- 4.1.1 タブレット野外風化実験からみた岩石の風化量　57
- 4.1.2 各種岩石を用いた野外風化実験　59

4.2 火山岩の化学的風化　61
- 4.2.1 多孔質流紋岩の風化　61
- 4.2.2 安山岩の風化：阿蘇の安山岩に形成された風化皮膜　64

4.3 深成岩の化学的風化と地形　66
- 4.3.1 花崗岩の化学的風化プロセス　66
- 4.3.2 ハンレイ岩の化学的風化プロセス　71
- 4.3.3 花崗岩のつくる地形　73

4.4 石灰岩の風化とカルスト地形　74
- 4.4.1 石灰岩の風化特性　74
- 4.4.2 カルスト地形　76

第Ⅱ部　斜面プロセス　83

5. 斜面プロセスの基礎　85

5.1 マスムーブメントの定義と分類　85
- 5.1.1 マスムーブメントの定義　85
- 5.1.2 マスムーブメントの分類　86

5.2 マスムーブメントの素因と誘因　87
- 5.2.1 マスムーブメントと安全率の変化をもたらす諸要因　87
- 5.2.2 マスムーブメントの素因と誘因　89

5.3　マスムーブメントの発生要因と力学　90
　5.4　マスムーブメントの力学・斜面の安定解析　92
　　5.4.1　斜面の限界自立高さ（Culmann の斜面安定解析）　92
　　5.4.2　急斜面でのトップリング破壊（引張破壊）　94
　　5.4.3　無限長斜面の安定解析　95
　　5.4.4　粘土斜面の円弧すべりの安定解析：スライス法　96

6. 落石と崖錐斜面　99

　6.1　崖錐斜面とそこでの斜面プロセス　99
　6.2　落石の原因と落石量　100
　6.3　崖錐斜面の勾配と崖錐物質の安息角およびせん断抵抗角との関係　101
　　6.3.1　安息角とは　101
　　6.3.2　安息角に関する実験とそれにまつわる問題　101
　　6.3.3　崖錐の勾配と安息角およびせん断抵抗角に関する研究小史　102
　　6.3.4　安息角とせん断抵抗角　107
　6.4　崖錐斜面上での乾燥岩屑流とその厚さ　110
　6.5　崖錐発達に関する数学モデル　111
　　6.5.1　崖錐発達の数学モデル：従来の研究　111
　　6.5.2　崖錐発達に関する Obanawa and Matsukura モデル　111

7. 崩落と崩壊（崖崩れと山崩れ）　115

　7.1　崖の限界自立高さ　116
　　7.1.1　せん断強度を用いた斜面の限界自立高さの推定　116
　　7.1.2　一軸圧縮強度を用いた斜面の限界自立高さの推定　117
　7.2　シラス台地開析谷谷壁における崖崩れ　117
　　7.2.1　下刻に伴う谷壁斜面における崖崩れ（開析谷の谷壁斜面の発達過程）　117
　　7.2.2　シラス台地崖での崩壊（台地の縁の斜面勾配）　121
　　7.2.3　谷壁発達モデルと空間-時間置換　122
　7.3　黄土台地の台地開析谷谷壁における崖崩れ　122
　7.4　田切の谷壁斜面での崖崩れ　124
　　7.4.1　崖崩れのタイプ　125
　　7.4.2　片持ち梁の安定解析　127
　　7.4.3　平面破壊の安定解析　127
　　7.4.4　田切の谷壁の後退プロセス　128
　7.5　海食崖の崩落(1)：豊浜トンネルにおける岩盤崩落　129
　7.6　海食崖の崩落(2)：石灰岩からなる海食崖の崩落　130
　7.7　山崩れ（表層崩壊）の二，三の例　133
　　7.7.1　花崗岩類からなる山地における表層崩壊の二，三の例　133
　　7.7.2　土層厚と崩壊の関係：風化層の厚さと安全率との関係（崩壊再現周期）　136
　7.8　崩壊密度や崩壊周期をコントロールする岩質　137
　　7.8.1　韓国における片麻岩斜面と花崗岩斜面での表層崩壊　137
　　7.8.2　多賀山地における黒雲母花崗岩と角閃石黒雲母花崗岩斜面での表層崩壊　138
　7.9　砂岩・泥岩斜面での崩壊メカニズムと降雨閾値　138

8. 地すべり　　141

　8.1　地すべりの定義・分類　141
　　8.1.1　初生地すべりと二次地すべり　141
　　8.1.2　地すべりの分類および発生しやすい地質帯（素因）　141
　8.2　地すべり粘土とその特性　142
　　8.2.1　地すべり粘土の粘土鉱物　142
　　8.2.2　地すべり土のせん断強度特性　142
　　8.2.3　残留強度と粘土含有量および粘土鉱物との関係　143
　8.3　風化による強度低下および地下水位の上昇が引き起こす地すべり　144
　　8.3.1　泥岩の風化と地すべり：房総半島・嶺岡地域　144
　　8.3.2　ハンレイ岩の風化と地すべり：柿岡盆地東山地すべり　148
　8.4　地すべりの再活動のメカニズム　153
　8.5　地震による地すべり　154
　　8.5.1　今市地震による今市パミスの地すべり　154
　　8.5.2　地震による軽石層のすべりのメカニズム　156
　8.6　侵食および人為的影響による地すべり　156
　　8.6.1　河床洗掘（下刻）が引き起こした地すべり　156
　　8.6.2　港の建設が引き起こした地すべり　157
　8.7　地すべりの挙動と発生時期の予知　158
　　8.7.1　土のクリープ　158
　　8.7.2　地すべりの移動プロセス　158
　　8.7.3　斎藤による崩壊発生時期の予測モデル　159

9. 流動（ソリフラクション，泥流，土石流，岩屑流）　　161

　9.1　岩盤クリープ　162
　9.2　ソリフラクションと土壌匍行　162
　　9.2.1　ソリフラクション　162
　　9.2.2　土壌匍行に関する一実験　164
　9.3　ソリフラクションの関与する地形：非対称谷　164
　　9.3.1　非対称谷の分布とその形成プロセス　164
　　9.3.2　日本における非対称谷　166
　9.4　泥　流　166
　　9.4.1　火山体における泥流　166
　　9.4.2　粘土層で発生する泥流　166
　9.5　土石流　168
　　9.5.1　土石流発生のメカニズム　168
　　9.5.2　土石流の物質と流動　168
　　9.5.3　焼岳の上々堀沢での土石流　168
　　9.5.4　崖錐斜面上で発生する土石流　169
　9.6　巨大・大規模崩壊に伴う岩屑流・岩屑なだれ　169
　　9.6.1　岩屑流・岩屑なだれ（巨大崩壊および大規模崩壊）の二，三の例　169
　　9.6.2　等価摩擦係数　170
　9.7　クイッククレイ地すべり　170

10. 陥没・沈下　173

10.1 陥没・沈下の例　173
　10.1.1 陥没　173
　10.1.2 沈下　173
10.2 大谷石採石場の陥没　174
　10.2.1 大谷石採石場の陥没　174
　10.2.2 大谷石の物理的・力学的諸性質　174
　10.2.3 安定解析式の導出　174
　10.2.4 せん断強度の推定　175
　10.2.5 寸法効果を考慮した岩盤せん断強度の推定　176
　10.2.6 解析結果　176

11. 斜面プロセスと斜面発達（地形変化）　179

11.1 風化と斜面プロセス　179
　11.1.1 「風化と斜面プロセス」に関する研究の問題点　179
　11.1.2 風化による斜面物質の強度低下　180
　11.1.3 土層の形成速度　180
　11.1.4 風化による斜面物質の粒径変化　181
11.2 斜面プロセスと斜面勾配　183
　11.2.1 特性勾配　183
　11.2.2 限界勾配　183
　11.2.3 最終勾配　185
11.3 斜面の長期的発達：従順化と平行後退のモデル　185
　11.3.1 定性的演繹モデル　185
　11.3.2 定性的推論モデル　187
　11.3.3 数学モデル　188
　11.3.4 定量的経験モデル　189

第III部　風化速度と削剥（地形変化）速度　193

12. 風化・侵食速度に関するいくつかの研究例　195

12.1 地形材料学からみた風化・削剥速度に関する研究小史　195
　12.1.1 化学的削剥（溶出）速度　196
　12.1.2 風化生成物の形成速度　197
　12.1.3 岩石物性の変化の速度　197
12.2 風化速度の研究例（その1：安山岩礫における風化皮膜の形成速度）　198
12.3 風化速度の研究例（その2：風化による多孔質流紋岩の強度低下）　200
12.4 風化速度の研究例（その3：風化による砂岩岩盤の強度低下速度）　201
12.5 風化による強度低下速度式　201
　12.5.1 Sunamura (1996) の式　201
　12.5.2 岩石の強度低下速度に関する今後の研究課題　202
12.6 侵食速度の研究例（その1：喜界島における石灰岩地表面の低下速度）　202

- 12.6.1 台座岩から求められた従来の地表面低下速度　202
- 12.6.2 喜界島の台座岩　203
- 12.6.3 地表面低下速度の見積もり　204
- 12.6.4 他地域における地表面低下速度との比較　204
- 12.7 侵食速度の研究例（その2：房総半島野島崎におけるタフォニの成長速度）　205
- 12.8 侵食速度の研究例（その3：青島橋脚砂岩塊の窪みの形成とその成長速度）　206
  - 12.8.1 窪みの成長速度　206
  - 12.8.2 窪みの形成・成長プロセス　209

13. 風化・侵食速度に関する地形学公式（岩石物性を取り込んだ解析）　215

- 13.1 地形学公式に関するいくつかの研究例　215
  - 13.1.1 地形学公式とは　215
  - 13.1.2 風化・侵食速度に関する地形学公式　215
  - 13.1.3 地形学公式を提唱した既存の二，三の研究　216
- 13.2 タフォニの成長速度公式　217
  - 13.2.1 タフォニの成長速度　217
  - 13.2.2 塩類風化の易風化指数　217
  - 13.2.3 タフォニの成長速度公式　218
- 13.3 青島橋脚砂岩塊に発達する窪みの成長速度公式　219
  - 13.3.1 タフォニの易風化指数の適用　219
  - 13.3.2 青島橋脚砂岩塊に発達する窪みの成長速度公式（タフォニ＋波の侵食）　219
- 13.4 岩石の風化速度公式：各種岩型を用いた野外風化実験（タブレット実験）　220
- 13.5 岩盤の侵食速度公式　221
  - 13.5.1 岩石摩耗速度　221
  - 13.5.2 岩盤河床の侵食速度（砂礫還流型水路実験）　221
  - 13.5.3 上記2実験のまとめ　222
- 13.6 滝の後退速度公式　222
  - 13.6.1 滝の成因　222
  - 13.6.2 滝の後退プロセスと速度に関する従来の研究　223
  - 13.6.3 滝の後退速度に関する地形学公式　223
  - 13.6.4 滝の後退速度式の検証　224
  - 13.6.5 式（13.19）が適合しない滝　224
  - 13.6.6 滝の後退速度式の援用　225

14. 風化・侵食地形の年代学　229

- 14.1 風化・侵食地形の年代学　229
  - 14.1.1 相対年代法　229
  - 14.1.2 地すべり・山崩れの年代推定法　230
- 14.2 宇宙線生成放射性核種年代測定法　230
  - 14.2.1 原理　230
  - 14.2.2 TCN年代の測定例：花崗岩ドームに発達するシーティングの剝離速度　230
  - 14.2.3 地形学におけるTCN法の有用性と今後の発展性　233

単位換算表　235
索　引　236
　事項索引　236
　地名索引　241

1. 本書で何を学ぶか

1.1 岩石と地形との関係：一つの研究例と本書の問題設定

最初に，岩石と地形との関係を議論した研究の一つとして，Rahn (1971) を紹介する．この論文は山地の起伏とそれを構成する岩石の風化しやすさとの関係を岩型の違いによる墓石の風化速度の違いを利用して調べたものである．アメリカ・コネチカット州のある一つの墓地において，墓石の風化程度が調査された．墓石にはそれが建てられた年が刻まれていることから，風化速度の研究によく利用される．調査された墓地では，砂岩，大理石，片岩，花崗岩の4種の岩石が墓石として使われており，それぞれの風化程度が異なっていることが観察された．100年以上が経過している墓石で，それぞれの墓石の風化程度を，墓石に刻まれた文字がはっきり残っているクラス1（風化していない）から文字が残っていないほど風化しているクラス6まで，6階級にランクづけした．合計2460個の墓石の調査結果をまとめたのが，図1.1である．砂岩ではクラス4, 5, 6が多く，大理石や片岩ではクラス3, 4, 5のものが多い．逆に花崗岩ではクラス1, 2と風化していないものが多い．それぞれの岩石ごとにクラスの平均値と，墓石の平均の風化経過年数（墓石の建

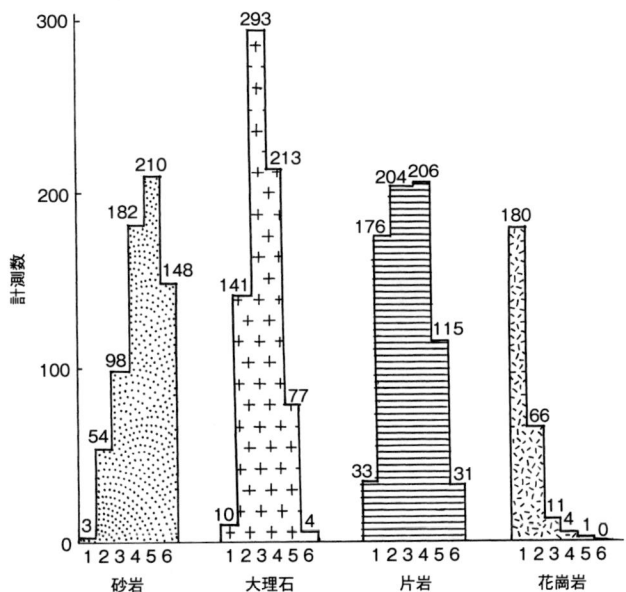

図 1.1 アメリカ・コネチカット州のある墓地における，砂岩，大理石，片岩，花崗岩からなる墓石の風化程度の計測値（Rahn, 1971）
横軸の数字は風化程度の指標を表す．クラス1は未風化，クラス2はやや風化し墓石の角がやや丸くなっている，クラス3はほどほどに風化，表面がざらざらになっているが墓碑銘がまだ判読できる，クラス4はかなり風化，銘の判読がしにくくなる，クラス5はひどく風化，銘の判読はほとんど不可能，クラス6は極度に風化，銘は残っていない，風化岩片が剥落．

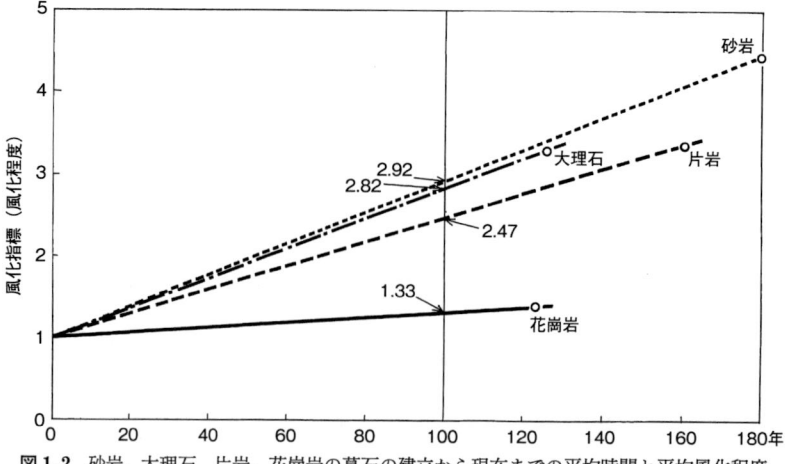

図1.2 砂岩, 大理石, 片岩, 花崗岩の墓石の建立から現在までの平均時間と平均風化程度
グラフは, どの岩石も時間の経過とともに風化が進行していることを示している (Rahn, 1971).

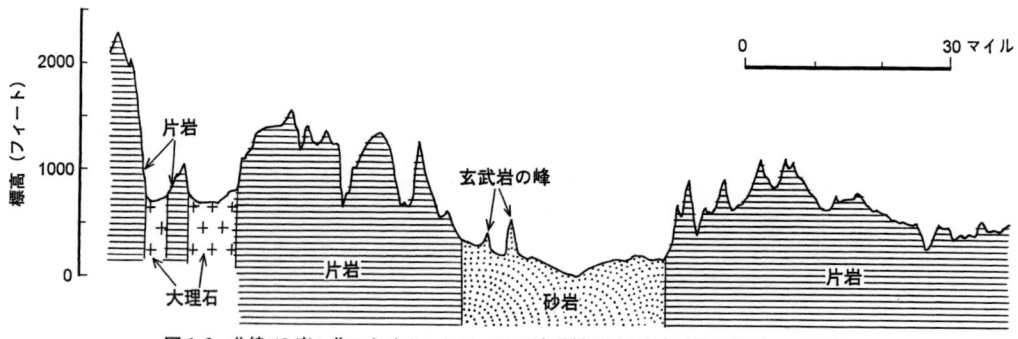

図1.3 北緯42度の北コネチカットにおける地形断面図と基盤岩石 (Rahn, 1971)

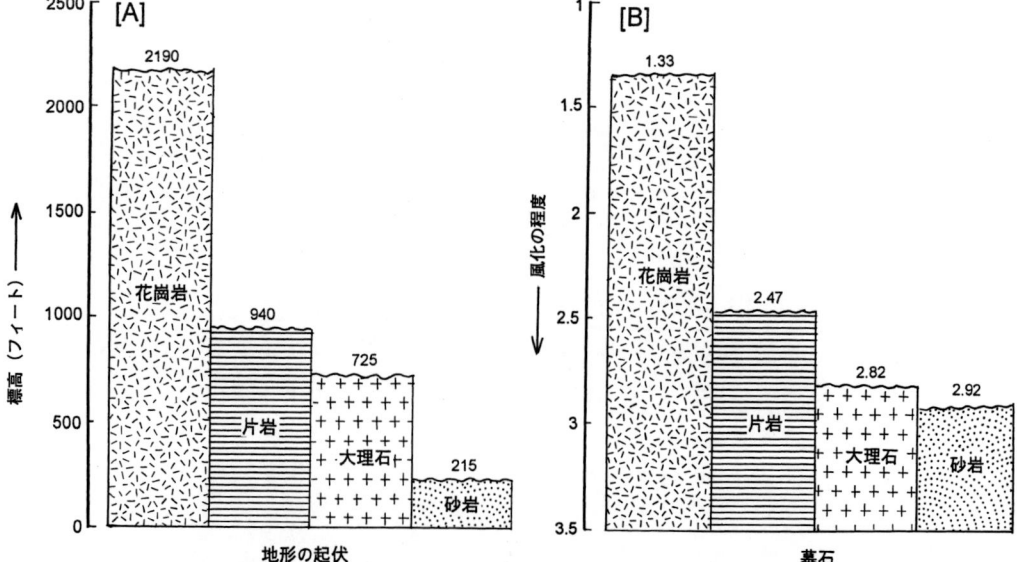

図1.4 相対的地形起伏(A)と墓石の相対的風化速度(B)との比較 (Rahn, 1971)

立年から現在までの期間）とをプロットしたのが**図1.2**である．この図は，(1) 風化経過時間 0 年の未風化をクラス 1 とする，(2) 風化速度を等速とみなす，という 2 つの仮定を設けて，縦軸の 1 の値と各岩石のプロットとを直線で結んでいる．この図から 100 年経過すると，砂岩で 2.92，大理石で 2.82，片岩で 2.47，花崗岩で 1.33 という値が得られるが，これらの値は，砂岩や大理石が風化が速く，花崗岩の風化速度が相対的に小さいことを示している．

一方で，コネチカットとマサチューセッツの州界の山地の起伏と山地を構成する岩石との対応をみたのが，**図1.3**である．3 つの岩石のつくる山地の平均高度を計算すると，砂岩 215 フィート，大理石 725 フィート，片岩 940 フィートとなった．花崗岩の山地はこの図にはないが，片岩と隣あわせの別の場所での計測によると，片岩山地より 1250 フィートほど高かったという．そこで，花崗岩の平均高度は 940＋1250＝2190 フィート（1 フィートは約 30 cm）と見積もられた．

この山地の平均高度と墓地で得られた風化程度の指標を，それぞれ棒グラフで表したのが**図1.4**である．両者を対照させてみると，見事なほど一致している．ここで，図 1.4 B では，風化程度の目盛りを下向き，すなわち，下ほど風化速度が大きくなるようにとっていることに注意してほしい．風化速度の大きい砂岩や大理石では山地の高度が低く，風化速度の小さい花崗岩で高い山地を形成していることがよくわかる．この論文は，山地の高度あるいは起伏が岩石の風化速度と深い関係があることを見事に示しており，きわめて興味深い．しかし，惜しむらくは岩石の風化速度の見積もりは半定量的である．また，風化速度と山地の高度に相関があるといっても，風化速度と山の高さとの間にはいくつもの地形形成プロセス（侵食プロセスあるいは削剝プロセス）が介在している．しかしこの論文では，残念ながら，そのことに関する説明はまったくなされていない．

この論文が書かれてからほぼ 40 年が経過しようとしているが，地形学はこの間にいったいどれだけの進歩があったのであろうか．本書ではこのような問いに少しは答えようと思う．すなわち，岩石の風化プロセスや風化速度に関する知見はどの程度増えたのであろうか．あるいは山地の侵食プロセスやその速度についての知見はどの程度増えたのであろうか，という問いに答えようというのが本書の目的の一つである．

1.2 地形学小史

地形学はおよそ 100 年ほど前に，2 人の地形学者によって学問として自立したと考えられている．1 人はデイビス（W. M. Davis：1850-1934）であり，もう 1 人がペンク（W. Penck：1888-1923）である．デイビスはある山地が低平地になるまでのモデルを**侵食輪廻説**として提示した．このモデルは，地形は幼年期・壮年期・老年期と変化するものであると考えており，ダーウィン（C. R. Darwin：1809-1882）の進化論に触発されて考えられた．これに対し，地形形成における地殻変動の役割を重視して地形変化を考えたのがペンクであり，彼は，地形自体から地殻変動を導く**地形分析**という地形変化モデルを提示した．いずれにしても，両者の研究方法は演繹的である（第 11 章参照）．

地形形成プロセスの研究は，ギルバート（G. K. Gilbert：1843-1918）によって始められた．彼の晩年に出版された「The transportation of debris by running water（流水による岩屑の運搬），1914」は，河川の侵食・運搬作用の問題に力学的考察を導入したものであり，20 世紀における定量的地形学の先駆けとなったものである．このような地形プロセスの研究は，その後スウェーデンのウプサラ学派のユルストローム（F. Hjulström）やズンドボリ（Å. Sundborg）（流水作用の実験を行い，砕屑物の移動・堆積の限界条件などを議論した），イギリスのバグノルド（R. A. Bagnold）（飛砂と砂丘の問題を力学的に扱った）などに引き継がれた．そして，このような地形プロセスを力学的に説明しようとする研究法は，その後 1960 年代以降は地形学の大きな流れになっている．

一方，フランスやドイツの地形学においては，気候条件の差異により異なった地形形成がなされるという観点からの研究法である**気候地形学**が発展した．この分野の研究の発展に寄与した研究者としてはドイツのビューデル（J. Büdel）やトロール（C. Troll），フランスのビロー（P. Birot）やトリカー

ル（J. Tricart）などがいる．

　このようないくつかの研究法の流れの中で，1966年谷津榮壽による「Rock control in geomorphology（地形における岩石制約）」が出版された（Yatsu, 1966）．谷津はこの本で，地形学における岩石物性の重要性を述べた．さらにその概念を拡張し，Landform material science という「地形を理解するために，岩石物性の把握もしくはそれらの地形形成作用への影響と関係とを詳細に試験する」研究法を提示した（Yatsu, 1971）．Landform material science は，谷津（1984）によって**地形材料論**と訳されているが，本書では**地形材料学**と呼ぶことにする．

　たとえば，岩石の硬さは，古くは，「ブーツで蹴ると壊れる（ほど軟らかい）」とか「ハンマーでたたいて金属音がする（ほど硬い）」とか「ハンマーでたたくとそれがめり込むほどぐずぐずである」といったような定性的なものであった．このような方法では，人によるブーツの蹴り方やハンマーのたたき方の差異で反応が異なり，とても科学的とはいえない．このような問題点を指摘し，より定量的な岩石の圧縮強度や弾性波速度などの物性から，より科学的な地形学を構築しなければいけない，と主張したのが谷津である．

1.3　地形学のパラダイム：地形プロセス学と地形材料学

　前述したデイビスの地形学では，地形形成の主要な制約因子は，構造（structure），地形形成作用（process），および発達段階（stage）である．グレゴリー（Gregory, 1978）は，それらの因子の一つである**構造**を地形物質（landform material）で置き換え，以下のような地形学的数式を提示した：

$$F = f(P, M)\,dt \quad (1.1)$$

ここで，F は地形，P は地形形成作用，M は地形物質，t は時間である．この式によって，地形学によって用いられる種々の研究法が整理できるが，しかし P の地形形成作用は地形営力 A と地形物質 M の両者が関係する要因である．そこで，最近の地形学では，以下の式が提案されている：

$$F = f(A, M, T) \quad (1.2)$$

すなわち，問題とする地形あるいは地形変化は，営力 A と物質 M と時間 T の関数である，というものである．もちろんこの中の営力は，火山活動や地殻変動などの**内的営力**と，雨，風，波，氷河などの**外的営力**の2つからなっている．たとえば，この式は以下のような簡単な例で説明される．砂丘上にある一定以上の風速の風が，ある時間継続して吹くと，そこに砂漣（wind ripple）が形成される．この場合，A に相当するのが**風**であり，M に相当するのが**地形物質**としての砂，風の継続時間が T ということになり，それぞれが関与して砂漣という地形 F を形成することになる．

　地形学の方法論から，上記の式を見た場合，時間 T と地形の変化 F との関連性を重視するのが**地形発達史**，A に重点を置くのが**地形営力論**，M を重視するのが**地形材料学**となる．また，A の営力として気候あるいは気候変化からの視点に重点を置く場合は**気候地形学**になる．ところで，従来**地形営力学**と呼ばれた方法論は，営力だけを研究するものではなく，地形形成プロセス（**地形過程**とも呼ばれる：営力と地形物質の相互作用の結果生じる地形物質の移動機構）を研究対象とする**地形プロセス学**と呼ばれるべきものであった．この誤用の背景には，デイビス以来，多くの地形学者が"営力"と"プロセス"の使用にあたって，しばしば混乱があったことがある（鈴木，1984）．

　近年，「*Earth Surface Processes and Landforms*」，「*Geomorphology*」，「*Zeitschrift für Geomorphologie*」，「*Catena*」，「地形」などに掲載される論文を見ると，**地形形成プロセス**の研究が圧倒的に多い．すなわち，地形形成プロセスの研究が地形学の主流になっている．したがって，現在の地形学は上記の式（1.2）の関数形を解くことを目指しているとも解釈される．その中で，式中の M に着目する**地形材料学**についていえば，M がわかれば（すなわち岩石物性を計測すれば）地形の成立がある程度説明される，という単純な地形もないわけではないが，多くの地形は，岩石物性の計測のみでは解釈できない．あくまでも岩石物性と営力の相互関連により地形の変化量が決まることになる．したがって，地形材料学といえども，**地形プロセス学**の一部とみるべきであろう．

1.4 本書で扱うテーマの範囲

外的営力が関与する地形形成作用（地形形成プロセスとも呼ばれる）は，「風化プロセス」，「侵食プロセス」，「運搬プロセス」，「堆積プロセス」に区分される．主に山地は，風化と侵食のプロセスによって解体される（開析される）．

岩石は新鮮で硬いままでは侵食されにくい．それが風化することにより強度を弱めたり，あるいは風化することにより礫・砂・シルト・粘土などに細粒化することにより，侵食されやすくなる．すなわち，**風化**（weathering）は**侵食**（erosion）の準備段階としての役割が大きい．侵食は物質の移動を伴う現象である．この地形物質の移動には，運搬媒体（たとえば，流水，風，波，氷河など）が存在する場合と，運搬媒体が存在しない場合（すなわち，重力のみによる移動）がある．前者をマストランスポート（mass transport），後者を**マスムーブメント**（mass movement）あるいは**マスウェイスティング**（mass wasting）という．本書で扱うのは後者のマスムーブメントである．マスムーブメントが引き起こす災害は，工学分野や応用地質分野では地盤災害とも呼ばれる．

なお，侵食の類義語として**削剝**（denudation）という地形用語がある．削剝とは，「除去変形によって，地表高度が低下し，最終的には地表が平坦化する過程の総称であって，侵食のみならず，溶食ならびにマスムーブメントを包括するもの」（鈴木，1997，p.53）であり，本書もその定義に従ってこの語を使用する．

引用文献

Gregory, K. J. (1978) A physical geography equation, *National Geographer*, **12**, 137-141.

Rahn, P. H. (1971) The weathering of tombstones and its relationship to the topography of New England, *Journal of Geological Education*, **19**, 112-118.

鈴木隆介（1984）「地形営力」および"Geomorphic Processes"の多様な用語法，地形，**5**，29-45．

鈴木隆介（1997）建設技術者のための地形図読図入門，第1巻：読図の基礎．古今書院，200 p．

Yatsu, E. (1966) Rock Control in Geomorphology. Sozosha, Tokyo, 135 p.

Yatsu, E. (1971) Landform material science : Rock control in geomorphology. *in* Yatsu, E., Dahms, F. A., Falconer, A., Ward, A. J. and Wolfe, J. S. (eds.) Research Method in Geomorphology (1st Guelph Symposium on Geomorphology, 1969). Science Research Associates, Ontario, 49-56.

谷津榮壽（1984）日本地形学についての私見：とくに1940年より1965年までについて，日本地理学会予稿集，**26**，26-27．

第I部
風化プロセスとその関連地形

2．風化プロセスの基礎
　2.1　風化の定義と分類
　2.2　風化研究の重要性
　2.3　物理的風化作用
　2.4　化学的風化作用
　2.5　生物風化作用
　2.6　風化分帯と風化層の厚さ
　2.7　各種の風化生成物

3．物理的風化作用とそれがつくる地形
　3.1　乾湿風化作用とそれがつくる地形
　3.2　塩類風化作用とそれがつくる地形
　3.3　塩類風化作用と凍結破砕作用で生じる地形：田切のノッチ地形
　3.4　差別削剝地形

4．化学的風化作用と関連する地形
　4.1　溶解実験からみた岩石の化学的風化のしやすさ
　4.2　火山岩の化学的風化
　4.3　深成岩の化学的風化と地形
　4.4　石灰岩の風化とカルスト地形

2. 風化プロセスの基礎

　安藤広重の「江戸百景」を見ると，富士山とならんで，茨城県の筑波山の絵がかなりの枚数ある（そのうちの1枚が**図2.1**右下である）．江戸から北東を見れば筑波山がよく見えたのであろう．図2.1左上は筑波大学付近から見た筑波山であるが，その山腹から上部はハンレイ（斑糲）岩，下部は花崗岩で構成されている．筑波山頂（向かって右側の女体山）の標高は877mあり，周囲の加波山（標高709m）などの山々より頭一つ高い．その理由について，筑波山は山頂部をなすハンレイ岩がとくに硬いために残丘（monadnock：侵食から取り残された山）状に残った地形である，と説明されることが多い．たしかに，ハンレイ岩は硬い（一軸圧縮強度で1560 kgf/cm²）．しかし，下部の花崗岩も新鮮な部分では十分硬い（一軸圧縮強度で1180 kgf/cm²）．したがって「ハンレイ岩が特別に硬いから」筑波山が高い山として存在するという説明だけでは不十分である．

　筑波山が高く残っている理由は，単にハンレイ岩の硬さだけではなく，ハンレイ岩・花崗岩の風化プロセスの違い（風化生成物の差異）によって説明される．墓石に使われるような堅牢な花崗岩やハンレイ岩も，時間の経過とともに風化し，花崗岩は**マサ土**（砂分の多い風化物）に，ハンレイ岩は粘土に変質する．花崗岩ではマサ土は透水性がよいので風化が岩石（岩体）内部まで進行するのに対し，一方のハンレイ岩では風化生成物の粘土が不透水層になるため風化が岩石（岩体）内部に進行しないことになる．花崗岩では風化層が厚くなればなるほど，その表層は風化が進み侵食されやすくなる．一方，粘土層に覆われたハンレイ岩体は内部が硬く残っていることもあり，侵食から免れる．実際，筑波山の山麓

図2.1　筑波山：筑波大学方面から望む筑波山（左上）と，安藤広重が描いた筑波山「隅田川水神の森真崎」の一部（右下）

の緩斜面には花崗岩とハンレイ岩の礫が堆積しており，それらの礫を調べてみると，花崗岩の礫は中心部まで風化が進行していることが多いのに対して，一方ハンレイ岩の方は，そのごく薄い表面だけが粘土に覆われており，内部は新鮮な状態を保っている（八田ほか，1981）．このように，筑波山の形成には，岩石の硬さのみならず，風化に対するレスポンス（風化生成物）の違いが大きく影響していることになる．

2.1 風化の定義と分類

風化（weathering）とは，「岩石が地表で，その位置を変えることなく（*in situ*），地表からの影響により変化・変質することである」と定義される（Correns, 1939）．また，Glossary of Geology（Neuendorf *et al*. eds., 2005, p. 718）によれば，以下のように定義されている：The destructive process or group of processes by which earthy and rocky materials on exposure to atmospheric agents at or near the Earth's surface are changed in color, texture, composition, firmness, or form, with little or no transport of the loosened or altered material; specif. the physical disintegration and chemical decomposition of rock that produce an in-situ mantle of waste and prepare sediments for transportation. Most weathering occurs at the surface, but it may take place at considerable depths, as in well-jointed rocks that permit easy penetration of atmospheric oxygen and circulating surface waters. Some authors restrict weathering to the destructive processes of surface waters occurring below 100°C and 1 kb ; others broaden the term to include biologic changes and the corrasive action of wind, water, and ice. このように岩石を風化させる働きは**風化作用**と呼ばれる．風化現象はあくまでも地表から深部に向かって進行するものであり，地球深部の熱水による熱水変質作用（hydrothermal alteration）とは明瞭に区別される．

風化作用は，**物理的（機械的）風化作用，化学的風化作用，生物風化作用**の3つに分類される．物理的風化作用は，除荷作用，日射風化（熱風化），乾湿風化，塩類風化，凍結風化・凍結破砕などに細分され，温度変化や氷・塩類の結晶化などにより岩石を徐々に細かく破壊していくプロセスであり，この作用で岩石は分解・崩壊（これを disintegration という）していく．化学的風化作用は，岩石中の成分と空気，雨水，浸透水との化学的反応であり，水和作用，加水分解，溶解，酸化などの諸作用によって岩石の化学的性質を変化させる．化学的風化による分解・変質作用を decomposition という．生物風化作用は有機体によって行われるものであり，その作用の仕方で disintegration か decomposition かのどちらかに分類される．一般には，これらの風化作用は単独で作用するよりは，複合して起こることが多い．風化生成物と未風化基盤との境界は，basal surface of weathering (Ruxton and Berry, 1957)，あるいは weathering front (Mabbutt, 1961) などと呼ばれている．後者は**風化前線**と訳される．

これまでの風化プロセスの研究成果は，Yatsu (1988) に詳しいが，ほかにも Carroll (1970), Winkler (1975 ; 1994), Embleton and Thornes (1979, pp. 73-129), Goudie and Pye (1983), Chorley *et al*. (1984, pp. 203-229), Ollier (1984), Birkeland (1984), Colman and Dethier (1986), Gerrard (1988, pp. 107-169), Cooke and Doornkamp (1990, pp. 316-345), Bland and Rolls (1998) などの教科書や成書にまとめられている．

2.2 風化研究の重要性

風化過程とそれに引き続いて生起する侵食（erosion）過程との関係は，図2.2のように整理できよう．物理的風化作用の結果，岩石は破砕する．物理的風化作用は岩石中の化学的変質を伴わないが，化学的風化作用は，基本的には岩石と水との反応であるので，物質の収支を考えると，分解によって残されたものと，岩石からの溶脱（leaching）によって岩石の系から外部に運搬されるものの両者を考慮しなければならない．

実際の野外においては，物理的風化と化学的風化は複合して起こっている．それらによる disintegration と decomposition の結果，岩石は風化生成物を形成する．その風化生成物の形成は，そこで卓

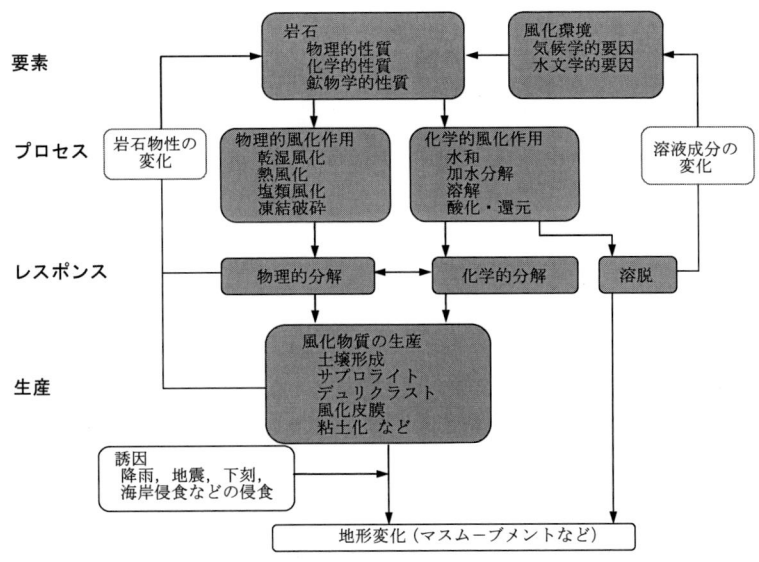

図 2.2 風化作用の分類と風化生産物，マスムーブメントとの関連（松倉，1994）

越する風化作用の種類によって，細片化であったり，粘土鉱物への変質であったり，風化土層や風化皮膜の形成であったりする．このような風化生成物の物性は，原岩の物性とは異なったものとなる．乾燥地域でしばしば観察されるデュリクラスト（duricrust）のような硬盤などの特殊な例を除くと，一般には，風化生成物の強度は原岩より低下する．

一般に，硬い岩盤は侵食されにくい．しかし，風化による強度低下が進行し，そこで作用する侵食力以下の強度になる（侵食の閾値(threshold)に達する）と侵食（削剝）が開始される．このように，風化による物性変化が侵食の開始やその速度をコントロールしているケースは**風化制約侵食**（weathering-controlled (weathering-limited) erosion）と呼ばれ，その結果もたらされる地形は**風化制約地形**（weathering-controlled landforms）と呼ばれる．たとえば，花崗岩斜面におけるマサ土の表層崩壊はこの代表的な例である．なお，溶脱（leaching）は，機械的な侵食力には依存せず，直接削剝が起こることから，化学的削剝（chemical denudation）と呼ばれることもある．後述するように，化学的削剝速度はとくに石灰質の岩石で大きく，その結果，石灰岩地域ではカルスト地形が形成される．

もちろん，風化環境や岩質によっては，侵食速度よりも風化速度が速い場合もあろう．この場合は，運搬されうる物質が常に用意されており，侵食の速度は侵食（運搬）力に依存していることになり，**運搬制約侵食**（transported-limited erosion）と呼ばれている．風化制約侵食，運搬制約侵食のどちらにおいても，「風化作用は，侵食（削剝）されうる物質の準備・生産過程である」という意味においてきわめて重要である（松倉，1994）．

2.3 物理的風化作用

2.3.1 除荷作用

除荷作用（pressure release, unloading）とは，荷重が取り去られること，もしくは荷重が取り去られたために発生する作用である．Gilbert（1904）が，この除荷作用を物理的風化作用（physical weathering, mechanical weathering）の一種と考え，ドーム状構造の生成を論じたのが最初である．一般的な見解としては，隆起や侵食作用による上載荷重の除去などにより岩石の拘束圧が減少すると，岩石塊が膨張し亀裂の発達を助長するというものである．主に花崗岩に見られるが，塊状砂岩や層状砂岩，石灰岩などにも見られる．

たとえば，花崗岩の石切り場の露頭では，地表に平行なシーティング節理（sheeting joint）（以後，単にシーティングと呼ぶ）が発達しているのが観察される．シーティングの厚さは，地表に近いほど薄く，地下深部に向って徐々に厚くなる（図 2.3）．

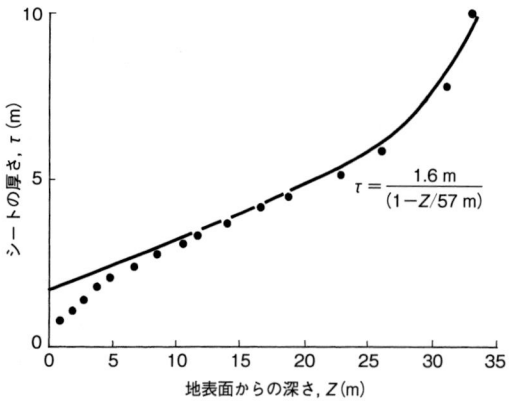

図2.3 地表からの深さとシートの厚さとの関係（Johnson, 1970, Figure 10.17）
プロットはJahns（1943）による北米Chelmsford花崗岩の採石場や自然露頭での両者の平均的データを示している．実線は理論曲線．

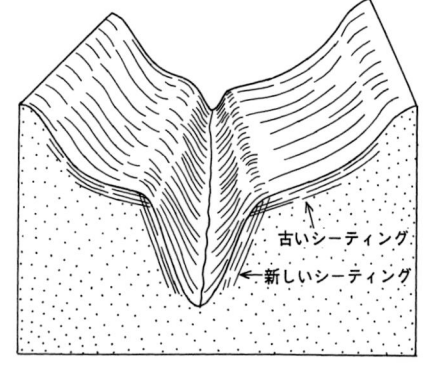

図2.4 イタリア，バイオントにおける石灰岩の谷地形とシーティング節理（Kiersch and Asce, 1964）

もし地表面が曲がっていれば，シーティングはその地表面の形状と平行な曲面をもつことになる．花崗岩ドームなどは，球形の花崗岩体の表面に発達したシーティングが，その後の侵食により剝脱されたために形成されたと考えられている．アメリカ西部のヨセミテ公園にある花崗岩や片麻岩からなる地形がその代表的なものである．

荷重の除去という意味では，氷河の解氷によるシーティングも存在する．カール壁では垂直なシーティングが発達し，カール底では平行なシーティングが発達する．谷氷河におけるシーティングの例は，1963年世界最大のダム災害が発生したイタリアのバイオント谷でKiersch and Asce（1964）によって報告された（図2.4）．そこでは広く丸いU字谷が谷氷河の後退によって出現した．その後バイオント川がこの氷河谷の底に深さ100 mから300 mに達する峡谷を開析した．氷河の後退による古い除荷作用によって氷河谷底と平行なシーティングが発達し，新しいシーティングは峡谷壁に平行となっている．それらのシーティングの深さは，150 mに及んでいると推定されている．2つのシーティングは峡谷の肩の部分で交差しており，この部分の岩石の強度はかなり小さくなることから，壁面での岩盤すべりや岩盤崩落の滑落崖になりやすいという．

シーティングは地形学的には興味深いものではあるが，その形成プロセス（メカニズム）については十分わかっているとはいえない．一般的な説明は以下のようである．すなわち，結晶質岩石（花崗岩，結晶質石灰岩など）が結晶化するときや，堆積岩（塊状で節理の少ない砂岩，アルコース砂岩など）が地殻変動や荷重による高い圧力下で岩石化したとき，岩石には地質学的な応力が内在する．これを残留応力（residual stress）という．地表の侵食や荷重の軽減によって圧力が減少すると，地表にほぼ平行なシーティング構造（2～3 cmから30 m以上の厚さ）が深さ100 m位まで発達するようになる．花崗岩は弾性の性質に富んでいるため，圧力からの解放（残留応力の解放）による節理の発達がとくによい．

しかし，このような残留応力の解放による説明はYatsu（1988, pp. 140-150）によって疑問視されている．その理由は，地形学的・地質学的には侵食速度はきわめてゆっくりしたもの（すなわち，上載荷重の軽減速度も緩やか）である場合には，岩石のもつ応力緩和（ひずみが一定速度の場合には岩石内の応力は徐々に低減する）の性質によってシーティングが形成されるほどの応力が岩石に負荷しないと考えられるからである．

2.3.2 熱風化・日射風化

熱風化・日射風化（thermal weathering, insolation weathering）は高温と低温の繰返しによる疲労破壊と定義される．熱帯の砂漠などにおける岩石の粒状破壊や剝離現象などが，この熱風化の作用の結果であることがよく報告される．たとえば，Goudie（1989）によって指摘されているように，その存在は砂漠における以下のような事実や考えがその根拠になっている：(1) 地表には，シャープで

角ばった破壊形態をもつ礫が多い，(2) 日没後の急激な冷却が起こるとき，ピストルの発砲音と同じような爆発音が聞こえる，(3) 気温変化に比較して岩石表面の温度変化がきわめて大きい，(4) 岩石の熱伝導率は小さいため，岩石内部との温度差が大きくなり，これが表面剝離や球状風化を促進させる，(5) 岩石中の鉱物は，それぞれ異なった膨張率をもち，異なった結晶軸に沿って膨張する．

このような野外の観察とは別に，岩石に加熱-冷却の繰返しを与え，重量損失や岩石表面における機械的変化の発生の有無を調べるための室内実験が行われてきた．たとえば，Griggs (1936) の実験は，8 cm×8 cm×7 cm のほぼ立方体に整形した花崗岩を試料として，電気ヒーターと扇風機を用いて行われた．この実験では最高温度 142°C，最低温度 32°C，温度差 110°C という条件が 1 サイクル 15 分間で与えられ，89400 サイクル（1 サイクルを 1 日として換算すると 244 年分に相当する）続けられた．しかし，外見でも顕微鏡下における観察でも，何らの変化も認めることができなかった．Goudie (1974) は，1 辺が 3 cm の立方体の砂岩とチョークの供試体を用いて風化実験を実施した．実験条件の温度上昇率は Griggs のそれよりは緩やかであり，1 サイクルを 24 時間として 60°C の最高温度を 6 時間，30°C の最低温度を 18 時間継続するよう設定された．砂岩試料においては 58 サイクル，チョーク (chalk) 試料では 43 サイクルの加熱-冷却が繰り返されたが，両者ともに重量損失は認められなかった．また，Aires-Barros *et al.* (1975) は，直径 4.2 cm，高さ 0.8 cm のディスク状に整形した 3 種類の火成岩（花崗岩，カスミ石閃長岩，コウ斑岩）を用いた風化実験を行った．実験は赤外線ランプを用いて 70°C を 20 分間，室温（20°C）を 10 分間とする，1 サイクルが 30 分間で進められた．最終的には 3650 サイクルの加熱-冷却の繰返しが行われたが，2555 サイクル時の重量損失は 0.5% 以下であった．このように，完全に乾燥した試料を用いた室内実験からは，熱風化のみでは岩石の破砕が起こりにくいことが示されている．

一方で，火災などのような急激な温度変化が岩石破壊をもたらすこと（このような破壊は熱衝撃破壊と呼ばれる）が，以下のような 2, 3 の実験によって確かめられている．Tarr (1915) は，1 辺が約 5 cm の立方体に整形した花崗岩を用い，500°C と 750°C に加熱してこの温度を 30 分間保持したのち，空気や冷水にさらすという実験を行った．Blackwelder (1927) は，安山岩・玄武岩・黒曜石などを試料として，電気炉で 200〜350°C まで加熱したのち冷水に浸すことを繰り返した．また，玄武岩・グレイワッケ・ホルンフェルス・花崗岩を試料として，加熱速度を様々に変えて最高 880°C まで加熱した実験を行った．その結果，玄武岩や黒曜石の破壊には，300°C 以上の高温環境と急速な加熱-冷却の繰返しが必要であることがわかった．また，小林ほか (1983) や酒井・伊達 (1987) は，凝灰岩・溶結凝灰岩などの堆積岩と大理石・花崗岩などの結晶質岩石を試料として，150〜600°C の範囲で最大 625 回の加熱-冷却を繰り返し（電気炉と水槽の間を上下動させた），岩石の熱衝撃特性を検討した．その結果，堆積岩では非定常熱応力によって規則的な破壊亀裂が発生すること，また結晶質岩石では構成鉱物間の相互作用による粒界破壊が主たる破壊であり，粉状または粒状に破壊することを明らかにした．

以上のように，実験による結果と野外による観察とが必ずしも整合しないために，これまで熱風化の働きは疑問視されてきた．とくに乾燥地域の岩石表面で観測されるような温度や温度変化速度では，岩石は破壊しないと考えられ，乾燥地域における岩石の破砕には，水和作用や塩類風化，凍結融解などの別の作用が重要視されることもある．しかし，温度変化速度が小さくても，岩石を構成する鉱物粒子間や鉱物粒子自身の熱膨張係数の違いによって，岩石内部にマイクロクラックが形成されることが実験的に明らかにされている．一方，これまでの実験的研究では，用いられた試料のサイズが小さいこと，膨張-収縮が自由な非拘束状態で実験されていることなど，野外における風化条件を正確に再現していないという意見も提出されている (Rice, 1976; Ollier, 1984, pp. 18-23)．このため現時点では，熱風化の存在に疑義はあるものの，明確な否定もまた困難である（藁谷・松倉, 1993）．

2.3.3 乾湿風化

乾湿風化 (wet-dry weathering, slaking) とは，湿潤と乾燥に伴う膨張・収縮の繰返しによって岩石が細片化，粒状化する現象であり（**図 2.5**），ス

図 2.5 泥岩のスレーキングの状態（a：群馬県富岡市，井戸沢層．b：埼玉県小鹿野町，小鹿野町層群）

レーキング（slaking）とも呼ばれる．たとえば，沖縄に分布する島尻層群の泥岩（後述する図 2.7 中の試料番号 66-68）は，日本各地の泥岩と比較しても，最もスレーキングしやすい岩石である．工事などによってできた島尻層群の泥岩の人工崖の表面を見ると，泥岩が細かく割れているのが観察される．この人工崖で崖の奥行き方向にスレーキング岩片の大きさ，泥岩の硬さ（山中式土壌硬度計の値），単位体積重量の値を調べてみると以下のようなことがわかる（Maekado *et al.*, 1982）：(1) 崖の表面に近いほど細かく割れ，(2) 土壌硬度計の値が小さく（脆くなっている），(3) 崖の表面から 20 cm の深さにまでしかスレーキングが及んでいない．この崖で，降雨の日に崖の奥行き方向に泥岩の含水比を計測すると，表面は雨に濡れて含水比が高いが内部では次第に水分が少なくなり，5 cm より深ではほぼ一定の水分量になる．晴天が続いたあとに計測をすれば崖の表面は乾いていることであろう．このように，崖の表面に近いところほど水分の出入りが大きく，そのために膨張と収縮を繰返し細かく割れる．

Matsukura and Yatsu（1982）は，日本各地に分布する第三系の泥岩（頁岩）・凝灰岩の岩石試料 69 個を採取し，比重，乾燥単位体積重量，間隙率，粒度組成などの計測を行い，それらの乾湿風化特性を検証した．スレーキング試験の前に，風乾状態の試料は室温で 9 時間ほど真空乾燥された．スレーキング試験の手順は以下のとおりである：

ステップ 1：2.83 mm の編み目をもつ篩の上に，30〜40 g ほどの不定形試料（子供の握りこぶし大の形状）をのせ，その状態で蒸留水の中に 15 時間（一晩）ほど浸す（この篩にのせた状態は，実験の終了時まで継続する）．なお，水浸させる

図 2.6 真空乾燥の装置（Matsukura and Yatsu, 1982）
試料中の水分は，真空ポンプの吸引により水蒸気としてとりだされる．その水蒸気はデシケータと真空ポンプの間に挟んだ 2 本のフレニウス塔の中のシリカゲルによって捕捉されることになる．デシケータ内の気圧は 5 mmHg ほどであり，乾燥サイクルの終了時には，試料はほぼ絶乾状態となる．一般に岩石・土を乾燥させるためには，炉乾燥器が用いられるが，この研究では「熱風化」の影響を避けるために，真空乾燥という方法をとっている．

前に試料の重量を計測する．

ステップ 2：水槽から引き上げた試料を扇風機の微風により乾燥させる（昼の 9 時間）（ただし，この状態では岩石内部まで乾燥させることはできない）．

ステップ 3：その後，試料は 4 日間にわたり真空乾燥される（図 2.6：真空ポンプは日中の 9 時間だけ運転する）．そして真空乾燥 4 日目の夜に，試料は再度蒸留水に浸けられる．

このように，ステップ 1 から 3 を 1 サイクルとすると，湿潤と乾燥の 1 サイクルに 5 日を要することになる．

スレーキングによる風化といっても，その様子は岩石によって多様である．いくつかの岩石は水に入れた瞬間に泥状に崩れた．あるものはクラックが

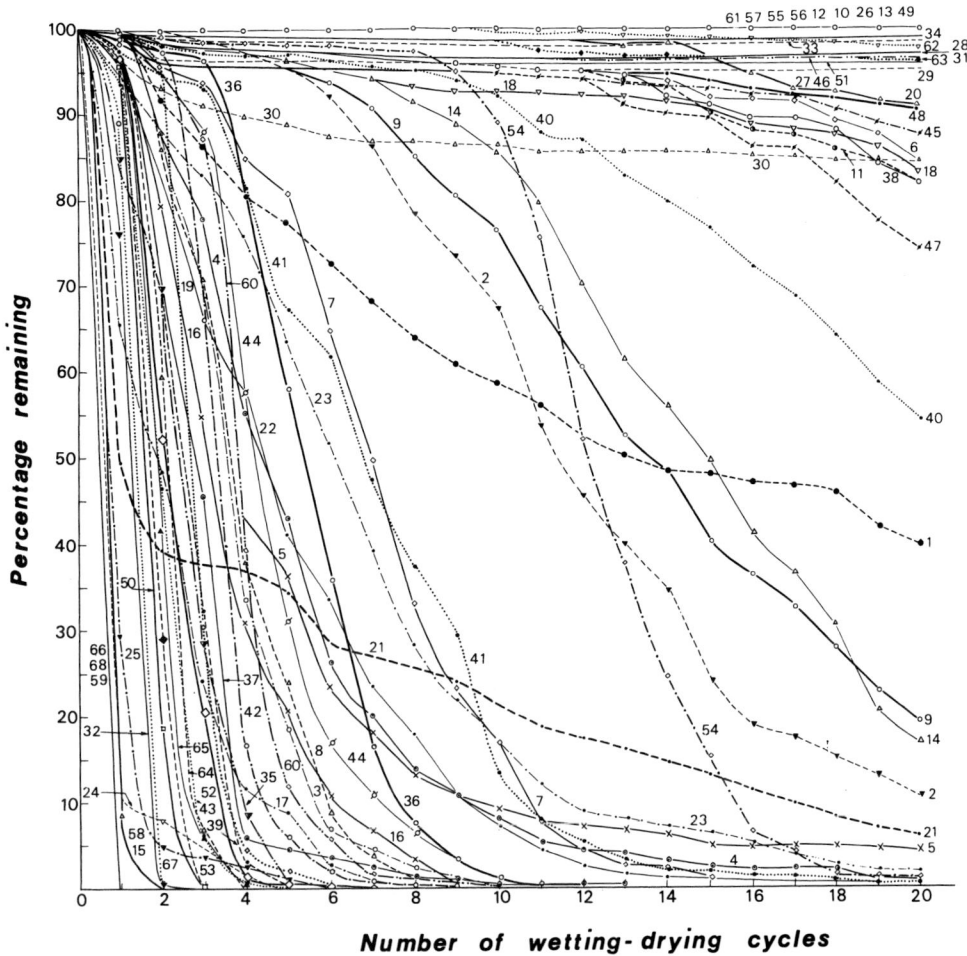

図 2.7 20 サイクルのスレーキング実験による試料重量欠損率の変化（図中の番号はサンプルの番号を示す）(Matsukura and Yatsu, 1982)

入ったのちにサイコロ状に割れたり，タマネギ状の薄い皮が剝がれるような破壊をした．また，あるものは層理面に沿うように平板状のブロックに分離したり，試料表面だけが粉末状になったものもある．いくつかの試料では，これらの破壊が複合して起こった．スレーキング試験は 20 サイクル（合計 100 日）にわたり行われた．図 2.7 はその結果である．縦軸は試験開始前の重量に対する比率，すなわち**残留重量率**である．サイクルの進行（すなわち風化の進行）に伴い，この値は減少する．すなわち，2.83 mm の篩の目から落ちるほどに細粒化したものが風化による重量欠損分として計測されることになる．一方，篩の目より大きく割れたものに関しては欠損重量には反映されない．スレーキングの破壊

様式は多様であるものの，このグラフ（以下，スレーキング曲線と呼ぶ）は，スレーキングが以下の2 タイプに分類されることを示している．一つは急激に低下するもの（スレーキングが速いもの）であり，もう一つはカーブの減少が緩慢な風化の遅いものである．一般的には凝灰岩のスレーキング速度は小さく，頁岩（泥岩）のそれは大きい．多くのスレーキング曲線は逆 S 字の形をしており，試験最初と最後にスレーキング速度が小さくなる．最初の部分は，大きなクラックが形成されたり，試料の表面が粉末状になっているときに相当し，結果的に欠損重量が少ないことになる．一方，試験後半のスレーキング曲線の平坦部は，小さくなった破片が篩を通過するほどに小さくなるためには，さらに試験

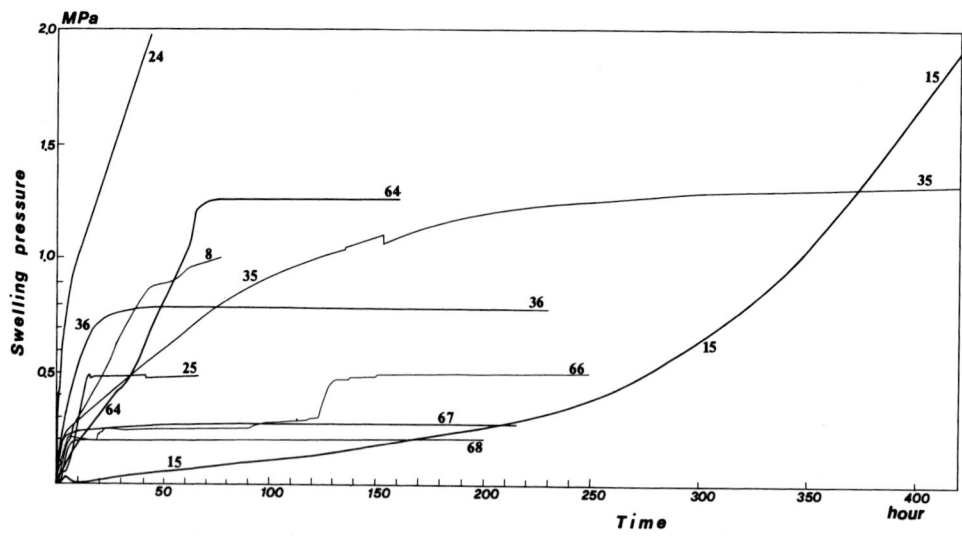

図2.8 いくつかの試料における膨潤圧の計測結果（Matsukura and Yatsu, 1982）

サイクルが必要であることを示している．

試料の破壊は，乾燥時より水浸時により顕著であるように観察された．そのことは水浸による岩石の膨潤現象がスレーキングに重要であることを示唆する．そこで試料の**膨潤圧**を計測した．膨潤圧の計測は，直径6cm，高さ3cmの円盤状試料を用意し，それを自作の膨潤圧測定装置に入れ，水を供給することにより膨潤圧を発生させ，その圧力を土圧計で計測するものである（Matsukura and Yatsu, 1980）．その結果の一例を示したのが**図2.8**である．水が岩石に浸入するに従い，膨潤圧が徐々に上昇している．ただし，圧力が突然低下することがあるが，これは岩石中でスレーキング破壊が起こり，瞬間的に圧力が解放されるためではないかと解釈される．膨潤圧はある時間以降には上昇しなくなる．よってこの圧力を最大膨潤圧とした．一方スレーキング風化の速度としては，スレーキング曲線において残留重量が50%に相当するサイクル数（半減サイクルと呼ぶ）で表すことにした．すなわち，半減サイクルが小さいほうが（最小で0.5サイクル：1サイクルの破壊で試料がすべて篩から落ちたもの）風化が速いことになる．この半減サイクルと膨潤圧の関係（**図2.9**）をみると，膨潤圧の大きいものほど風化が速いという対応関係があることがわかる．

このようなスレーキング速度や吸水膨潤圧は，どのようなメカニズム（どのような岩石物性）に支配されているのであろうか．スレーキング破壊に限ら

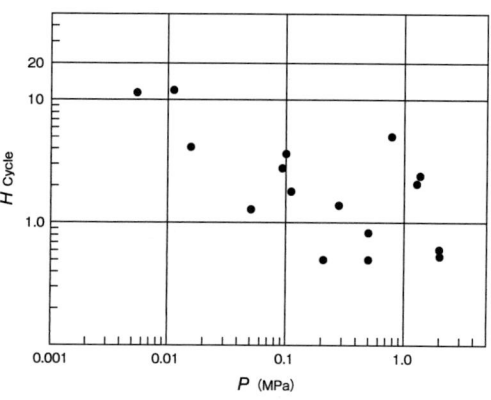

図2.9 スレーキングの半減サイクル（H）と最大膨潤圧（P）との関係（Matsukura and Yatsu, 1982）

ず物質の破壊は，壊そうとする力（破壊力）が抵抗する力（岩石の場合は強度）を超えると起こる．スレーキング破壊の場合は，破壊力は粘土鉱物（**モンモリロナイト**：最近はスメクタイトと呼ばれる）の吸水膨張による膨潤圧であり，抵抗力は岩石自身の**引張強度**であるため，モンモリロナイトの量が多いほど，あるいは引張強度が小さいほどスレーキングが速いと考えられる（モンモリロナイトの膨潤のメカニズムについては，たとえば，須藤，1974，pp. 236-243，あるいはMitchell, 1993, pp. 293-308を参照）．そこで，モンモリロナイトの含有量や引張強度とスレーキング速度との関係を調べてみた．しかし，モンモリロナイトの含有量が少なくてもスレーキングが速いものがあったり，強度が小さくて

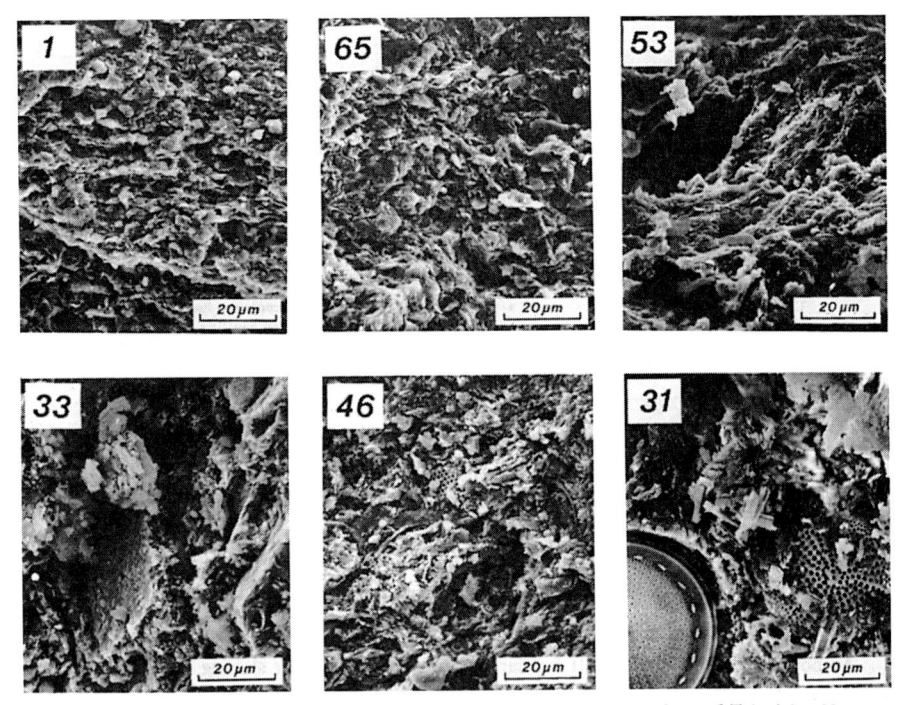

図2.10 間隙率の異なるいくつかの岩石のSEM画像（図中の番号はサンプルの番号を示す：No.1の間隙率は5%；No.65は11.1%；No.53は22.1%；No.33は30.6%；No.46は45.0%；No.31は60.9%）（Matsukura and Yatsu, 1982）

もスレーキングしないものがあったりで，これらの指標だけでは説明がつかない．

図2.10は，いくつかの岩石の走査型電子顕微鏡（SEM）写真である．間隙率の小さいものから順に並べてある．間隙率が60%を超えるNo.31の試料では，珪藻や有孔虫などの微化石が見え，ガサガサで空隙が多い様子がよくわかる．このような岩石においては，仮にモンモリロナイトが含まれていてもその膨潤圧は間隙の中に吸収され圧力として働かないと考えられる．すなわち，膨潤圧の発生には岩石中の空隙という構造が大きく影響していると思われる．そのことは，スレーキング速度（半減サイクル）とモンモリロナイト含有量の関係を示した**図2.11**において，比表面積から計算された岩石の平均間隙厚さが小さいほど両者の相関が高くなることから説明される．以上のことから，乾湿風化には，岩石の物性の中でもとくに岩石の引張強度，モンモリロナイトの含有量，間隙の大きさなどが深く関与していることがわかる．

なお，Matsukura and Yatsu (1985) は，上記の実験との比較の意味で，塩水（人工海水）を用いたスレーキング試験を行った．その結果，泥岩（頁岩）の風化速度は海水を用いた方が蒸留水の場合より若干遅くなることを示した．

2.3.4 凍結風化・凍結破砕

寒冷地では，**凍結風化・凍結破砕**（frost weathering, frost shattering）作用が起こり，岩盤から岩塊を剝離させたり，岩塊をさらに細片化させる．成長する氷晶が空隙や割れ目を押し広げることによって岩石の破砕が起こると考えられてきたので，凍結破砕は一種の引張破壊とみなされている（Everett, 1961；Mellor, 1970；Hallet, 1983）．したがって，これに対する岩石側の抵抗力としては引張強度が重要である．

凍結破砕のメカニズムに関しては，従来，以下の3つの説が提唱されている：(1) 9%体積膨張理論，(2) 毛管力理論，(3) 吸着力理論．氷点下では水は氷になり，その体積を9%増加させるが，この体積膨張が岩石内で圧力を発生させる．これが9%体積膨張理論である．たとえば，Davidson and Nye (1985) は，合成樹脂中につくった幅1mmのク

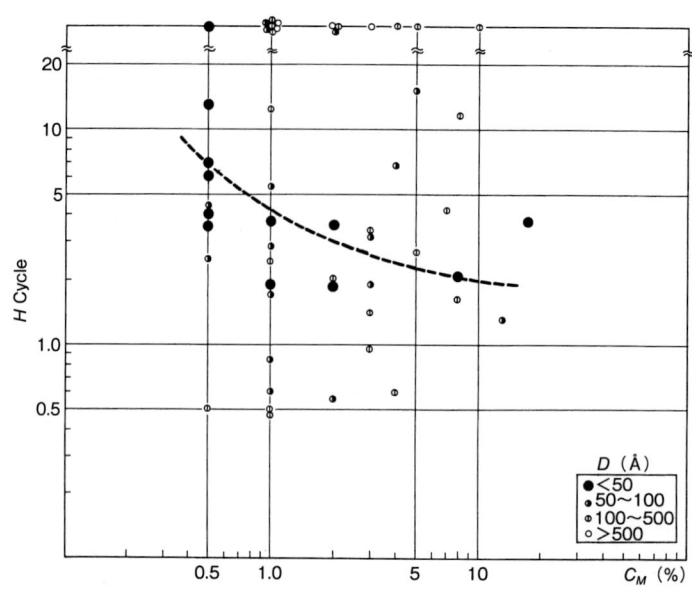

図2.11 平均間隙厚さをパラメータとした，スレーキングの半減サイクル（H）とモンモリロナイト含有量（C_M）との関係（Matsukura and Yatsu, 1982）
D は比表面積から計算される岩石の平均間隙厚さを示す．

ラックを満たす水が凍結する際に，最大 10 kgf/cm² 程度の体積膨張に起因する圧力が発生するのを観察した．10 kgf/cm² という圧力は，岩石の引張強度に比較してけっして小さくない値であり，9%の体積膨張は，岩石の破砕を生じる有力な原因になりうる．

しかし，こうした体積膨張で岩石が破砕されるには，水が岩石の空隙を満たしている必要がある．自然条件では，氷河のベルクシュルント（氷河の最上流部に見られるクレバスの一種で，氷河と周縁部の基盤岩との間に発達する）で岩石が水で飽和されて凍結し，基盤から巨礫が生産される場合を除き，岩石中の空隙や割れ目が水で飽和されることはまれである．体積膨張説に代わるメカニズムとして，Everett（1961）は水分移動を生じる吸水力の重要性を指摘した．これが毛管力理論である．すなわち，岩石中で間隙水の凍結が進むとき，水と氷はその境界に存在する曲率をもつ界面によって異なる圧力で釣り合っている．毛管力理論では，この氷-水間の圧力差が未凍結部より水を吸引する力（毛管吸水力）になると説明する．平衡状態での最大毛管吸水力は以下のように表される：

$$\Delta P_{\max} = P_i - P_w = \frac{2\sigma_{iw}}{r_c} \quad (2.1)$$

ここで，P_i は氷の圧力，P_w は水の圧力，σ_{iw} は氷-水間の界面自由エネルギー（定数），そして r_c は氷-水界面の曲率半径である．Everett（1961）は，$\Delta P_{\max}$ が土や岩石の空隙を押し広げる凍上力（破砕力）に等しいとした．また，氷-水界面の曲率半径は岩石の空隙半径にほぼ等しいとみなされるので，式(2.1)は，

$$F_{\text{cap}} = \frac{2\sigma_{iw}}{\bar{r}} \quad (2.2)$$

と表される．ここで F_{cap} は破砕力，$\bar{r}$ は岩石の平均空隙半径である．この式によると 0.1 μm 程度の空隙で氷と共存していた水が凍結すると，6.75 kgf/cm² の圧力が発生して岩石に作用する．

最近の土の凍上実験において，吸水力または凍上力の測定値が，式(2.2)で計算される値よりもかなり大きいという結果から，毛管力理論に代わる凍上メカニズムとして吸着理論が提唱された（たとえば，Loch and Miller, 1975；高志ほか，1979）．この理論は，空隙中に形成された氷晶と空隙壁との間には不凍水膜が吸着水として存在し，一定温度条件のもとで氷が成長すると，不凍水膜はその厚さを一定に保つために，未凍結部から水を引き寄せるとして吸水現象を説明している（Takagi, 1980）．吸着水の引き起こす吸水力は不凍水膜の厚さの関数であ

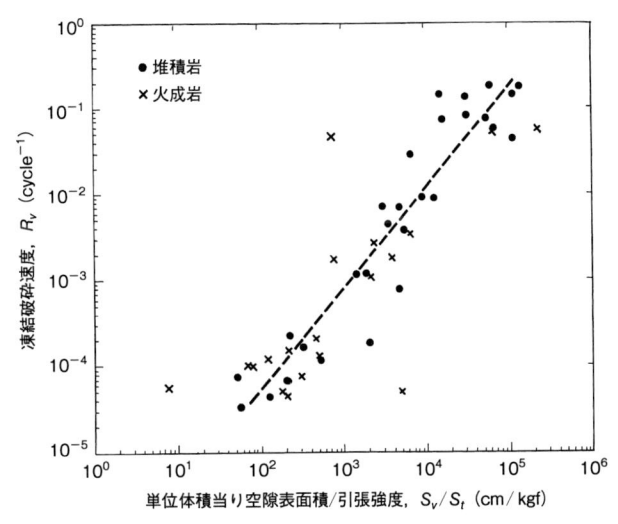

図 2.12 岩石の凍結破砕速度（R_v）と岩石物性（S_v/S_t）との関係（松岡，1986）

るので，水膜の厚さが等しければ，岩石の凍結部全体としての吸水量は，主として吸着面積の大きさに依存すると考えられる．すなわち単位体積当たりの空隙表面積が大きい岩石ほど，単位体積当たりの吸水量も多いといえる．そこで，破砕力が吸水量に比例すると仮定すると，吸着理論に基づく破砕力 F_{ads} は，第一次近似として，

$$F_{ads} \propto S_v \tag{2.3}$$

となる．ここで S_v は岩石の単位体積当りの空隙表面積で，$S_v = \rho_d S_w$ の関係がある（ρ_d は岩石の乾燥密度であり，S_w は比表面積）ので，岩石の引張強度を S_t とすると，凍結破砕速度 R_v は次式で表現される：

$$R_v = f\left(\frac{S_v}{S_t}\right) \tag{2.4}$$

松岡（1986）は，物性の異なる47種類の岩石を用いて凍結破砕の実験を行った．一辺が5cmの立方体の供試体に対し，最高温度+20°Cと最低温度-20°C，周期12時間の温度変化の繰返しを与えた．その結果，凍結破砕速度は弾性波（P波）速度（V_p）の減少から次式のようにして見積もられた：

$$R_v = \frac{V_{p0} - V_{pk}}{kV_{p0}} \tag{2.5}$$

ここで k は凍結融解サイクル数，V_{pk} は k サイクル後の V_p，V_{p0} は V_p の初期値である．R_v は1サイクル当りの V_p の減少率であり，その値が大きいほど破砕速度も大きいことを示す．実験結果を整理し，それぞれ上記の3理論について吟味した結果，吸着力理論を用いた解析（**図 2.12**）が最も高い相関があった．これらのことから，(1)凍結時に発生する岩石の破砕力は，9%の体積膨張よりも，不凍水膜の吸水に起因する体積増加の影響を強く受け，(2)凍結破砕速度は，単位体積当りの空隙表面積と引張強度に依存する，という結論が導かれた．

2.3.5 塩類風化

主に乾燥地域においては，岩石の表面や表層に，炭酸塩，硫酸塩，塩化物などのような白華物（salt efflorescence）が形成されることが多い．白華物の種類は多様であり，それらはいずれも乾燥による水分の蒸発で形成されることから，蒸発岩（evaporite）とも呼ばれる．塩の結晶は，岩石をぼろぼろに壊したり，細片化したり，鱗片状にしたり，水膨れのような状態にしたりする．このような作用が**塩類風化**（salt weathering, salt fretting）と呼ばれている．多くの塩類風化は温暖な乾燥地域で起こるが，南極大陸のような寒冷なところでも起こっている．また，塩分の供給のある海岸でもこの作用が見られる．この風化に関しては，Winkler（1994）および Goudie and Viles（1997）による成書が詳しい．

このような塩（蒸発岩）のもとは岩石中の塩溶液であり，その塩溶液の供給源としては海水，エアロゾルなどを含むダスト，雨水，火山噴火，岩石中か

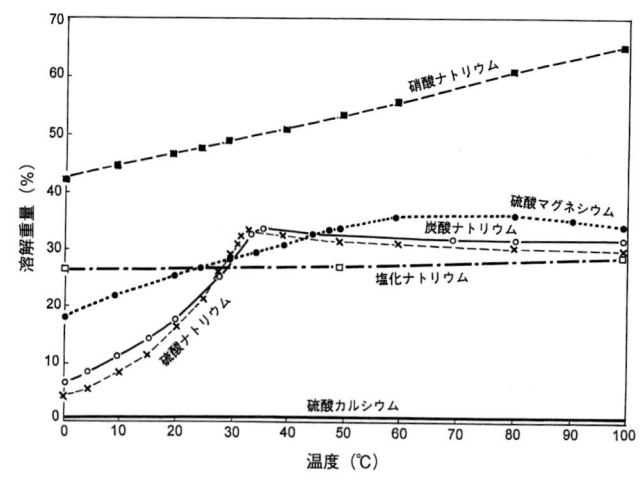

図 2.13 いくつかの塩溶液の温度による溶解度の変化（Goudie, 1977, figure 6）

ら化学的風化によって溶脱された溶液などが考えられる．これが岩石・土壌中に取り込まれ，飽和濃度を超えると結晶化する（「塩が析出する」ともいう）．

塩の結晶化は，気温と湿度に影響される．たとえば，いくつかの塩は温度が下がるにつれて急激に溶解度が減少する（**表 2.1，図 2.13**）．気温が 0℃ に低下したときに，硫酸ナトリウムの溶解度は，35℃ のときに比較して 14% にまで低下する．同様に，炭酸ナトリウム，硫酸マグネシウム，硝酸ナトリウムの溶解度も温度低下に伴って大きく低減するが，硫酸カルシウムや塩化ナトリウムなどは，低減率が小さい．大気の湿度は，結晶化に最も重要な要因となる．塩が結晶化できるのは，大気の相対湿度が飽和塩溶液の平衡相対湿度よりも低いときのみである．**平衡相対湿度** RH^* は以下の式で与えられる：

$$RH^* = \left(\frac{P_{\text{salt}}}{P_s}\right) \times 100 \quad (2.6)$$

ここで，P_{salt} は塩の飽和溶液の蒸発圧，P_s は既知の気温における大気水蒸気圧である．水和した炭酸ナトリウムや硫酸ナトリウムの平衡相対湿度は高いが，塩化ナトリウムや硝酸ナトリウム，塩化カルシウムなどのそれは比較的低い（Arnold and Zehnder, 1990）．

塩類風化のメカニズムとしては，以下の 3 つが考えられている（Cooke and Smalley, 1968）：(1) 結晶化した塩の熱による膨張（たとえば，NaCl (halite)，CaSO₄ (gypsum; 石膏)，KCl，NaNO₃

表 2.1 一般的な塩類の溶解度（Goudie and Viles, 1997, Table 5.2）

塩類	0℃ での溶解度 (%)	35℃ での溶解度 (%)	0℃ における溶解度の 35℃ のそれに対する比率 (%)
Na₂CO₃	6.54	32.90	19.88
NaNO₃	42.40	49.60	85.08
Na₂SO₄	4.76	33.40	14.25
NaCl	26.28	26.57	98.91
MgSO₄	18.00	29.30	61.43
CaSO₄	0.19	0.21	90.48

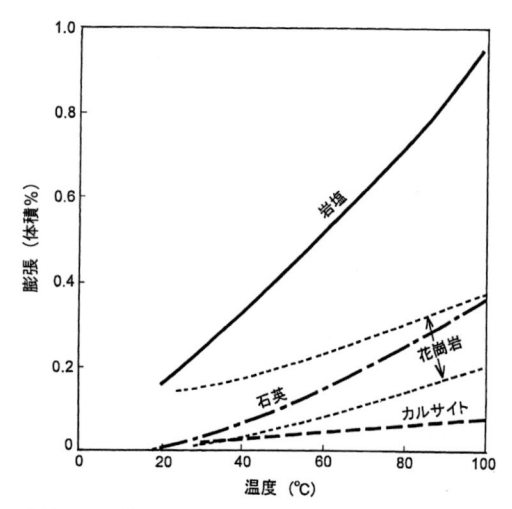

図 2.14 石英，カルサイト，花崗岩と比較した岩塩の熱膨張率（Cooke and Smalley, 1968）

などの塩類は，花崗岩などの一般の岩石よりも熱膨張率が大きい），(2) 水和作用によって生じる応力

表2.2 一般的な塩の水和による体積増加の割合
(Goudie and Viles, 1997, Table 5.5)

塩	モル重量	水和物	水和物の式量	比重	水和物の比重	体積変化(%)
Na_2CO_3	106.00	$Na_2CO_3 \cdot 10\,H_2O$	286.16	2.53	1.44	374.7
Na_2SO_4	142.00	$Na_2SO_4 \cdot 10\,H_2O$	322.20	2.68	1.46	315.0
$CaCl_2$	110.99	$CaCl_2 \cdot 2\,H_2O$	147.03	2.15	0.84	241.1
$MgSO_4$	120.37	$MgSO_4 \cdot 7\,H_2O$	246.48	2.66	1.68	223.2
$CaSO_4$	136.14	$CaSO_4 \cdot 2\,H_2O$	172.17	2.61	2.32	42.3

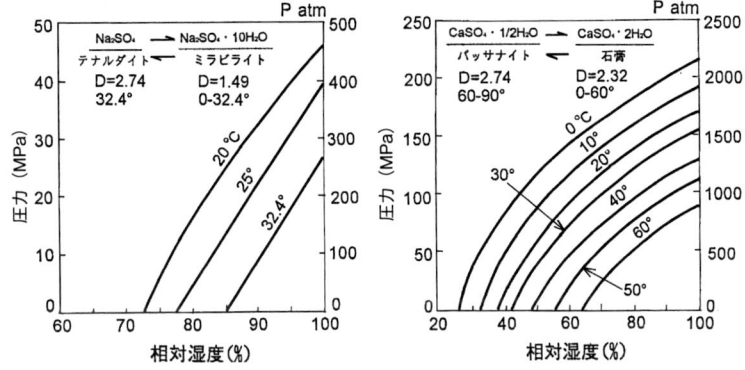

図2.15 (a) テナルダイトからミラビライトへ水和するときに発生する圧力と,(b) バッサナイトから石膏に水和するときに発生する圧力 (Winkler and Wilhelm, 1970)

(たとえば,無水石膏と石膏とが相互に水和・脱水するときに生じる体積変化がある),(3)溶液から結晶が成長するときの圧力.

(1)の塩の熱膨張は,岩石中にすでに存在する塩が,その後の温度変化(上昇)により膨張し,岩石を破壊するというものである.たとえば,NaCl (halite:岩塩) は0℃から100℃の間で約0.9%の体積膨張をし,それは石英や花崗岩の膨張率より3倍も大きい(図2.14).また,$CaSO_4$ (gypsum;石膏),KCl,$NaNO_3$などの塩の熱膨張率も大きい.

次に(2)の水和作用をみてみよう.塩類は温度と湿度の変化に反応して,比較的簡単に水和したり脱水したりする.この相変化で水和の形になるときに,水を吸収し,塩の体積を増加させる.間隙中でこのようなことが起こると,間隙壁に対して圧力となる.一般的な塩の体積増加(表2.2)をみると,硫酸ナトリウムと炭酸ナトリウムは水和によって体積が3倍以上にもなる.また,Winkler and Wilhelm (1970) は水和による圧力の計算を以下の式で導いた:

$$P = \frac{nRT}{V_h - V_a} \times 2.3 \log \frac{P_w}{P'_w} \quad (2.7)$$

ここで,P は水和圧力(N/mm^2),n は高次の水和に転移するのに必要な水のモル数,R は気体定数,T は絶対温度(K),V_h は水和塩の体積,V_a は水和化する前の体積,P_w は与えられた温度での水蒸気圧 mmHg,P'_w は水和した塩の蒸気圧である.たとえば,図2.15は,テナルダイトからミラビライトへの,あるいはバッサナイト($CaSO_4 \cdot \frac{1}{2} H_2O$) から石膏($CaSO_4 \cdot 2\,H_2O$)への転移のときの水和化圧力の計算結果である.前者では,気温20℃で相対湿度が70～100%に変化するとき,50 MPaの水和化圧が発生することになり,後者では,気温0℃で相対湿度が30～100%に変化するとき,200 MPaの圧力が発生する.

(3)の結晶成長は,凍結破砕で述べたのと同様のメカニズムを考えればよい.すなわち,結晶成長によって発生する圧力は以下のように表される(Correns, 1949):

$$P = \frac{RT}{V} \log_n \frac{C}{C_s} \quad (2.8)$$

表2.3 いくつかの塩の結晶圧 (Goudie and Viles, 1997, Table 5.3)

鉱物名	化学式	密度 (g/cm³)	分子量 (g/mol)	モル体積 (cm³/mol)	結晶成長圧（atm）			
					$C/C_s=2$		$C/C_s=10$	
					0℃	50℃	0℃	50℃
無水石膏	$CaSO_4$	2.96	136	46	335	398	1120	1325
ビスコファイト	$MgCl_2 \cdot 6H_2O$	1.57	203	129	119	142	397	470
ドデカハイドレート	$MgSO_4 \cdot 12H_2O$	1.45	336	232	67	80	222	264
エプソマイト	$MgSO_4 \cdot 7H_2O$	1.68	246	147	105	125	350	415
石膏	$CaSO_4 \cdot 2H_2O$	2.32	127	55	282	334	938	1110
ハライト（岩塩）	$NaCl$	2.17	59	28	554	654	1845	2190
ヘプタハイドライト	$Na_2CO_3 \cdot 7H_2O$	1.51	232	154	100	119	334	365
ヘキサハイドライト	$MgSO_4 \cdot 6H_2O$	1.75	228	130	118	141	395	469
キーゼライト	$MgSO_4 \cdot H_2O$	2.45	138	57	272	324	910	1079
ミラビライト（硫曹鉱）	$Na_2SO_4 \cdot 10H_2O$	1.46	322	220	72	83	234	277
ナトロン	$Na_2CO_3 \cdot 10H_2O$	1.44	286	199	78	92	259	308
タコハイドライト	$2MgCl_2 \cdot CaCl_2 \cdot 12H_2O$	1.66	514	310	50	59	166	198
テナルダイト（芒硝石）	Na_2SO_4	2.68	142	53	292	345	970	1150
サーモナライト	$Na_2CO_3 \cdot H_2O$	2.25	124	55	280	333	935	1109

表2.4 塩の強度に関する経験的順位（最も影響を及ぼす塩は最上部に記載され，下部に向かうほど影響力は小さい）(Goudie and Viles, 1997, Table 4.9)

Pedro (1957 a)	Kwaad (1970)	Goudie et al. (1970)	Goudie (1974)	Goudie (1974)	Goudie (1986)	Goudie (1993) (Wadi Digla Cycle)	Goudie (1993) (Negev Cycle)
$NaNO_3$	Na_2SO_4	Na_2SO_4	Na_2SO_4	Na_2SO_4	Na_2CO_3	$NaNO_3$	Na_2SO_4
Na_2SO_4	Na_2CO_3	$MgSO_4$	$MgSO_4$	Na_2CO_3	$MgSO_4$	Na_2CO_3	Na_2CO_3
$Mg(NO_3)_2$	$MgSO_4$	$CaCl_2$	$CaCl_2$	$NaNO_3$	Na_2SO_4		$NaNO_3$
K_2SO_4	$NaCl$	Na_2CO_3	Na_2CO_3	$CaCl_2$	$NaCl$		$MgSO_4$
KNO_3	$CaSO_4$	$NaCl$	$NaNO_3$	$MgSO_4$	$NaNO_3$		$NaCl$
Na_2CO_3				$NaCl$	$CaSO_4$		
K_2CO_3							
$MgSO_4$							
$CaSO_4$							
$Ca(NO_3)_2$							

ここで，Pは結晶圧，Rは気体定数，Tは温度，Vは結晶塩のモル体積，Cは飽和状態での濃度，C_sは外部の圧力下での溶液の濃度を示す．これは，塩の結晶と岩石との界面に塩溶液が保持されているときに，封圧に対抗して塩が結晶成長することを示している．この溶液の保持は，溶液と塩および溶液と岩石との間のそれぞれの界面張力の大きさの合計が，塩と岩石との間の界面張力よりも小さければ，溶液は塩と周辺岩石との間に浸入することができ，より大きな圧力を発生する．表2.3に各種塩類の結晶成長圧の計算結果を示した．岩塩（NaCl），テナルダイト（Na_2SO_4），石膏（$CaSO_4 \cdot 2H_2O$）などの塩類の結晶成長圧が大きい．

塩類風化は，物理的風化の中でも普遍的で破壊力が大きいことから，地形学者によって数多くの室内実験がなされてきた．その多くは，立方体状の岩石の供試体に塩を含ませた後に乾燥させ塩を析出させるというサイクルを繰り返したり，柱状の供試体を塩溶液の中に立て，毛細管で吸い上がった塩溶液を岩石表面から乾燥させることにより塩の析出をさせるというものである．岩石の種類と塩の種類の組合せは無数にあることや，塩溶液の飽和度の設定なども多様なものが考えられることなどから，実験ごとに多様な結果が導かれている．たとえば，どの塩が岩石の破砕作用に効果的かを実験ごとに順位付けしたのが表2.4である．おおまかには，硫酸ナトリウ

表 2.5 造岩鉱物および火山ガラスの風化変質過程（塚本・水谷, 1988, 表4より）

- a. 長石→アロフェン→ハロイサイト→カオリナイト
- b. 長石→イライト→イライト/スメクタイト混合層鉱物→スメクタイト→スメクタイト/ハロイサイト混合層鉱物→ハロイサイト→カオリナイト
- c. 白雲母→白雲母/バーミキュライト混合層鉱物→バーミキュライト
- d. 白雲母→イライト/スメクタイト混合層鉱物→スメクタイト
- e. 黒雲母→黒雲母/バーミキュライト混合層鉱物→バーミキュライト→バーミキュライト-カオリナイト中間種鉱物→カオリナイト
- f. 黒雲母→緑泥石化した黒雲母→緑泥石/バーミキュライト混合層鉱物→バーミキュライト→バーミキュライト-カオリナイト中間種鉱物→カオリナイト
- g. カンラン石, 輝石, 角閃石→（緑泥石）→バーミキュライト→モンモリロナイト→モンモリロナイト/ハロイサイト混合層鉱物→ハロイサイト→カオリナイト
- h. カンラン石, 輝石, 角閃石→緑泥石→緑泥石/バーミキュライト混合層鉱物→バーミキュライト→モンモリロナイト→モンモリロナイト/ハロイサイト混合層鉱物→ハロイサイト→カオリナイト
- i. 高シリカ火山ガラス→アロフェン→ハロイサイト→ハロイサイト/メタハロイサイト混合層鉱物→メタハロイサイト
- j. 低シリカ火山ガラス→アロフェン→ハロイサイト
- k. 低シリカ火山ガラス→アロフェン→イモゴライト

ムとその水和物や，硫酸マグネシウム，炭酸ナトリウムなどが風化に効果的である．海岸や大気汚染地域に普遍的に見られる NaCl（岩塩）や $CaSO_4$（石膏）などは，それらに比較して風化破壊力は小さい．このような実験結果は，前述した圧力の計算結果とは必ずしも整合せず，塩類風化現象の複雑さを物語っている．

2.3.6 凍結破砕と塩類風化の複合作用

塩の存在が凍結破砕を加速させるかどうかに関するいくつかの実験（たとえば，Goudie, 1974; Williams and Robinson, 1981）では，蒸留水に比べて塩溶液をしみこませて凍結させた岩石の方がより急激に風化することを示している．しかし，いくつかの実験では，塩が凍結破砕作用を減少させ，場合によっては妨げることがあることが示されている（McGreevy, 1982）．

2.3.7 疲労破壊

「熱風化」のところでも議論したように，純然たる熱風化作用があるかどうかは現在のところ不明であるが，最近は熱疲労破壊による風化が考えられている．すなわち，鉱物の熱伝導率は小さく，そのため岩石が熱せられると表面から内部にかけての温度（熱）勾配が大きくなり，熱応力が発生する．この加熱・冷却が繰り返されると，熱疲労破壊が生ずるという考えである．同様に，野外においては乾湿や凍結・融解が繰り返されている．このような繰返しが，岩石を徐々に脆弱化（風化）させると思われ

る．したがって，物理的風化とは**疲労破壊** (fatigue failure) 現象とみることもできる (Yatsu, 1988, pp. 34-48)．

2.4 化学的風化作用

化学的風化作用（chemical weathering）とは岩石が水と化学的に反応して分解（decomposition）することであり，その意味からも水-岩石反応（water-rock interaction）のプロセスと考えてよい．岩石は水と反応して変質・分解すると同時に，水自身の水質も変化させる．岩石と水がどのように変化するかは，水の性質，岩石の性質，岩石と水の割合，岩石と水との接触する面積，流れの速さ，温度などによって異なる．一般に，化学的風化作用の種類には，加水分解，溶解，水和，酸化などがあり，このような作用により岩石が化学的に分解され，最終的には地表条件下で安定な粘土鉱物が生成する．すなわち化学的風化は岩石の粘土化のプロセスでもある（たとえば，**表 2.5**）．

2.4.1 加 水 分 解

加水分解（hydrolysis）は，岩石を構成している珪酸塩などの鉱物に水が作用して，鉱物中のアルカリ元素が水中に溶け出すことによって鉱物そのものが分解されていくことである（結果的に水が鉱物中に取り込まれ，しばしば粘土鉱物に代わる）．

鉱物の化学的風化に対する抵抗性は，以下に示すような鉱物内での酸素と陽イオンとの結合力

表 2.6 鉱物の化学的風化しやすさ (Chorley et al., 1984, Table 9.4)

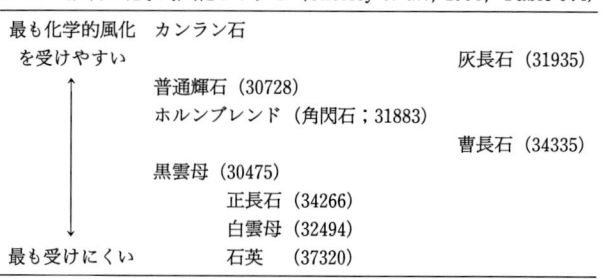

| 最も化学的風化
を受けやすい
↑
↓
最も受けにくい | カンラン石
普通輝石 (30728)
ホルンブレンド (角閃石；31883)
黒雲母 (30475)
正長石 (34266)
白雲母 (32494)
石英 (37320) | 灰長石 (31935)
曹長石 (34335) |

数値の単位は kcal/モル.

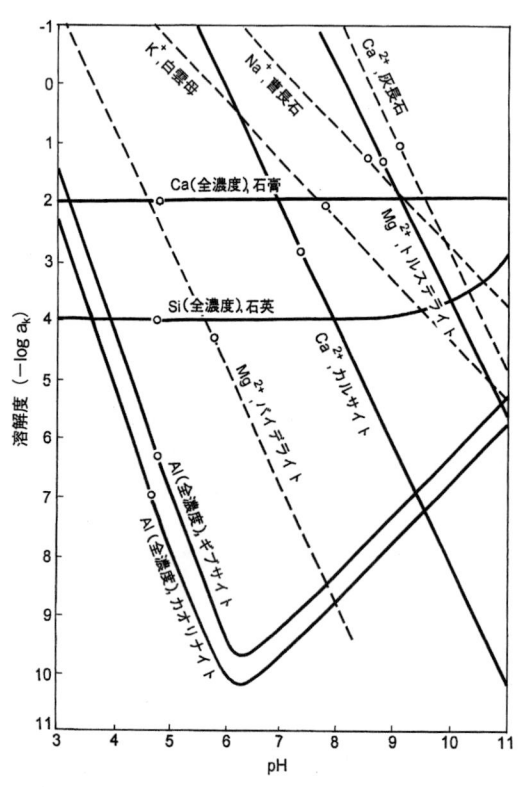

図 2.16 25°C, 1 気圧, $P_{CO_2}=10^{-2}$, $(H_4SiO_4)=10^{-3}$ にお
ける各種鉱物の水溶液中の溶解度 (Bolt and Bruggenwert, 1978)

実線は一致溶解, 破線は不一致溶解. ○印は酸, 塩基無添加
の場合の平衡 pH.

(kcal/モル) で表すことができる.

$K^+ 299$, $Na^+ 322$, $H^+ 515$, $Ca^{2+} 839$, $Mg^{2+} 912$,
$Fe^{2+} 919$, $Al^{3+} 1793$, $Si^{4+} 3110$-3142

これらの値から，一般的な造岩鉱物における結合
力は表 2.6 のように理論的に推定できる．この値か
ら，カンラン（橄欖）石や Ca に富む斜長石（灰長
石）などが風化しやすく，石英が風化しにくいこと
がわかる．このような風化に対する抵抗度の順位
は，風化系列と呼ばれている．もちろんこの順位は
化学的風化作用に対する抵抗力を示しているもので
あり，それは，マグマの冷却過程で晶出する順序と
逆である（たとえば，Goldich, 1938；Jackson
and Sherman, 1953；Lasaga, 1984）．

岩石と水の化学反応である加水分解の進行度は，
一般的には溶解度 (solubility) で示される．鉱物
の溶解度は，水中における分離した H^+ と OH^- の存
在（すなわち pH：pH 7 は 10^{-7} モル/l の H^+ が存
在することを示している）が関係している．H^+ イ
オンは小さく，比較的大きな電荷をもつため，鉱物
を構成する分子の格子の間を抜けて OH^- イオンと
結合している陽イオンを置き換え，溶脱溶液をつく
る．K^+，Na^+，Ca^{2+}，Mg^{2+} イオンは置換されやす
く，それらの溶解度は pH の値に大きくコントロー
ルされる．

鉱物の溶解度は，反応に関与する個々の物質の生
成の自由エネルギーあるいは反応の熱力学的平衡定
数から計算できる．たとえば図 2.16 は，いくつか
の鉱物の pH-溶解度曲線である．縦軸の値は上に
いくほど溶解しやすいことを示している．鉱物の溶
解度は，石膏，石英，ギブサイト，カオリナイトを
除いて，pH の減少（酸性度の増大）に伴って単調
増加する．図中の丸印は CO_2 の分圧が 10^{-2} bar の
ときの平衡 pH と溶解度を示す．この条件のもとで
は，曹長石，灰長石，カンラン石などの一次鉱物
は，石膏より明らかに溶解しやすい．また，二次鉱
物のギブサイト，カオリナイト，Mg バイデライト
（結晶構造中にアルミニウム含量が高い）などの溶
解度が著しく低く，カルサイトの溶解度もかなり低
い．自然界の水の pH が 4〜9 程度であることを考
えあわせると，図 2.16 の結果は，灰長石，カンラ
ン石に富む岩石（たとえば玄武岩）が石英，白雲

母，曹長石を主とする珪長質岩石（たとえば花崗岩）より速やかに風化する事実，また，その風化残渣がギブサイト，カオリナイト，針鉄鉱である事実と一致する．

このような計算によって求めた溶解度は，反応の進行度を知る一つの物差しではあるが，反応速度に関する情報はここからは得ることができないため，実際の"風化しやすさ"とは必ずしも対応しないことに注意しなければならない．たとえば，図 2.16 は石膏と白雲母の溶解度が中性 pH でほとんど等しいことを示しているが，実際には，白雲母はきわめて反応しにくく，その風化速度は石膏よりも著しく遅い．この点については，亀裂の程度，鉱物の粒径や緻密度など，実際に反応に関与する鉱物表面の性質が重要となる．

2.4.2 溶解

多くの鉱物は水に**溶解**（solution）する．溶解は，とくに方解石からなる石灰岩（limestone）で顕著であることから，以下に石灰岩における溶解反応を例示する．石灰岩は，中・低緯度地帯の海底に動植物プランクトンやサンゴや有孔虫などの生物遺骸が集積し，その後の続成作用による圧密・固化によって硬い岩石になったものである．続成作用が弱いものは**チョーク**（chalk）と呼ばれている．石灰岩は主に $CaCO_3$ からなる岩石であり，鉱物としては方解石（calcite）またはアラゴナイト（aragonite：あられ石）からなる．方解石のかわりに苦灰石（$Ca \cdot Mg(CO_3)_2$）の量が多い岩石はドロマイト（dolomite）と呼ばれる．これらの鉱物の他に，不純物として，微量のフリント（flint：石英の一種でヒウチ石ともいう）や石英砂，粘土鉱物などを含んでいる．石灰岩は，以下に述べるように水に溶けやすいため，溶解されるにつれて上記の不純物だけが集積し不純物内の鉄分が酸化して，赤色の残積土であるレンジナ（rendzina：腐植炭酸塩土）を形成する．

図 2.17 はアメリカ・ニューメキシコでの珪岩，花崗岩，石灰岩の化学的削剝速度を比較したものである．たとえば，同じ 300 mm の年間河川流出量に対して，珪岩は 1 mm/1000 yr，花崗岩は 3 mm/1000 yr であるのに対し，石灰岩はおよそ 12 mm/1000 yr の削剝速度をもち，化学的削剝量（溶解量）

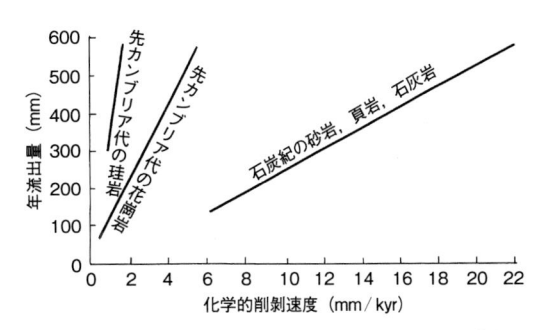

図 2.17 アメリカ・ニューメキシコの Sangre de Cristo Mountains における 3 種の岩石の化学的削剝速度の差異（Goudie, 1984, Fig. 12.5）
(1) 珪岩の化学的削剝速度が最も小さい，(2) 化学的削剝速度は，河川流出量に比例する．

が圧倒的に多い．石灰岩が他の岩石に比較して，いかに溶けやすいかがわかる．このことは，4.1 節のタブレット実験において後述する．

石灰岩の溶解は，炭酸ガスを含んだ溶媒でより顕著となる．大気中の炭酸ガスは容易に水に溶けるので，降雨にも取り込まれ，通常の降雨の pH は 5.63 になっている．それを基準とし，pH が 5.63 以下のものが酸性雨と定義されている．炭酸ガスの水への溶解は，このように溶液を弱酸性化する働きがあり，式で表わすと以下のようになる．

$$CO_2 + H_2O \rightarrow H_2CO_3 \qquad (2.9)$$

この弱酸性の降雨が石灰岩にあたると，以下の式のように，石灰岩を構成する鉱物（カルサイト，ドロマイト）が溶解して，重炭酸イオンになる．それらは水に溶けるので，石灰岩は効果的に溶解する．

$$CaCO_3 + H_2CO_3 \rightarrow Ca^{2+} + 2\,HCO_3^- \qquad (2.10)$$

$$CaMg(CO_3)_2 + 2\,H_2CO_3 \rightarrow Ca^{2+} + Mg^{2+} + 4\,HCO_3 \qquad (2.11)$$

カルサイトの溶解に比較して，ドロマイトの溶解は若干遅い．したがって，ドロマイトの量が多くなるほど，その岩石の溶解速度は遅くなる．

上記の反応（炭酸カルシウムの溶解量）と関係する要素は，CO_2 濃度と岩石と反応する水の温度である．その関係を示したのが，図 2.18 である．この図は横軸が CO_2 濃度，縦軸が溶解度（1 l に何 mg の炭酸カルシウムを溶かしうるか）を示す．図中には，気温（水温と同義）0℃，10℃，20℃ のときの溶解度曲線が描かれている．曲線の下部がまだ溶解能力がある範囲であり，曲線の上部は飽和領域（こ

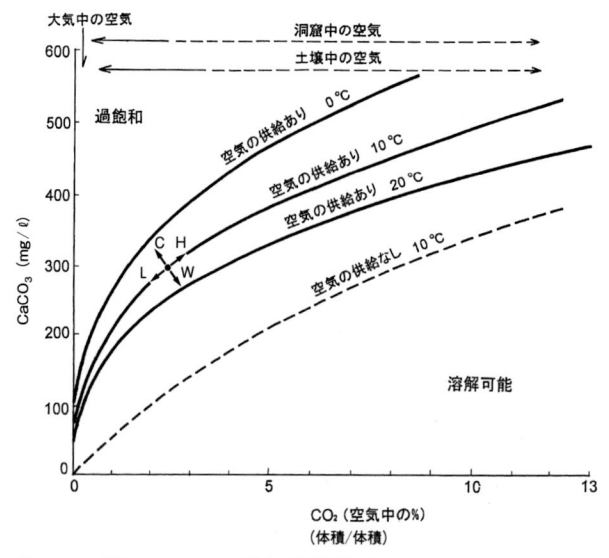

図2.18 炭酸カルシウムの飽和平衡曲線（Jennings, 1985, Figure 5）
異なった気温と空気中の二酸化炭素濃度の変化に依存した曲線．破線は，CO_2 の供給がない場合の溶解度である．もし，10℃で $CaCO_3$ が 300 mg/l 溶解している水が低温側に環境が変化すると（C の方向），より多くの石灰岩を溶解することができる．もし，高温側に環境が変化すると（W の方向），過飽和になり $CaCO_3$ を沈殿させる．CO_2 濃度がより少ない環境に変化すると（L の方向）$CaCO_3$ を沈殿させ，逆に，CO_2 濃度がより多い空気に触れると（H の方向）より多くの石灰岩を溶解することができる．

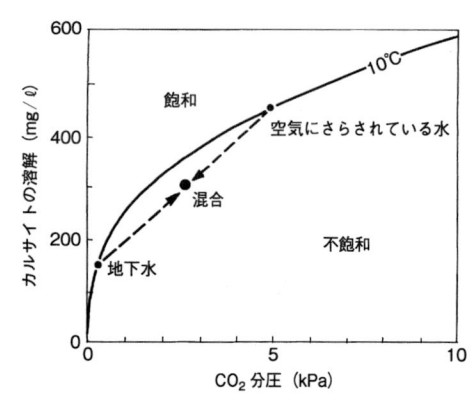

図2.19 2つの水の混合（Moore, 1968）
飽和した水どうしが混合すると飽和でなくなり，再び石灰岩を溶解することができるようになることを示している．

れ以上は**溶解できない範囲**）である．図から，CO_2 濃度が増大するほど溶解度は大きくなる．自然の空気中には 0.03% の二酸化炭素が含まれており，常温（10〜20℃）で 50〜80 mg/l の炭酸カルシウムが雨水に溶解する．地下の洞窟排水系での溶食作用では，さらに多量の二酸化炭素が関係する．これは，土壌中には植物の呼吸作用やバクテリアの活動などにより，空気の数倍からときには 100 倍を超える二酸化炭素が濃集しており，雨水はそれを取り込むことにより，100〜400 mg/l の炭酸カルシウムを溶解するようになるからである．

図に示された溶解度のラインは線形ではない．このことは石灰岩地域におけるいくつかの特異な溶解現象をもたらす．一つは混合溶解であり，もう一つが冷却溶解である．**混合溶解**とは，それぞれ炭酸カルシウムで飽和した2つの水を混合したとき，二酸化炭素含有量が両者で異なる限り，混合水は炭酸カルシウム濃度に関して再び不飽和になり，さらに石灰岩を溶かす能力が生まれる現象である（図2.19 に示すように CO_2 濃度は算術平均になるため）．また，**冷却溶解**は，水が同量の二酸化炭素を含んでいる場合，水温の低い方がより多量の炭酸カルシウムを溶解する現象である．これは低温ほど空気中の二酸化炭素が溶液に溶けやすいことに起因する．石灰岩地域の浅層で炭酸カルシウムに飽和した地下水が，地下の深層に流動するにつれて水温が低下する場合には，さらに周囲の石灰岩を溶食するようになる．炭酸カルシウムを多量に含んだ**硬水**を沸かして

いる薬缶には湯あかがつきやすいが，これは熱することにより水分が蒸発し過飽和となり炭酸カルシウム結晶として析出するためである．

2.4.3 水 和

水和（hydration）とは，鉱物などに水が吸着され，その発熱反応により体積が膨張する現象である．この繰返しによって徐々に岩石を弱くする．水和作用は加水分解よりも破壊力は小さい．火山ガラスの水和による風化については，神津島の事例（4.2.1項）で詳述する．塩類風化の(2)のケース（p.21参照）もこの作用である．他に，黒曜石の表面に水和層をつくる作用でもある．古いガラス質岩石の表面は，一般に不透明であるが，その原因の一つに水和層の形成があげられる．この黒曜石の場合，水和層の発達速度と経過時間との間に規則性がみられる．そのため，水和層が年代測定に利用されることがある．

2.4.4 酸 化

酸化（oxidation）は，風化の最も普通のプロセスの一つである．たとえば，鉄は酸化されて水酸化鉄の水和物となり，特徴的な赤色を呈し，硫化物は酸化して硫酸塩となる．これとは逆に，たとえば，赤色や黄色の酸化鉄が湛水下の嫌気的な環境下で緑色や灰色に変化するのが還元である．このような酸化還元作用は，それを引き起こす水の酸化還元電位（Eh）によって支配されている．

2.5 生物風化作用

2.5.1 生物風化とは

生物風化作用（biological weathering）には，バクテリアによる硫黄・鉄などの酸化，菌糸・地衣類などによる鉱物の破砕，藻類・鮮苔類による鉱物の変質，木の根の根圧による岩石の割れ目の拡大，穿孔貝による海岸の岩石への穿孔，などがある．たとえば，イスラエルのネゲブ砂漠において，地衣類で覆われた石灰岩を2匹のかたつむりが食べ，年間1ha当り0.7～1.1tの風化を起こしたことが知られている（Shachak et al., 1987）．一方，有機質起源の環状構造の中に，金属イオンを保持することは，**キレート化**（chelation）と呼ばれる．植物は，キレート剤が鉱物からイオン（栄養素）を抽出することを利用し，鉱物の風化を促進させている可能性があるが，その詳しいメカニズムについてはわかっていない．

2.5.2 地衣類による風化作用

地衣類（lichen）は，菌類（主に子嚢菌類）と藻類（シアノバクテリアあるいは緑藻類）からなる共生生物のことである．外見はコケ植物に似ており，そのため実際の地衣類の多くに「～ゴケ」の名が使われているが，その構造は菌糸からできており，コケとはまったく異なるものである．地衣類は岩石や礫の表面によく形成され，時間の経過とともにその大きさを増すので，相対年代を知る手がかりの一つとして利用されるが，その方法はライケノメトリー（lichenometry）と呼ばれている（14.1.1項参照）．

McCarroll and Viles（1995）は南ノルウェーの高山にあるハンレイ岩のモレーン礫（1750年から1917年までの年代既知の5種類のモレーンを対象）に形成されている地衣類（レキデア・アウリキュラータ Lecidea auriculata）が岩石風化にどのように寄与しているかを調べた．礫のシュミットハンマー反発値（R値）の結果は，(1) 地衣類の形成されている部分は30～40%であり，地衣類のない部分の60～65%よりかなり小さい，(2) 地衣類のない部分はモレーンの年代の違いがあっても60～65%とほぼ同じであるのに対し，地衣類のある部分では古いモレーンほどR値が小さくなっている．このことから地衣類が岩石を劣化させている

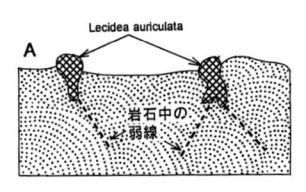

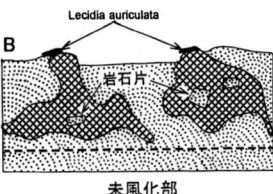

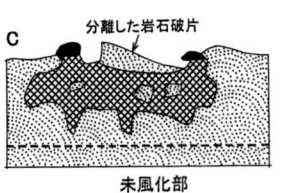

図2.20 地衣類（*Lecidea auriculata*）の風化プロセスを示すモデル（McCarroll and Viles, 1995）

と解釈した．また，SEM の観察を通して，地衣類は岩石の割れ目などから侵入しながらその生息域を拡大していき，岩石の破片などを取り込み徐々に岩石表面を風化させるという**図 2.20** のようなモデルを考えた．そして地衣類に覆われている部分の岩石表面の最小低下速度（風化速度）は 0.0012 mm/yr であり，地衣類に覆われていない部分より 25〜50 倍も風化が大きいという結論を導いている．

岩石の表面に地衣類のコロニー化が進むと，菌糸が岩石の間隙を通り内部に侵入し，間隙を広げるという物理的プロセスが起こると考えられる．また，地衣類の葉状体の膨張と収縮，葉状体の凍結・融解作用，有機塩・無機塩の膨張・収縮などが物理的プロセスとしてあげられる．一方，化学的プロセスとしては，地衣類の呼吸による二酸化炭素の影響が考えられる．また，地衣類が出すいろいろな酸の生成による鉱物の溶解や地衣類の代謝，地衣類の出す酵素なども化学的な影響をもたらすと考えられる．このように，生物風化のプロセスは物理的プロセスと化学的プロセスのどちらかあるいは両方が関わっている．

2.5.3 バクテリアによる花崗岩の風化

土壌に普遍的に存在するバクテリアの一つにバチラスサチラス（*Bacillus subtilis*）168 株と呼ばれる種類のものがある．一つの個体は幅 0.7〜0.8 μm，長さ 2 μm の繭形をしている．このバクテリアを培養し，大きさが 10 mm×10 mm×3 mm の花崗岩（鉱物粒径の小さい香川県の庵治石）と反応させる実験が行われた（Song *et al*., 2007）．**図 2.21** のように耐熱ボトルにバクテリアの培地であるイーストエキスとグルコースを入れ，NaCl 溶液を入れてある．また，バチラスサチラスは好気性であるので，エアポンプから空気を送り込んである．実験は 30 日間，27℃ に保った恒温器の中で行った．バクテリアを入れたものでは，新しく穴ができたり既存の穴が拡大していた（**図 2.22**）．また構成鉱物の中では，とくに斜長石において風化による穴の形成が顕著であった．

2.6 風化分帯と風化層の厚さ

2.6.1 風化分帯

花崗岩の風化層をもとにして，Dearman（1974, 1976）や Ruxton and Berry（1957）らは未風化の岩石から残積土まで 6 つの階級に区分した（**図 2.23**）．区分の基準にしたのは，岩石の変色程度，岩石と土の割合，基岩の組織の残存程度の 3 つである．また，イギリスの地質学会は，以下に示すような Moye（1955）の 6 段階（グレード）をもとに，その比率によって風化分帯（ゾーン 1〜6）す

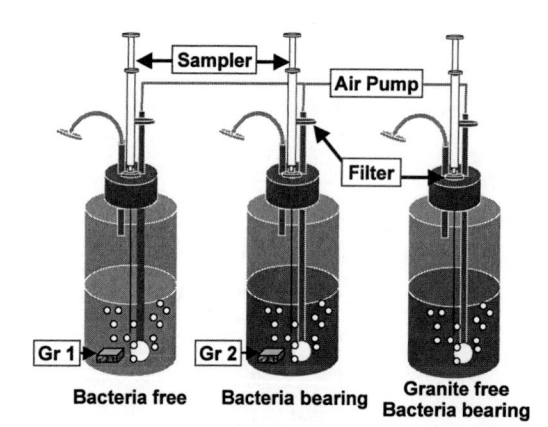

図 2.21 バクテリア風化実験の様子（Song *et al*., 2007）

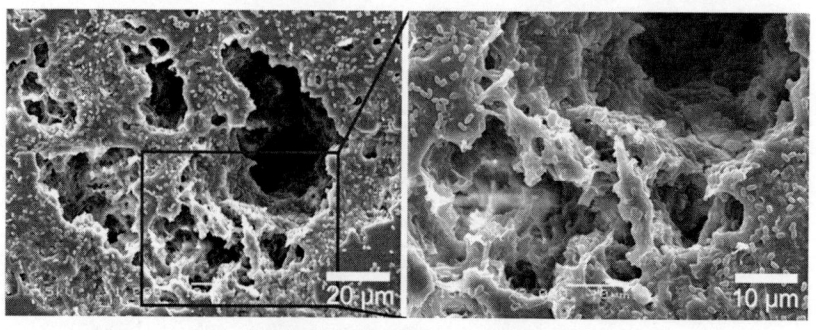

図 2.22 バクテリア風化により穴が形成された花崗岩（Song *et al*., 2007）
1 μm 相当の繭形のものがバクテリアの一種バチラスサチラス．

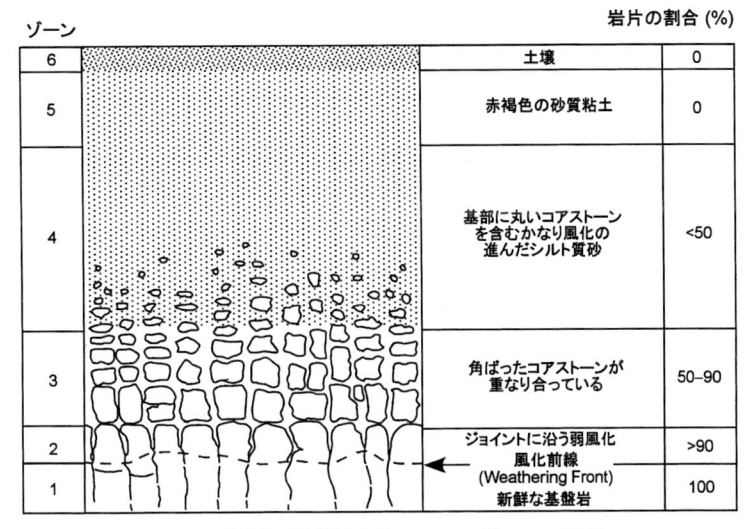

ゾーン			岩片の割合 (%)
6		土壌	0
5		赤褐色の砂質粘土	0
4		基部に丸いコアストーンを含むかなり風化の進んだシルト質砂	<50
3		角ばったコアストーンが重なり合っている	50–90
2		ジョイントに沿う弱風化 ← 風化前線 (Weathering Front)	>90
1		新鮮な基盤岩	100

図 2.23 花崗岩の風化断面（Ruxton and Berry, 1957）

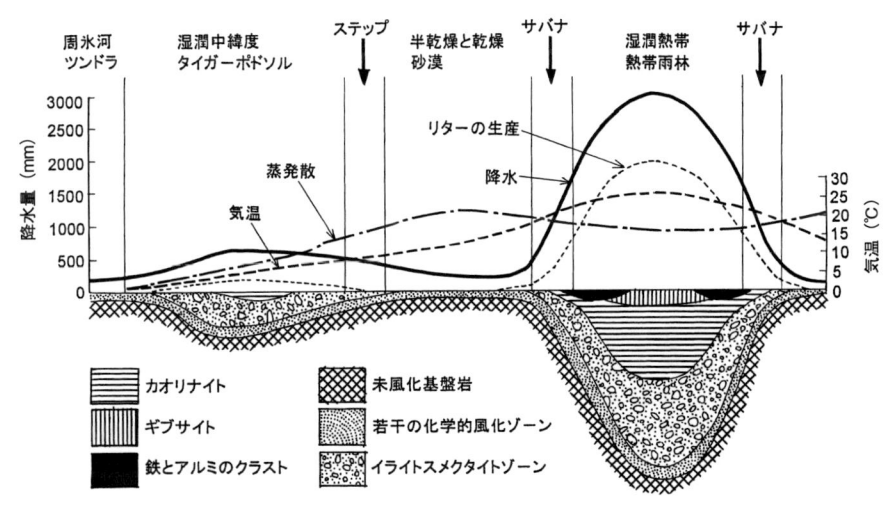

図 2.24 異なる気候下における風化被覆層の深さと構造を示す概略図（Strakhov, 1967, Fig. 2）

ることを提唱している（Anonymous, 1995）．

グレード I：新鮮．基岩の状態から変化していない．

グレード II：弱風化．若干変色，若干劣化．

グレード III：中風化．かなり弱くなっている．中まで変色．大きな岩石片は手では壊せない．

グレード IV：強風化．大きな岩石片でも手で破砕できる．乾燥試料を水に浸してスレーキングしない．

グレード V：完全に風化している．強度劣化が大きい．水中でスレーキングする．基岩の組織が見える．

グレード VI：残積土．風化によってもたらされた土壌であるが，基岩の組織やファブリックを残していない．

この分帯は，花崗岩のような硬岩のみならず軟岩にも適用可能であり，露頭の記載においては便利であるが，グレードの判断には主観の入り込む余地がある．

2.6.2 風化層・土壌層の厚さ

上記の風化分帯では，グレード I の未風化部を除いたグレード II より上部の風化層の全体の厚さが風化層の厚さということになる．また，グレード I と II の境界が風化前線あるいは風化フロントと呼ばれる．岩型によっては，この風化前線が明瞭に識別で

きないような風化形態をとるものがある．

風化層の厚さは，そこでの風化速度と侵食速度のバランスによって決まる．したがって，厚い風化層は，風化の速い岩石からなる地域に発達する．もちろん，風化速度が小さくても風化時間が長時間に及び，その間の侵食量が小さければ風化層は厚くなる．このように，基岩岩型の局地的な違いは重要であるが，風化層（土壌層）の厚さに対する気候の影響を一般化して考えることも可能である．図2.24は風化層の深さに対する気候の影響を概念的に示したものである．寒冷な極地域では風化層が薄く，温帯地域では厚さ1～3 mの風化層をもち，熱帯地域では厚さ数十mの風化層をもち，地域によって風化層の厚さが大きく異なることが示されている．もちろん，現在の風化層の厚さは過去の異なった気候環境によって決定されたものである場合もあり，たとえば，温帯地方の厚い風化層（土壌層）は，第三紀の熱帯気候環境下で形成された化石土壌の可能性も考えられる．このように，風化層の厚さを一般的に扱うことは難しい．

2.7　各種の風化生成物

2.7.1　レゴリス

レゴリス（regolith）とは，岩石の風化物や土壌物質のように，地表部を占める非固結の被覆物の総称である（Merrill, 1897, pp. 299-300）．したがって，非固結の物質であればその起源は問われない．しかし，研究者の中には，「レゴリス」を風化生成物と同義の狭い意味に使用する例が多いが，それは間違いであると指摘されている（Gale, 1992）．

2.7.2　土　壌

土壌（soil）は，風化生成物の最終形である．土壌層は前述した風化分帯の最上層に相当するが，それは以下のように細分化される．土壌断面を観察すると，表層は一般に暗色ないし黒色を帯びている．深くなるほど暗色は薄れ，ついにはそこにかつて存在した基岩の風化生成物が示す色（赤色，褐色，黄色）を呈するようになる．暗黒色の表層は，有機物の集積によって生成した層位で，**A層**と呼ばれる．暗黒色は腐植（植物残渣や動物の遺体が，土中の微生物・ミミズなどの小動物の作用を受けて分解され

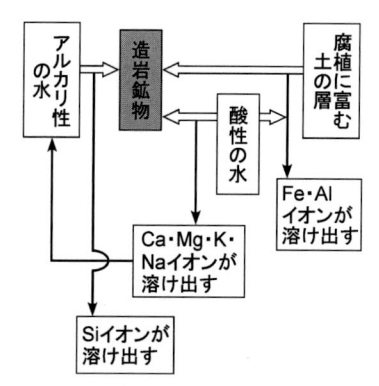

図2.25　鉱物からのイオンの溶脱（倉林，1980，図3-3）

てできたもの）の存在に依存する．下方の風化生成物は**C層**，その間を**B層**と呼ぶ．

岩石の化学的風化の速度や腐植の量は，温度と降水量に大きく依存する．したがって，巨視的にみると，各気候帯に対応して，それぞれ特徴ある断面をもつ土が形成される．各気候帯でつくられる土壌は，前述した加水分解の図2.16と，それをもとにした**図2.25**によって，以下のように理解される（たとえば，倉林，1980，pp. 135-140）．

熱帯地域は，高温多湿で常緑広葉樹が生い茂り，土の中では無数の微生物が活発に活動している．動植物の遺体は強い太陽熱と豊富な水と微生物の働きで速やかに分解され，植物が生育するのに必要な養分となり，遺体の分解物である腐植ができる時間がなく，そのため酸性が弱い（pHの値が高い）．

熱帯地域の地表は，太陽熱・水・微生物による強い化学的風化作用にさらされ，岩屑や砂・粘土からNa，K，Ca，Mgイオンが溶脱する．これらのイオンは地表や地中の水を中性あるいはアルカリ性に変え，溶脱しにくいSiも溶脱する．しかしAlやFeはアルカリ性の水には溶脱しにくいので，地表に残されてしまう．これらのAlやFeは酸素や水分子と結合し，水酸化物をつくりだす．Alはギブサイト［$Al(OH)_3$］やベーマイト［$AlO(OH)$］に，Feはゲータイト［$FeO(OH)$］などの微細な鉱物を生みだし，これらの鉱物の色が**ラテライト**のレンガ色だと考えられている．とくにギブサイトやダイアスポア［$AlO(OH)$］などを多量に含む土は，**ボーキサイト**といわれるアルミニウムの鉱石となる．

日本にはラテライトはないが，ラテライトに似た赤色の土（**赤色土**）が分布する．沖縄や九州南部の

亜熱帯気候下では，植物遺体の分解が早く，熱帯のように化学的風化作用が強く，Na, K, Ca, Mgイオンが溶脱しSiも溶けだす．薄い腐植の層の下では，土の中に残ったAlやFeが水酸化物となって赤色の原因となり，溶脱したイオンは集積してカオリナイトをつくる．

関東や東北地方には**褐色森林土**（地表に近い部分は腐植に富む暗褐色の厚い土で，その下に褐色の土の層がある）が分布する．森林には落葉広葉樹が茂り，夏はもちろん，冬にも落葉した木々の間を通って地面に太陽光線が降り注ぐ．温暖で湿潤な気候下で太陽光線によって地表近くの土の中で微生物は活躍し，動植物の遺体はほどよく分解され，植物に必要な養分と腐植に変わる．腐植に富む土の層に滲み込んだ水は酸性であり，Na, K, Caイオンが激しく溶脱するとともに，Mg, Fe, Al, Siもイオンとなって溶脱する．溶脱したイオンは腐植に富む層の下で集積し，多量の粘土をつくりあげる．

北海道北部には，厚い腐植層の下に灰白色の土が見られ，その下は硬い緻密な褐色の土の層になっている．この土を**ポドゾル**（podzol）という．ポドゾルという語はロシアの農民の言葉であり，ポドは「下に」，ゾルは「灰」という意味をもっている．黒色の腐植層の下に灰白色の土の層があることを示している．北海道北部のような寒冷な気候下では，針葉樹が茂り，その森林下での微生物の働きは鈍く，動植物の遺体は堆肥のような厚い腐植層（葉積層）をつくる．この腐植酸はフルボ酸という有機酸に富み，地表や地中の水は酸性が強く，Na, K, Ca, Mgイオンが溶脱する他，FeやAlも溶脱する．ところが，Siは強い酸性の水には溶解しない．すなわち，ラテライトや赤色土とは正反対の溶脱が起こる．厚い腐植層の下には，SiとOの結合した石英の小さい結晶や非晶質珪酸が残留するので灰白色に変化する．一方，溶脱したFeやAlは，灰白色の下の層で集積し，非常に硬い褐色の土の層をつくる．

2.7.3 デュリクラスト

デュリクラスト（duricrust）とは，熱帯や乾燥地域において，岩石の風化や土壌生成の過程で地表面近くに形成される硬い風化殻をいう．その厚さは数mに及ぶものもある．主なものに，鉄分に富んだフェリクレート（ラテライト），シリカに富んだシルクレート，石灰に富んだカリクレート（カリーチとも呼ばれる）などがある（たとえば，Goudie, 1973, 1985）．

デュリクラストは一般に硬いことから，その重要性は侵食に対する抵抗性にある．一般的にデュリクラストは標高の低い平野に形成されるが，その後の侵食によってデュリクラスト平野を高い平坦面として残存させることがある．たとえばオーストラリアや南アフリカではデュリクラストがキャップロック（帽岩）となったメサ地形が形成されている．

2.7.4 風化皮膜・砂漠ワニス

風化の進行に伴い，巨礫や礫などの表面に形成される酸化鉄などの皮膜が**風化皮膜**（weathering rind）である．厚さは数mmから数cmのものが多い．古い段丘の礫ほど風化皮膜が厚くなることから，風化皮膜の時間的成長を追跡することができる．そこで，礫の風化皮膜の厚さからその堆積物の堆積後の経過時間を推定する相対年代法に利用される（14.1.1項参照）．また，風化皮膜に類似したものとして，**砂漠ワニス**（desert varnish）がある．これは砂漠に露出した岩石の表面に付着した褐色ないし黒色の光沢のある薄い膜（数 μm～数百 μm）であり，酸化鉄や酸化マンガンからなっている．これらの成因としては，風化によって岩石内部から供給されたものという解釈と，風成として礫の外からの付加とが考えられている（たとえば，Whalley, 1983）．砂漠ワニスも年代測定に使える可能性をもっている（たとえば，Dorn, 1989）．

引 用 文 献

Aires-Barros, L., Graca, R. C. and Velez, A. (1975) Dry and wet laboratory tests and thermal fatigue of rocks, *Engineering Geology*, **9**, 249-265.

Anonymous (1995) The description and classification of weathered rocks for engineering purposes. Geological Society Engineering Group Working Party report, *Quarterly Journal of Engineering Geology*, **28**, 207-242.

Arnold, A. and Zehnder, K. (1990) Salt weathering on monument. *in* Zezza, F. (ed.) The Conservation of Monuments in the Mediterranean Basincer, Brescia, Grafo, 31-58.

Birkeland, P. W. (1984) Soils and Geomorphology.

Oxford Univ. Press, New York, 372 p.
Blackwelder, E. (1927) Fire as an agent in rock weathering, *Journal of Geology*, **35**, 134-140.
Bland, W. and Rolls, D. (1998) Weathering : An introduction to the scientific principles. Arnold, London, 271 p.
Bolt, G. H. and Bruggenwert, M. G. M., eds. (1978) Soil Chemistry : Basic elements. Elsevier, Amsterdam, 281 p.
Carroll, D. (1970) Rock Weathering. Plenum, New York, 203 p.
Chorley, R. J., Schumm, S. A. and Sugden, D. E. (1984) Geomorphology. Methuen, London, 605 p.
Colman, S. M. and Dethier, D. P., eds. (1986) Rates of Chemical Weathering of Rocks and Minerals. Academic Press, Orland, 603 p.
Cooke, R. U. and Doornkamp, J. C. (1990) Geomorphology in Environmental Management. Clarendon Press, Oxford, 410 p.
Cooke, R. U. and Smalley, I. J. (1968) Salt weathering in deserts. *Nature*, **220**, 1226-1227.
Correns, C. W. (1939) Die Entstehung der Gesteine. Springer, Berlin, 422 p.
Correns, C. W. (1949) Growth and dissolution of crystals under linear pressure, in Disc. Faraday Soc., 5, Crystal Growth (Butterworth, London), pp. 267-271.
Davidson, G. P. and Nye, J. F. (1985) A photoelastic study of ice pressure in rock cracks, *Cold Regions Science and Technology*, **11**, 141-153.
Dearman, W. R. (1974) Weathering classification in the characterisation of rock for engineering purposes in British practice, *Bulletin of the International Association of Engineering Geology*, **9**, 33-42.
Dearman, W. R. (1976) Weathering classification in the characterisation of rock : A revision, *Bulletin of the International Association of Engineering Geology*, **13**, 123-127.
Dorn, R. I. (1989) Cation-ratio dating of rock varnish : A geographic assessment, *Progress in Physical Geography*, **13**, 559-596.
Embleton, C. and Thornes, J., eds. (1979) Process in Geomorphology. Edward Arnold, London, 436 p.
Everett, D. H. (1961) The thermodynamics of frost damage to porous solids, *Trans. Faraday Soc.*, **57**, 1541-1551.
Gale, S. J. (1992) Regolith : The mantle of unconsolidated material at the Earth's surface, *Quaternary Research*, **37**, 261-262.
Gerrard, A. J. (1988) Rocks and Landforms. Unwin Hyman, London, 319 p.
Gilbert, G. K. (1904) Domes and dome structure of the High Sierra, *Bulletin of the Geological Society of America*, **15**, 29-36.
Goldich, S. S. (1938) A study on rock weathering, *Journal of Geology*, **46**, 17-58.
Goudie, A. S. (1973) Duricrusts in Tropical and Subtropical Landscapes. Clarendon Press, Oxford, 174 p.
Goudie, A. S. (1974) Further experimental investigation of rock weathering by salt and other mechanical processes, *Zeitschrift für Geomorphologie, N.F.*, Supplement Bd., **21**, 1-12.
Goudie, A. S. (1977) Sodium sulfate weathering and the disintegration of Mohenjo-Daro, Pakistan, *Earth Surface Processes*, **2**, 75-86.
Goudie, A. S. (1984) The Nature of the Environment : An Advanced Physical Geography. Basil Blackwell, Oxford, 331 p.
Goudie, A. S. (1985) Duricrusts and landforms. *in* Richard, K. S., Arnett, R. R. and Ellis, S. (eds.) Geomorphology and Soils. Allen and Unwin, London and Boston, 37-57.
Goudie, A. S. (1989) Weathering processes. *in* Tomas, D. S. G. (ed.) Arid Zone Geomorphology. Belhaven Press, London, 372 p.
Goudie, A. S. and Pye, K., eds. (1983) Chemical Sediments and Geomorphology. Academic Press, London, 439 p.
Goudie, A. S. and Viles, H. (1997) Salt Weathering Hazards. John Wiley & Sons, Chichester, 241 p.
Griggs, D. T. (1936) The factor of fatigue in rock exfoliation, *Journal of Geology*, **44**, 783-796.
Hallet, B. (1983) The breakdown of rock due to freezing : A theoretical model. Permafrost, Fourth International Conference, Proceedings. National Academy Press, Washington, D. C., 433-438.
八田珠郎・木股三善・松倉公憲・谷津榮壽 (1981) 筑波山周辺における深成岩の風化について, 鉱物学雑誌, **15** (特別号), 202-209.
Jackson, M. L. and Sherman, G. D. (1953) Chemical weathering of minerals in soils. *in* Norman, A. G. (ed.) Advances in Agronomy, vol. 5. Academic Press, New York, 219-318.
Jahns, R. H. (1943) Sheet structure in granite : Its origin and use as a measure of glacial erosion in New England, *Journal of Geology*, **51**, 71-98.
Jennings, J. N. (1985) Karst Geomorphology. Basil Blackwell, Oxford, 293 p.
Johnson, A. M. (1970) Physical Processes in Geology. Freeman, Cooper & Company, San Francisco, 577 p.
Kiersch, G. A. and Asce, F. (1964) Vaiont reservoir disaster, *Civil Engineering*, **34**, 32-39.
小林良二・酒井 昇・松本浩二 (1983) 岩石の熱疲労に関する実験的研究, 日本鉱業会誌, **99**, 81-86.
倉林三郎 (1980) 粘土と暮らし. 東海大学出版会,

183 p.
Lasaga, A. C. (1984) Chemical kinetics of water-rock interactions, *Journal of Geophysical Research*, **89**, 4009-4025.
Loch, J. P. G. and Miller, R. D. (1975) Tests of the concept secondary frost heaving, *Soil Science Society of America Proceedings*, **39**, 1039-1041.
Mabbutt, J. A. (1961) A stripped land surface in Western Australia, *Transactions Institute of British Geographers*, **29**, 101-114.
McCarroll, D. and Viles, H. (1995) Rock-weathering by the lichen *Lecidea auriculata* in an Arctic alpine environment, *Earth Surface Processes and Landforms*, **20**, 199-206.
McGreevy, J. P. (1982) 'Frost and salt' weathering: Further experimental results, *Earth Surface Processes and Landforms*, **7**, 475-488.
Maekado, A., Hatta, T. and Matsukura, Y. (1982) Field measurement on slaking in Shimajiri mudstone in Okinawa, southwestern Japan, *Annual Report of the Institute Geoscience, Univ. Tsukuba*, 8, 45-50.
松倉公憲 (1994) 風化過程におけるロックコントロール：従来の研究の動向と今後の課題，地形，**15**，202-222.
Matsukura, Y. and Yatsu, E. (1980) An apparatus for the measurement of swelling pressure of some argillaceous rocks and the concept of swelling energy, *Transactions of the Japanese Geomorphological Union*, **1**, 35-41.
Matsukura, Y. and Yatsu, E. (1982) Wet-dry slaking of Tertiary shale and tuff, *Transactions of the Japanese Geomorphological Union*, **3**, 25-39.
Matsukura, Y. and Yatsu, E. (1985) Influence of salt water on slaking rate of Tertiary shale and tuff, *Transactions of the Japanese Geomorphological Union*, **6**, 163-167.
松岡憲知 (1986) 凍結破砕速度に影響を与える岩石物性，地形，**7**，23-40.
Mellor, M. (1970) Phase composition of pore water in cold rocks, *CRREL Research Report*, No. 292, 61 p.
Merrill, G. P. (1897) A Treatise on Rocks, Rock Weathering and Soils. Macmillan, New York, 411 p.
Mitchell, J. K. (1993) Fundamentals of Soil Behavior (2nd ed.). John Wiley & Sons, New York, 437 p.
Moore, G. W. (1968) Limestone caves. *in* Fairbridge, R. W. (ed.) Encyclopedia of Geomorphology. Reinhold Book Corporation, New York, 652-653.
Moye, D. G. (1955) Engineering geology for the Snowy Mountain scheme, *Journal of Institution of Engineers*, Australia, **27**, 287-298.
Neuendorf, K. K. E., Mehl, J. P. Jr. and Jackson, J. A. (2005) Glossary of Geology (5th ed.). American Geological Institute, Alexandria, Virginia, 779 p.
Ollier, C. (1984) Weathering. Longman, London, 270 p.
Rice, A. (1976) Insolation warmed over, *Geology*, **4**, 61-62.
Ruxton, B. P. and Berry, L. (1957) The weathering of granite and associated erosional features in Hong Kong, *Bulletin of the Geological Society of America*, **68**, 1263-1292.
酒井 昇・伊達和博 (1987) 熱衝撃疲労試験による岩石の物性変化の評価に関する研究，応用地質，**28**，242-253.
Shachak, M., Jones, C. G. and Granot, Y. (1987) Herbivory in rocks and the weathering of a desert, *Science*, **236**, 1098-1099.
Song, W., Ogawa, N., Oguchi, C. T., Hatta, T. and Matsukura, Y. (2007) Effect of *Bacillus subtilis* on granite weathering: A laboratory experiment, *Catena*, **70**, 275-281.
Strakhov, N. M. (1967) Principles of Lithogenesis. Vol. 1. Oliver & Boyd, Edinburgh, 245 p.
須藤俊男 (1974) 粘土鉱物学．岩波書店，498 p.
Takagi, S. (1980) The adsorption force theory of frost heaving, *Cold Regions Science and Technology*, **3**, 57-81.
高志 勤・生頼孝博・山本英夫・岡本 純 (1979) 凍結中の間隙水圧測定による上限凍上力の推定，雪氷，**41**，277-287.
Tarr, W. A. (1915) A study of some heating tests, and the light they throw on the cause of the disaggregation of granite, *Economic Geology*, **10**, 348-367.
塚本 斉・水谷伸治郎 (1998) 風化粘土の生成と変遷，応用地質，**29**，231-241.
薬谷哲也・松倉公憲 (1993) 岩石の熱風化に関する研究の展望，筑波大学水理実験センター報告，**18**，19-27.
Whalley, W. B. (1983) Desert varnish. *in* Goudie, A. S. and Pye, K. (eds.) Chemical Sediments and Geomorphology, 197-226. Academic Press, London, 439 p.
Williams, R. B. G. and Robinson, D. A. (1981) Frost weathering of rocks in the presence of salts: A review, *Permafrost and Periglacial Processes*, **2**, 347-353.
Winkler, E. M. (1975) Stone: Properties, Durability in Man's Environment. Springer-Verlag, Wien, 230 p.
Winkler, E. M. (1994) Stone in Architecture (3rd ed.). Springer-Verlag, Berlin, 313 p.
Winkler, E. M. and Wilhelm, E. J. (1970) Saltburst by hydration pressures in architectural stone in urban atmosphere, *Geological Society of America Bulletin*, **81**, 567-572.
Yatsu, E. (1988) The Nature of Weathering: An introduction. Sozosha, Tokyo, 624 p.

3. 物理的風化作用とそれがつくる地形

　オーストラリアのエアーズロック（図3.1a）は，砂岩の一枚岩盤がつくるドーム地形として有名であるが，その表面に形成されている大小の窪みの存在にまで注目する観光客は多くないであろう．この窪みが**タフォニ**（tafoni）と呼ばれる微地形である．タフォニは，地中海のコルシカ島の花崗岩にこのような地形があり，そこでの呼び名が地形用語になったものである．英語では単数形が tafone，複数形が tafoni とつづられる．タフォニと類似するが，その穴がより小さく，あたかも蜂の巣のように見えることから名付けられた**蜂の巣構造**（honeycomb structure）と呼ばれる微地形がある．両者の成因はともに，塩類風化と考えられている．

　福島県下郷町の大川（阿賀川）沿いの峡谷の一部に「塔のへつり」と呼ばれる観光地がある（図3.1b）．この塔のへつりの河岸にある垂直な谷壁の高さは全体で20〜50 mほどもある．西向きの谷壁の，川の水面より4〜5 m高いところに，**ノッチ**（notch）と呼ばれる窪みが川の縦断形にほぼ平行に発達している．二，三の地質ガイドブックによれば，弱い岩質の部分を流水が削ったことによりこのノッチができた，といういわば**選択的侵食説**で説明がなされているが，シュミットハンマーの反発値からは，ノッチの部分に相当する岩層が弱いということはいえず，この説明には無理がある．ノッチの天井部分や壁面，および床面には白色粉末の結晶が多量に析出しており，この白色粉末は，X線粉末回折分析によりテナルダイト（Na_2SO_4）と石膏（$CaSO_4 \cdot 2H_2O$）であることがわかった（Matsukura et al., 1996）．このことから，ノッチの形成には塩類風化作用が重要な働きをしていることが推察される．このような塩類風化がつくる内陸のノッチ地形は各地で普遍的に見られる（Matsukura and Kato, 1997）．

図3.1 (a) エアーズロック（オーストラリア）：岩盤表面に多数のタフォニが形成されている．(b) 塔のへつり（福島県下郷町）：川の水面より4〜5 m高い所の窪みがノッチであり，塩類風化により形成されたものである．

以上の2つの場所の例からも，塩類風化は意外なところで地形形成に関与していることがうかがえる．

3.1 乾湿風化作用とそれがつくる地形

3.1.1 波 状 岩

岩石海岸（海食崖の前面）には shore platform なる地形が形成されていることがある．たとえば，神奈川県三浦半島の荒崎海岸や，宮崎市の青島周辺には，Bタイプの shore platform（従来，波食棚（wave cut bench）と呼ばれてきた地形：Sunamura, 1992, Fig. 7.1 参照）が形成されている．ここで問題にするのは，この shore platform の形成ではなく，shore platform の上に発達している**波状岩**（洗濯板状の波状凹凸）の形成要因である．この問題は鈴木ほか（1970）や高橋（1975，1976）によって詳細に議論されている．とくに鈴木ほかの論文は谷津の岩石制約論を具現化した最初の論文であり，地形学史上画期的な業績といえよう．

荒崎海岸においては，波状岩の凸部は主に凝灰岩，凹部は泥岩からなっている．一方，青島においては，凸部は砂岩，凹部は泥岩からなっている（図3.2）．それぞれの岩石の強度を調べてみると，たしかに青島の砂岩（凸部）は泥岩（凹部）に比較して強度が大きい．しかし，荒崎の場合は，凸部の凝灰岩の方が，凹部の泥岩に比較して乾燥時でも湿潤時においても圧縮・引張強度，弾性波速度，磨耗硬度のいずれの値も小さい．したがって，これらの凹凸を岩石の"かたさ"や"つよさ"の指標からは説明できない．

凹凸の形成を解釈する鍵は，両地域ともに凹部が泥岩から形成されていることであり，かつ，platform そのものが潮間帯に位置していることである．すなわち，潮間帯にある泥岩は，潮の干満の繰返しにより，乾燥と湿潤を繰り返すことになる．このような乾燥・湿潤の繰返しは，泥岩の乾湿風化を引き起こし，岩石を細片化する．2.3.3項で述べた乾湿風化実験の図2.7において，青島の泥岩は No. 65 に相当する．3回ないし4回の乾湿繰返しによって篩からほとんどが落ちてしまうほどスレーキングが速い．野外での風化環境は，実験室での条件ほど厳しくはないとはいえ，泥岩の風化はあっという間に起こると考えてよい．図3.2はどちらも干潮時の様子であるが，(b)の中央の水たまりに細片化した泥岩が見える．このように，乾湿風化により細片化した泥岩は，その後の波によって運搬・除去される．一方，凸部を構成する凝灰岩や砂岩には，乾湿風化の特性はない．したがって，泥岩の部分だけが風化・侵食で低潮位のレベルまで低下する（ただし，低潮位以下では常時海面下なので乾湿の繰返しが起こらないので，泥岩といえども細片化せず，侵食されない）．

3.1.2 フードー

カナダ・アルバータの Drumheller のバッドランドには，**フードー**（hoodoos）と呼ばれるキノコ状の特異な地形が存在する（図3.3）．Tanaka *et al.* (1996) は，このフードーの形成を岩石物性の面から説明しようと試みた．フードーの高さは最大で3 m，柱部の直径は 0.6～1.5 m 程度であり，厚さ30

図3.2 宮崎市青島の波状岩（通称，鬼の洗濯板）
凸部は砂岩，凹部は泥岩からなっている．いずれも干潮時に撮影されたものである．

図 3.3 カナダ・アルバータ州の Drumheller・バッドランドにあるフードー (Tanaka *et al.*, 1996)（口絵参照）
Cf は細粒砂岩からなるキャップロック, Pf は細粒砂岩からなる柱, Ps は白色と褐色の薄層のシルト岩からなる互層のつくる柱.

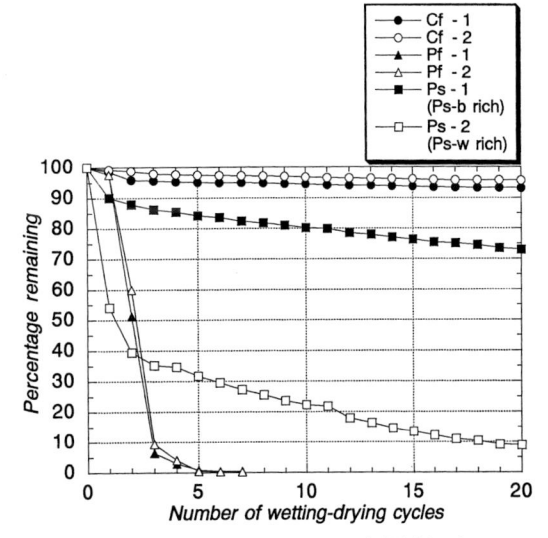

図 3.4 フードー構成岩石のスレーキング試験結果 (Tanaka *et al.*, 1996)
横軸は乾湿風化サイクル数で, 縦軸は残留重量率 (%).

cm のキャップロック (caprock) をもつ. 構成岩石は, 白亜紀の浅海成堆積岩である. 上部の傘 (caprock) に相当する部分は細粒砂岩（以下 Cf と略称する：厚さ 30 cm）, 柱部 (pillar) の上部が細粒砂岩 (Pf：厚さ 2 m), 下部がシルト岩 (Ps：厚さ 2 m) で構成されている. とくに Ps は, 褐色および白色のシルト岩薄層（それぞれを Ps-b, Ps-w と呼ぶ）の互層になっている.

Cf, Pf, Ps (Ps-b, Ps-w) のそれぞれの岩石物性を見ると, 自然含水比および乾燥状態での山中式土壌硬度計による貫入硬度, 乾燥状態での針貫入試験による貫入硬度などの力学的性質には, 3 種類の岩石で大きな差異は認められなかった. 一方, スレーキング試験の結果では, 3 種類の岩石の風化残留率には大きな違いがあった（図 3.4）. すなわち, スレーキング試験で 20 サイクルを経ても, Cf は 90% 以上の残留率を示した. 一方, Pf は 5 サイクルで残留率は 0% にまで急激に減少した. また, Ps の場合は 20 サイクル後に 70% の残留率を示すもの (Ps-b) と 10% 程度を示すもの (Ps-w) があり, 不均質性が認められた. すなわち, Pf および Ps がスレーキングしやすいのに対し, Cf はほとんどスレーキングしない. このようなスレーキング速度の差異は, それぞれ岩石の X 線粉末回折分析による粘土鉱物組成, 間隙径分布および比表面積などの違いで説明される. すなわち, Pf と Ps がスレーキングしやすいのは, 大きな膨潤性を示すイライト/スメクタイト混合層鉱物（吸水膨潤が大きい）の存在と小さな間隙径（膨潤圧が発生しやすい）と大きな比表面積（水との接触面積が大きくなる）をもつ粘土鉱物を多量にもっていることによってもたらされているものと考えられる. Cf がスレーキングしにくいのは, イライト/スメクタイト混合層鉱物などの膨潤性粘土鉱物を含まないためと考えられる.

フードーの形成は, 力学的硬さからでは説明できない. また, 風食や凍結融解風化でも説明されない. なぜなら, もし風食ならば, 飛砂が最も起こりやすい地上 30 cm 程度のところが侵食されてくびれていてもいいはずであるが, caprock の下 0.5～1.0 m の部分が最もくびれており説明が難しい. また, この地域では冬季に降水量が少なく, その季節は含水比が小さいため, 凍結が起こりにくいと思われる. したがって, フードーの形成に最も大きな役割を果たしているのはスレーキング特性ということになる.

フードーの長期にわたる地形発達の過程については, 以下のように考えられる（図 3.5）. プレーリーのような半乾燥地帯では, とくに夏に集中する

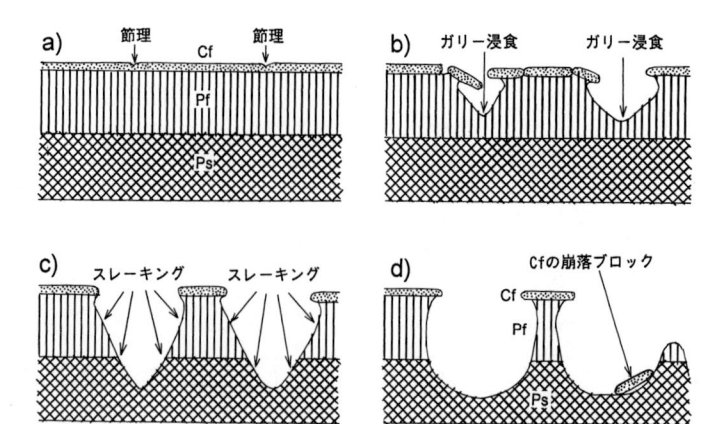

図3.5 フードーの形成・発達モデル（Tanaka et al., 1996）
a）節理沿いにガリー侵食が卓越する．b）いくつかの小丘に分離．c）小丘斜面でのスレーキング．d）フードーの形成．

図3.6 福島県郡山市・浄土松公園に発達する「きのこ岩」
（Sugiyama and Matsukura, 2002）

豪雨により，ガリー侵食が節理沿いに卓越するであろう（図3.5a）．これらガリーにより平坦面もいくつかの小丘に分割される（同b）．これら小丘の斜面では，スレーキングによる細片化の進行により斜面構成物質の除去が促進される（同c）．Drumheller バッドランドでは，スレーキングに対する抵抗性の異なる岩石がほぼ水平に堆積していて，抵抗性の最も大きい岩石（Cf）が最上位にある場合，スレーキングに起因する側方侵食により下位層（Pfおよび Ps）が相対的に早く侵食される．最上位層（Cf）がオーバーハングするようになっても，caprock を回り込んで雨水が流れるという"teapot effect"により下位層（Pfおよび Ps）と雨水の接触は継続する．したがってスレーキングに起因する側方侵食は継続し，スレーキングに対する抵抗性の大きい岩石を傘とし，くびれた柱をもつフードーが形成された（同d）と考えられる．

福島県の郡山市郊外の浄土松公園には，フードーと同じようなきのこ岩が形成されている（図3.6）．この地形もフードーと同じようにキャップロックを構成する岩石（砂岩）がスレーキングしにくく，柱の部分（凝灰質砂岩）がスレーキングしやすい，ということで説明される（Sugiyama and Matsukura, 2002）．

3.2 塩類風化作用とそれがつくる地形

3.2.1 塩類風化による岩石の破壊：塩類風化実験

塩類風化に伴う破壊力は，想像以上に大きい．図3.7は，室内実験で塩類風化を再現したものである．この実験は，角柱状に整形した凝灰岩（大谷石）の下部を硫酸ナトリウムと硫酸マグネシウム溶液に浸したままで試料上部を室温で乾燥させたものである．大谷石は，間隙率が大きい（30％程度）こともあり，岩石自身の毛細管現象で溶液を吸い上げる．吸い上がった溶液は岩石の表面から蒸発し，岩石表面や内部で結晶化する．写真の白い結晶が，硫酸ナトリウムと硫酸マグネシウムの結晶である．1か月も経たないうちに試料の下部が膨張・破壊する．そのような状態のところで岩石に蒸留水を噴霧すると岩石内部の塩が潮解し風化部分が崩れ落ちる．実験は，塩溶液を飽和状態にしているため塩の結晶化が速いとはいえ，いかに塩の結晶圧が大きいかが理解されよう．

塩類風化実験のやり方のもう一つとしては，立方

図3.7 大谷石を用いた塩類風化実験の一例（山田・松倉，2001）（口絵参照）
供試体は5×5×10 cmの角柱．

表3.1 塩類風化実験に用いた岩石試料の物性値（山田ほか，2005）

	単位体積重量 γ_d (gf/cm³)	真比重 G_s —	間隙率 n (%)	引張強度 S_t (MPa)	P波速度 v_b (km/s)	塩溶液滲入量 i (%)	塩溶液滲入率 I_R (i/n)
真壁石（花崗岩）	2.61	2.64	1.1	9.00	3.77	0.9	0.82
稲田石（花崗岩）	2.59	2.62	1.1	7.82	3.54	0.9	0.82
青島石（砂岩）	2.51	2.69	6.9	5.75	2.96	6.9	1.00
多胡石（砂岩）	1.89	2.61	27.6	3.35	2.74	17.6	0.64
大谷石（凝灰岩）	1.38	2.33	39.5	1.37	1.78	33.0	0.84
白河石（安山岩質溶結凝灰岩）	2.15	2.59	17.0	4.38	3.37	15.7	0.92
新島石（多孔質流紋岩）	1.19	2.36	49.6	0.46	—	8.7	0.18

体状の岩石試料を塩溶液に完全に浸した後に，それを溶液から取り出し乾燥させるというものがある（乾燥後に蒸留水に浸し塩を溶解させ，乾燥後に試料重量やP波速度などを計測する）．湿潤と乾燥とを交互に繰り返すことになり，スレーキング試験と同じように，実験の進行はサイクル数で表現される．この3.2節では，この方法で行われた山田ほか（2005）の実験とその結果の解釈を紹介する．

実験には，破壊力が大きいとされている硫酸ナトリウムの飽和溶液と**表3.1**に岩石物性が示されている7種の岩石（花崗岩2種（真壁石と稲田石），砂岩2種（青島石と多胡石），凝灰岩（大谷石），溶結凝灰岩（白河石），流紋岩（新島石）：これらの岩石は，蒸留水を用いた実験ではまったくスレーキングしないことが確認されている）を用いている．実験サイクルごとに弾性波（P波）速度の値を計測し，その低減率で風化進行程度の指標とした．風化が最も激しかったのは大谷石であった．すなわち，大谷石の場合，3サイクル目で早くも大きな亀裂が見られ，4サイクル目で2つに割れた．その後も徐々に細片化した．青島砂岩も風化が顕著であった．3サイクル目で岩石を2分するような亀裂が入り，7サイクル目にはさらに多数の亀裂が出現し，試料表層では0.5 mmほどの厚さの剥離片も観察された．白河石と多胡石では，実験初期には岩石表面からの粉状の剥離が卓越し，実験前に試料表面に油性ペンで

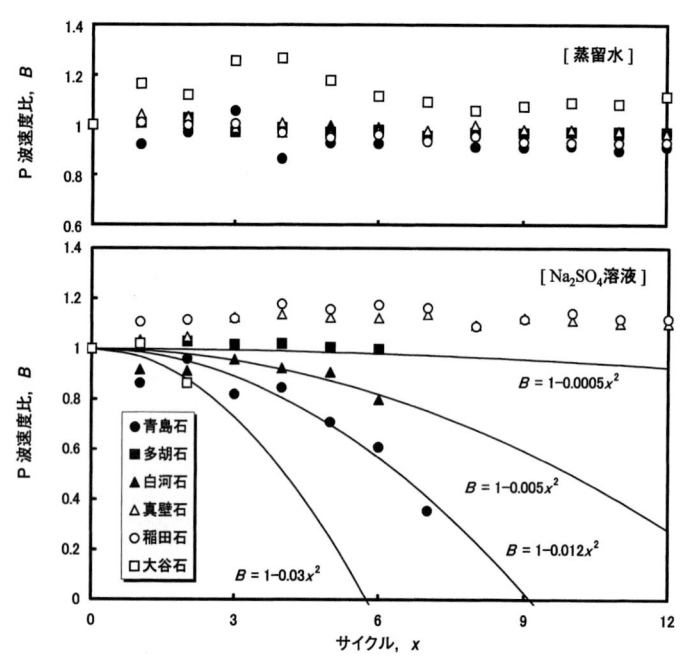

図 3.8 塩類風化実験のサイクルの進行に伴う P 波速度比 B の変化（山田ほか，2005）

書いた文字が 5 サイクル目にはほとんど見えなくなった．その後 10 サイクルを超えると，亀裂や板状の剥離が生じた．これらに対し，真壁石，稲田石，新島石の 3 種は 20 サイクルの実験を繰り返しても，風化していく様子はまったく見られなかった．

ここでは，実験開始時の P 波速度を v_0 とし，各サイクルで測定した P 波速度 v_p をこの v_0 で割った値を P 波速度比 B として算出した（図 3.8：新島石は多孔質のため P 波速度が測定できなかった）．花崗岩類以外の 4 つの岩石は，サイクルの進行に伴い，徐々に P 波速度を減少させ B 値を減少させている．その中でも多胡砂岩は B 値の減少速度が最も小さく，白河石，青島砂岩，大谷石と順に大きくなる．実験結果をもとに，ここではサイクル数を x として，B 値を以下のような式で近似させた：

$$B = 1 - Cx^2 \tag{3.1}$$

低減係数 C の値が大きいほど風化の進行が速いことになるが，それは順に，大谷石（0.03），青島砂岩（0.012），白河石（0.005），多胡砂岩（0.0005）となった．2 種の花崗岩は，サイクルの進行に伴い P 波速度が増加している．これは，岩石内部に浸入した塩溶液が乾燥により結晶化し，そ れが蒸留水での塩の溶解の際に溶解されずに残留することによって，間隙が埋まり P 波速度の増加につながったものと解釈される．したがって，2 種の花崗岩については風化が起こっていないと考え，C の値はいずれも 0 とする．同様に，新島石は P 波速度が測定できなかったが，塩類風化の兆候がまったくなかったことから，この岩石の C の値も 0 とみなすことにした．

塩類風化のプロセスの中でも，塩の結晶化に伴う膨張力（以後，結晶圧と呼ぶ）が岩石破壊に与える効果が最も大きいと考えられている．したがって，岩石の塩類風化速度を決定する一つの要因は，岩石中で発生する結晶圧の大きさである．結晶圧が風化を起こす（風化を促進させる）正の要因とすれば，風化に抵抗する負の要因としては岩石強度がある．この場合の強度は，結晶圧（岩石内部で発生する圧力）に対抗する強度であることから，圧縮強度よりも引張強度が適当と思われる．すなわち引張強度が大きいほど風化しにくく，逆にその強度が小さいほど風化しやすいという考え方である．この両者を組合せ，Matsukura and Matsuoka（1996）は，NaCl（海水）による塩類風化によって形成されると考えられる海岸のタフォニの形成速度をコント

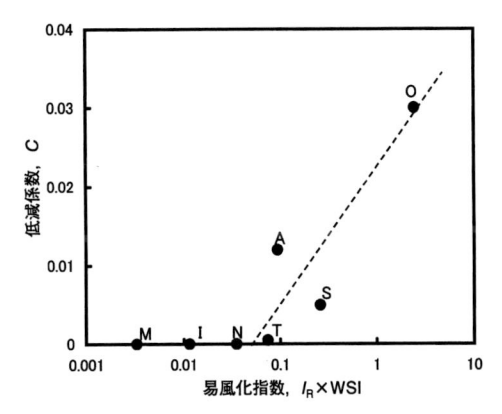

図3.9 易風化指数WSI′値と低減係数Cとの関係
（山田ほか，2005）
Mは真壁石（花崗岩），Iは稲田石（花崗岩），Aは青島石（砂岩），Tは多胡石（砂岩），Oは大谷石（凝灰岩），Sは白河石（安山岩質溶結凝灰岩），Nは新島石（多孔質流紋岩）を示す．

ロールする指標として，WSI（Weathering Susceptibility Index（易風化指数）：第13章で詳述するように，岩石の間隙径分布から計算される結晶圧ポテンシャル（P）と引張強度（S_t）の比であり，岩石のもつ風化しやすさのポテンシャル）を考案した．図3.9には，WSIを変形したWSI′値（I_R×WSI：I_Rは塩溶液浸入率を表し表3.1参照）と風化速度の指標C値との関係を示す．この図から，塩類風化を起こすWSI′値には，閾値が存在する（たとえば，WSI′=0.01以上で風化する）と読むこともできるが，両者の関係は$C=0.0104$ WSI′と示された（決定係数は0.825と比較的高い）．このことは，硫酸ナトリウムによる塩類風化の速度も，Matsukura and Matsuoka（1996）が塩化ナトリウムのケースで示したように，岩石物性，とくに間隙径分布と引張強度によってコントロールされていることを示唆している．

3.2.2 タフォニ（韓国・徳崇山のタフォニ）

韓国の徳崇山には，花崗岩からなる**トア**地形（4.3.3項参照）が多数存在し，そのトアには大小多様な**タフォニ**が形成されている．松倉・田中（1999），Matsukura and Tanaka（2000）は，これらのタフォニの形状を計測するとともに，タフォニが形成されている花崗岩トアの硬さや含水比の調査を行った．

トアの側面に形成されているサイドウォールタフォニ（sidewall tafoni）や地面との境界部に形成されているベイサルタフォニ（basal tafoni）の中から合計57個のタフォニを選び，その間口の長径（D_l）と短径（D_s），間口から最奥部までの深さ（D_d）の計測を行った．最も大きいタフォニは，$D_l=230$ cm，$D_s=215$ cm，$D_d=140$ cmであった．いくつかのタフォニの断面形を図3.10に示した．タフォニの内壁は，風化によりぼろぼろになっていることが多い．このようなところでは，薄い岩盤の浮き上がりが観察され，石英粒子の突出が顕著である．場所によっては，長石の風化物質（カオリナイト）とは異なる白色粉末の結晶が観察された．またタフォニの底部にはタフォニの内壁から剝離した多量の粒状物質（一般に，「spalls」とか「rock meal」あるいは「rock flour」と呼ばれている．図3.10ではspallsと表現）の堆積が観察された．

白色粉末を含むタフォニ内壁の風化物質のX線粉末回折分析の結果，花崗岩構成鉱物である石英，微斜長石（マイクロクリン），曹長石（アルバイト），黒雲母（いずれも花崗岩構成鉱物）などの他に，石膏（$CaCO_3 \cdot 2H_2O$）が認められた．1997年5月1日の調査時に，T-1タフォニの中に入れ子になっている小さなタフォニの底に堆積していたspallsが除去された．5か月後の10月8日の調査時には，タフォニ底に新たなspallsの堆積が見られ，その総量は2.47 gであった．同様の計測を10月から翌年の4月にかけて行ったが，その期間のspallsの量は6.99 gであった（ほぼ1年間で9.46 gのspallsが生産されたことになる）．

タフォニ周辺において，岩石硬度と岩石表面の含水比の計測を行った．岩石硬度はN型シュミットハンマーの15回連打法で，含水比の計測は赤外線水分計（吸光度計）で行った（それぞれの方法については，松倉・青木（2004）とMatsukura and Takahashi（1999）を参照）．計測結果のいくつかの例が，図3.10に示されている．それらのデータをまとめたのが図3.11である．1997年秋と1998年春のデータが示されている．黒丸で示されたタフォニの内壁は，図中の右側（すなわち含水比（w）が0.2%以上でシュミットハンマー反発値（R値）が47%以下）にあり，それ以外のところ（タフォニとは無関係の位置）では，wが0.2%以下であるが，R値は20〜55%まで広い範囲にばら

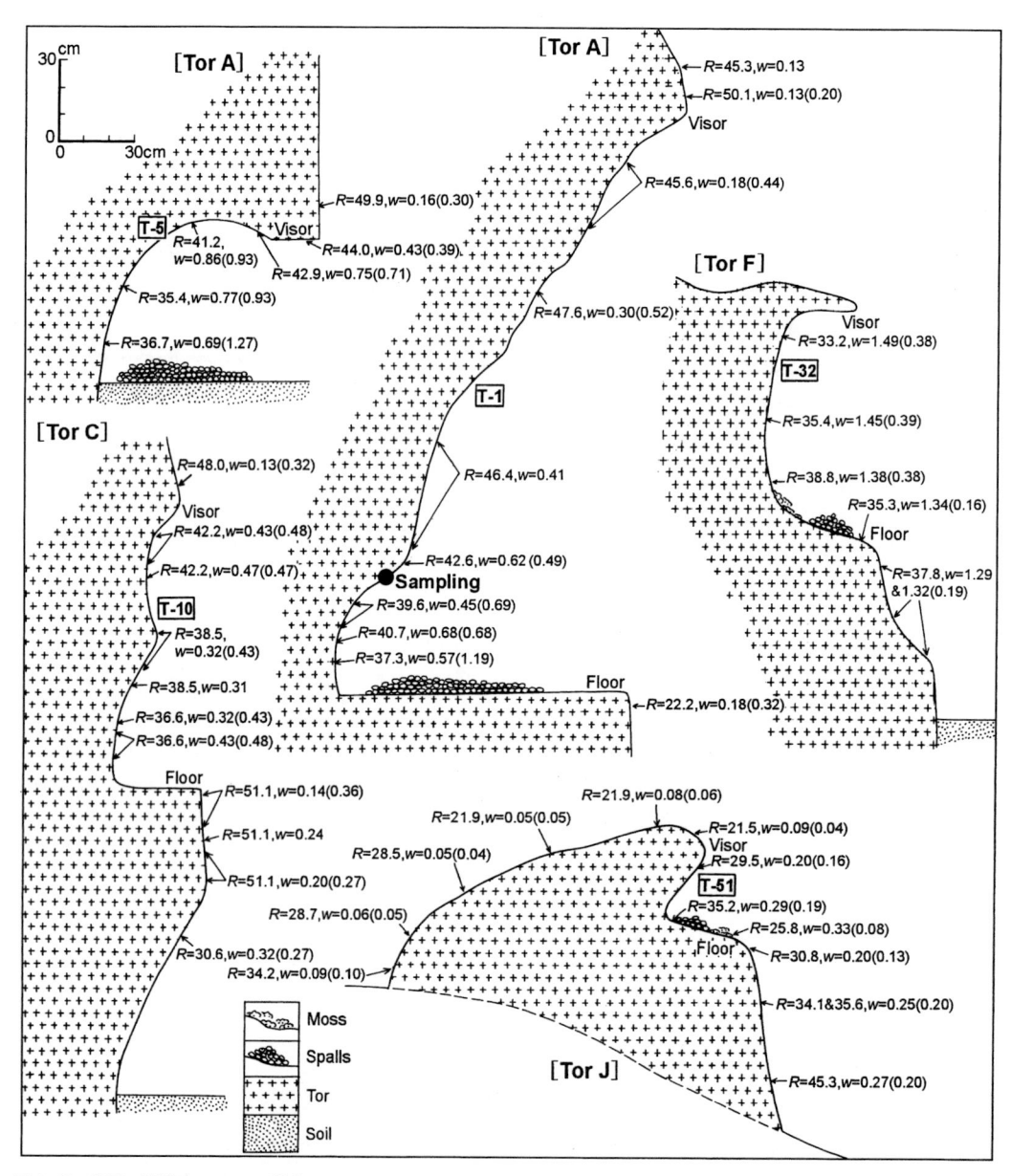

図 3.10 韓国・徳崇山のトアに形成されているタフォニの断面形とそこでのシュミットハンマー反発値（R 値）と含水比（w）の計測結果（Matsukura and Tanaka, 2000）
1997 年 10 月の計測値（括弧内は 1998 年 4 月の含水比の計測値）．

ついている．この図から，硬度が小さく含水比が 0.2〜0.3% 以上のところにタフォニが形成されていることが読みとれる．すなわち，タフォニの形成には水分条件が重要であり，そこでは塩類風化が起こっていることを示唆している．なぜなら，タフォニの内壁には石膏の結晶が見られ，タフォニ底には塩類風化起源と思われる spalls が堆積しているからである．塩類風化には，岩石中の（塩類を含ん だ）水分の他に乾燥条件（すなわち湿度）が重要な働きをする．すなわち，塩類風化は，乾燥時にとくに活発化するであろう．そのことは，乾燥する冬季に spalls の堆積が多いことと調和的である．

小さなタフォニ（$D_l=19$ cm, $D_s=10$ cm, $D_d=4$ cm：形状を直方体とみなすと，その体積は 760 cm^3 となる）での spalls は，1 年間で 9.46 g と見積もられた．壁から剥離する物質の密度を仮に

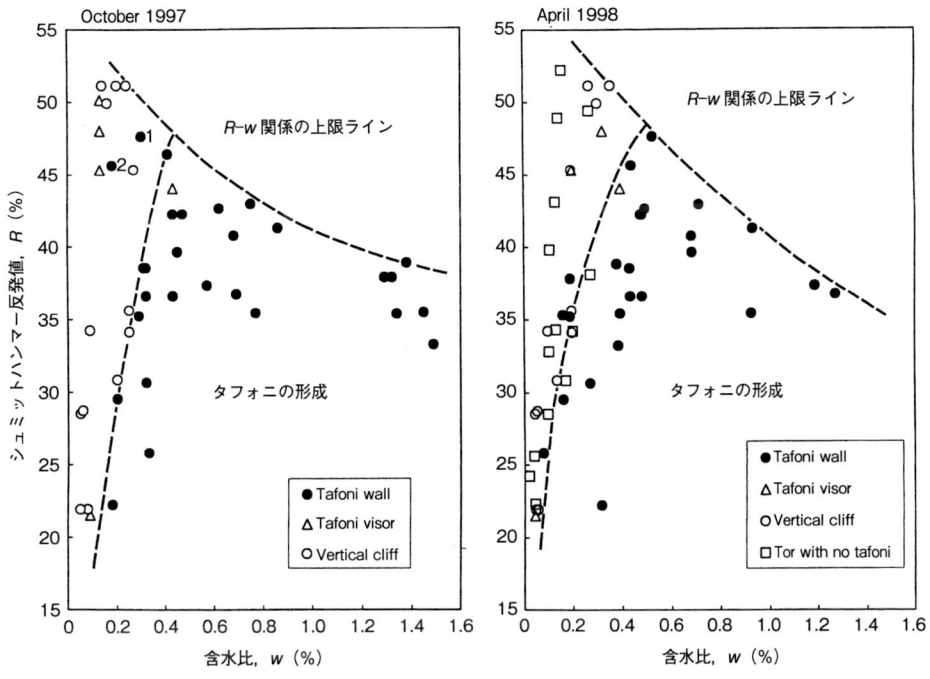

図 3.11 岩石の硬さと含水比をもとにしたタフォニの形成領域（Matsukura and Tanaka, 2000）
硬度が小さく含水比が高いところにタフォニが形成されていることを示す．

$2.5\,\mathrm{g/cm^3}$ とすると，タフォニの体積に相当する重量は $1900\,\mathrm{g}$ となる．これを年間の剥離量，すなわち spalls 量で除すと，このタフォニの形成時間がおよそ 200 年と計算される．この年数を用いると，深さ方向のタフォニ成長速度は $0.2\,\mathrm{mm/yr}$ と見積もられる．

以上のことから，この地域のタフォニの形成とその成長は，以下のように推定される．(1) トアが形成された，(2) 風化しやすいトア（あるいはトアの中の，より風化しやすい部位）において化学的風化が進行し，岩石中の間隙を増加させた，(3) 間隙の増加に伴い，強度が低下し透水性がよくなる，(4) 高濃度の陽イオンと硫黄成分（供給源は花崗岩に微量に含まれる黄鉄鉱）を含んだ岩石中の水が岩石表面から蒸発する，(5) 乾燥は塩（gypsum）の結晶を析出させ，その結晶圧が岩石表面を剥離させる（すなわち塩類風化の発生），(6) このような剥離が繰り返されることにより，その部分の岩石表面が凹んでいき，徐々にタフォニに成長する．

3.2.3 ナ マ

タフォニが一般に岩石側面に形成される窪みであるのに対し，岩石上面にできる窪みは**ナマ**（gnamma）と呼ばれている．また，solution pits, solution pan などと呼ばれることもある．その形成・拡大にも塩類風化プロセスが大きな役割を果たしていると考えられるが，応力腐食（stress corrosion：Yatsu, 1988, pp. 49-59）により形成されるという考えもある．

阿蘇カルデラの中心部にある仙酔峡一帯には多数のトア（安山岩）や岩塊が存在し，それらのトアや岩塊の頂部にはナマが形成されているものもある（4.2.2 項参照）．横山（2007）によれば，これらのトアは磁石石であるものが多いという．すなわち，磁針の方向はトアやナマの周辺で多様にばらつく．これらの磁石石は落雷を受けてクリノメータ磁針を動かすほどに強く磁化したものと考えられるという．また，一方 2003 年 9 月 3 日に国会議事堂の中央棟に落雷し，外壁の花崗岩が破損したり，2006 年 8 月 24 日に熊本空港の滑走路に落雷し，直径 30 cm，深さ 5 cm の穴が生じたというような事実があることから，落雷の強い衝撃力がナマの初期生成に関与している可能性があると指摘している．

3.3 塩類風化作用と凍結破砕作用で生じる地形：田切のノッチ地形

3.3.1 地形概観と気候

浅間山の南西麓には，**浅間第一軽石流**と呼ばれる火砕流堆積物によって構成される緩斜面が発達している．この堆積物は，後述する九州南部に分布するシラスと同じ**火砕流堆積物**である．約1.3万年前の火山活動のものであることがわかっている．この緩斜面を刻んでいる開析谷の横断形は，後述するようなV字形をもつシラスの谷とは異なり，垂直な谷壁と水平な谷底とからなる，いわゆる箱形の形状をもっている（**図3.12a**）．このような谷を地元では田切（たぎり）と呼んでいる．田切は，山麓上流側では南に向かってのびているが，御代田付近から下流域では山麓の傾斜にそって，その向きを西に変える．すなわち，山麓の下部（千曲川に注ぐあたり）では，谷は東西に走ることになる．そのため北側（右岸）の谷壁は南面することになり，南側（左岸）の谷壁は北面することになる（図3.12b）．そこで，以下では南面・北面する谷壁を，それぞれ**南向き谷壁**および**北向き谷壁**と呼ぶことにする．

谷壁の下部には，北，南向き谷壁とともに**ノッチ**が形成されている（**図3.13**）．ノッチは谷底面から1～2mの高さのところに連続的に形成されており，現在もその奥行きを増加させるプロセスが起こっている．このようなノッチの形成には風化プロセスが大きく関与しており，しかも，南向き谷壁と北向き谷壁では，その風化プロセスの種類に大きな差異があることがわかっている（Matsukura and Kanai, 1988；Matsukura, 1990, 1991：これらの調査は主に御代田町御影新田の谷で行われた）．

軽井沢測候所の気候データ（1973～1982の10年間）は，以下のようになっている．冬の月平均気温は氷点下になり，夏は15～20℃である．相対湿度

図3.12 長野県御代田町御影新田の田切地形（Matsukura, 1991）
(a) 谷は右方（東）から左方向（西）に向かっている．遠景の中央に見える山が浅間山．(b) 正面の南向き谷壁には日射が直接当たるが，北向き谷壁（右端）には日射がほとんど当たらない．

図3.13 御影新田のほぼ垂直な田切谷壁とその下部に発達するノッチ（Matsukura, 1991）（口絵参照）
ノッチは谷壁の上下流方向に連続する．

は，11月から5月にかけて低い．とくに3月から5月の時期は乾燥し最小湿度は15％以下になる．日射時間は，12月から5月にかけて長い．軽石流堆積物の物性値としては，乾燥単位体積重量が1.56 gf/cm³，自然含水比状態での単位体積重量が1.72 gf/cm³，間隙率は42％である．粒度組成（重量％）としては，礫分（2 mm以上）が43％，砂分（2〜0.063 mm）が50％，シルト-粘土分（0.063 mm以下）が7％であった．また，熱伝導率は0.301 W/m・K（0.72×10^{-3} cal/cm・sec・℃）である．ノッチ周辺の含水比を計測すると，季節に関係なくノッチの下部は25％ほどと含水比が高く，上部に向かうに従い，含水比は徐々に低下する．ノッチの上部で15％ほどであり，それより上の垂直な壁面では10％以下となっている．このことは現地での観察で，ノッチの上部まで壁面が黄土色に湿った状態であり，ノッチより上部の壁面は乾燥した灰白色になっていることと整合する．すなわち，ノッチのゾーンと含水比の高いゾーンとは一致し，ノッチの最上部の庇の高さが，ほぼ毛管水縁に相当する．

3.3.2　南向き谷壁におけるノッチの形成（塩類風化）

南向き谷壁のノッチの表面には，厚さ2 cmほどの薄い風化皮殻が形成されている（図3.14）．皮殻はもちろん軽石流堆積物からなっており，その径は20 cmほどの多角形をしている．皮殻の縁辺部は乾燥によって反り返り，今にも剥落しそうなものもある．皮殻やそれが剥離したあとの面には，白色粉末の結晶が観察される．この粉末は，X線粉末回折分析の結果，岩塩（NaCl），石膏（$CaSO_4 \cdot 2H_2O$），ヘキサハイドライト（$MgSO_4 \cdot 6H_2O$），ミラビライト（$Na_2SO_4 \cdot 10H_2O$）などからなることがわかった．このことから，ノッチの部分における，皮殻の形成や剥離に塩類風化が重要な役割を果たしていることが示唆された．

谷底に自噴している水（地下水）があったので，

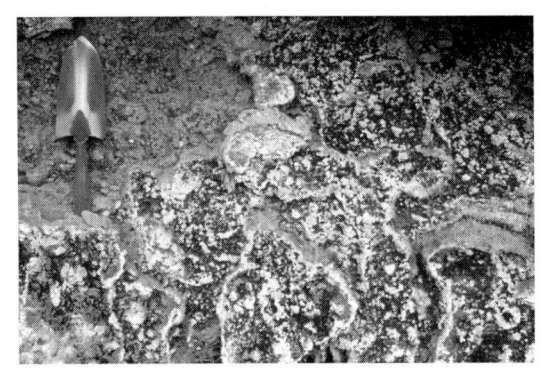

図3.14　御影新田のノッチ表面に見られる乾燥クラックと剥離の様子（Matsukura and Kanai, 1988）
白い斑点は塩類の粉末結晶である．

それを採取して化学成分を計測した．その結果が表3.2である．地下水には陰イオンとして硫酸の成分や塩素の成分が，陽イオンとしてCa, Mg, Naなどが多量に含まれている．

以上のことを総合して考えると，南向き谷壁において塩類風化が起こる主要な3つの要因として以下のことが考えられる．（1）多量の陽イオンと陰イオンを含む地下水の存在，（2）谷壁を構成する物質が毛細管現象として，谷底から高さ1.5 mほどまで地下水を吸い上げている，（3）春先の湿度の低下や，直達日射が当たることによる地温の上昇などが乾燥を促進する．このような条件が岩塩，石膏，ヘキサハイドライト，ミラビライトなどの塩の結晶を析出させる．硫酸ナトリウムの溶解度は，気温が32.3℃より低下すると急激に低下する（図2.13参照）．冬季や春季にはこのような気温は一般的に見られ，これらの期間を通してミラビライトが形成される．また，湿度が塩類風化の重要な要因である（Goudie, 1985, p. 10）．このことは，白色粉末の析出が，とくに冬から春の乾燥時期に顕著であることと調和的である．このような塩の析出により，皮殻の剥離が進行する．剥離した皮殻は重力で落下するか，強風時や地震時などに剥落する．このような剥落が何回も起これば，その部分は相対的に後退

表3.2　御影新田における地下水の水質（Matsukura and Kanai, 1988）

	F^-	Cl^-	NO_3^-	SO_4^{2-}	Ca^{2+}	Mg^{2+}	Na^+	Al^{3+}	Sr^{2+}	K^+	Fe^{3+}	Si^{4+}
御影新田	0.1	38.1	11.5	73.1	38.31	14.64	20.01	0.1	0.06	0.98	0.05	22.19
雨水	—	1.1	—	4.5	0.97	0.36	1.1	0.11	0.011	0.26	0.23	0.83
河川水	—	5.8	—	10.6	8.8	1.9	6.7			1.19	0.24	19.0

単位はppm．雨水と河川水の水質は日本各地の平均値．

図 3.15 1985 年の春先に観察されたノッチ上部からの剝離落下 (Matsukura, 1990) 崩落ブロックの厚さは 20〜30 cm.

し，ノッチになる．ただし，塩類風化の速度はきわめて遅く，数年の観測ではノッチの拡大速度（ノッチ部の後退速度）の情報は得られなかった．

3.3.3 北向き谷壁におけるノッチの形成（凍結破砕）

北向き谷壁下部では，ノッチが形成されてはいるものの，南向き谷壁下部で見られたような白色粉末（すなわち塩類風化）は観察されなかった．それでは北向き谷壁下部のノッチは，どのようなプロセスによるものであろうか．

1984 年春から 1 年間の数度にわたる現地観察から，北向き谷壁では夏季や秋季の地形変化は観察されなかった．しかし，1984〜85 年冬季の観察で，ノッチ表面では霜柱が見られ，表層では凍結層も観察された．また，1985 年 3 月 9 日には，崖の基部に厚さ 20〜30 cm の板状の剝離ブロックが散在しているのが観察された（**図 3.15**）．この年の 3 月の初めは暖かく，そのため，ノッチ表面の凍結層が融解したために起こった剝落物と想像された．このように，北向き谷壁のノッチの形成には，凍結・融解作用が関与していることが想定された．そこで，一冬にどの程度の奥行きまで凍結層が形成されるかを追跡した．非凍結層よりも凍結層が硬いことを利用すると，ドリルで穴をあける手応えにより凍結層の厚さ（**凍結深**）を知ることができる．1 月 19 日の計測では厚さ 13〜16 cm の凍結層があることがわかり，それは 2 月 10 日には 20 cm にまで成長していた．

ところで，凍結深は地盤物質の物性や地温などの情報があれば，計算によって求めることができる．以下に，この方法によって見積もられた北向き谷壁下部の凍結深について述べる．計算式としては，Maekado and Matsukura (1985) で用いられた以下の式を用いた：

$$X = \lambda \sqrt{\frac{21600\, \kappa F}{w \rho_d}} \quad (3.2)$$

ここで X は凍結深 (cm)，κ は谷壁物質の熱伝導率であり，一般的には非凍結層と凍結層の値の平均値をとる（単位は cal/cm・sec・℃），F は積算寒度 (℃・days)，w と ρ_d は谷壁物質の含水比 (%) と乾燥密度 (g/cm³)，λ は係数である．

積算寒度の見積もりには，地表面温度の一冬のデータが必要となる．しかしノッチ部において，地表面温度の連続観測は難しかったので，ここでは積算寒度を以下のような簡便な方法によって求めることにした．まず，ノッチ表面において，1 月 19〜20 日，2 月 10〜11 日，4 月 1〜2 日に 1 時間おきに地表面温度を計測し，それと軽井沢測候所の気温データの比較から，両者の関係式を求めた．この式を用いると，軽井沢測候所の気温データから御影新田の地表面温度変化が**図 3.16** のように推定できる．積算寒度は図のハッチをかけた部分で示されている．F，κ，w，ρ_d，λ などの値を式 (3.2) に代入することにより，凍結深の値は，1985 年 1 月 19 日で 14.6 cm，2 月 10 日で 17.6 cm，3 月 9 日で 19.3 cm と得られた．これらの値は実測値に近く，この方法の妥当性が検証された．

1983〜84 年の冬は寒く，そのため凍結深も 30 cm ほどに成長したことがうかがえる．これらのことから，ここでは毎冬，厚さ 20〜30 cm の凍結層が形成されているといえる．この厚さは，前述した剝落ブロックの厚さにほぼ相当している．以上のことから，北向き谷壁でのノッチの形成プロセス（ステージ区分）は**図 3.17** のようにまとめられる．

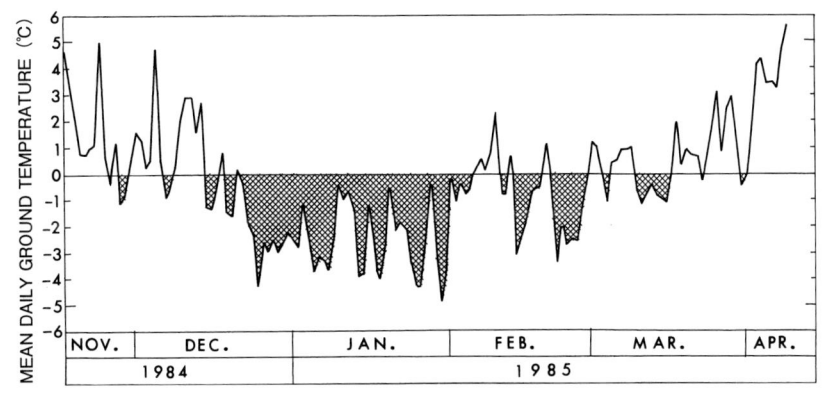

図3.16 1984年～1985年の冬季から春先にかけての地温の変化（Matsukura, 1991）

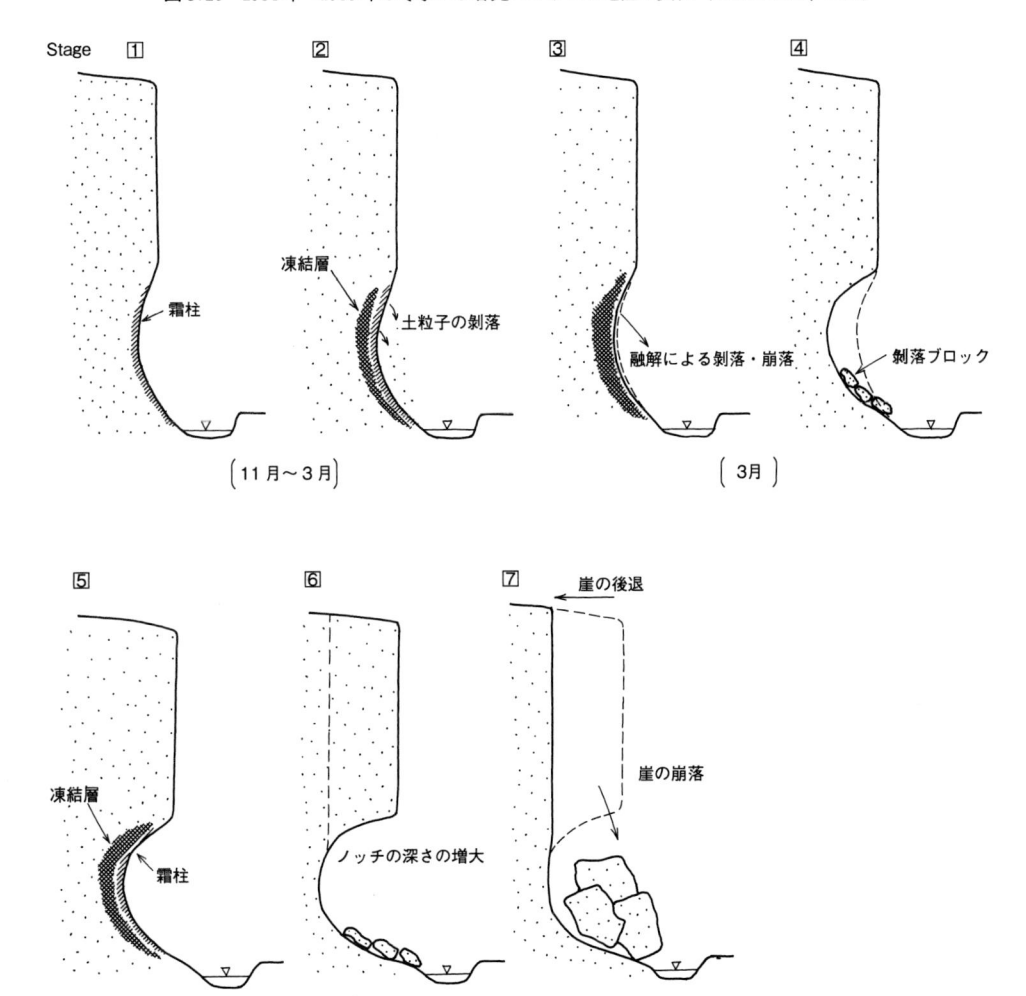

図3.17 田切の北向き谷壁における凍結破砕による崖の後退プロセス（Matsukura, 1990）

(1) ノッチ表面では日サイクルの凍結（すなわち霜柱凍上）が起き，それが日中の融解によりぱらぱらと剥落する（図3.17のステージ1 & 2：このプロセスによる剥落量は一冬で厚さ数 cm と見積もられる），(2) granulated ice からなる凍結層がノッチ表面に平行に形成され，それが一冬で20～30 cm

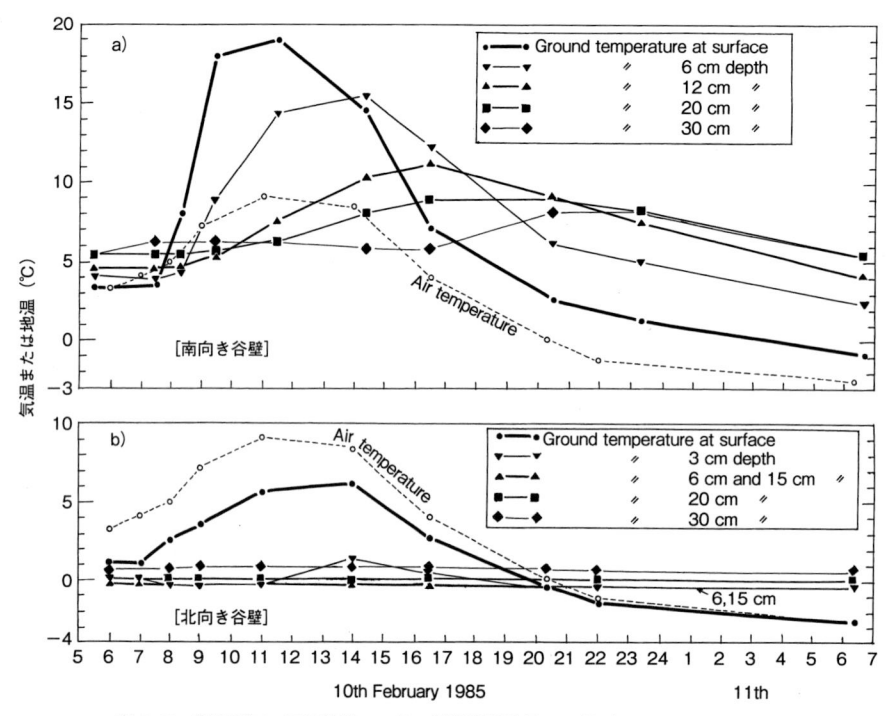

図 3.18 御影新田の田切谷壁における地温計測結果の一例（Matsukura, 1990）

の厚さに成長し，春に融解する（ステージ2 & 3），(3) 凍結層の形成と融解を数年繰り返すことにより，徐々にその部分が緩み，ある年の融解時に剥落する（ステージ4），(4) ステージ1から4の繰返しにより，ノッチの奥行きが大きくなり，それとともにノッチ上部の崖が不安定になり，最終的には崖の崩落にいたる（ステージ5〜7）．

3.3.4 風化プロセスと風化環境

田切谷壁の南向き谷壁では，塩類風化作用によりノッチが形成され，北向き谷壁では，凍結融解作用によりノッチが形成されている．谷壁を構成する物質や含水比は同じであるのに，幅数十mの谷底を挟んだだけで，まったく異なる風化作用が生起する原因は何であろうか．それを解く鍵は**谷壁の向き**である．

南向きと北向きでの決定的違いは日射が直接当たるかどうかである．図3.12bに示されているように，南向きの谷壁は**直達日射**を受けるのに対し，北向き谷壁は一日中日陰になっている．このことが壁面の**地温**に大きな影響を与えている．ここでは南向きおよび北向き谷壁の，それぞれ谷底面から60cmおよび110cmの高さにおいて地温の計測を行った．いずれも地表面（壁面）とノッチの壁に対して直交する方向に深さ12〜30cm位まで，数点の地中温度を測定した（1985年1月19〜20日，2月10〜11日，4月1〜2日にかけて，一昼夜にわたり1〜数時間おきに計測）．計測結果の一例を図3.18に示したが，それらを向きによってまとめると以下のようになる．すなわち南向き谷壁では，(1) 地表面温度は気温より常に高く，とくに午前中の温度上昇速度は大きく，日中の最高地温は気温より10℃も高くなる，(2) 夕方から夜にかけての地表面温度の下降は，気温の低下傾向にほぼ平行する，(3) 壁からの深さが増すほど温度上昇・下降の速度が小さくなり，日較差も小さい．これに対して北向き谷壁では，(1) 冬季の地表面温度は気温に追随し0℃を上下するが，日中の温度上昇は気温のそれより大きくなることはなく，したがって，日較差も気温のそれより小さい，(2) 凍結層が形成されている部分の1月，2月の地温は，すべて氷点下の値をとる．

以上のような特徴は，基本的には直達日射が当たるか否かによって説明される．すなわち南向きの谷壁表面においては，直達日射が当たった直後から急激な温度上昇が見られる．この地温の上昇は谷壁の深部にまで進行し，谷壁内部に熱を貯留している．

そのため，気温の低下と同様に地温が低下しても，1月や2月の観測例のように，ごく地表面のみが短時間氷点下になるだけで，数 cm 以深は氷点下になることはほとんどない．このことは，南向き谷壁においては土壌凍結はもちろん，ノッチ表面に霜柱の形成すら認められなかったことと符合する．一方，北向き谷壁の場合には，直達日射をまったく受けないため，日射による熱の供給を受けることが少ない．そこで，冬季には谷壁表面からゆっくりと加熱・冷却されることになる．地表面温度は，日中はプラス，夜間は氷点下になる．このことは夜間に霜柱が形成され，日中に融解するのが観察されていることと符合する．また，深さ 3～12 cm（1月）および 3～20 cm（2月）の地温はいずれも氷点下になっており，これらも上述したような観察された凍結層の厚さとほぼ整合している．

3.4 差別削剥地形

削剥（風化と侵食）に対する抵抗性が異なる複数の岩石が隣接する地域において，岩石間に削剥の様式や削剥速度に差異が生じた結果つくられた地形は，**差別削剥地形**（differentially denudated landforms）（鈴木，2000，p. 869）と呼ばれる．前記した波状岩やフードーなどの地形は，差別削剥地形の代表的なものであるが，これら以外にも多くの場所で差別削剥地形が見られる．

3.4.1 差別削剥地形の例
(1) 宗谷・七座・房総丘陵などの丘陵の凹凸

房総（千葉県），宗谷（北海道），七座（秋田県）の3丘陵の差別削剥地形の地形計測および野外・室内での岩石物性計測が Suzuki *et al.* (1985) によって行われた．これらの丘陵の地質は，いずれも礫岩，砂岩，泥岩，頁岩，凝灰岩などの，いわゆる**軟岩**と呼ばれる岩石からなっている．

たとえば，房総丘陵の地質と地形断面図を重ねてみると，地形の高低と地質の境界とは一致している．このように，それぞれの丘陵においても，起伏量，水系，谷密度などの分布は，地層ごとに明瞭に異なっており，地形の差異は地層の差異と対応している．ところが，地質と削剥地形の特徴とは必ずしも一致しないこともわかった．たとえば，3丘陵の

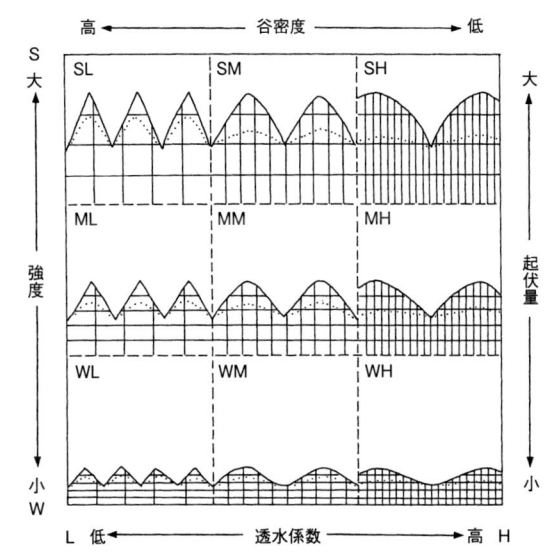

図 3.19 岩石の強度（積極的抵抗性）と透水係数（消極的抵抗性）の組合せからみた丘陵の削剥地形（起伏量と谷密度の組合せの区分）の概念図（Suzuki *et al.*, 1985．この図は，鈴木，2000，図 16.0.39 を引用）
図中の9種の地形は漸移的であるから境界は破線で示してある．断面図中の横線は強度（間隔が広いほど大きい），縦線は透水係数（間隔が広いほど低い）にそれぞれ関与する岩体の性質，たとえば節理間隔をイメージして描かれている．点線は地下水位を示す．

図 3.20 安中市（旧・松井田町）から見た妙義山の全景（松倉・下川，1992）

削剥地形と地質（岩質）との対応関係をみると，房総では砂礫質岩が相対的に標高が高く，丸みのある小起伏で低谷密度の丘陵を構成しているのに対し，宗谷では頁岩が高くて低谷密度の円頂状の丘陵となっている．また，房総の泥質岩と宗谷の砂質岩が類似の地形をもつ．そこで Suzuki *et al.* (1985) は，岩質の強度を山中式土壌硬度計で，透水係数を定水位試験法でそれぞれ測定した．その結果，地層間の地形の差異は，岩質の違いではなく，各地層の

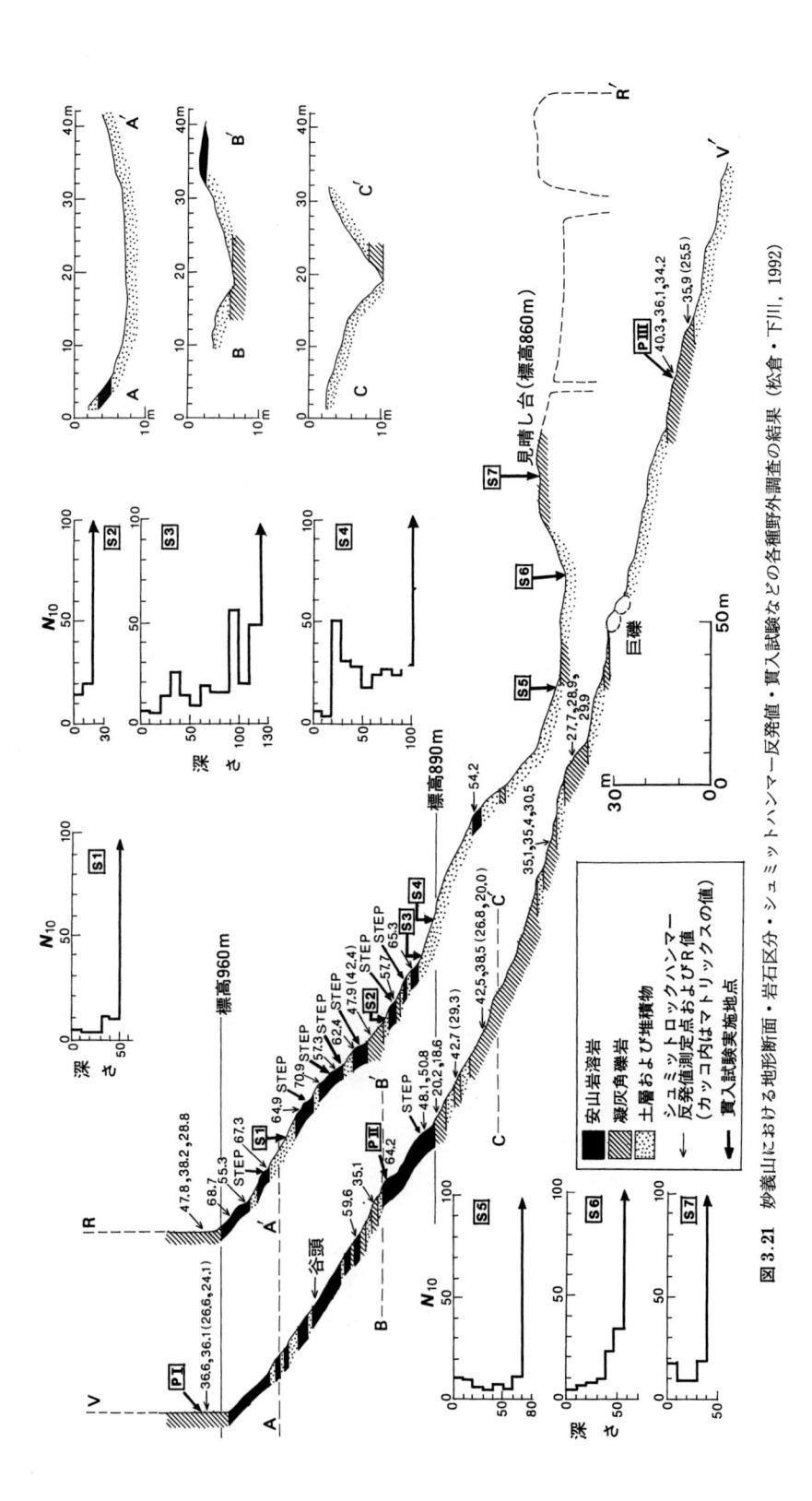

50　　　　　　　　　　　　　3. 物理的風化作用とそれがつくる地形

図 3.21　妙義山における地形断面・岩石区分・シュミットハンマー反発値・貫入試験などの各種野外調査の結果（松倉・下川, 1992）

3.4 差別削剝地形

表3.3 妙義山における地形・土層構造および岩石物性の測定結果（松倉・下川，1992）

	岩石	地形，土層構造および地形形成プロセス	シュミットハンマー反発値（平均） R (%)	岩石物性		
				間隙率 n (%)	単位体積重量 γ (gf/cm³)	一軸圧縮強度 q_u (kgf/cm²)
I域	凝灰角礫岩	垂直な崖	礫　　37.5（測定点 5） マトリックス　25.4（2）	18.8	2.2	450
II域	安山岩溶岩	平滑斜面 　谷部は 35〜40° 　尾根部は 20〜43° ステップ地形 非対称谷 表土層が薄い	谷沿い 　安山岩溶岩　57.5（4） 　凝灰角礫岩　35.1（1） 尾根沿い 　安山岩溶岩　63.4（9） 　凝灰角礫岩 　　礫　　47.9（1） 　　マトリックス 　　　　42.2（1）	1.0	2.8	2370
III域	凝灰角礫岩	定高性のあるやせ尾根 バッドランド，石柱・石門 非対称谷 表層土が厚い 表層崩壊	礫　　33.0（15） マトリックス　25.4（4） （安山岩溶岩　54.2（1））	9.9	2.5	770

強度と透水性の組合せの差異によって説明されることを明らかにした（**図 3.19**）．すなわち，(1) 斜面の起伏量は岩石の強度に強く制約され，(2) 谷密度は岩石の透水性に強く制約される，という．

(2) 妙義山の地形

図 3.20 は群馬県安中市（旧・松井田町）から遠望した表妙義の全景である．妙義山の山頂や山腹の一部には，裸岩の岩峰が林立し，きわめて特異な山容を示している．朝日岳から東に続く尾根（標高 1085 m）を起点とし，その南斜面の縦断形を描いたのが**図 3.21** である（松倉・下川，1992）．一つは尾根沿いに，もう一つは谷沿いに計測したものであり，これらをもとに地形的に三地域に区分した．(1) 標高 960 m 以上の垂直な壁（比高数十 m〜100 m），(2) 標高 960 m から 890 m ないし 860 m にかけての平滑斜面（細かく見ると比高 1〜3 m の階段状地形が見られる：これをステップ地形と呼ぶ），(3) それ以下の標高で，そこは深い谷と定高性のある尾根や石柱・石門などの奇岩怪石によって特徴づけられる大起伏の**バッドランド**地形である．また岩石分布を見ると，(1) と (3) の地域は凝灰角礫岩のみからなり，(2) は安山岩溶岩と凝灰角礫岩の互層よりなっている（図 3.21）．これらの 3 地域を標高の高い順に I 域，II 域，III 域とし，それぞれの場所で土層構造や岩石物性が計測された（**表 3.3**）．

II 域の安山岩溶岩の間隙率は 1% ときわめて小さく強度が大きいために風化しにくい．それに対して，I 域，III 域の凝灰角礫岩中の礫の間隙率はおよそ 10〜20% とかなり大きく，しかも強度が小さいことから，安山岩溶岩に比較して，風化しやすいものと考えられる．とくに強度の小さいマトリックスの部分の風化が進行し，そのため凝灰角礫岩全体の強度を徐々に低下させる．一般に流水などの侵食に対する抵抗性は強度が大きい岩石ほど大きいと考えられる．実際，凝灰角礫岩の壁面では，マトリックスの部分より礫の部分が突出しているのがしばしば観察される．したがって，全体的にみれば II 域の安山岩溶岩のところは流水などの侵食に対してはきわめて大きな抵抗力を有していることになる．これに対して I 域，III 域の凝灰角礫岩のところでは，マトリックス部分の強度が小さく，そのため II 域に比較すると侵食に対する抵抗力はかなり弱いものと思われる．したがって II 域の安山岩溶岩のところでは，谷の下刻はそれほど進行しないのに対し，III 域に入ったとたんに谷が深く侵食されることになるのであろう．とくに III 域では，谷の侵食が比較的速く，深い谷を刻むことにより起伏が大きくなる．必然的に，谷と尾根との間の谷壁斜面は次第に急勾配とな

る．それと同時に，斜面では風化土層が形成されるが，土層が1mほどの厚さになると，斜面が急勾配なため表層崩壊が発生することになる．以上のように，風化・侵食に対する抵抗性の差異が，II域，III域の地形形成に重要な役割を果たしていることがうかがわれる．

(3) ホグバックとケスタ

急傾斜の硬・軟岩の成層岩石が，差別削剝によって抵抗性の強い岩石が城塁のように板（壁）状に突出した直線状の山稜を**ホグバック**（hogback）という．同様に緩傾斜の成層岩で生じる非対称山稜は**ケスタ**（cuesta）と呼ばれる．ケスタの急崖側（受け盤側）はケスタ崖（cuesta scarp, escarpment, front slope），緩傾斜側（流れ盤側）はケスタ背面（back slope, dip slope）という．

和歌山県・田辺市付近の丘陵上に，「ひき岩群」と呼ばれるケスタ地形が存在する．「ひき岩群」は山頂高度が60〜150 mの丘陵で，新第三系中新統の堆積岩（泥岩，砂岩，礫岩の互層）が35°傾いた単斜構造をもち，その地質構造を反映したケスタ地形となっている．水野・松倉（1999）は，この地形を，3つの斜面タイプ，すなわちケスタ背面（dip slope），ケスタ崖（escarpment），ケスタ崖の前面の適従谷部分（vale）とに分け，それぞれの部分において，風化状況の観察や構成岩石の物性（シュミットハンマー反発値，乾燥密度，有効間隙率，自然含水比）を計測した．その結果，以下のようなことを明らかにした．

① タフォニやノッチの発達が見られることや，岩盤表層の風化状況の観察から，剝脱作用や塩類風化，スレーキングなどの物理的風化プロセスが卓越している．

② 風化度の高い層はvaleとなり，それが低いものはescarpmentやdip slopeを構成している．また，層厚が大きいほど起伏量が大きくなる関係が認められる．

③ シュミットハンマー反発値（R値）と自然含水比（w）の比（すなわち，強度/含水比）を，風化に対する抵抗値を表す指標（WDI：Weathering Durability Index）と考え，起伏比（起伏量

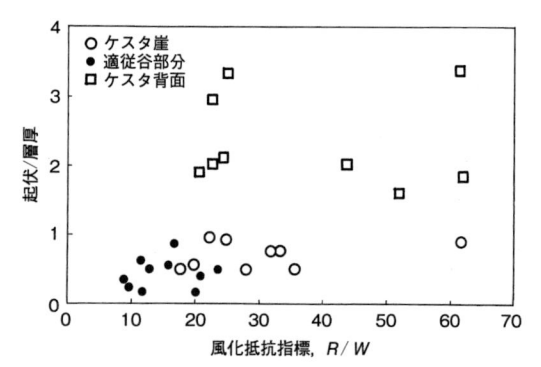

図3.22 和歌山県田辺市の「ひき岩」における起伏/層厚と風化抵抗指数との関係（水野・松倉, 1999）

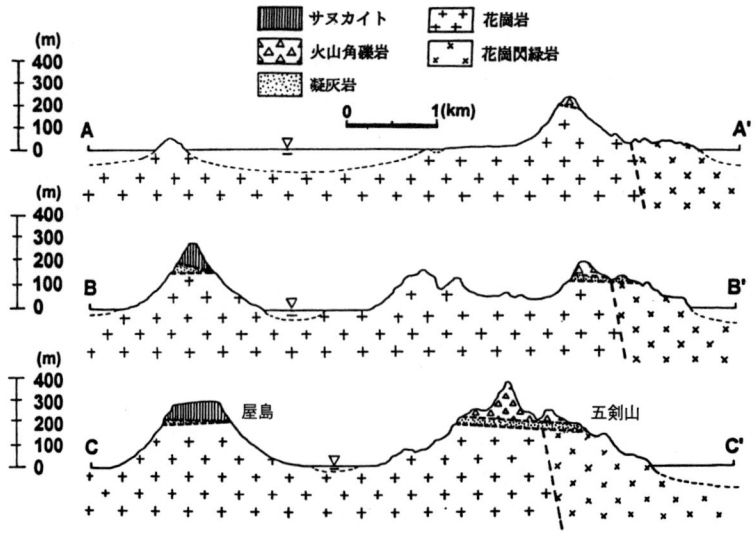

図3.23 香川県屋島と五剣山周辺の地形・地質断面図（国方・松倉, 1994）

3.4 差別削剥地形

表 3.4 屋島および五剣山周辺に分布する岩石の岩石物性（国方・松倉, 1994）

	サヌカイト (Y_{SR})	火山角礫岩 (G_{VR})	凝灰岩 (G_{TR})	花崗岩 (G_{GR})
〈物理的性質〉				
かさ密度 ρ_d (g/cm³)	2.61	—	1.91 (1.66〜2.24)	2.62
真密度 ρ_s (g/cm³)	2.73	—	2.62	2.73
間隙率 n (%)	4.7	—	25.6 (14.5〜36.6)	4.2
〈力学的性質〉				
シュミットハンマー反発値 R 値 (%)	55.5	42.1	32.0	70.0
一軸圧縮強度 (kgf/cm²)	乾 4651 湿 3470	—	乾 716 湿 36	乾 2820 湿 1710
圧裂引張強度 (kgf/cm²)	乾 273 湿 233	—	乾 29.4 湿 8.3	乾 156 湿 124
〈鉱物組成〉	石英 カリ長石 斜長石 スメクタイト	—	石英 カリ長石 斜長石 スメクタイト	石英 カリ長石 斜長石 黒雲母 カオリナイト

と層厚との比）との関係をみると（**図 3.22**），両者の指標により 3 つの地形が区分できる．すなわち，地形形成に与える物性としては，強度はもちろんであるが，含水比も重要な役割を果たしていることが示唆される．

(4) メサとビュート

香川県・讃岐平野の北部に位置する屋島は，山頂部に広い平坦面を有する**メサ**地形を呈し，その東側に位置する五剣山の山頂は，屛風状に切り立った**ビュート**地形を呈している（**図 3.23**：国方・松倉，1994）．両地域ともに花崗岩の上に火山岩類がキャップロックとして載っていることになるが，そのキャップロックは，屋島では讃岐質安山岩（サヌカイト：以後**サヌカイト**と呼ぶ）であり，五剣山では火山角礫岩となっている．屋島では，水系密度・水系頻度ともに小さいのに対し，五剣山ではそれらが大きい．両地域に分布する岩石の岩石物性を計測し，その結果を**表 3.4**に示した．

屋島の山頂部を覆うサヌカイトは，風化土層の発達が悪く（風化速度が遅い），しかも，強度が非常に大きいため侵食を受けにくいと考えられる．このことが，平坦な地形を保持している原因であろう．これに対し五剣山の火山角礫岩（安山岩の角礫をマトリックスが囲むという組織が見られる）の露頭で

は，マトリックス部分が風化・侵食され，角礫が突出しているのが観察される．すなわち，五剣山の火山角礫岩地域で谷が発達している（起伏に富んでいる）のは，このような岩質の侵食特性が反映されたものと解される．

3.4.2 岩石の抵抗性：積極的抵抗性と消極的抵抗性

(1) 積極的抵抗性と消極的抵抗性

削剥営力に対する岩石の抵抗性は，積極的抵抗性と消極的抵抗性に二大別される（Suzuki *et al.*, 1985）．**積極的抵抗性**とは，強度，硬度，非変形性，化学的安定性など，外力に対抗する性質であり，**消極的抵抗性**とは，透水性に代表されるように，外力を吸収してその影響を緩和する性質である．

たとえば，石灰岩は圧縮強度が数十〜200 MPa で軟岩から硬岩にかけての強度をもっている．しかも，溶解はするが土層の形成は少ないため，マスムーブメントも起こりにくい．一方，岩体には節理やクラックがあり，しかもそれらは溶食によって拡幅され，地下空洞（鐘乳洞）などをつくりやすい．したがって，岩体全体は透水性がよいため，降水はすぐに地下に浸透し，地表流が起こりにくい．すなわち，石灰岩は力学的削剥に対する積極的抵抗性も

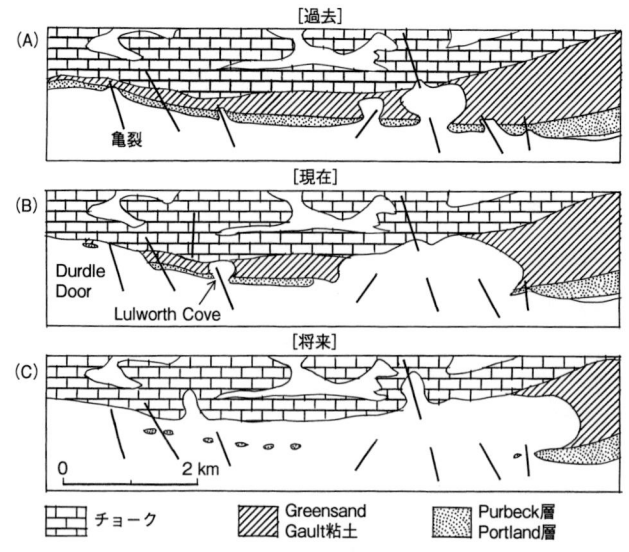

図 3.24 イングランド南部の Dorset 海岸の構成岩石と地形変化 (Nowell, 1998)

大きく,しかも,地表水に対する消極的抵抗性も大きい.したがって,石灰岩で構成される山地は谷密度が低く,しばしば周囲より相対的に高くなる.福岡県の平尾台(高度 400〜600 m)や山口県の秋吉台(高度 200〜400 m)などが好例である.

3.4.1 項で述べた差別削剥地形の多くは,積極的抵抗性と消極的抵抗性の両方が影響した地形と思われるが,地形形成プロセスが特定できないものが多く,その意味からも両者の影響度を定量化する段階には至っていない.

(2) 積極的抵抗性の影響が大きい地形の例:Dorset の海岸

イングランド南部の Dorset 海岸付近には,波の侵食に対する抵抗性の異なる 3 種の岩石が帯状に配列している(**図 3.24**).最も海側にはジュラ紀の石灰岩,その内側に白亜紀のウイールデン(非固結の粘土層),さらに内側に石灰岩の一種であるチョーク(chalk)が分布する.**チョーク**は白亜紀(1 億 4000 万年前〜6500 万年前)に浅海底に堆積した生物遺骸がその後の続成作用で岩石になったものである.昔は白墨(チョークの語源もこの岩石名に由来)の原料として用いたが,ジュラ紀の石灰岩に比較して強度がかなり小さい(ただし,粘土層よりは強度が大きい).他の石灰岩同様,割れ目が多く透水性がよい.

現在の海岸地形は図 3.24 B のようになっており,Durdle Door 周辺のようにチョークの崖が直接波に

図 3.25 イングランド, Dorset の海岸地形の例(円形の湾が Lulworth Cove)

曝されているところや,Lulworth Cove のように円形の湾になっているところもある(**図 3.25**).このような地形は波の侵食力と海岸を構成している岩石の抵抗力とによって,以下のように説明されている.図 3.24 A は過去の海岸線(海岸地形)を推測したものであるが,中央よりやや東側のところには Lulworth Cove のような湾があったと考えられる.それらの場所では,まず海岸線をつくっているジュラ紀の石灰岩(Purbeck 層,Portland 層)の中で海岸と交差する断層(亀裂)のあるところが侵食に弱いためそこがまず破られる.すると,その内側の粘土層は極端に強度の弱い物質であることから,短期間に侵食され円形の湾をつくる.一方,西側では断層が切る部分が徐々に侵食される.

このような波の侵食と岩石の抵抗の関係が持続すると仮定すると,将来のこの地域の地形は,図

3.4 差別削剥地形

図 3.26 ドーバー海峡に面するチョークからなる海食崖（セブンシスターズ (Seven Sisters)）（口絵参照）

古代ローマのカエサルがイングランドを Albion（英国の雅称：white land）と呼んだのも，このような崖を見たことによる．

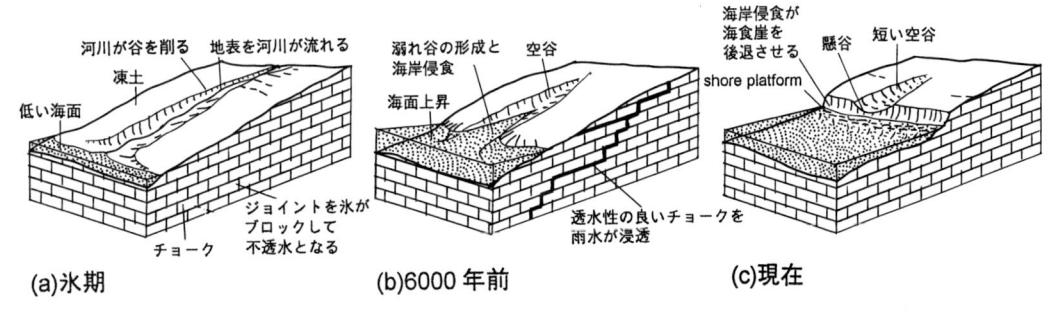

図 3.27 イングランド・セブンシスターズの形成過程（Goudie and Gardner, 1985, p.107）

通常の石灰岩に比較して強度が小さいチョークからなるため，海食崖の後退が速く，崖の前面には海食台が形成されている．

3.24 C に示されるようなものになることが予測される．すなわち，粘土層の侵食が進むに従い，外側の石灰岩は徐々に孤立した岩礁だけが残存するようになり，ほとんどの場所でチョークが直接波に洗われるようになる．

(3) 消極的抵抗性の影響が大きい地形の例：チョークにおける空谷の形成

透水性が地形形成（変化）に及ぼす影響については，チョークの分布域における**空谷**（dry valley）の例をみよう．ドーバー海峡に面するイングランドの南部海岸に，セブンシスターズと呼ばれるチョークからなる海食崖が存在する（図 3.26）．崖の頂部にある 7 つの凹凸がこの名の由来であり，ドーバー海峡を往来する船にとって絶好の目印となっている．このような地形は，以下のようにして形成されたと考えられている（図 3.27）．

① 最終氷期には，大陸氷床がイングランド南部（ロンドン付近）まで南下し，この周辺は周氷河環境下にあった．そのため，チョークの割れ目は氷で塞がれ（凍土が形成され）透水性が低下した．そのため降水や融解水は地表流となり谷が形成された．

② 氷期が終わり，約 6000 年前には気候が温暖化した．地中の氷は融解し，チョークは高透水性となった．そのため，谷から地表水が消え空谷となった．温暖化に伴う海面上昇により溺れ谷が形成され，海岸線は入り組んだものとなった．

③ その後，波食により垂直な崖をもつ海食崖が形成されたが，この海食崖は，年に数十 cm という早い速度で後退している．そのため空谷の先端は海食崖に懸かることになり，海から見ると海食崖頂部の凹部として見えることになる．現在の空谷

にも流水はなく，地形変化は起こっていない．

以上のような例から，透水性が地形変化に及ぼす影響の大きさが理解される．

引用文献

Goudie, A. S. (1985) Salt weathering, *Research Paper School of Geography, University of Oxford*, **33**, 31 p.

Goudie, A. S. and Gardner, R. (1985) Discovering Landscape in England and Wales. George Allen & Unwin, London, 177 p.

国方 亮・松倉公憲（1994）讃岐平野北部の屋島と五剣山周辺の地形と岩石に関する予察的研究，筑波大学水理実験センター報告，**19**, 33-44.

Maekado, A. and Matsukura, Y. (1985) Recession of cutting slope made of loosely consolidated Quaternary deposits due to freeze-thaw action, *Zeitschrift für Geomorphologie, N.F.*, **29**, 213-222.

Matsukura, Y. (1990) Notch formation due to freeze-thaw action in the north-facing valley cliff of the Asama volcano region, Japan, *The Geographical Bulletin*, **32**, 118-124.

Matsukura, Y. (1991) Notch formation processes and cliff instability in pumice flow deposits on the Asama mountain slopes, Japan, *Science Reports of the Institute of Geoscience, Univ. Tsukuba, Sect. A*, **12**, 37-63.

松倉公憲・青木 久（2004）シュミットハンマー：地形学における使用例と使用法にまつわる諸問題，地形，**25**, 175-196.

Matsukura, Y. and Kanai, H. (1988) Salt fretting in the valley cliff of the Asama volcano region, Japan, *Earth Surface Processes and Landforms*, **13**, 85-90.

Matsukura, Y. and Kato, M. (1997) Notch formation due to salt fretting on valley cliffs in an inland region of Japan, *Annual Report of the Institute of Geoscience, Univ. Tsukuba*, **23**, 7-10.

Matsukura, Y. and Matsuoka, N. (1996) The effect of rock properties on rates of tafoni growth in coastal environments, *Zeitschrift für Geomorphologie, N.F.*, Supplement Bd., **106**, 57-72.

松倉公憲・下川健司（1992）妙義山・朝日岳南斜面の地形と岩石物性，筑波大学水理実験センター報告，**16**, 107-118.

Matsukura, Y. and Takahashi, K. (1999) A new technique for rapid and nondestructive measurement of rock-surface moisture content: Preliminary application to weathering studies of sandstone blocks, *Engineering Geology*, **55/1-2**, 113-120.

松倉公憲・田中幸哉（1999）韓国徳崇山の花崗岩トアに発達するタフォニやナマの形成・拡大に関与する岩石物性，地学雑誌，**108**, 1-17.

Matsukura, Y. and Tanaka, Y. (2000) Effect of rock hardness and moisture content on tafoni weathering on granite of Mount Doeg-sung, Korea, *Geografiska Annaler*, **82A**, 59-67.

Matsukura, Y., Kondo, M. and Takaya, Y. (1996) Salt fretting on the valley cliff at the To-no-hetsuri, Aizu region, *Annual Report of the Institute of Geoscience, Univ. Tsukuba*, **22**, 21-24.

水野恵司・松倉公憲（1999）和歌山県田辺市のひき岩群に関与するケスタ地形形成に関与する岩石物性と風化の影響，地形，**20**, 571-588.

Nowell, D. A. G. (1998) The geology of Lulworth Cove, Dorset, *Geology Today*, **14**, 71-74.

Sugiyama, M. and Matsukura, Y. (2002) Rock control on the formation of earth pillars in Jodo-matsu Park, Kooriyama City, Fukushima, Japan, *Annual Report of the Institute of Geoscience, Univ. Tsukuba*, **28**, 5-10.

Sunamura, T. (1992) Geomorphology of Rocky Coasts. John Wiley & Sons, Chichester, 302 p.

鈴木隆介（2000）建設技術者のための地形図読図入門，第3巻：段丘・丘陵・山地．古今書院，pp. 555-942.

鈴木隆介・高橋健一・砂村継夫・寺田 稔（1970）三浦半島荒崎海岸の波蝕棚にみられる洗濯板状起伏の形成について，地理学評論，**43**, 211-222.

Suzuki, T., Tokunaga, E., Noda, H. and Arakawa, H. (1985) Effects of rock strength and permeability on hill morphology, *Transactions of the Japanese Geomorphological Union*, **6**, 101-130.

高橋健一（1975）日南海岸青島の「波状岩」の形成機構，地理学評論，**48**, 43-62.

高橋健一（1976）波蝕棚における差別侵蝕：とくに日南海岸青島の波蝕棚について，中央大学理工学部紀要，**19**, 253-316.

Tanaka, Y., Hachinohe, S. and Matsukura, Y. (1996) The influence of slaking susceptibility of rocks on the formation of hoodoos in Drumheller Badlands, Alberta, Canada, *Transactions of the Japanese Geomorphological Union*, **17**, 107-121.

山田 剛・松倉公憲（2001）凝灰岩を用いた塩類風化速度に関する予察的実験，筑波大学陸域環境研究センター報告，**2**, 19-23.

山田 剛・青木 久・高橋 学・松倉公憲（2005）塩類風化速度に与える岩石物性の影響に関する一実験，応用地質，**46**, 72-78.

Yatsu, E. (1988) The Nature of Weathering: An Introduction. Sozosha, Tokyo, 624 p.

横山勝三（2007）落雷を引き金とする weathering pit 形成の可能性，地形，**28**, 267-268.

4. 化学的風化作用と関連する地形

　最近は，コンビニエンスストアやスーパーなどでペットボトルに入った「水」が売られており，その種類も豊富である．それらの水は原産地によってミネラルの量が異なるが，それは原産地の岩石ないし土壌と水の反応（すなわち化学的風化）の結果としての溶出量を反映したものである．水に含まれるミネラル成分のうち，カルシウムとマグネシウムの量を炭酸カルシウム量に換算したものを硬度といい，水1 l 中にそれらが120 mg以下のものを**軟水**，それ以上のものを**硬水**という．一般に，ヨーロッパの水は硬水であり，日本の水は軟水である．ヨーロッパの水が硬水になる理由は，石灰岩の分布が広く，雨水がそのような地質のところを通過する過程で，化学的風化作用が起こりカルシウムを多量に溶かし込んでくるからである．とくに石灰岩の分布が広い英国ではケトル（やかん）の内側に湯あかがつきやすいが，これは硬水を沸かした結果に他ならない．

4.1 溶解実験からみた岩石の化学的風化のしやすさ

　前述したように，鉱物学の分野において，鉱物の風化しやすさの系列（**風化系列**）に関する研究が積み重ねられ，2.4.1項で示したように一般論としてまとめられている（表2.6参照）．しかし，鉱物の集合体である岩石の風化系列については，ほとんどデータがない．難風化鉱物よりなる花崗岩が，易風化鉱物よりなるハンレイ岩より厚い風化層をもつこと（八田ほか，1981）などを考慮すると，鉱物の風化系列をもとにして野外の岩石の風化しやすさを類推することはできないようである．岩石の風化しやすさに関する情報不足の一つの原因としては，岩石を用いた風化実験が少ないことがある．ここでは，岩石試料を用いた野外実験から岩石の化学的風化プロセス（風化過程）についてみてみよう．

4.1.1 タブレット野外風化実験からみた岩石の風化量

　タブレット野外風化実験とは，岩石試料を野外に埋設し，ある期間経過後，あるいはある一定期間ごとにそれを回収し，重量の減少量を計測することによって，岩石の風化量あるいは風化速度を知るものである．タブレット野外風化実験といっても，従来の研究のそれぞれにおいて，その実験条件は多様である（**表4.1**）．たとえば，岩石試料の形状についてみると，タブレット（円盤状），立方体，直方体，不定形のものと多様であり，しかも，同じ形状であっても研究者によりその大きさが異なっている．使われる岩石試料の岩種としては，石灰岩やドロマイトなどの炭酸塩岩が多い．これは，炭酸塩岩が水の関与する風化に対して敏感である（すなわち風化速度が速い）ことと無関係ではないであろう．試料の設置場所としては，地上1.5 mの空中（漆原，1991；漆原ほか，1999）を除いては，ほとんどが地上か地中（土層中，とくに土層と基岩との境界部分）である．実験期間は最低でも1年であり，長いものでは10年となっている．風化環境としては，Hall（1990）が南極のSigny島において石英-雲母片岩のタブレットを地上に5年間暴露したものがあり，凍結破砕などの物理的風化速度を計測しているが，その他の研究は主として岩石の溶食速度（すなわち主に化学的風化速度）を計測したものである．

　得られた結果の中で，最も大きい風化速度の値は，Thorn *et al.*（2002）の1.104%/yr（石灰岩）である．また，石灰岩に比較してドロマイトは風化速度が小さい（たとえば，Plan, 2005；Thorn *et al.*, 2002）など，斜面の位置によって風化速度が異なる（たとえば，Crabtree and Burt, 1983；

表 4.1 タブレット風化実験に関する従来の研究（松倉・ハ反地，2006）

論文	試料の形状 block（塊状），tablet or disc（円盤状）	岩型	埋設場所	期間	環境（国，地域）	重量損失速度
Trudgill (1977)	tablet: $\phi=1.5$ cm, $h=0.5$ cm	limestone	soil-bedrock interface	1 year	Scotland	0.01～0.043 g/yr
Caine (1979)	6.3 mm fragments：60 g	rhyodacite	on the soil surface	5 years	USA, Colorado	0.079%/yr
Jennings (1977 & 1981)	tablet：40×25×10 mm	limestone	soil	3～7 years	Australia, Coolemen Plain	0.11～0.4%/yr 0.27～0.67%/yr
Crabtree and Burt (1983)	tablet: $\phi=3.1$ cm, $h=0.7$ cm	sandstone	cave stream soil-rock interface	15 months	England, hillslope	0.24～0.34%/yr
Crabtree and Trudgill (1985)	tablet: $\phi=3.1$ cm, $h=0.7$ cm	limestone	soil-bedrock interface	2 years	England, hillslope	0.11～0.85%/yr
Trudgill et al. (1994)		limestone	0.60 m deep alluvial soils	10 years		0.01～0.3%/yr
Campbell et al. (1987)	cube：5×5×2 cm	gypsum	25 cm deep in regolith	2 years	Sudan (semi-arid)	0.95～2.7%/yr
Hall (1990)	tablet：50×50×10 mm	quartz-micashist	on the ground	5 years	Antarctic, Signy Island	0.02%/yr
Inkpen (1995)	tablet: $\phi=4.0$ cm, $h=0.4$ cm	limestone	exposure to air	2 years	England, London	0.82～1.55%/yr
漆原ほか (1999 a, b)		limestone	地上 1.5 m 土層 A 層 土層 B 層	5 years	日本各地	0.3～0.86%/yr 0.42～1.32%/yr 0.60～1.53%/yr
Dixson et al. (2001)	6.3 mm fragments：60 g	dolomite granite	on the ground	5 years	Sweden, Kärkevagge	0.326%/yr 0.121%/yr
Thorn et al. (2002)	disc: $\phi=4.0$ cm, $h=0.2$～0.3 cm	dolomite granite limestone	soil horizon (shallow, intermediate, deep)	5 years	Sweden, Kärkevagge	0.473%/yr 0.032%/yr 1.104%/yr
Sumner (2004)	clast (100～370 g)	basalt (gray lava) basalt (black lava)	on the ground	3 years	Subantarctic, Marion Island	0.02～0.1%/yr 0.44～0.72%/yr
Plan (2005)	tablet：5×5×1 cm	limestone dolostone	sub-soil, sub-arial	1 year	Austrian Alps	1.1～4.8 cm/1000 yr

表 4.2 タブレット野外風化実験に使用した岩石の諸物性
(Matsukura et al., 2007)

	花崗岩 (Cretaceous)	花崗閃緑岩 (Jurassic)	ハンレイ岩 (Jurassic)	石灰岩 (Triassic?)	安山岩 (Pleistocene)	流紋岩 (Holocene)	凝灰岩 (Neogene)	結晶片岩 (Paleozoic)
構成鉱物[a]	Qtz Kfs Pl Bt	Qtz Kfs Pl Bt Hbl	Pl Hbl Px	Cal Dol	Pl Px Mg Ol	Qtz Kfs Pl Bt	Qtz Kfs Pl Cpl	Pl Am Chl
SiO_2	70.98	66.41	46.83	0.09	53.00	76.67	79.54	46.80
TiO_2	0.36	0.75	1.29	—	0.87	0.10	0.14	0.79
Al_2O_3	14.81	14.52	17.95	0.04	21.00	11.89	11.42	14.70
Fe_2O_3+FeO	2.84	3.87	11.23	0.03	9.40	0.75	1.17	12.52
MnO	0.07	0.08	0.23	—	0.15	0.06	0.02	0.20
MgO	0.82	2.09	7.82	0.83	2.30	0.13	0.62	14.40
CaO	3.26	4.44	12.87	52.00	7.80	0.70	2.02	8.53
Na_2O	4.07	3.19	1.49	0.20	3.00	4.25	2.15	2.01
K_2O	2.68	3.40	0.11	0.00	1.80	3.23	2.92	0.00
P_2O_5	0.12	0.24	0.16	0.01	—	0.02	0.02	0.05
$H_2O^{(-)}$	—	—	—	—	—	0.16	—	—
$H_2O^{(+)}$	—	—	—	—	—	2.03	—	—
(CO_2)	—	—	—	47.00	—	—	—	—
Total (wt.%)	100.01	98.99	99.98	100.20	99.32	99.99	100.02	100.00
かさ密度 (g/cm³)	2.67	2.69	3.00	2.71	2.14	1.60	1.45	2.86
真比重	2.71	2.76	3.05	2.75	2.62	2.42	2.48	2.87
間隙率 (%)	1.51	2.36	1.58	1.48	18.29	33.87	41.32	0.24
エコーチップ硬度	720	731	711	486	652	480	438	625

[a] Qtz: quartz, Kfs: K-feldspar, Pl: plagioclase, Bt: biotite, Hbl: hornblende, Px: pyroxene, Cal: calcite, Dol: dolomite, Mg: magnetite, Ol: olivine, Cpl: clinoptilolite, Am: amphibole, Chl: chlorite.

Crabtree and Trudgill, 1985；Campbell et al., 1987), 風化速度は計測時間が長いほど小さくなる (Caine, 1979；Trudgill et al., 1994) といったような結果が示されている．しかし，Plan (2005) も指摘しているように，風化速度（重量損失速度）は，高度・埋設深度（あるいは地表か地中か）・植生・地形・土壌水分・岩質・岩石表面形態など多くの要素に影響されている．したがって，従来得られた結果をもとに，これらを統一的に理解しようとすることは難しい．

4.1.2 各種岩石を用いた野外風化実験

石灰岩が水に溶解しやすいということは，よく知られている．しかし，石灰岩が他の岩石に比較してどれだけ溶解しやすいのか，あるいは逆に，石灰岩以外の岩石がどれだけ溶解しにくいのかについては，よくわかっていない．そこで，Matsukura and Hirose (1999), Matsukura et al. (2007) は，

花崗岩，花崗閃緑岩，ハンレイ岩，石灰岩，安山岩，流紋岩，結晶片岩，凝灰岩の 8 岩型（表 4.2）を試料とし，野外でのタブレット風化実験を行った．直径 3.45 cm，厚さ約 1 cm に成形した試料を各岩型ごとに 1 セット（15 個のタブレット）ずつ網の袋に入れ，阿武隈山地の花崗閃緑岩を基盤とする斜面の，地上，腐植帯（15 cm 深），不飽和帯（60 cm 深），飽和帯の 4 か所に埋設した．実験は 1992 年の年末から開始し，3 か月あるいは半年ごとに繰返し重量計測を行った．

現在までの約 10 年間の計測の結果をまとめたのが，図 4.1 である．重量損失は，ほぼ等速に起こっているとみなせるので，風化の速さは単純に年平均損失率で議論できる．表 4.3 にはその値を示した．設置場所の違いを無視して，岩型別に重量欠損率を単純に平均化すると，凝灰岩（Tf）が最も大きく（1.027%/yr），次いで石灰岩（Ls, 0.861%/yr），流紋岩（Ry, 0.324%/yr），花崗閃緑岩（Gd,

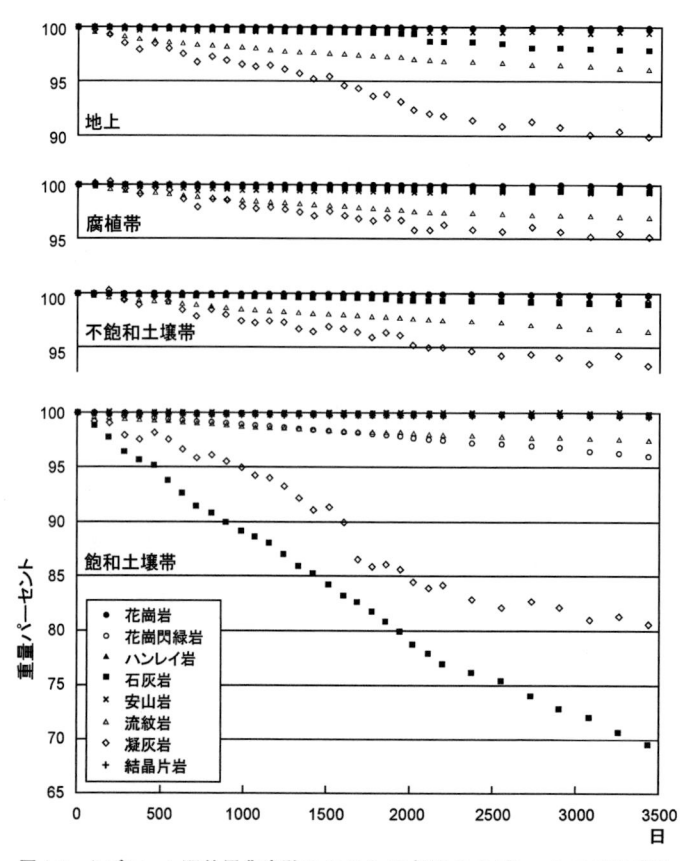

図 4.1 タブレット野外風化実験における 10 年間のタブレットの重量変化
(Matsukura *et al.*, 2007)

表 4.3 タブレット野外風化実験における 10 年間のタブレット欠損重量速度（風化速度）（括弧内は最初の 5 年間の風化速度）（単位：%/yr）(Matsukura *et al.*, 2007)

岩 型	地 上	腐植帯	不飽和帯	飽和帯	欠損重量速度の平均
花崗岩	0.012(0.011)	0.014(0.015)	0.013(0.014)	0.017(0.020)	0.014(0.015)
花崗閃緑岩	0.023(0.019)	0.017(0.018)	0.015(0.016)	0.403(0.397)	0.115(0.113)
ハンレイ岩	0.017(0.016)	0.016(0.018)	0.015(0.016)	0.024(0.031)	0.018(0.020)
石灰岩	0.218(0.110)	0.071(0.082)	0.098(0.094)	3.058(3.672)	0.861(0.990)
安山岩	0.053(0.091)	0.070(0.125)	0.043(0.070)	0.005(0.002)	0.043(0.072)
流紋岩	0.394(0.538)	0.302(0.435)	0.349(0.426)	0.249(0.342)	0.324(0.438)
凝灰岩	1.013(1.274)	0.480(0.660)	0.665(0.808)	1.949(2.290)	1.027(1.258)
結晶片岩	0.023(0.025)	0.021(0.024)	0.019(0.019)	0.034(0.048)	0.024(0.029)
全岩石の平均	0.219(0.261)	0.124(0.170)	0.152(0.181)	0.717(0.850)	0.303(0.366)

0.115%/yr），安山岩(An)，結晶片岩(Cs)，ハンレイ岩(Gb)，花崗岩(Gr)という順になる．すなわち，Tf＞Ls＞Ry＞Gd＞An＞Cs＞Gb＞Gr の順序である．しかし，この順序は，設置場所別にみると同じではない．たとえば，飽和帯においては Ls＞Tf≫Gd＞Ry＞Cs＞Gb＞Gr＞An となり，地上で Tf＞Ry＞Ls＞An＞Gd，Cs＞Gb＞Gr となる．また，設置場所ごとの単純平均では，飽和帯が最も大きく（0.717%/yr），次いで地上（0.219%/yr），不飽和帯（0.152%/yr），腐植帯（0.124%/yr）の順，すなわち飽和帯＞地上＞不飽和帯＞腐植帯の順になる．しかし，岩型によっては最大値をとるのが飽和帯でないものもある．たとえば，Ry は地上での損失率が最も大きく，An では腐植帯が最も大きい．

未風化　　地上　　腐植帯　　不飽和土壌帯　　飽和土壌帯

図 4.2 花崗閃緑岩と石灰岩の 10 年間の風化による変化（Matsukura et al., 2007）
花崗閃緑岩（Gd）では黒雲母が剥離した結果，タブレット表面に多数の穴が観察され，石灰岩（Ls）では外側からの溶解により，明らかに形状が小さくなっている．

以上のことから，重量損失は岩型と風化環境の両者に強く依存していることがうかがわれる．この実験は野外実験であることから，物理的風化作用と化学的風化作用の両方が関与しており，それらを分離して解析することは困難であるが，大まかには飽和帯では化学的風化が卓越し，それ以外の場所では物理的風化作用が卓越していることが考えられる（このことについては 13 章で，もう一度議論する）．以上がこの実験の結果の概略であるが，この他にも以下のようないくつかの結果と考察が導かれる．

(1) 石灰岩の化学的風化速度の特異性

石灰岩を構成する炭酸塩鉱物の溶解速度が他の鉱物に比べて 4～5 桁大きいことが知られており（たとえば，Stumm and Morgan, 1996），従来の数種の岩石を用いた室内実験から，石灰岩が他の岩種より溶解しやすいことがわかっている（たとえば，廣瀬ほか，1995；髙屋ほか，1996，2006 a, b）．このタブレット実験においても，飽和帯における石灰岩の風化量がかなり大きく，他の岩石の化学的風化速度との違いが顕著である．ただし，石灰岩は飽和帯以外の欠損重量がきわめて小さく，水との接触が少ない場所では溶解があまり働かない．

(2) 花崗閃緑岩の風化特性

10 年間の野外実験終了後でも，花崗岩やハンレイ岩，結晶片岩などの間隙率の小さな岩石はほとんど重量欠損がない（風化しない）．これに対し，飽和帯における花崗閃緑岩の風化量は，これらに比較してかなり大きい．花崗閃緑岩の飽和帯の試料（図 4.2 上部（Gd）の右端）を見ると，風化によって雲母が剥落したと思われる多くの穴が観察される．

このような黒雲母の離脱は，鉱物の粒界が溶解することと，1 つの黒雲母粒子の中での劈開での分離などによって起こると思われる（Yokoyama and Matsukura, 2006）．このように，花崗閃緑岩の風化は，鉱物の選択的風化作用によって起こっており，一様な鉱物からなる石灰岩タブレットが全体的に溶解して体積を小さくしていく（図 4.2 下部（Ls）の右端）のとは異なる風化形態をとる．

(3) 岩石の風化系列

一般的な鉱物の風化系列（風化されやすさの順序）からいえば，カンラン石，角閃石，黒雲母などの有色鉱物が風化しやすく，石英が最も風化しにくい（表 2.6 参照）．このことからいえば，有色鉱物の含有量が多いハンレイ岩の方が，それらが相対的に少ない（石英が多くなる）花崗岩や花崗閃緑岩よりも風化しやすいはずである．しかし，この野外実験からは，ハンレイ岩に比較して花崗閃緑岩の風化速度が圧倒的に大きく，鉱物の風化系列は岩石には当てはまらないことを示している．

4.2 火山岩の化学的風化

4.2.1 多孔質流紋岩の風化

伊豆七島の神津島には，噴出年代の異なる多数の溶岩円頂丘が存在する．小口ほか（1994），小口・松倉（1996），Oguchi et al. (1999) は，これらの中から，噴出時の岩石物性（鉱物組成および化学組成）が非常に似ていたと思われる黒雲母流紋岩からなる 4 つの溶岩円頂丘（天上山，神戸山，大沢山，阿波命山）を選び出し研究対象とした．図 4.3 は，

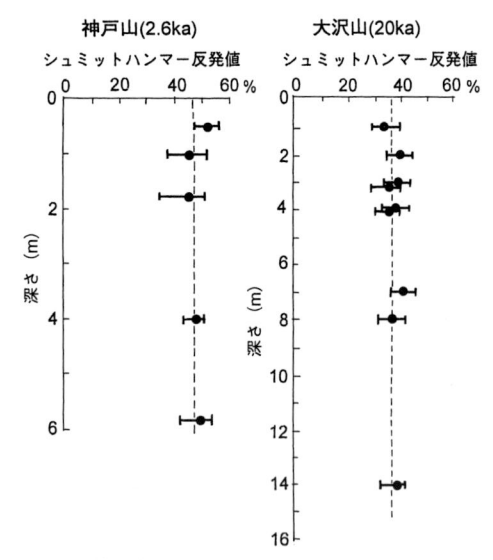

図 4.3 神津島神戸山（2.6 ka）と大沢山（20 ka）の露頭におけるシュミットハンマー反発値と深さとの関係（小口ほか，1994）
破線は平均値を示す．

2600年前（2.6 ka）および20000年前（20 ka）に噴出した神戸山および大沢山の露頭で，地表から溶岩円頂丘の深部方向に計測したシュミットハンマー反発値の値である．どちらの露頭においても深さ方向の値の変化は見られず，神戸山では45%前後，大沢山では38%前後を示す．この測定事実と，いずれの溶岩円頂丘も溶岩冷却時にできた鉛直方向のジョイントやクラックが無数に入っていることと，流紋岩自体がきわめて多孔質な性質（間隙率で30%以上）をもっていることを考え合わせると，これらの流紋岩は，それがつくる円頂丘全体にほぼ一様に風化が進行する（すなわち，たとえば花崗岩のように，地表から強風化層，弱風化層，未風化層といったような風化分帯をもたない）という特殊な風化形態をもつものと解される．

溶岩円頂丘を構成する流紋岩は，それぞれ溶岩噴出（円頂丘形成）直後から風化が始まったと考えられるので，噴出年代から現在までを風化継続時間と仮定できる．たとえば，4万年前に噴出した阿波命山をつくる流紋岩は，4万年間の風化に曝されており，1100年前に噴出した天上山は，1100年間しか風化に曝されていないという仮定である．しかも，この4つの溶岩円頂丘は神津島という小さな島に存在することから，風化環境の空間的な差異はないと

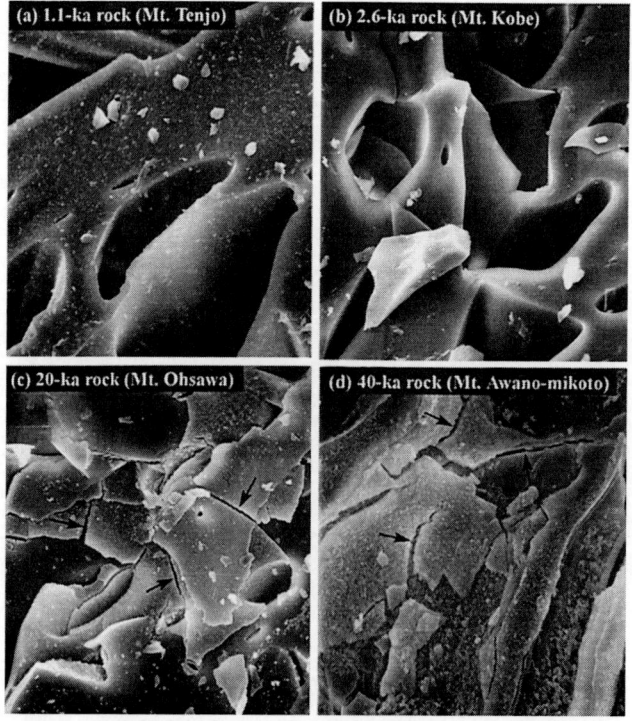

図 4.4 神津島流紋岩の火山ガラス表面の SEM 画像（小口ほか，1994）
(a) 天上山（1.1 ka），(b) 神戸山（2.6 ka），(c) 大沢山（20 ka），(d) 阿波命山（40 ka）．

表 4.4 伊豆・神津島の 4 つの溶岩円頂丘を構成する流紋岩の物理的性質（小口ほか，1994）

	天上山 (1.1 ka)	神戸山 (2.6 ka)	大沢山 (20 ka)	阿波命山 (40 ka)
かさ密度 ρ_{bulk} (g/cm³)	1.72±0.02	1.69±0.12	1.58±0.08	1.55±0.05
間隙率 n (%)	29.7±1.0	30.1±4.9	35.3±3.1	36.6±1.9
比表面積 S_s (m²/g)	0.30±0.09	0.02±0.01	2.56±0.00	13.35±1.40
シュミットハンマー反発値 R (%)	45±3	48±4	39±4	34±6

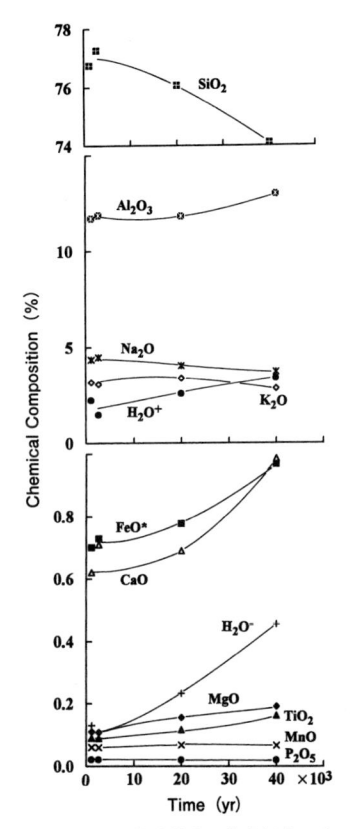

図 4.5 神津島流紋岩の化学組成の時間的変化（小口ほか，1994）

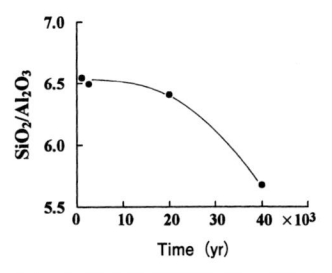

図 4.6 風化経過時間に伴う SiO_2/Al_2O_3 比の変化（小口ほか，1994）

偏光顕微鏡観察によると，天上山および神戸山の試料では，黒雲母の鉱物表面や劈開面に変質が認められる．(3) 高倍率の SEM 観察（図 4.4）によると天上山や神戸山の試料では，ガラスの表面構造がきわめてシャープであるのに対し，大沢山や阿波命山の試料ではガラスに亀裂が入ったり表面がざらざらしている．(4) 天上山や神戸山の試料では，比表面積が小さいのに対し，大沢山や阿波命山の試料ではかなり大きい（表 4.4）．

4 つの岩石の化学組成の時間的変化を図 4.5 に示す．噴出年代の古い（風化継続期間の長い）岩石ほど，SiO_2 や Na_2O，K_2O などの割合が低下している．しかし，CaO は増加している．これは，Ca^{2+} がガラス質物質の表面に吸着されやすい（土橋，1979, p.37）性質を有するためと考えられる．FeO，$H_2O^{(\pm)}$ は，風化継続時間の長い岩石ほど含有量が多くなり，とりわけ $H_2O^{(+)}$ の増加は著しい．これは，岩石中の構造水の割合が増加したことを示す．このように化学組成の変化率は，風化継続期間が 2 万年程度までは小さいが，それ以降では次第に大きくなる．これは，比表面積の変化傾向と類似しており，化学的性質と比表面積とは密接な関係がある．また，一般的に風化程度の指標とされる SiO_2/Al_2O_3（重量比）を見ると（図 4.6），天上山流紋岩（1.1 ka）では約 6.5 であったものが，阿波命山流紋岩（40 ka）では約 5.7 へと減少している．一次鉱物がすべてカオリン鉱物や雲母粘土鉱物に変質す

考えてよい．また風化環境の時間的変動については，大沢山（20 ka）および阿波命山（40 ka）において，凍結破砕の証拠が認められなかったこともあり，その影響は小さかったと仮定できる．以上の仮定を用いれば，それぞれの溶岩円頂丘の岩石の風化程度を，時系列に並べて議論することが可能となる．

4 万年間の風化による鉱物変化，物理的性質の変化，化学的性質の変化は，以下のようにまとめられる．(1) 天上山（1.1 ka）と神戸山（2.6 ka）の試料には，2 μm 以下の粘土画分がほとんどないが，大沢山（20 ka）と阿波命山（40 ka）の試料には，カオリン鉱物，雲母粘土鉱物などが含まれる．(2)

れば，SiO_2/Al_2O_3 は約1になる．したがって，ここで見られる SiO_2/Al_2O_3 の減少は，長石，黒雲母，ガラスの風化によりカオリン鉱物や雲母粘土鉱物が次第に増加していることと調和的である．なお，SiO_2 は溶液が強アルカリ性のときに溶出するので，ここでは岩石と反応する水がアルカリ性もしくはそれに近いものと考えられる．この理由として，(1) 神津島が比較的新しい火山地域で，透水性のきわめてよい火山噴出物に覆われているために，植被が貧弱であること，(2) 湿潤温暖な地域で，土層中の腐植が早く分解されるために腐植酸などが生成しにくい，などが考えられる．

4.2.2 安山岩の風化：阿蘇の安山岩に形成された風化皮膜

阿蘇のほぼ中央にある中岳は，現在も時々噴気を上げる活動的な火山である．そのため，南風が吹くと中岳の噴気（火山ガス）が中岳・高岳と楢尾岳の間にある仙酔峡の谷に沿って流れ下る．この仙酔峡の東側には阿蘇火山最高峰の高岳（1592 m）への登山ルートの1つである尾根（通称"バカ尾根"）が延びている．この尾根には多くのトア地形（4.3.3項参照）・岩塊（3 mまでの種々のサイズがある）が分布する．これらの岩塊は主に安山岩から構成されており，表面を赤褐色の皮膜によって覆われている．トアや岩塊の頂部には，天空に向かった皿状あるいはボウル状の凹み（**ナマ**，gnamma）が形成されている．

このようなナマをもつ岩塊の一つを中央で切断したのが，図4.7である（Matsukura *et al*., 1994）．この岩塊には，厚さが2～3 mmほどの風化皮膜が形成されている．最初に薄片観察をし，X線粉末回折分析とEPMAによる化学組成のマッピングを試みた．この岩石内部の新鮮な部分は，斑状組織をもち，斑晶としてサイズが1 mmほどの斜長石と単斜輝石（clinopyroxene）やカンラン石（olivine）

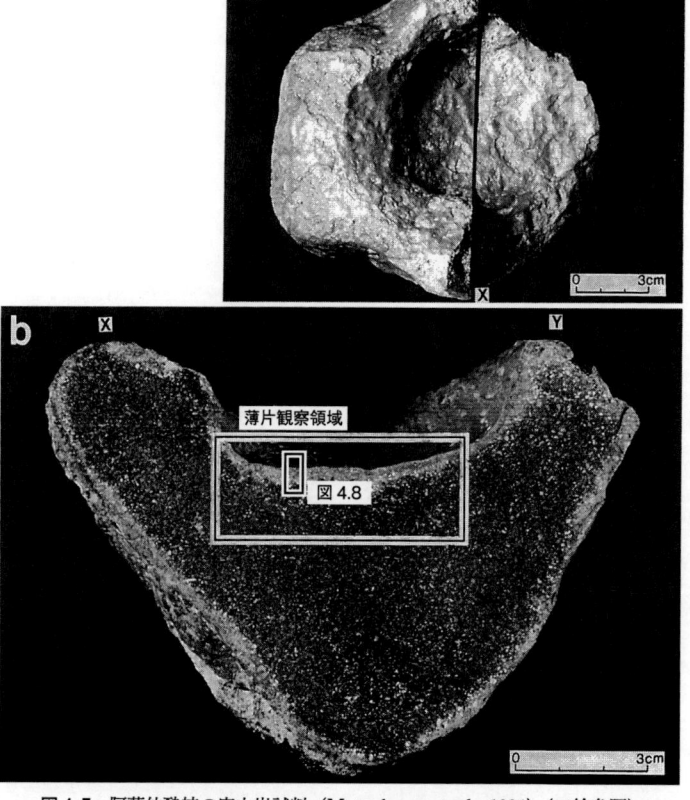

図 4.7 阿蘇仙酔峡の安山岩試料（Matsukura *et al*., 1994）（口絵参照）
(a) ナマの窪みを上方から見たもの，(b) 切断面．

などが含まれている．微斑晶として磁鉄鉱も含まれる．石基には少量のガラスも認められた．顕微鏡観察によると，風化皮膜は，内部の新鮮なゾーンⅠ，内部の鉱物の組織を残した風化層（ゾーンⅡ），岩塊表面に平行なミクロンオーダーの十数枚の縞模様からなるゾーンⅢに3分される．

風化皮膜のX線粉末回折分析により，ゾーンⅠでは斜長石・単斜輝石・斜方輝石（orthopyroxene）・磁鉄鉱（magnetite）・カンラン石が同定された．ゾーンⅡでは一次鉱物の斜長石の他に，ジャロサイト（jarosite：$KFe_3(SO_4)_2(OH)_6$）と石膏（gypsum：$CaSO_4・2H_2O$）が同定された．ゾーンⅢは，X線のチャートには少量のジャロサイト以外には明瞭なピークが現れず，30°から50°のベースラインに盛り上がりが見られ非晶質物質の存在がうかがわれた．また，蛍光X線分析とEPMAの分析により，風化皮膜部分の化学組成について調べた（図4.8）．ケイ素（Si）が縞の部分（ゾーンⅢ）に多い．アルミニウム（Al）は新鮮な部分（ゾーンⅠ）のとくに斜長石に相当する部分で多い．SiやAlはゾーンⅡ（風化層）でかなり溶脱されている．鉄（Fe）はゾーンⅠに点在するが，ゾーンⅡに集

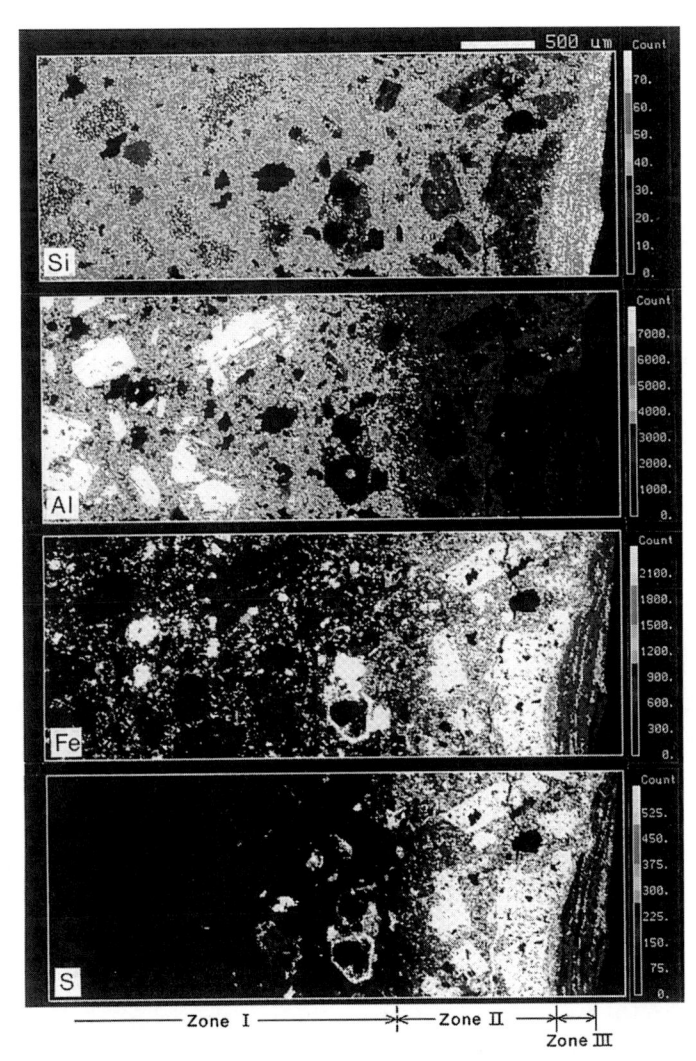

図 4.8 風化皮膜とその周辺のEPMA元素マップ（Matsukura *et al.*, 1994）マッピングの範囲は図4.7に示されている：図の右端が風化皮膜の最表面となる．図の上部にスケールが表示されており，バーの長さは500 μm（0.5 mm）である．（口絵参照）

積していると同時にゾーンIIIにも含まれている．硫黄成分（S）がゾーンIIに多く，その分布はFeに似ている．しかし，SはFeとは異なり，新鮮な部分にはまったく含まれていないので，外部から供給されたものと考えられる．

この岩塊の置かれた場所は，最初に述べたように，火山噴気の通り道になっている．火山噴気には，硫酸や硫化水素が含まれる．したがって，降雨が火山噴気の影響で低いpHになることは十分予想される．このような酸性の強い降雨が母岩に作用し，Si，Alなどの陽イオンが多量に溶脱され，その部分が風化層となる．また，溶脱されたSiの溶液が，再度ゲルとして沈殿したのが，表面の非晶質シリカの薄層になったと考えられる．一方，Feは溶脱しにくいので，風化層に残留する．その鉄と火山噴気からのSとが結合し，ジャロサイトが形成されたと考えられる．

4.3 深成岩の化学的風化と地形

4.3.1 花崗岩の化学的風化プロセス
(1) 花崗岩の風化特性

花崗岩（granite）が厚い風化層を形成するという特異な風化形態をとることはよく知られており，「深層風化」している，というように表現される．しかし，この用語は「深部における」風化という意味にもとれ，混乱を引き起こしかねないことから，「厚層風化」と呼ぶべきという主張もある（八田ほか，1980）．花崗岩の風化層の厚さは，数mから100mを超えるものまで多様である（たとえば，Migoń, 2006, Table 2.9参照）．

花崗岩がなぜ厚層風化するかについては，花崗岩の鉱物組成が大きく関わっていると考えられる．新鮮な花崗岩に雨水が作用すると，まず黒雲母や長石が風化し，それらは徐々に細粒化し，最終的には粘土鉱物に変化するが，石英は風化しにくいため砂粒子として残留する．このような風化物は**マサ**（grus）と呼ばれる．マサは透水性がよいので，雨水は風化層を容易に通過し，風化前線に到達する．したがって，風化前線での風化が進行し，風化前線は徐々に深くなっていく．このようなプロセスで，徐々に風化層が厚くなると考えられる．

(2) 花崗岩の風化と物性変化

図4.9 茨城県稲田の花崗岩採石場の露頭（松倉ほか，1983）

松倉ほか（1983）は，茨城県笠間市稲田にある石切り場（図4.9）の風化断面を選定し，花崗岩の風化プロセスと物性変化について吟味した．露頭頂部から深さ27 cmまでが関東ローム層（鹿沼軽石層を挟在する）とそれを母材とする土壌層である．土壌層の下位には風化の相当進んだマサがあり，その下位の深度15～30 mにかけては，いわゆる"鬼マサ"と呼ばれるマサと硬岩との中間物質が存在する．下方に向かって風化度が徐々に減少するとともに岩盤に移行し，地表からの深さ40～50 m付近のものは最も新鮮であり，石材として切り出されている．この石切場では，深度12 m付近の一部に，直径2 mほどのコアストーンが認められるが，全体的には上下方向に連続的な風化断面が観察される．

この石切場の断面のほぼ中央に，コアストーンが含まれないように測線を設定し，新鮮な花崗岩からマサの最上部までの諸物性を測定した．この断面は，切り取り後8年を経過しているが，切り取り後の地盤の緩み部分をさけるため，切り取り面から数～10 cm程度の内部で，試料の採取や計測を行った．X線回折分析による構成鉱物の変化の把握やSEMによる鉱物表面の変化の観察などの他に化学的性質として，岩石・鉱物の化学組成や物理的性質として，真比重（G_s），乾燥単位体積重量（γ_d），間隙率（n），自然含水比（w_n），比表面積（S_s），弾性波速度（V_p），粒度組成などについて測定した（図4.10）．力学的性質としては，土壌硬度（P），透水性（P_c），シュミットハンマー反発値（R），貫入抵抗値（N_{10}），せん断強度（τ）をとりあげた．深度方向での物理的・化学的性質は，上方に向かって一方的に減少か増大かの変化傾向を示している．このことは，上方に向かって風化の程度が進行する

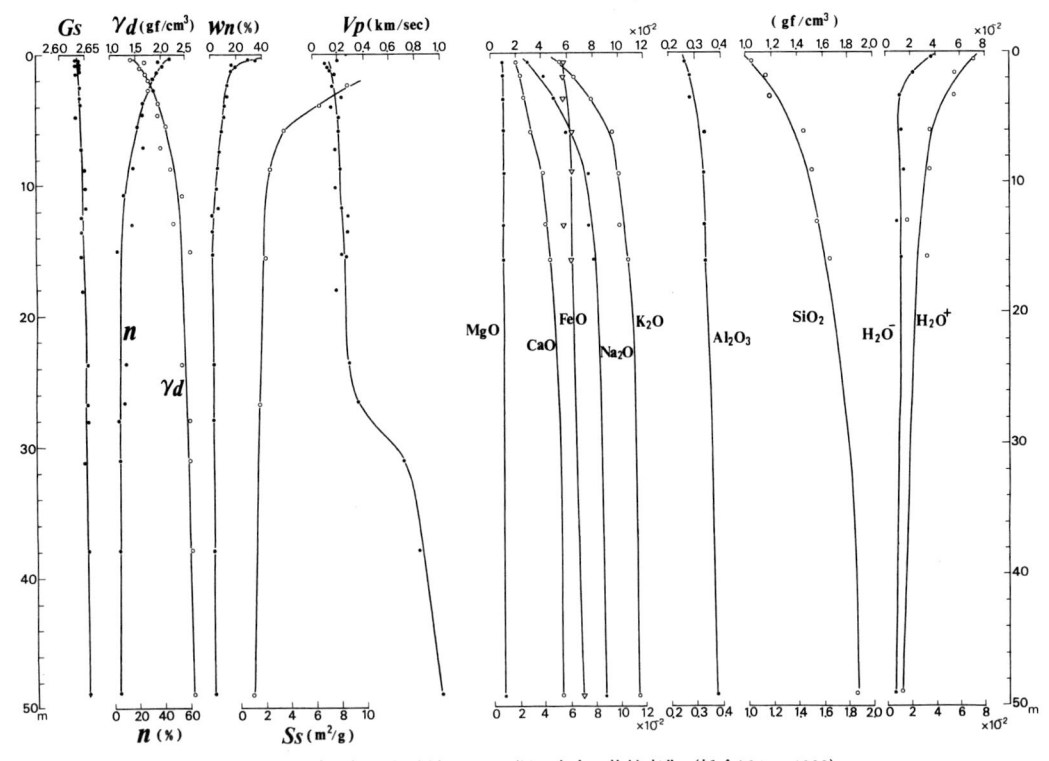

図4.10 花崗岩採石場露頭における深さ方向の物性変化（松倉ほか，1983）
物理的性質と化学的性質．G_s：真比重，γ_d：乾燥単位体積重量，n：間隙率，w_n：自然含水比，S_s：比表面積，V_p：弾性波速度（P波速度）．

という野外の観察と明瞭な対応を示している．

X線粉末回折分析の結果，鉱物の変化系列として，斜長石のカオリナイト鉱物への変質，黒雲母のバーミキュライト様鉱物からカオリン鉱物への変質が考えられた．このような鉱物の変質は，岩石と水との反応（すなわち化学的風化作用）の結果であることはよく知られている．たとえば，長石，雲母などは水との反応（加水分解）においてK^+，Na^+，Ca^{2+}などを溶出させる（たとえば，Loughnan, 1969, pp. 27-66）．また，SEMによる観察と合わせると，石英およびこれらの鉱物からのSiO_2の溶脱も考えられる．図4.10において，SiO_2，K_2O，Na_2O，CaOなどの化学成分の溶脱が顕著なのはこのことと対応する．とくに黒雲母の変質が，かなり深部から始まっている事実は，この断面においても，三浦・樋口（1974）が指摘しているような「この鉱物が風化の初期の段階で岩石の化学的組成変化の主役を果たしている」ことが十分予想される．このことから，風化の初期における化学的風化（化学的成分の溶脱）の重要性が指摘される．

一方，SEMによる観察によれば，石英，黒雲母は結晶粒子の外形をほぼ保持したまま変質する．これに対し，長石類はカオリン鉱物へと変質（粘土化）する際に，主として六角板状に結晶構造を変えるので，結晶粒子の体をなさない粉末状物質として観察される．このような長石・黒雲母の粘土化が，上方に向かっての細粒分の増加や比表面積の増加をもたらしている．粗粒な石英が残存し，長石・黒雲母が粘土化することが，細粒分を含んだ砂質の風化物，すなわちマサを形成することになる．

化学的風化が起こると，それが物理的性質の変化（γ_dの減少，nやw_nの増加など）をもたらす．とくに化学的風化によるS_sの増大や透水性がよくなるという結果は，化学的風化を促進させる．このことが，化学成分の減少率が上方ほど大きくなる（風化が加速する）原因となる．これに対し，力学的性質の変化は少し複雑である．土壌硬度やシュミットハンマー反発値，貫入抵抗値，せん断抵抗角などは，大局的には上方に向かって漸減するが，透水性や粘着力などは1mまたは2m付近に極小値をも

表 4.5 数種の花崗岩類の化学組成と物理的性質（飯田ほか，1986）

	Aグループ			Bグループ		
	小原（愛知）	六甲（兵庫）	稲田（茨城）	伊奈川（愛知）	田上（滋賀）	比良（滋賀）
SiO_2	70.07	73.62	71.80	73.67	75.01	74.11
TiO_2	0.54	0.24	0.15	0.09	0.03	0.08
Al_2O_3	15.56	13.98	14.87	13.95	13.77	13.74
FeO	3.61	2.15	2.50	1.32	0.87	2.08
MnO	0.09	0.04	0.03	0.02	0.01	0.04
MgO	0.61	0.36	0.35	0.15	0.18	0.20
CaO	2.59	1.51	2.10	1.08	0.85	0.82
Na_2O	3.41	2.42	3.42	3.31	4.46	3.31
K_2O	2.95	3.92	4.44	4.94	4.57	4.28
P_2O_5	0.11	0.07	0.07	0.03	0.02	0.04
H_2O^+	1.34	0.90	0.79	0.71	0.71	0.57
H_2O^-	0.83	0.34	0.09	0.12	0.12	0.25
合計（wt.%）	101.71	99.53	100.61	99.39	100.60	99.52
比重	2.667	2.687	2.650	2.605	2.577	2.642
乾燥密度（g/cm³）	2.611	2.528	2.577	2.456	2.414	2.456
間隙率（%）	2.0	5.8	2.7	7.0	6.2	7.0

ち，一方向にだけの変化を示さない．風化花崗岩の粘着力の減少は，鉱物粒子間の結合の緩みで説明されるが，風化のかなり進んだマサの粘着力の増加は，細粒分の増加や適度な含水比によるものと考えられる．このように，力学的性質の変化の多様性は，与えられた外力（力学的強度を計測するために機器から与えられる外力）に対して，風化物質の物理的性質が複合して応答する結果と考えられる．

（3）花崗岩の溶出実験（その1）：岩質の違いによる風化速度の差異

同じ「花崗岩」と呼ばれる岩石でもその構成鉱物の比率や粒度などは異なっており，それらを反映して化学的風化の仕方も異なったものとなる．そのことを調べる目的で，表 4.5 に示したような6種の花崗岩類（後述する理由でA，Bの2グループに分けられる）を用いた溶出実験が行われた（松倉，未公表資料）．それぞれの花崗岩を粉砕し，粒径 1～2 mm のものだけを選別した．試料 100 g と蒸留水 200 ml をポリビンに入れ，恒温室で水温を 20°C に保ちながら反応させた．それぞれの試料で5個のポリビンを用意し，4時間後，1日後，3日後，9日後，20日後に採水し，濾過したのちに溶出した化学成分濃度を分析した．

たとえば，Ca 濃度の時間的変化は図 4.11 のようになった．六甲や小原，稲田の各花崗岩においてその濃度が高く，田上，伊奈川，比良が小さく，試料によって大きく異なっている．Ca 以外のイオンについてもデータが得られているので，以下のような解析をしてみた．表 4.6 は稲田花崗岩の例であるが，右側の「溶出」欄には，実験最終日である20日目の各成分の溶出濃度が示されている．これを 1 l 当りのモル数に換算し，それぞれの成分の溶出量とした．これを合計すると 0.3096 mmol/l となる（Al の溶出量は無視できるほど小さい）．この合計値を用いてそれぞれの比率が計算でき，この値を I_W とする．表の左に示した岩石の全岩分析の結果と溶出量とを比較するために，それぞれの重量%を岩石 1 kg 当りの陽イオンモル数に換算した．この合計は 19.542 となる．この値を用いて計算される各成分の比率を I_R とする．上記の定義から，I_W/I_R はそれぞれの成分の溶出のしやすさを示すことになる．たとえば，Mg は岩石に 0.02% しか入っていないのに，溶出量は 10% もあり，最も溶出しやすい（元素の移動という点からすると「移動しやすい」）ことになる．

溶出陽イオンの合計量（稲田では 0.3096 m mol/l という値）を相対的風化速度とみなし，これと岩石の陽イオンモル数との関係をみたのが図 4.12 である．図からは，両者の相関は認められない．しかも，同じ花崗岩類なので縦軸の値は 17～20 とほとんど差異はないが，横軸の溶出量は，0.1～0.6 m・mol/l と 6 倍もの差がある．このことから，岩

4.3 深成岩の化学的風化と地形

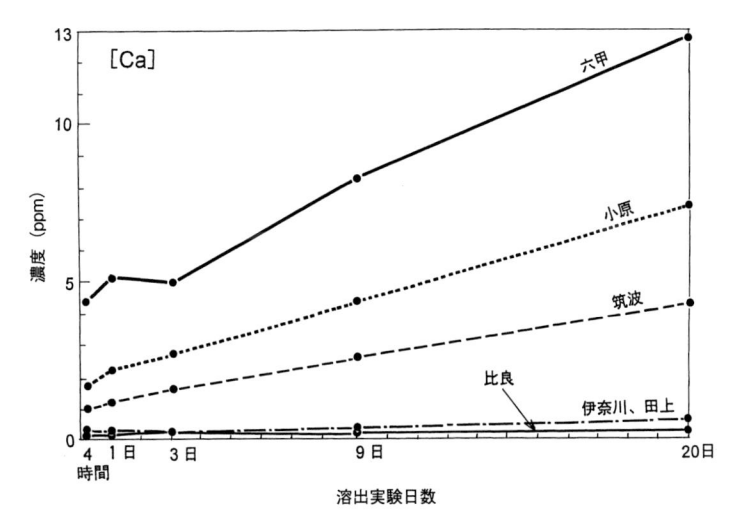

図 4.11 6種の花崗岩のカルシウム溶出量の時間的変化（松倉，未公表資料）

表 4.6 稲田花崗岩の岩石の組成と，溶出の組成から計算される各元素の相対的易動度（松倉，未公表資料）

稲田	岩石			溶出			相対的易動度 I_W/I_R
	重量%	岩石1kg当り陽イオンモル数	I_R 陽イオン%	濃度 ppm	m mol/l	I_W 陽イオン%	
SiO_2	72.76	12.17	62.28	2.8	0.0467	15.083	0.242
Al_2O_3	14.28	3.97	20.32				
MgO	0.18	0.045	0.023	0.77	0.0317	10.239	445.17
CaO	0.63	0.113	0.578	4.3	0.1075	34.72	60.07
Na_2O	4.12	1.392	6.8	2.0	0.0870	28.10	4.132
K_2O	4.30	0.915	4.68	1.43	0.0367	11.85	2.532
合計		19.542			0.3096		

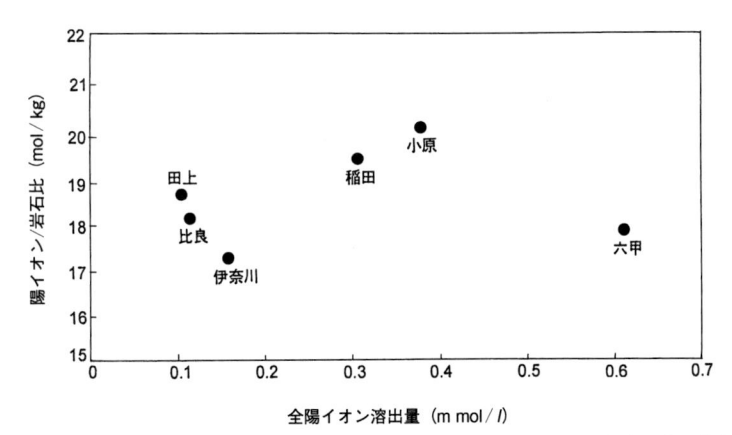

図 4.12 6種の花崗岩の陽イオン溶出量と岩石の陽イオンモル数との関係（松倉，未公表資料）

石の風化しやすさは陽イオンモル数といった岩石の単純な化学組成には依存せず，岩石の別の性質を反映していることになる．また，横軸の値が大きいほど風化速度が速いと解釈すると，六甲，小原，稲田などの岩石が風化が速いことになる．

（4） 花崗岩の溶出実験（その2）：溶出による風化帯の発達

上述の実験と同じ試料を用い，類似の溶出実験が

行われた．それぞれの花崗岩を粉砕し，粒径2〜4 mm のものだけを選別した．試料2000 g と蒸留水 2000 ml をポリビンに入れ，恒温水槽中で水温を25℃に保ちながら反応させた．数時間から数日おきに微量ずつ採水し，主要な5成分（Ca^{2+}，Mg^{2+}，Na^+，K^+，SiO_2）の濃度を測定した（飯田ほか，1986）．

全濃度の経時的変化（図4.13）をみると，溶出が比較的長時間持続して，全濃度が相対的に高くなるAグループ（稲田，小原，六甲の花崗岩）と，溶出が比較的短時間で終了し，全濃度が比較的低いBグループ（伊奈川，田上，比良の花崗岩）とに分けられる（表4.5）．各成分ごとにみると，Aグループでは Ca^{2+} の割合が高く，Bグループでは SiO_2 の割合が高い．両グループの岩石物性をみると（表4.5），Aグループは，Bグループに比較して真比重が大きく，有色鉱物の割合が高い．また，CaO の含有率を比較すると，Aグループはいずれも1.5％以上であるのに対し，Bグループではすべて1.2％以下である．したがって，相対的にCaOを多く含む花崗岩は Ca^{2+} のみでなく全成分としても溶出しやすいといえる．

図4.13 の結果に次式のような**拡散モデル**を適用してみよう．

$$\frac{\partial \rho}{\partial t} = D\frac{\partial^2 \rho}{\partial x^2} \quad (4.1)$$

ここに，$\rho(x, t)$ は溶出可能な全成分の拡散層内における濃度，D はみかけの拡散係数，x は拡散層の表面を基準として，それに直角方向に計った距離，t は時間である．

C_s を平衡濃度とし，V を溶液量，S を岩石試料の全表面積とすると，溶液の全濃度（溶液は一定濃度とする）$C(t)$ は，次式で表される：

$$C(t) = C_s\left\{1 - \exp\left(D\frac{S^2}{V^2}t\right) \cdot \mathrm{erfc}\sqrt{D\frac{S^2}{V^2}t}\right\} \quad (4.2)$$

式(4.2)を図4.13の溶出曲線に当てはめ，最小自乗法により C_s と DS^2/V^2 を求めた．さらに後者については，V を 2000 cm³ とし，また S として2〜4 mm の粒径の粒子をすべて直径3 mm の球体と仮定して求めた全粒子の表面積の値を用いて，D の値を求めた（**表4.7**）．Aグループは相対的に C_s の値が大きく，D の値が逆に小さい．

また，岩石粒子の単位面積，単位時間当りの溶出

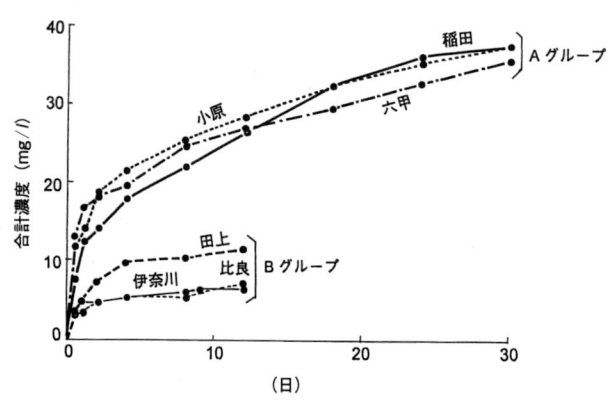

図4.13 溶解実験における陽イオン全溶出量（$Ca^{2+}+Mg^{2+}+Na^++K^++SiO_2$）の時間的変化（飯田ほか，1986）
2〜4 mmサイズに粉砕した粒子2 kgを蒸留水（2000 ml，25℃）に入れて反応させた．

表4.7 各岩石の D，C_s，C_sD の値（飯田ほか，1986）

	Aグループ			Bグループ		
	小原	六甲	稲田	伊奈川	田上	比良
C_s (mg/l)	52.1	42.8	82.5	8.3	19.5	7.7
D (10^{-8}cm²/sec)	1.7	3.5	0.3	8.7	2.2	18.4
C_sD (10^{-10} mg/cm/sec)	8.9	15.0	2.5	7.2	4.3	14.2

量 P が，$P=K(C_s-C)$ のような一次反応によると仮定すると（ここで K は反応速度定数），$K \cdot C_s$ の値が大きいほど，また K の値が小さいほど相対的に深部まで風化が進行しやすいといえる．逆に K の値が大きくなると，表層部のみが強く風化され，風化部と未風化部の境界が比較的明瞭になる．反応定数 K と拡散係数 D の間には比例関係が成立することが予想されるので，上記の議論は D と C_s に関してもそのまま成り立つ．すなわち，D の値が小さく C_sD の値が大きいほど，あらゆる深さでの風化速度はより大きくなる．すなわち前述のAグループの花崗岩の方がBグループの花崗岩よりも相対的に風化速度が大きいことになる．

Aグループの中から**小原花崗閃緑岩**を，Bグループの中から**伊奈川花崗岩**を選び，両地域における天然水の成分と風化層の厚さに関して比較した．図 4.14 には両地域の天然水（河川水，湧水，地下水など）の成分を示したが，小原花崗閃緑岩地域の方が全濃度が高く，しかも Ca^{2+} の割合も高い．これは前述した実験結果と調和的である．また図 4.15 は両地域の土層（風化層）の厚さを示している．斜面上部では小原花崗閃緑岩の方が伊奈川花崗岩より風化層が厚く，風化が漸移的に比較的深部にまで及んでいる．この事実は前述の風化帯発達モデルと調和する．

ところで，1972 年の集中豪雨の際に，伊奈川花崗岩の地域では表層崩壊が多発し，小原花崗閃緑岩地域では崩壊が少なかった．この崩壊密度の差異に

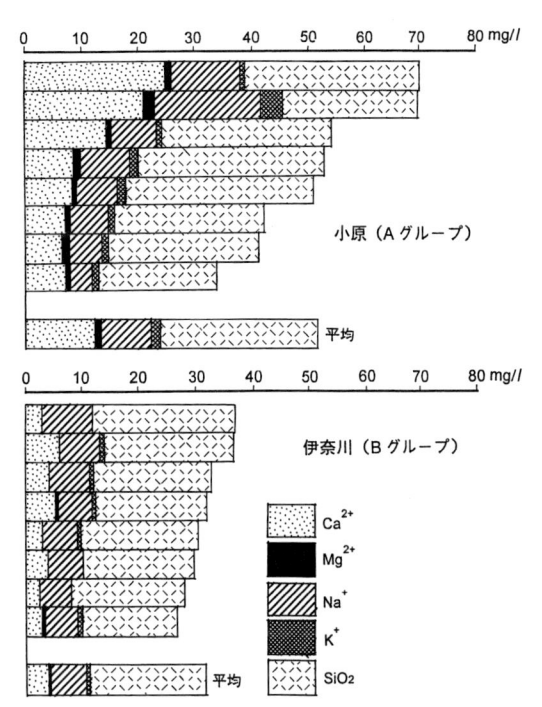

図 4.14 小原花崗閃緑岩と伊奈川花崗岩流域における自然水の化学組成（飯田ほか，1986）

は，この風化帯の構造が密接に関わっている（第 7 章の 7.7.1 項参照）．

4.3.2 ハンレイ岩の化学的風化プロセス

ハンレイ岩（gabbro）の風化生成物としては一般的には，スメクタイト，バーミキュライトやカオリナイトなどが知られている．たとえば，ハンレイ

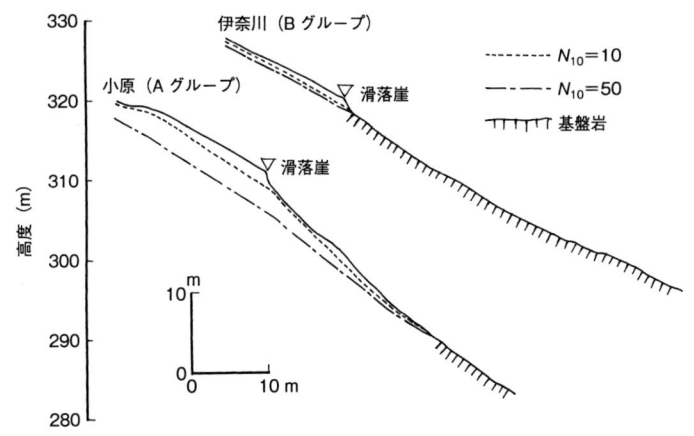

図 4.15 小原花崗閃緑岩と伊奈川花崗岩斜面における風化層の厚さの比較（飯田ほか，1986）
N_{10} は土研式貫入試験器による貫入値．

岩と変ハンレイ岩の風化を調べた Rice et al. (1985 a, b) によれば，それらが含有する緑泥石がクロライト/バーミキュライト混合層鉱物に風化していること，角閃石がスメクタイトやゲータイトに，そして長石がカオリナイトに風化変質していることを明らかにした．また，ハンレイ岩と変ハンレイ岩には，風化の差異は認められなかったという．また，三重県の名張ハンレイ岩体においては，風化によりスメクタイト，カオリナイト，ゲータイト，ギブサイトが形成されている (Okumura, 1985).

茨城県柿岡盆地の北部に，ハンレイ岩からなる周囲 4 km の小さな山体がある．山頂から南にのびる尾根上において採取した新鮮な岩石を，偏光顕微鏡による観察と X 線粉末回折により分析し (松倉ほか，1979), その結果，この岩石は，斜長石，繊維状の普通角閃石からなるオフィティック組織を呈しており，若干の緑泥石や磁鉄鉱を含んでいる典型的なウラル石ハンレイ岩であることがわかった．しかし，この山体では場所により岩相の変化が見られ，黒色の角閃石ハンレイ岩や，それよりやや白色がかった斜長岩に近い岩石も存在する．斜長石は自形を示し，変質は認められない．一方，やや風化したサンプルは，偏光顕微鏡下では，斜長石，普通角閃石ともに変質が見られ，緑泥石化が進行しているのが観察される．

岩体の東麓においてサンプリングした角閃石ハンレイ岩と斜長岩のほぼ中間の組成をもつ岩石の中から，風化の程度の異なるいくつかのサンプルを選び，X 線粉末回折分析を行い，鉱物の変質を検討した．岩石内部の新鮮な部分は，斜長石，普通角閃石，直閃石などよりなっている．風化した部分のサンプルでは，普通角閃石や直閃石は残存しているが，斜長石はほとんど見られなくなり，代わりに緑泥石やカオリナイトなどの粘土鉱物の含有量が増加する．また，岩体の南西麓で採取したハンレイ岩の風化物の X 線分析をしたところ，前述のハンレイ岩風化物と同じく，普通角閃石，緑泥石，カオリナイトが検出された他に，束沸石が含まれていることがわかった．

風化生成物のサンプルの中から水中での沈降速度の差を利用する水簸により取り出した 2 μm 以下の粒子の X 線粉末回折分析の結果が**図 4.16** に示されている．塩酸処理することにより，カオリナイトと

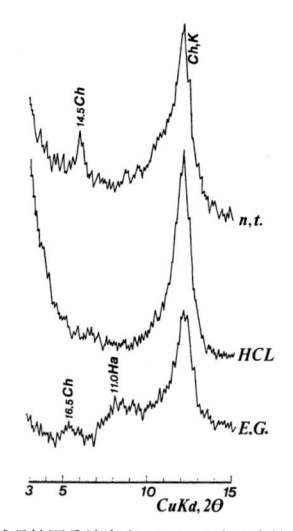

図 4.16 茨城県柿岡盆地東山ハンレイ岩の水簸した風化生成物の X 線粉末回折図 (松倉ほか, 1979)

n,t.：未処理のサンプル，HCl：塩酸処理，E.G.：エチレングリコール処理，Ha：ハロイサイト，Ch：緑泥石，K：カオリナイト．

緑泥石の両者の存在が同定された．さらにエチレングリコール処理により 14.5Å のピークが 16.5Å のピークに移動したことと，500℃ の加熱処理で 14.5Å のピークが消失したことから，この緑泥石は**膨潤性緑泥石** (swelling chlorite) であることが判明し，このとき同時に 11Å のピークの生成が見られたので，少量のハロイサイト (halloysite) も含まれていることが明らかになった．

この山体を構成するハンレイ岩類の風化プロセスをまとめると，**図 4.17** のように考察される．輝石から角閃石への反応は，ハンレイ岩の生成時における初期変質，すなわちウラライト化作用によるものと考えられ，新鮮なハンレイ岩中に存在する緑泥石も初期変質の結果生成されたものと推定される．また，角閃石が風化物中に残存していることは，風化に対する角閃石の本質的な強さを表していると考えられる．しかし，偏光顕微鏡下では角閃石の劈開の方向に沿って緑泥石化が認められ，X 線分析によってカオリナイトの存在が認められることから，角閃石から緑泥石ないしカオリナイトへの風化プロセスが考えられる．斜長石が風化するとカオリナイトやハロイサイトが生成されることはよく見られる．Garrels and Christ (1965, pp. 362-364) によると，酸性ないし純水よりアルカリ性の水によって風化すると，一般に，モンモリロナイト (スメクタ

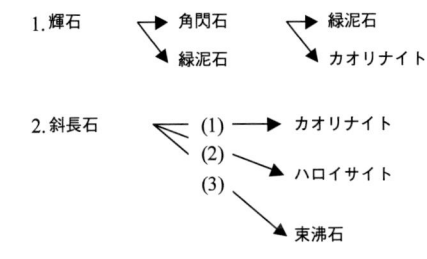

1. 輝石 → 角閃石 → 緑泥石
       → 緑泥石   → カオリナイト

2. 斜長石 ⎯(1)→ カオリナイト
        ⎯(2)→ ハロイサイト
        ⎯(3)→ 束沸石

(1) $2(Ca_{0.5}, Na_{0.5})Al_{1.5}Si_{2.5}O_8 + \frac{9}{2}H_2O$
   $\rightarrow \frac{3}{2}Al_2Si_2O_5(OH)_4 + 2SiO_2 + Ca(OH)_2 + NaOH$

(2) $2(Ca_{0.5}, Na_{0.5})Al_{1.5}Si_{2.5}O_8 + \frac{23}{2}H_2O$
   $\rightarrow \frac{3}{2}Al_2Si_2O_5(OH)_4 \cdot 2H_2O + 2H_4SiO_4 + Ca(OH)_2 + NaOH$

(3) $4(Ca_{0.5}, Na_{0.5})Al_{1.5}Si_{2.5}O_8 + 17H_2O$
   $\rightarrow (Ca,Na_2)Al_2Si_7O_{18} \cdot 7H_2O + 4AlOOH + 3H_4SiO_4 + 2Ca(OH)_2$

図 4.17 茨城県柿岡盆地東山ハンレイ岩の風化プロセス(松倉ほか,1979)

イト)が生成されるとされているので,この地域の水のpHは,7より小さい値をもっていたものと推定される.斜長石からカオリナイトとハロイサイトの生成プロセスは,カオリナイトの量が圧倒的に多いことから,この地域の風化環境下ではカオリナイトの方が安定相と考えられ,最初にハロイサイトが形成され,それがカオリナイトによって置き換えられたものと思われる.また,束沸石は,一般に玄武岩や深成岩の晶洞中に産するが,この例のように風化堆積物中に産するのはきわめて珍しい(Kimata *et al*., 1979).

4.3.3 花崗岩のつくる地形

花崗岩は,厚層風化,シーティングなどの特有の性質をもつことから,その地形もまた特有のものがある.

(1) ペディメントと麓屑面

乾燥地域の山地前面に発達する平滑な侵食緩斜面をペディメント(pediment)という(図4.18).基盤が露出していることもあるが,一般的には薄い砂礫層に覆われている.山地斜面とペディメントとの接点はピードモントジャンクションと呼ばれ,両斜面がつくる角度をピードモントアングルという(図4.18).ペディメントの勾配は,一般的には7°以下である.ペディメントの形成には,背後の山地の侵食が不可欠であり,その形成プロセスとしては,(1)豪雨時の間欠流の側方侵食でピードモントジャンクションが後退する,(2)山地斜面が物理的風化作用により勾配を変えずに平行後退する,などが考えられている.また,豪雨時に厚層風化層などが布状洪水(シートウオッシュ)などで削剥されて形成されるという考えもある.

乾燥地域における山麓緩斜面がペディメントと呼ばれるのに対し,日本のような湿潤地域における緩斜面は,麓屑面あるいは麓屑斜面(colluvial slope)と呼ばれる.麓屑面は,崖錐などから布状洪水で洗い出された細粒物質や土壌匍行(9.2節参照)で再移動した細粒物質が,崖錐下方に再堆積して生じた緩斜面である.したがって,背後の地形との境界が不明瞭である.

(2) インゼルベルグとトア

ペディメントから突き出ている岩山をインゼルベルグ(inselberg)という.インゼルベルグは花崗岩以外にも,片麻岩,閃長岩および輝緑岩にも発達する.インゼルベルグは,その形態からドーム状インゼルベルグとトア(tor)の2つに分類される.ドーム状のインゼルベルグはボルンハルト(bornhaldt)あるいは花崗岩ドーム(granite dome)な

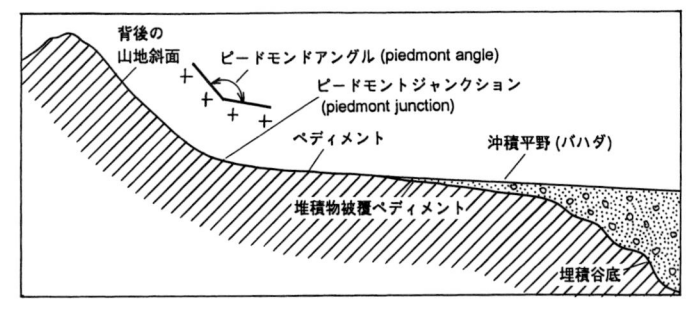

図 4.18 ペディメントとそれに関連する用語(Mabbutt, 1977, fig. 16, p. 82)

どとも呼ばれる．このようなドーム状の形態は，シーティング節理によって決定されていることが多いので，剥脱ドームと呼ばれることもある（韓国・北漢山のドームについては14.2.2項を参照）．インゼルベルグの成因には，以下のようなケースが考えられている．(1) 乾燥地域において，図4.18のようなペディメントが形成されていく過程で出現する島状地形，(2) 過去の温暖・湿潤な時期に厚層風化した部分が，地盤の隆起による侵食の復活や寒冷化による気候変化による土壌匍行やソリフラクション（9.2節参照）などの作用による侵食を受けてできた2サイクル性地形，(3) 地質構造や岩質の局所的差異に支配され，その後の差別侵食の結果形成された地形．

イングランド南西部のコーンウォール半島には，ダートモア（Dartmoor）と呼ばれる巨大な花崗岩山塊が存在する．その山塊の上部には種々の規模と形状をもつトアが点在する（図4.19）．このようなトアの成因としては以下の2説がある．

① 厚層風化説（図4.20）：2つのステージでトアが形成されたという考えなので，2サイクル成因説とも呼ばれる（Linton, 1955）．第三紀末や第四紀の間氷期の温暖な時期に，花崗岩は深くまで風化をする．ただし，ジョイントの発達がよくないところでは，よく発達しているところよりは風化は進まない（風化前線が大きな起伏をもつ）．その後の氷期に土壌匍行やソリフラクションによって風化層のみが除去され，風化が進まなかった場所がコアストーンのように取り残される．

② 周氷河説：単に同時期の風化と風化物質の除去によって形成されたという考えである．すなわち，凍結作用によって，ジョイントがより発達している部分が細片化し，それがソリフラクションによって運搬除去されたというものである（Palmer and Neilson, 1962）．

(3) フレアードロック

ボルンハルトやドームの側面基部に刻まれている波形の地形をフレアードロック（flared rock）という．オーストラリア南西部の内陸部のハイデンにあるウェーブロック（wave rock）が有名である．そこには，高さ10〜12 m，長さ100 mほどのフレアードロックが形成されている．オーバーハングしている最もくぼんだ部分で，鱗状や縞状の剥離が活

図4.19 イングランド南西部のダートモア地方にあるHey tor

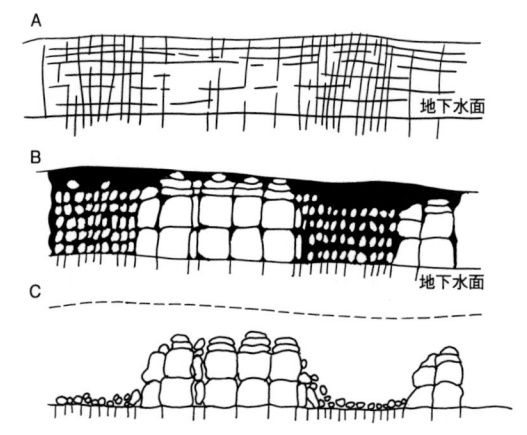

図4.20 トアの成因（Linton, 1955, figure 2, p. 475）
A：節理の発達と地下水位の安定，B：地下水位までの風化の進行と風化核の形成（黒色部が風化部），C：比較的細粒な風化物質の除去．Cの破線は原地表面を示す．

発に起きており，下部には剥離岩片が観察されるという（池田，1998, pp. 86-89）．したがって，その形成プロセスとしては，タフォニやナマと同じように塩類風化が関与している可能性が高い．

4.4 石灰岩の風化とカルスト地形

4.4.1 石灰岩の風化特性

(1) 地下水水質と石灰岩の溶解能力

石灰岩の溶解量がCO_2濃度や水温に影響されることは，2.4.2項で詳述した．これらの要因の他に，石灰岩の溶解には水質が影響する．以下には，そのことを検討した野外実験（八反地・松倉，2007）について述べる．阿武隈石灰岩のタブレット（直径3.45 cm，厚さ約1 cm）を，福島県田村市大越町（仙台平）にある石灰岩流域のVノッチ堰内

表 4.8 阿武隈野外実験流域の GD 湧水と LS 堰における水の水質分析結果（八反地・松倉，2007）

	pH	EC (μS/cm)	HCO_3^- 濃度 (mg/l)	水温 (°C)	流量 (l/s)
LS 堰	7.8	235	136	9.3	0.84
GD 湧水	6.8	62	16	8.4	0.026

と，花崗閃緑岩からなる小流域内にある湧水点直下の土層（飽和帯）内に埋設した（石灰岩流域の堰（渓流）を LS 堰，花崗閃緑岩流域の湧水直下の設置地点を GD 湧水と略称する）．

実験開始から約 8.5 年経過後（野外埋設積算期間約 3100 日）のタブレット重量の残存率は，LS 堰で 96.9％，GD 湧水で 72％ であった．これらの値から 1 年間（365 日）のタブレット重量の減少率，すなわち重量低下速度は，LS 堰で 0.36％/yr，GD 湧水で 3.3％/yr と計算された．したがって，LS 堰では GD 湧水の約 1/10 の速度で重量が減少したことになる．

一方，設置地点（GD 湧水と LS 堰）の環境条件，とくに水質条件に関しては，LS 堰では GD 湧水に比べて常に pH，EC が大きかった（表 4.8）．LS 堰の渓流水や GD 湧水の水質は，雨水が地下水となり湧出するまでの流出経路と関連している．LS 堰の場合，土壌を通過した雨水は基盤の石灰岩中に浸透する過程でそれを溶解し，pH，EC，重炭酸イオン濃度が上昇する．その結果，渓流水の起源となっている地下水は，カルサイトに対して飽和状態に近づいていることが予想される．したがって，LS 堰の渓流水がカルサイトを溶解する能力は，LS 堰に比べて格段に低いと考えられる．これに対して，GD 湧水の場合は，土層（マサ）や花崗閃緑岩の基盤岩に含まれる黒雲母，長石などの鉱物を溶解すると考えられるが，含有鉱物にカルサイトが含まれていないため，その溶解がない．このため，pH，EC，重炭酸イオン濃度が比較的低いまま流出する．したがって，GD 湧水がカルサイトを溶解する能力は LS 堰渓流水に比べて格段に高いと考えられる．このような溶解能力の差が，タブレット重量低下速度の差に反映されたと考えられる．

(2) カルストの削剥速度

上述したように，石灰岩の溶解量はタブレットを用いた野外実験で計測できるが，その測定には数年という時間が必要である．そこで，たとえばカルスト地域の溶解による低下速度などは，地下の溶解や生物由来の酸の存在などを無視した形ではあるが，従来，水質データを用いて理論的に推定されてきた．最も一般的なものは次式である（Sweeting, 1972, p. 40）：

$$X = \frac{fQTn}{10^{12}AD} \quad (4.3)$$

ここで，X は与えられた時間での石灰岩の溶解量（溶解の厚さ）（m³/km²·a，mm/1000 a），Q は流域流量（m³），T は流出水の硬度（ppm），A は流域面積，D は石灰岩の密度，n は流域内の石灰岩露出面積，f は測定単位による定数（メートル法の場合は 1000）である．

このような理論的推定は，水量の増大と温度の低下が溶解速度を増大させるという仮定に基づいている．たとえば，図 4.21 は流出量と削剥速度との関係をみたものであり，おおまかには流出と溶解量は比例する（ただし，土壌層に覆われた中緯度や熱帯では，CO_2 濃度が高いため溶解速度が大きく，土壌の薄い極地域や高山では，同じ流出量でも CO_2 濃度が小さいため溶解速度が小さくなる）．しかし，Jakucs (1977) は上記の仮定に強い異議を唱え，異なる気候下のカルスト地域における地表面低下プロセスの相対的重要性について，表 4.9 のように推定した．この表では，高山・周氷河などの寒冷な環境下では全世界に対するカルスト侵食作用の比率が小さく（6％），逆に熱帯でそれを 72％ と大きく見積もっているが，この点については反論も多い．しかし，砂漠にカルスト地形がないことや，旧ユーゴスラビアのカルスト地方のような季節的降雨のある地中海沿岸の高地で，カルスト地形形成作用が強く働くという点などでは意見の一致がみられる．前述したように，湿潤熱帯では，表面流出量が多く，植生などの生物の働きも活発であるため，地表の石灰岩の溶解は速く進むと考えられる．熱帯の水による

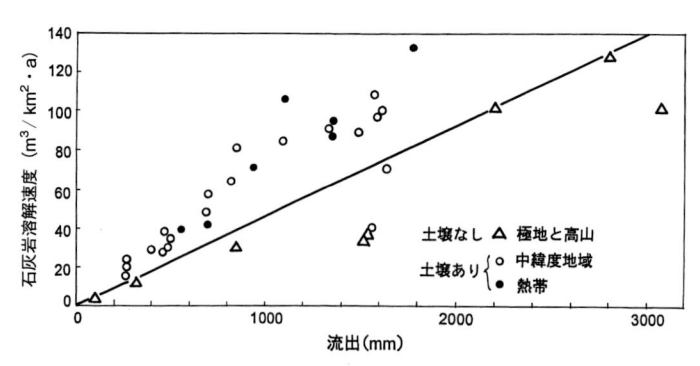

図4.21 流出量と石灰岩削剥速度との関係（Atkinson and Smith, 1976）

表4.9 種々の気候帯におけるカルスト侵食作用に関する各種作用の比率（%）

作用物質	高山と周氷河地域	温帯	地中海気候地域	砂漠	熱帯多雨地域	世界（平均）
大気中のCO_2	2.70	0.63	0.48	0.30	0.36	4.47
非生物CO_2	0.30	0.81	0.96	0.15	1.80	4.02
生物CO_2	1.80	4.86	6.60	0.00	36.00	49.26
無機酸	0.30	0.45	0.96	0.55	2.88	5.14
有機酸	0.90	2.25	3.00	0.00	30.96	37.11
計	6.00	9.00	12.00	1.00	72.00	100.0

(Jakucs, 1977, table 14, p.111)

溶解は，地表面あるいはごく浅い部分にほぼ限られており，急速に飽和状態となってしまう．これは，熱帯地方に大きな鍾乳洞の発達が見られず，小さなトンネルと崩壊ドリーネのほうが一般的であることの理由と考えられている（Chorley et al., 1984, p. 189）．

ところで，図4.21によれば，溶食による削剥量は1000年当りで2mmから140mmとばらついている．井倉ほか（1989）は，秋芳洞において，洪水時も含めて流出量とカルシウム濃度との関係を回帰式として求め，連続観測した流出量をもとに，地下水により溶かされて秋芳洞から搬出される石灰岩の量を求めた．1983～1986年の平均値として，年間降水量1974mmに対して流出高は955mmであり，年間に2100tの石灰岩が2.1×10^7 m³の地下水に溶解して，秋芳洞地下川を通じて運び出されていることを報告している．秋芳洞の集水面積のうち16.5 km²が石灰岩地域であり，1000年間で51mmの厚さに相当する秋吉台の石灰岩が溶かされていることになる．この値は，図4.21上では，中緯度地域と熱帯のデータグループの境界付近にプロットされる．

4.4.2 カルスト地形

(1) 石灰岩台地

石灰岩地域では，雨水は岩石の節理から地中に吸い込まれ，その部分の岩石を溶かすため，地表には吸い込み穴（ドリーネ：後述）が多数形成されるばかりで，河川流は生じにくい．そのため，石灰岩地域には，上面（台地面）が原地形に相当する台地地形が形成される．秋吉台や平尾台はそれぞれ周囲より高い台地状の地形をなしている．福島県の阿武隈洞のある石灰岩も仙台平として頂部は平坦面となり，周囲より突出した地形になっている．

(2) タワーカルスト

中国・桂林には，平坦な沖積平野の中に，急な側壁をもった高さ300mにも達するような小山が孤立あるいは林立して存在している（**図4.22**）．これらの小山は，顕著な垂直方向の節理にコントロールされている．長期間の溶食がこのような地形をつくったという考えと，過去の熱帯気候下での速い溶食がこのような地形をつくったという考えとがある（Chorley et al., 1984, p. 189）．

(3) ドリーネ

溶食凹地を指すドリーネ（doline）はカルスト地形の代表的なものである．アメリカやイギリスでは"sinkhole"，"swallow hole"，"swallet"などと呼

4.4 石灰岩の風化とカルスト地形

図4.22 中国・桂林のタワーカルスト

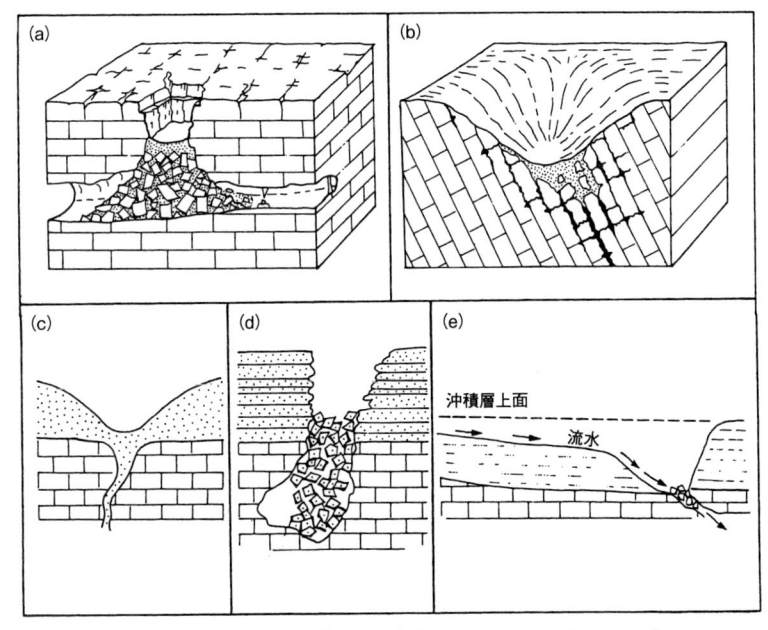

図4.23 ドリーネの主要なタイプ（Jennings, 1985, Figure 37）
(a) collapse doline（崩落ドリーネ），(b) solution doline（溶食ドリーネ），(c) subsidence doline（陥没ドリーネ），(d) subjacent karst collapse doline（下部カルストドリーネ），(e) alluvial streamsink doline（沖積ドリーネ）．

ばれることもある．ドリーネの平面形（地表での輪郭）は，一般には円形か楕円形をしており，立体的には皿状，ボウル状，円錐形，円筒形の凹地である．ドリーネの深さは，数mのものから100 mを超えるものがあり，平面形の直径は数百mのものまで多様である．

ドリーネの形成プロセスもまた多様である（図4.23）．

(a) 崩落ドリーネ（collapse doline）：溶食によりできた鐘乳洞の天井が陥没してできるタイプである．陥没直後は穴の周囲は垂直な壁であり，平面形もジョイントに制約されて角張っているが，壁が徐々に溶食されたり，底部に物質が堆積（物質の供給は，溶食や落石，凍結破砕，塩類風化など，その場の気象条件による）するにつれて円錐状やボウル状に変形していく．

(b) 溶食ドリーネ（solution doline）：溶食によって窪地が拡大したものである．このタイプは徐々にその規模を拡大していくが，一般的には平面形は円形から不規則型に，立体的には漏斗状から皿

図4.24 イングランド北西部 Hutton Roof に広がる石灰岩ペイブメントと，その上に発達するグライクとクリント

図4.25 イングランド・ヨークシャー Austwick における台座岩

石炭紀の石灰岩からなる台座岩の上に，シルル紀の砂岩の迷子石（スコットランドから運搬されてきたもの）が載っている．台座岩の高さは約 50 cm．

状へと形状を変化させるといわれている．

(c) 陥没ドリーネ（subsidence doline）：石灰岩の基盤の上に厚い土層がのっているところで，溶食により石灰岩のジョイントの一部で幅が広がり，そこに上部の土層が入り込んで，地表が陥没することによって形成されるタイプである．

(d) 下部カルストドリーネ（subjacent karst collapse doline）：これも天井が崩落をしてできるタイプであるが，(a)の崩落ドリーネとの違いは，崩落物質が石灰岩ではないことである．たとえば南ウェールズでは石灰岩の上にのる礫岩質砂岩に多数の大きなドリーネが形成されている．

(e) 沖積ドリーネ（alluvial streamsink doline）：流水が沖積層の上を通って下部の石灰岩に流れ込むようなところで形成されるタイプである．しばしばポリエの底床で形成される．陥没ドリーネと同じプロセスが働いているが，それに加えて流水が非溶解性の沖積物質を機械的に除去する働きもしている．

(4) 石灰岩ペイブメントとクリント，グライク

イギリス北西部には，あたかも白い石畳の道路に見えるような**石灰岩ペイブメント**（limestone pavement）が広く分布している（図 4.24）．ここの石灰岩は石炭紀のものでマッシブで硬いが，ジョイントがよく発達しており，緩く傾いている．その表面はジョイントによってブロックに分離されており，表面は格子模様になっている．このようなジョイントは**グライク**（grike）と呼ばれ，幅が 0.3 m で深さが 2 m ほどある．ジョイントで囲まれた石灰岩の上面の平坦面は**クリント**（clint）と呼ばれる．クリントの表面には溶食による溝（カレン：

karren）が形成されている．石灰岩ペイブメントの形成についての定説はないが，最終氷期の氷食によって平坦化されたのではないかと考えられている．そのとき，石灰岩の中に弱い層が挟まれているので，そこがステップになりやすく，階段状の平坦面が形成されたと考えられている．後氷期にはいったん，泥炭や疎林に覆われ（このように土壌層に覆われたカルスト地形を**被覆カルスト**と呼ぶことがある），そのときグライクが拡大した可能性がある．すなわち，泥炭を通った水は酸性が強くなり，より石灰岩の溶解を促進したのではないかと考えられる．このような石灰岩ペイブメントに，次に述べるペデスタルが形成されることがある．

(5) 台座岩（ペデスタルロック）

イングランド中部のペナインにおいても石炭紀の石灰岩が広く分布しているが，そこでは迷子石（erratics）が見られる（図 4.25）．迷子石は最終氷期の氷床の拡大に伴い，300 km 北方のスコットランドから運搬されてきたシルル紀の砂岩である．迷子石の下は石灰岩の台座岩（ペデスタルロック：pedestal rock）になっている．台座岩は，周辺の岩石床と同じ（根のある）石灰岩で高さは約 50 cm ある．迷子石の周辺は，降雨による溶解（化学的削剝）で徐々に地面の低下が進んでいる．一方，迷子石である砂岩は化学的には風化しにくく，その下の石灰岩に対して傘の役目を果たすため，石灰岩は雨水から保護され溶解作用から免れる．このようなプロセスで，台座岩は迷子石がそこに定置されて以降（最終氷期の解氷以降）現在までの時間（12000 年

図 4.26 秋吉台と平尾台のピナクル（口絵参照）
(a) 秋吉台，(b) 平尾台．秋吉台のピナクルは尖っているが，平尾台のそれは丸みを帯びている．それぞれのピナクルの表面には，リレンカレンが発達している．

間）で形成されたものであると考えられる．石灰岩の溶解が等速で起こっていると仮定すると，ペデスタルの形成速度（周辺岩盤の低下速度）は，およそ 42 mm/kyr となる（Sweeting, 1966）．この例からも，石灰岩の風化あるいは地形変化がいかに速いものであるかがうかがわれる．この台座岩の形成速度については，12 章（12.6 節）で再度取り上げる．

(6) ピナクルとリレンカレン

秋吉台や平尾台には，おびただしい数の石灰岩柱（ピナクル：針状峰，針峰：pinnacle）が形成されている（図 4.26）．ここでの大きさ（高さ）は 1 m 前後のものが多いが，沖縄本島北部の金剛石林山には高さ数 m のものもあり，中国・雲南省の石林では 20～30 m もの高さをもつものもある．さらに湿潤熱帯気候下に属するサラワクのムルには 40 m を超える高さの大ピナクル群がある．

秋吉台のピナクルは，針峰と呼ぶに相応しいような稜線の切り立った露岩（図 4.26 a）であるが，平尾台のピナクルは氷河地形の羊背岩のような丸みを帯びたものが多い（図 4.26 b）．秋吉台のピナクルの表面は滑らかであるのに対し，平尾台のそれは粒状の結晶が目立ちざらざらしている．この両者の違いには，平尾台の石灰岩がより結晶質（大理石化している）であることが影響していることが考えられる．

図 4.26 に示すピナクルの頂部付近には，多数の溝が穿たれている．このような溝をカレン，とくにリレンカレン（条溝カレン：Rillenkarren）という．リレンカレンの形状や形成プロセスに関する従来の研究は，松倉（2008）に詳しくまとめられている．たとえば，Bögli (1960) によれば，リレンカレンの特徴は以下のようにまとめられている．①リレンカレンは，水の流れが遅くなる水平面や水平に近い面には形成されない，②急な斜面にできやすく，斜面が急なほどリレンカレンは大きくなる，③高温なほど化学的反応が活発なので，熱帯で最も発達がよく，大きさも大きくなる，④冷涼あるいは積雪に覆われるような場所では発達が悪い，⑤降雨強度が大きいほど形成されるリレンカレンの長さも大きくなる，⑥幅は 2～3 cm であることが多く，その地域差は小さい．

引用文献

Atkinson, T. C. and Smith, D. J. (1976) The erosion of limestones. *in* Ford, T. D. and Cullingford, C. H. D. (eds.) The Science of Speleology. Academic Press, London, 151-177.

Bögli, A. (1960) Kalklösung und Karrenbilding, *Zeitschrift für Geomorphologie*, *N.F.*, Supplement. Bd., **2**, 4-21.

Caine, N. (1979) Rock weathering rates at the soil surface in an alpine environment, *Catena*, **6**, 131-144.

Campbell, M. D., Shakesby, R. A. and Walsh, R. P. D. (1987) The distribution of weathering and erosion on an inselbergs-pediment system in semi-arid Sudan. *in* Gardiner, V. (ed.) International Geomorphology 1986 Part II. John Wiley & Sons, Chichester, 1249-1270.

Chorley, R. J., Schumm, S. A. and Sugden, D. E. (1984) Geomorphology. Methum, London, 605 p.

Crabtree, R. W. and Burt, T. P. (1983) Spatial variation in solutional denudation and soil moisture over a hillslope hollow, *Earth Surface Processes and*

Landforms, **8**, 151-160.

Crabtree, R. W. and Trudgill, S. T. (1985) Chemical denudation on a Magnesian Limestone hillslope, field evidence and implications for modeling, *Earth Surface Processes and Landforms*, **10**, 331-341.

土橋正二 (1979) ガラス表面の物理化学. 講談社, 314 p.

Garrels, B. M. and Christ, C. L. (1965) Solutions, Minerals and Equilibria. Freeman, Cooper & Company, San Francisco, 450 p.

Hall, K. (1990) Mechanical weathering rates on Signy Island, maritime Antarctic, *Permafrost and Periglacial Processes*, **1**, 61-67.

八田珠郎・木股三善・松倉公憲・谷津榮壽 (1981) 筑波山周辺における深成岩の風化について, 鉱物学雑誌, **15** (特別号), 202-209.

八田珠郎・松倉公憲・木股三善・谷津榮壽 (1980) カコウ岩の風化に関する研究: いわゆる"深層風化"に関するある考え, 日本地理学会予稿集, **18**, 4-5.

八反地 剛・松倉公憲 (2007) 石灰岩タブレットを用いた野外風化実験: 水質が風化速度に与える影響, 筑波大学陸域環境研究センター報告, **8**, 41-47.

廣瀬 孝・八田珠郎・松倉公憲 (1995) 室内実験における深成岩類と石灰岩の溶解速度. 地形, **16**, 43-51.

飯田智之・吉岡龍馬・松倉公憲・八田珠郎 (1986) 溶出による花崗岩風化帯の発達, 地形, **7**, 79-89.

池田 碩 (1998) 花崗岩地形の世界. 古今書院, 206 p.

井倉洋二・吉村和久・杉村昭弘・配川武彦 (1989) 秋吉台の地下水およびその溶存物質に関する研究 (I): 秋芳洞の流出量および炭酸カルシウム排出量に基づく石灰岩の溶食速度, 洞窟学雑誌, **14**, 51-61.

Jakucs, L. (1977) Morphogenetics of Karst Regions. Adam Hilger, Bristol, 284 p.

Jennings, J. N. (1985) Karst Geomorphology. Basil Blackwell, Oxford, 293 p.

Kimata, M., Matsukura, Y. and Yatsu, E. (1979) Stilbite in the weathered gabbro, *Annual Report of the Institute of Geoscience*, Univ. Tsukuba, **5**, 62-64.

Linton, D. L. (1955) The problem of tors, *Geographical Journal*, **121**, 470-487.

Loughnan, F. C. (1969) Chemical Weathering of the Silicate Minerals. American Elsevier Publ., New York, 154 p.

Mabbutt, J. A. (1977) Desert Landforms. MIT Press, Cambridge, Mass., 340 p.

松倉公憲 (2008) リレンカレンの形状とそれを規定する要因: 従来の研究のレビュー, 筑波大学陸域環境研究センター報告, **9**, 印刷中.

松倉公憲・八反地 剛 (2006) タブレット野外風化実験にまつわるいくつかの問題点, 筑波大学陸域環境研究センター報告, **7**, 41-51.

Matsukura, Y. and Hirose, T. (1999) Five-year measurement of weight loss of rock tablets due to weathering on a forested hillslope of a humid temperate region, *Engineering Geology*, **55/1-2**, 69-76.

松倉公憲・木股三善・谷津榮壽 (1979) 柿岡盆地北部, 東山におけるハンレイ岩の風化と地すべり粘土の生成, 地理学評論, **52**, 30-39.

Matsukura, Y., Kimata, M. and Yokoyama, S. (1994) Formation of weathering rinds on andesite blocks under the influence of volcanic gases around the active crater of Aso volcano, Japan. *in* Robinson, D. A. and Williams, R. B. G. (eds.) Rock Weathering and Landform Evolution. John Wiley & Sons, Chichester, 89-98.

松倉公憲・前門 晃・八田珠郎・谷津榮壽 (1983) 稲田型花崗岩の風化による諸性質の変化, 地形, **4**, 65-80.

Matsukura, Y., Hattanji, T., Oguchi, C. T. and Hirose, T. (2007) Ten year measurement of weight-loss of rock tablets due to weathering in a forested hillslope of a humid temperate region, *Zeitschrift für Geomorphologie*, *N.F.*, **51** Supplementary Issue 1, 27-40.

Migoń, P. (2006) Granite Landscapes of the World. Oxford University Press, Oxford, 384 p.

三浦 清・樋口和之 (1974) 深成岩類の風化に関する研究, 第2報, 鳥取県日野閃緑岩体の赤色風化, 応用地質, **15**, 23-34.

小口千明・松倉公憲 (1996) 風化による多孔質流紋岩の組織変化とそれに伴う強度低下, 地形, **17**, 1-15.

小口千明・八田珠郎・松倉公憲 (1994) 神津島における多孔質流紋岩の風化とそれに伴う物性変化, 地理学評論, **67A**, 775-793.

Oguchi, C. T., Hatta, T. and Matsukura, Y. (1999) The weathering rates through 40,000 years based on the changes in rock properties of porous rhyolite, *Physics and Chemistry of the Earth*, Part A, **24**, 861-870.

Okumura, S. (1985) Neoformation of allophane and gibbsite from plagioclase during weathering process of gabbro, *Journal of Geosciences Osaka City University*, **28**, 85-103.

Palmer, J. and Neilson, R. A. (1962) The origin of granite tors, Dartmoor, Devonshire, *Proceedings of Yorkshire Geological Society*, **33**, 315-340.

Plan, L. (2005) Factors controlling carbonate dissolution rates quantified in a field test in the Austrian alps, *Geomorphology*, **68**, 201-212.

Rice, T. J., Jr., Buol, S. W. and Weed, S. B. (1985 a) Soil-saprolite profiles derived from mafic rocks in the North Carolina Piedmont: I. Chemical, morphological, and mineralogical characteristics and transformations, *Soil Science Society of America Journal*, **49**, 171-178.

Rice, T. J., Jr., Weed, S. B. and Buol, S. W. (1985 b)

Soil-saprolite profiles derived from mafic rocks in the North Carolina Piedmont: II. Association of free iron oxides with soils and clays, *Soil Science Society of America Journal*, **49**, 178-186.

Stumm, W. and Morgan, J. J. (1996) Aquatic Chemistry: Chemical Equilibria and Rates in Natural Water (3rd ed.). Wiley Interscience, New York, 1022 p.

Sweeting, M. M. (1966) The weathering of limestone, with particular reference to the carboniferous limestones of northern England. *in* Dury, G. H. (ed.) Essays in Geomorphology. Heinemann, London, 177-210.

Sweeting, M. M. (1972) Karst Landforms. Macmillan, London, 362 p.

高屋康彦・八田珠郎・松倉公憲（1996）堆積岩類および火成岩類の溶解特性に及ぼす岩石物性の影響，地形，**17**，193-202．

高屋康彦・八田珠郎・松倉公憲（2006a）閉鎖系実験における水-岩石相互反応の初期反応速度の温度依存性，地形，**27**，245-258．

高屋康彦・廣瀬　孝・青木　久・松倉公憲（2006b）室内実験における石灰岩の溶解特性に関する一考察，地学雑誌，**115**，136-148．

Thorn, C. E., Darmody, R. G., Dixson, J. C. and Schlyter, P. (2002) Weathering rates of buried machine-polished rock disks, Kärkevagge, Swedeish Lapland, *Earth Surface Processes and Landforms*, **27**, 831-845.

Trudgill, S. T., Crabtree, R. W., Ferguson, R. I., Ball, J. and Gent, R. (1994) Ten year remeasurement of chemical denudation on a Magnesian Limestone hillslope, *Earth Surface Processes and Landforms*, **19**, 109-114.

漆原和子（1991）日本における石灰岩片の溶食率の地域差，地域学研究，**4**，107-117．

漆原和子・鹿島愛彦・榎本浩之・庫本　正・フランツ　ディーター　ミオトケ・仲程　正・比嘉正弘（1999）日本における石灰岩溶食率の経年変化とその地域性，地学雑誌，**108**，45-58．

Yokoyama, T. and Matsukura, Y. (2006) Field and laboratory experiments on weathering rates of granodiorite: Separation of chemical and physical processes, *Geology*, **34**, 809-812.

第II部
斜面プロセス

5. 斜面プロセスの基礎
- 5.1 マスムーブメントの定義と分類
- 5.2 マスムーブメントの素因と誘因
- 5.3 マスムーブメントの発生要因と力学
- 5.4 マスムーブメントの力学・斜面の安定解析

6. 落石と崖錐斜面
- 6.1 崖錐斜面とそこでの斜面プロセス
- 6.2 落石の原因と落石量
- 6.3 崖錐斜面の勾配と崖錐物質の安息角およびせん断抵抗角との関係
- 6.4 崖錐斜面上での乾燥岩屑流とその厚さ
- 6.5 崖錐発達に関する数学モデル

7. 崩落と崩壊（崖崩れと山崩れ）
- 7.1 崖の限界自立高さ
- 7.2 シラス台地開析谷谷壁における崖崩れ
- 7.3 黄土台地の台地開析谷谷壁における崖崩れ
- 7.4 田切の谷壁斜面での崖崩れ
- 7.5 海食崖の崩落(1)：豊浜トンネルにおける岩盤崩落
- 7.6 海食崖の崩落(2)：石灰岩からなる海食崖の崩落
- 7.7 山崩れ（表層崩壊）の二，三の例
- 7.8 崩壊密度や崩壊周期をコントロールする岩質
- 7.9 砂岩・泥岩斜面での崩壊メカニズムと降雨閾値

8. 地すべり
- 8.1 地すべりの定義・分類
- 8.2 地すべり粘土とその特性
- 8.3 風化による強度低下および地下水位の上昇が引き起こす地すべり
- 8.4 地すべりの再活動のメカニズム
- 8.5 地震による地すべり
- 8.6 侵食および人為的影響による地すべり
- 8.7 地すべりの挙動と発生時期の予知

9. 流動（ソリフラクション，泥流，土石流，岩屑流）
- 9.1 岩盤クリープ
- 9.2 ソリフラクションと土壌匍行
- 9.3 ソリフラクションの関与する地形：非対称谷
- 9.4 泥流
- 9.5 土石流
- 9.6 巨大・大規模崩壊に伴う岩屑流・岩屑なだれ
- 9.7 クイッククレイ地すべり

10. 陥没・沈下
- 10.1 陥没・沈下の例
- 10.2 大谷石採石場の陥没

11. 斜面プロセスと斜面発達（地形変化）
- 11.1 風化と斜面プロセス
- 11.2 斜面プロセスと斜面勾配
- 11.3 斜面の長期的発達：従順化と平行後退のモデル

5. 斜面プロセスの基礎

「豆腐で丸ビルはつくれるか？」，こんなおもしろい問題が「続 物理学の散歩道」（ロゲルギスト著，1964年，岩波書店）に載っている．この場合の"丸ビル"とは東京駅丸の内南口の"旧丸ビル"を指し，地上9階，高さ31 mの当時の最大級ビルのことである．答えはもちろんNoである．その考え方は，以下のように解説されている．丸ビル大の豆腐を仮想した場合，その最下層の薄い面に着目すると，その層の上には，それより上の豆腐の重みがかかっている．その上からの圧力（すなわち豆腐自身の重さ）で，その層が崩れるか（破壊するか）どうかを吟味すればよい．すなわち，上からの圧力は，単位体積重量 γ (gf/cm^3) に高さ H（豆腐の高さ）を乗じたものになる．一方，豆腐の圧縮強度を S_c とすれば，崩れないための条件は $\gamma H \leq S_c$ すなわち $H \leq S_c/\gamma$ であるから，豆腐のブロックの最大の高さは $H = S_c/\gamma$ と表される．豆腐の物性は，$S_c = 30 \sim 60$ gf/cm^2，$\gamma = 1.2$ gf/cm^3 位であるので，これらを代入すると $H = 25 \sim 50$ cm が得られる．すなわち，豆腐では最大でも50 cmの高さのものしかつくれないことになる．それ以上の高さでは，下層が崩れてしまう．豆腐は水中では浮力の分だけ軽くなる（すなわち豆腐の水中単位体積重量は0.2 gf/cm^3 になる）ので，3 m近くの厚さのものまでつくれることになる．その意味で，豆腐を水の中に入れて保存し，その中で切ったりするのは理にかなっていることになる．それでは，高層ビルはどうしてあんなに高くできるのであろうか．ビルの材料は，鉄とコンクリートである．それらの物性の概数 $S_c = 1 \times 10^4$ kgf/cm^2，$\gamma = 4$ gf/cm^3 から計算すると，その限界高さは実に25000 mと得られる．もちろんこの計算では，基礎地盤や建物のバックリング（座屈）現象などがすべて無視されている．このように，豆腐の高さ0.5 mとビルの高さ25000 mの違いは，実に S_c/γ の値の違いだけから導びかれる．

これを斜面プロセス（マスムーブメント）に置き換えてみよう．斜面プロセスとは，斜面物質が重力によって斜面下方に移動することである．したがって，斜面プロセスが生起するかどうかは，移動させようとする力（斜面物質の重量）と移動させまいとする力（斜面物質の抵抗力＝強度）の大小関係で決まる．このような力学的な大小関係を議論するのが，斜面の安定解析である．

5.1 マスムーブメントの定義と分類

5.1.1 マスムーブメントの定義

地形は地形物質が移動することによって変化する．地形物質の移動の様式は，大きく2つに区分される．1つは，物質の移動が物質を運搬する媒体によるもの（たとえば，風による飛砂や流水や波による砂の運搬，氷河による礫の運搬など）であり，これらは総称して**マストランスポート**（mass transport）と呼ばれる．もう1つは，運搬媒体を伴わず，重力の作用のみで物質が移動するものである．これを**マスムーブメント**（mass movement），あるいは**マスウェイスティング**（mass wasting）と呼ぶ．すなわち，斜面で生起する崖崩れ・地すべり・山崩れ・土石流などの現象がマスムーブメントに包含される．本書では，斜面プロセスとマスムーブメントとをほぼ同義で用いている．

斜面地形およびマスムーブメントに関連した有用な教科書・参考書としては，Terzaghi (1943), Taylor (1948), Carson (1971), Young (1972), Carson and Kirkby (1972), Hoek and Bray (1977), 駒村 (1978), Bromhead (1986), Parsons (1988), Selby (1993), 京都大学防災研究所編 (2003), 松倉 (2008) などがある. なお, マスムーブメントの力学を理解するためには, 岩石力学や土質力学の理解が必要である. この分野の教科書としては, Lambe and Whitman (1979), 今井 (1983), 山口・西松 (1991), Mitchell (1993), 稲田 (1997), 日本材料学会編 (2002) などがある.

5.1.2 マスムーブメントの分類

マスムーブメントには多種多様な物質（岩石と土の種類も多様）が関係していることから, 必然的にその動きの様式も多様となる. これらのマスムーブメントの様式を分類する場合には, 以下のような基準をもとにすることが多い. ①動きの速度とメカニズム, ②物質の種類, ③動き（変形）の様式, ④移動体の形状, ⑤物質の含水比, などである. このように分類基準の多様さのために, どれを重要と考えるかによって分類が異なったものとなる.

マスムーブメントの初期の分類として有名なのが, Sharpe (1938) および Varnes (1958, 1978) のものであるが, それらはいずれも動きの様式と物質の種類を主要な変数としている. Sharpe (1938) では, 動きの様式を**すべり** (slide) と**流動** (flow) に大きく2つに分けているが, Varnes (1958) ではそれらの他に**落下** (fall) が加わり, 3つに分類されている. また Varnes (1978) では, 1958年の分類をもとに, 動きの様式にさらに**転倒崩壊** (topple) と**側方流動** (lateral spread) を追加している. その後, Hutchinson (1968, pp. 688-696) の分類が提案されたが, それは2つのパートから構成されている. 1つ目はマスムーブメントのメカニズムと物質, 速度をもとにした分類であり, 2つ目は地盤工学的な目的で, 土の構造や含水比をもとにしたせん断現象からなされた分類である. 地形学者による分類としては, Carson and Kirkby (1972) のものがある（図5.1）. この分類は, 動きの様式を**すべり** (slide), **流動** (flow), **持上げ** (heave) に3分したものであるが, この分類の弱点は物質の種類に注意を払っていないことと, 運動の様式を3つだけしか認めていないことにある. 上述したように, 他の分類では運動タイプとして落下 (fall) を認めている. しかも3つ目の「持上げ」は「すべり」「流動」「落下」のように, 物質を斜面

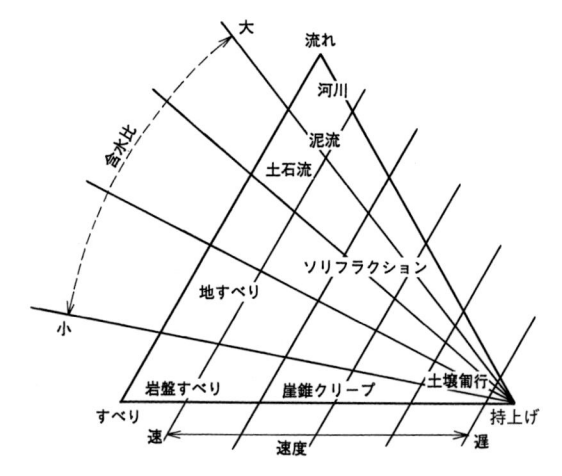

図5.1 Carson and Kirkby (1972, Fig. 5.2) によるマスムーブメントの分類

下方に移動させる様式ではない. 持上げは, 上向きあるいは斜面の垂直方向への変位に関係したものであり, 斜面下方への変位を手助けするものではあるが, 直接にマスムーブメントを引き起こすわけではない.

わが国では, マスムーブメントは, 一般に**地すべり**と**山崩れ**（**崩壊**あるいは**地崩れ**と呼ばれることもある）に2分されてきたという経緯がある. 地すべりと山崩れの区分については, 表5.1に示したが, 動きがゆっくりで継続性または反復性のあるものを地すべりと呼び, 短時間で運動が終了するものを山崩れと呼んでいる. 鈴木 (2000, p. 780) は運動様式のみから, 8つのタイプに区分している（図5.2）: (a) 匍行, (b) 落石, (c) 崩落, (d) 地すべり, (e) 土石流, (f) 陥没, (g) 地盤沈下, (h) 荷重沈下. この分類は最もシンプルでわかりやすいので, 本書もそれを参考に, 以下のように分類する: ①落石 (fall), ②崩落・崩壊 (topple, slip and avalanche), ③地すべり (slide), ④匍行・流動 (creep, solifluction and flow), ⑤陥没・沈下 (sink and subsidence). この分類では, ②や④のようにいくつかの運動様式は, それらを発生させる物質の類似性や発生する場所の類似性をもとに統合されている. たとえば④のケースであるが, 図5.1の分類でもわかるように, 匍行には単に重力のみによる talus creep のようなものから, 凍結融解が関与する匍行もある. そして後者のプロセスが含水比の高いところで起こると, それはソリフラクション

表 5.1 山崩れと地すべりの相違点（山田ほか，1971，表 2 を基に一部改変）

	山 崩 れ（崩壊）	地 す べ り
斜面の破壊様式	脆性破壊	塑性変形
移動様式	土塊は攪乱されて瞬時に移動	土塊は乱れることなく原形を保ちつつ動く
移動速度	瞬時に高速で滑落	0.01～10 mm/day の緩速
素因（斜面物質）	砂質土（マサ，シラスなど）：塑性の性質小さい	粘性土（塑性の性質大）
斜面勾配	急勾配斜面（30°以上）	緩勾配斜面（5～20°）
誘　因	台風や集中豪雨などの降雨強度の大きい雨，地震など	地下水位の上昇など
特　質	免疫性の獲得	動きが継続する，また再発性が高い
兆　候	兆候を見つけにくい	斜面に亀裂，隆起，陥没などの地形変化あり

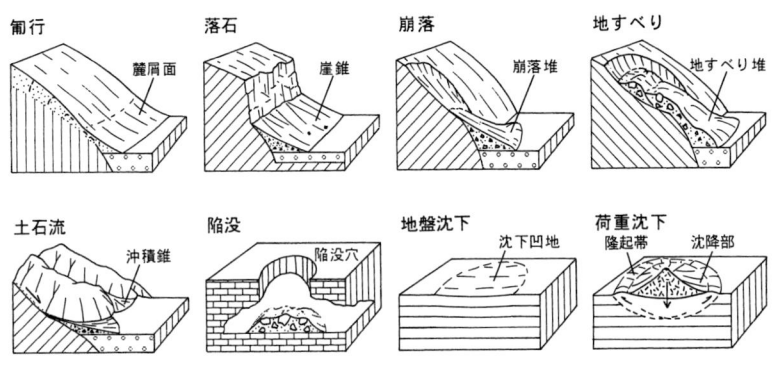

図 5.2 マスムーブメントの様式 8 種の基本的分類（鈴木，2000，図 15.1.1）

と呼ばれたり，mudflow と呼ばれたりする．

したがって，本書では匍行と流れをまとめて扱うことにする．また，②のケースであるが，鈴木の分類の「崩落」を「崩落・崩壊（山崩れ）」と呼ぶことにする．一般的には 50°以上の急勾配な斜面で起こる現象を「崖崩れ」，それ以下の勾配の場合を「崩壊」あるいは「山崩れ」と呼んでいるようであるが，この 2 つの区分はきわめて曖昧なものである．なぜなら，急勾配では引張破壊やトップリングを含めた崖崩れ（これらを崩落とする）が生起しやすいが，引張破壊やトップリングを引き起こす物質からなる垂直な崖であっても，せん断破壊（崩壊・山崩れ）が発生することもあるからである（後述するシラスや浅間軽石流堆積物のつくる崖）．また，鈴木の分類の(f)陥没，(g)地盤沈下，(h)荷重沈下は類似の現象であるので，⑤の陥没・沈下と一括する．

5.2 マスムーブメントの素因と誘因

5.2.1 マスムーブメントと安全率の変化をもたらす諸要因

斜面変動としての斜面崩壊を力学的にみれば，「斜面上でのせん断力がせん断抵抗力より大きくなったときに発生する斜面（あるいは斜面構成物質）の破壊現象」と定義できる．せん断力に対するせん断抵抗力の比は，一般に**安全率**（F_s）と呼ばれる．

斜面の安全率（F_s）が時間とともに変化する一例は，Terzaghi（1950）によって示されている（**図 5.3**）．彼は，カナダのアルバータ州フランクにあるタートル山の山腹で 1903 年に発生した大規模な崩壊（図 5.3 の最上部の a：3000 万 m³ の崩落が瞬時に起き，2 分以内に 2.5 km 先まで流動した）を解析し，それをもとに崩壊発生前の 30 年間の安全率の低下の状況を詳しく議論した．すなわち，図 5.3 b, c, d に示すように，斜面上では斜面物質（節理の多い古生代の石灰岩）の風化，あるいは斜

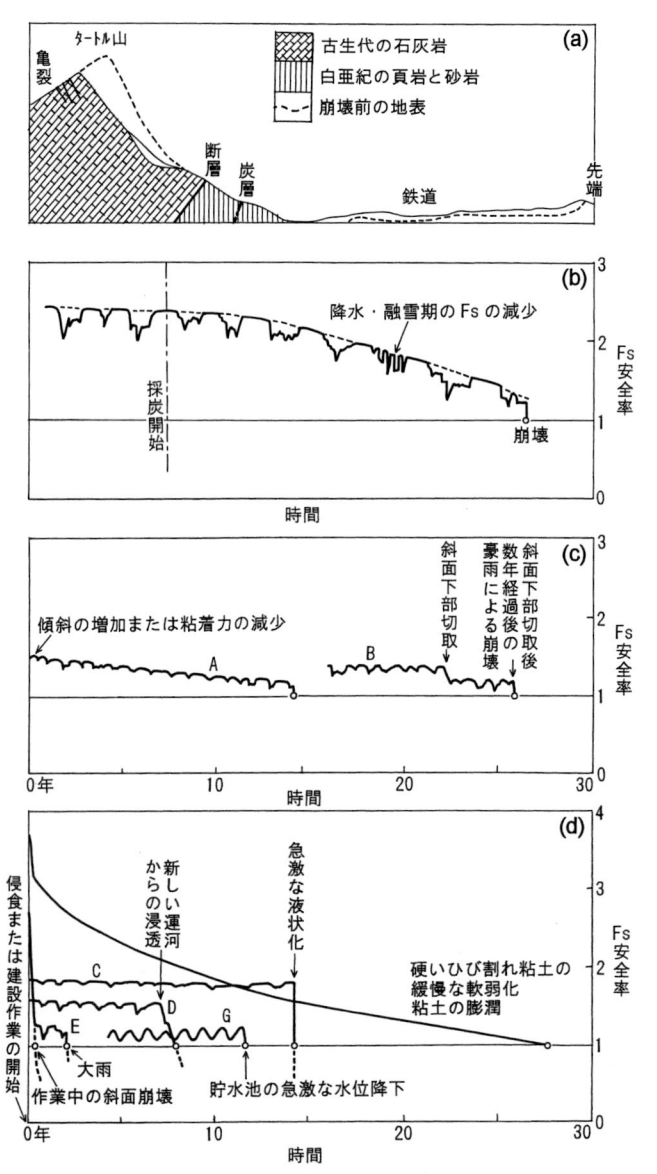

図5.3 カナダのアルバータ州フランクのタートル山 (a, b) の斜面における安全率 F_s の減少の状況 (Terzaghi, 1950 が原図; 主として大八木, 1986 の訳語に従った). 安全率が低下する要因には地殻変動, 河川の下刻, 風化作用などの自然的要因が基本的に重要なものであるが, それらは長期的な問題である. 斜面下部の切取, 斜面上部への盛土・構造物による載荷, ダム貯水池での水位の上昇・下降などの人為的要因による変動は10年とか20年とかの短期間での問題にはむしろ決定的に効いてくるとみられる場合が少なくない(c, d).

面の長期的クリープ変形などが起こることにより, 恒常的（連続的）に徐々に斜面の安全率が低下していた. また, 大雨や融雪水などの影響により, 安全率は波動状に変動し, さらに, 斜面下部の炭層における二十数年前からの石炭採掘（斜面下部の切取り）の影響によって, 安全率の低下が助長され, これらの要因が複合して大規模な崩壊を発生させたと考えられる.

一般に, マスムーブメントが発生すると, それを引き起こした降雨や地震などの直接の原因が何かと

いう問題が取り上げられることが多い．しかし，この図をみてもわかるように，たしかに降水・地震などは斜面変動の直接の引き金になることが多いにしても，その背後において，斜面物質の風化による強度低下や斜面下部の切り取りなどによる安全率の低下が，マスムーブメントの発生に重要な影響を与えていることは明らかである．

5.2.2 マスムーブメントの素因と誘因
(1) マスムーブメントの素因

マスムーブメントの素因としては，地形，地質，土壌，植生などがある．たとえば，地形としては，地表傾斜，崖高，地表水の集水性（凹型斜面）などの要因が，マスムーブメントの発生にとって重要である．一つの例としては，水系の最上流端である0次谷（活性斜面）で豪雨による崩壊が多く発生することが知られており，これは水の集水性と関係する（塚本，1973；塚本，1998, pp. 34-47）．一方，地震による崩壊は，尾根部で起こりやすいことも指摘されている．また，森林伐採や森林火災後に，表層崩壊が多発することが知られている．このことは逆に，樹木の根が土壌のせん断抵抗力を強める働きをもっていることを示している（たとえば，塚本, 1998, pp. 89-102）．

地質（斜面物質の物性）がマスムーブメントの様式に大きく関わっていることは，表5.1でも示されている．すなわち，マサ土（花崗岩や花崗閃緑岩の風化土）やシラス，レスなどの砂質土においては，山崩れ（崩壊）が主に発生し，粘性土（泥岩やハンレイ岩，蛇紋岩などの風化土）では，地すべりが多く発生する（これらの実例については，おのおの7, 8章で取り上げる）．

また，地質構造もマスムーブメントの素因となる．たとえば，紀伊半島から四国に分布する和泉層や宮崎県の宮崎層群などの砂岩泥岩互層では，層理面がすべり面となりやすい．また，四国三波川帯の結晶片岩の中でも，岩相に平行に発達する片理が著しいところで地すべりが多発しており（古谷，1976），スレート劈開の発達する四万十帯瀬戸川層群の粘板岩の分布地域でも，崩壊が多発する．

(2) マスムーブメントの誘因

マスムーブメントの主な誘因としては，降雨，融雪などによる浸透水の作用，地震，火山活動などがある．

① **降雨**：最も影響力の大きい誘因は降雨，融雪などによる浸透水の作用である．雨水が土中に浸透するとそのぶんの重量が増大するとともに，それに伴い生ずる現象として以下の2つがある．一つは浸透水により土や岩石の含水比を増やし，そのせん断強度を低下させるものであり，もう一つは浸透水が地下水に加わり，地下水位を上昇させることにより斜面の安定度を低下させるものである．地中の水分移動プロセスに関する情報はそれほど多くなく，しかも，それは基盤岩石やその風化物の物性に応じて多様である．したがって，たとえば降雨と崩壊発生との関係については不明な点が多い．

最近，気象庁によって確立された崩壊危険度予測の手法に**土壌雨量指数**がある（たとえば，岡田，2002）．土壌雨量指数とは，5 km×5 km格子ごとに区切って30分間隔で雨量が正確に算出できるレーダー・アメダス解析雨量と，3つのタンクの貯留高合計値（指数値）に，履歴順位の概念を導入したものである．履歴順位とは，一雨の期間中で最も高かった指数値を前年までの10年間について集め，高い順に並べ直して順位づけした履歴ファイルを使って，現在の雨による指数値をあてはめ，現在の相対的な危険度を順位づけするものである．たとえば，現在の雨の順位と同等の履歴順位の雨で土砂災害が発生していれば，土砂災害発生の危険度は大きいと考えられる．これにより，過去の土砂災害発生記録が保存されていない格子であっても，記録が保存されている周囲の格子の情報から危険度を類推できる．このように各格子ごとに過去の雨や土砂災害の履歴情報と比較することで，現在の雨による土砂災害発生の危険度をリアルタイムで推定できることがこの方法の特長である．

② **地震**：日本で20世紀に起きたいくつかの地震によってマスムーブメントが発生した例を示したのが**表5.2**である．これらより古いものでは，1847（弘化4）年の善光寺地震（M 7.4）と1891（明治24）年の濃尾地震（M 7.9～8.4）があり，前者では4万か所以上，後者では1万か所以上の山崩れがあったとされている．1923年の関東大地震では，丹沢～箱根地方でおびただしい数の崩壊が発生し，根府川では大きな土石流も発生した．「同谷の上流から約6 kmの距離を5分程度で100～300万m³の

表5.2 地震による斜面崩壊（斜面災害）（砂防学会監修，1992，表2.18を基に改変：えびの地震，十勝沖地震データおよび災害状況については高橋ほか，1986，表Ⅵ-2による）

地 震 名	生起年月日	マグニチュード	崩壊数	災 害 状 況
関東地震	1923. 9. 1	7.9	935	—
今市地震	1949. 12. 26	6.4	425	—
新潟地震	1964. 6. 16	7.5	534	河川堤防の崩壊，亀裂，道路のり面崩落，盛土沈下
えびの地震	1968. 2. 21	5.7	71	火山灰地帯（シラス）に山・がけ崩れが多く，その被害箇所は，宮崎県30，鹿児島県11，熊本県で30．
十勝沖地震	1968. 5. 16	7.9	—	道路のり面崩壊および盛土本体の崩壊，河川堤防の破壊，亀裂．
伊豆半島地震	1974. 5. 9	6.9	101	石廊崎・仲木・前原地区で被害大 110か所．
伊豆大島近海地震	1978. 1. 14	7.0	193	伊豆半島東部〜中央部の斜面に多数の落石，崩壊，すべりが発生した．
宮城県沖地震	1978. 6. 12	7.4	511	山・がけ崩れの被害箇所は宮城県138，福島県26，岩手県22．
長野県西部地震	1984. 9. 14	6.8	5	大規模崩壊1　長さ　1380 m　幅　700 m　面積　0.75 km²　土砂量　3.6×10⁷m³

土砂が流れ落ち，根府川の部落170戸を土中に埋め，駅に停車中の列車も流されていった」という（宇佐美，1975，p.166）．また，表中の今市地震や十勝沖地震，伊豆大島近海地震などでは，火山灰，軽石，スコリアなどの堆積物中で発生した多数の地すべりが報告されている．これについては8章（8.5.1項）で扱う．

③ **火山活動**：　火山活動は，直接的にマスムーブメントを惹起する．磐梯山の明治噴火（1888年）やセントヘレンズの噴火（1980年）による山体崩壊である．火山地域における災害で最も人的被害が大きかったのは，島原半島の雲仙火山群東端にある眉山(まゆやま)が，1792（寛政4）年5月21日に崩壊した**眉山崩れ**である．眉山の東半分が崩壊して生じた土砂が山麓の集落を押しつぶし，さらに，高速で数kmを流下して島原湾に押し出し，現在の島原市付近の海岸に九十九島と呼ばれる多数の岩屑丘（流れ山）を形成させた．島原湾への土砂の押出しは同時に津波を発生させ，その津波は対岸の肥後（熊本県）の海岸を襲い，多くの溺死者を出した．俗にいう「島原大変肥後迷惑」である．死者・不明者は，あわせて実に15000人にも及んだといわれている．崩壊の半年前から雲仙火山群の一帯で頻繁に地震が感じられ，3か月前には普賢岳の噴火や溶岩の流出があったという．また，崩壊直前には眉山付近で大きな地震があり，地割れや地下水の湧出が認められており，これらはマグマの地表への接近によって引き起こされたものと考えられる．このように，火山性地震の頻発，噴火直前の山体の変形，それに続く大規模崩壊と一連の現象がみられる．眉山崩壊の詳細なメカニズムは明らかではないが，山体を構成する安山岩が風化や火山の熱水変質によって脆弱化していたことが，破壊や流動化に寄与したことが推定される．

5.3　マスムーブメントの発生要因と力学

斜面変動は力学的には，図5.4に示すように，斜面での駆動力 F_D が斜面物質の抵抗力 F_R より大きくなったときに起こると考えてよい．$F_D > F_R$ となる最も単純なケースは，以下の2つに分類される：① せん断力が増加する（せん断抵抗は変化しない），② せん断抵抗が減少する（せん断力は変化しない）．①の例としては，侵食によって斜面勾配が増加したり，下刻(かこく)によって斜面高さが増加したり

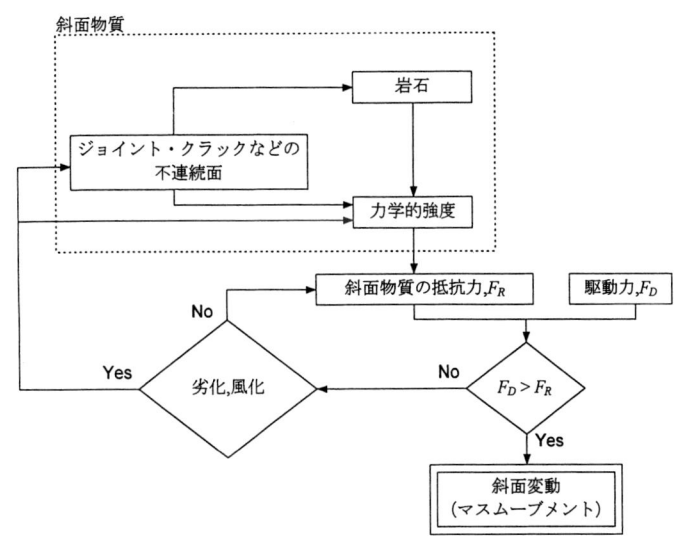

図5.4 岩石物性とマスムーブメント（斜面変動）との関係（松倉，1994）

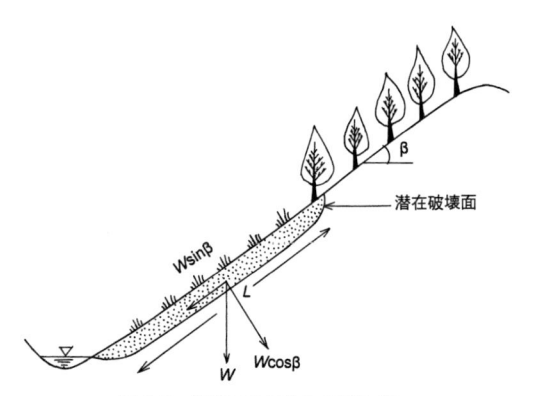

図5.5 斜面における力の釣り合い

する場合などがあげられる．また，地震による震動が，せん断力を大きくする．後者②の例の代表的なものとしては，降雨に伴う斜面物質の強度低下や，風化による強度低下がある．

図5.5に示すような，最も単純なせん断破壊が斜面で起こる場合のことを想定してみよう．**潜在破壊面**（もし破壊するとしたらそこで破壊が起こる面）を平面的なものと仮定し，そこでの駆動力と抵抗力のバランスを考える（この場合，破壊の幅は斜面の上下であまり変わらないと仮定することにより，奥行き方向には単位幅を考える）．斜面での駆動力の主なものは潜在破壊面より上部の斜面物質の重量である．この図に示すように，斜面物質は常に鉛直下方に重さ W の力が作用している．そこで，その斜面方向の分力（$W\sin\beta$）が駆動力（F_D：以後 T

と表す）ということになる．一方，斜面物質の抵抗力（以後 S と表す）は，潜在破壊面上でのせん断抵抗力である．ところで，岩石や土の**せん断強度**（抵抗力）（τ）は，垂直応力（σ）に依存しない**粘着力**（c）と，それに依存する**せん断抵抗角**（ϕ：**内部摩擦角**とも呼ばれる）の2つの成分（これらをせん断強度定数という）からなり，次式（**クーロンの式**と呼ばれる）のように表される：

$$\tau = c + \sigma \tan\phi \tag{5.1}$$

このせん断強度は，単位面積当りの力（応力）に相当するので，潜在破壊面の長さをいま L とすると，破壊面全体でのせん断抵抗力 S は，

$$S = (c + \sigma \tan\phi)L \tag{5.2}$$

となる．ここで，垂直応力 σ をもたらすのは，図からも明らかなように，潜在破壊面に垂直な方向の W の分力，すなわち $W\cos\beta$ である．ただし，σ は応力（単位面積当りの力）であるので，これを潜在破壊面の長さ L で割った値となる．すなわち，

$$\sigma = W\cos\beta \times \frac{1}{L} \tag{5.3}$$

となる．そこで式(5.3)を式(5.2)に代入すると，

$$S = cL + W\cos\beta\tan\phi \tag{5.4}$$

となる．S と T の比は安全率と呼ばれ，F_s で表される．すなわち，

$$F_s = \frac{S}{T} = \frac{cL + W\cos\beta\tan\phi}{W\sin\beta} \tag{5.5}$$

抵抗力 S が駆動力 T より大きければ安全率は1以

上となり，斜面は安全（安定斜面）とみなされる．一方，抵抗力が駆動力より小さい場合は，安全率が1以下となり，斜面は危険（不安定斜面）とみなされる．安全率が1のときが安定・不安定の境界（臨界点）であり，マスムーブメントが起こるかどうかの，あるいは，地形変化が生起するかどうかの閾値となる．

5.4 マスムーブメントの力学・斜面の安定解析

5.4.1 斜面の限界自立高さ（Culmannの斜面安定解析）

(1) せん断強度を用いた解析

まず，図5.6のような斜面を想定する．この斜面では斜面高さが増加することにより，不安定性が増加する．すなわち，斜面が高くなるといずれ安定の限界を越え崩壊することになるが，この斜面はいったいどの位の高さまで自立できるのかを考えてみよう．また，崩壊するとしたら，どのような角度で崩壊面ができるのかもあわせて考えてみよう．以下は**Culmannの解析**と呼ばれるものである（Taylor, 1948, pp.453-455；Carson, 1971, pp.100-101, 116-118）．

まず崩壊は**のり先を通る平面破壊**と仮定する．**のり**とは人工斜面でいう**のり（法）面**のことであり，**のり先**とはその先端部分を指す．すなわち，この図においては，**のり**とはBC面に相当し**のり先**とはB点のことになる．B点を通る平面，すなわちAB面が破壊面に相当する．また，ここでは以下のような条件を最初に与える．斜面の高さと長さ，傾斜角をそれぞれH，l，iとし，斜面構成物質の単位体積重量をγ，せん断強度定数をc，ϕとする．そしてどこで崩壊が起こるかはわからないが，H_cという斜面の高さ（限界高さ）になったときに崩壊が起こり，その破壊面を**潜在破壊面**（長さをLとする）とし，aという角度で起こると仮定する．AB上でのせん断力（駆動力）Tは，

$$T = W \sin a \qquad (5.6)$$

となるが，ここでWはくさび部分ABCの重量である．この場合，ABCは三角形であるので面積を示すことになるが，奥行き方向に単位幅を考えることにより体積と重量をもつことになる．一方，AB

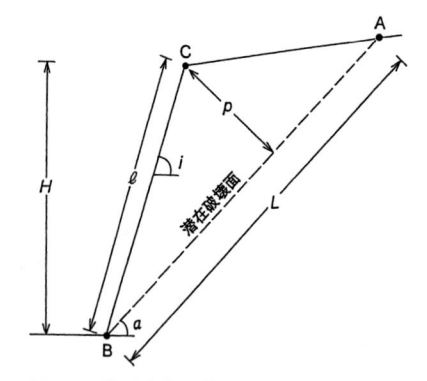

図5.6 斜面安定に対するCulmannのアプローチ（Culmannの斜面安定解析）

面に沿ったせん断抵抗力S（単位面積当りのせん断強度がAB面全体で発揮される場合の抵抗力）は，次のように与えられる．

$$S = cL + W \cos a \tan\phi \qquad (5.7)$$

崩壊の起こる臨界点（限界平衡）では，せん断力とせん断抵抗力がちょうど釣り合うので，式(5.6)と式(5.7)を等しいとおくと，

$$W(\sin a - \cos a \tan\phi) = cL \qquad (5.8)$$

ところで，$W = (1/2)pL\gamma$，$p = l\sin(i-a)$，$l = H/\sin i$であるから，

$$W = \frac{1}{2}\frac{H}{\sin i}\sin(i-a)L\gamma \qquad (5.9)$$

式(5.8)と式(5.9)とを組合せて，さらに臨界点でのHがH_cであるので，それを代入し変形すると，最終的に次式が得られる：

$$H_c = \frac{2c}{\gamma}\frac{\sin i}{\sin(i-a)(\sin a - \cos a \tan\phi)} \qquad (5.10)$$

この式(5.10)を用いて，限界斜面高さが実際の斜面で求められるか検討してみよう．右辺にある変数は全部で5つあるが，そのうちのγ，c，ϕは斜面構成物の物性値であるから，斜面物質をサンプリングし計測すれば得られる値である．また，iは斜面勾配であるから，これも実測すれば得られる値である．最後のaはどうであろうか．aは破壊面の角度なので，実際に斜面が破壊（崩壊）しないとわからない値である．したがって，5つのうち4つの変数の値が得られても，結局aの値がわからないと限界高さは計算できないことになる．それでは，aの値はどのようにして求められるか考えてみよう．

5.3節で示したように，S/T の値は安全率と呼ばれ F_s と表現される．$S=(c+\sigma\tan\phi)L$ であるから，

$$F_s = \frac{S}{T} = \frac{cL+\sigma\tan\phi L}{T} \tag{5.11}$$

となり，変形すると，

$$T = \frac{cL+\sigma\tan\phi L}{F_s} \tag{5.12}$$

となる．斜面の高さが増加するに従い，安全率は徐々に低下し，安全率が1のとき，T は最大値をとることになる．なぜなら $F_s<1$ にはなりえない（1になった瞬間に斜面は崩落してしまう）からである．このとき，T に釣り合うべく潜在破壊面 AB 上に働く粘着力も最大になるはずである．ところで，式(5.10)を変形すると，

$$c = \frac{(1/2)H_c\gamma}{\sin i}\sin(i-a)(\sin a - \cos a \tan\phi) \tag{5.13}$$

となるので，c は a の関数である．したがって，c が最大となる a の値を求めるためには，$c=f(a)$ の臨界点すなわち極大・極小点を探せばよい．すなわち，c を a で微分し 0 になる点を計算すればよいことになる．式(5.13)で $(1/2)H_c\gamma/\sin i = k$ とおき，a で微分すると，

$$\frac{dc}{da} = \frac{d}{da}[k\sin(i-a)(\sin a - \cos a \tan\phi)] \tag{5.14}$$

ここで，右辺だけを展開し，それを微分すると次式を得る：

$$\frac{dc}{da} = k[(\sin i + \cos i \tan\phi)(\cos^2 a - \sin^2 a) \\ + 2\sin a \cos a (\sin i \tan\phi - \cos i)] \tag{5.15}$$

ここで，$dc/da=0$ を代入して上式を解くと，次式が得られる：

$$\sin 2a(\cos i - \sin i \tan\phi) \\ = \cos 2a(\sin i + \cos i \tan\phi) \tag{5.16}$$

この式を整理すると，次式が得られる：

$$a = \frac{i+\phi}{2} \tag{5.17}$$

ここで，$i=\pi/2$ のとき，式(5.17)は次式のようになる：

$$a = \frac{\pi}{4} + \frac{\phi}{2} \tag{5.18}$$

式(5.17)を式(5.10)に代入し，分子分母に $\cos\phi$ を乗ずると，

$$H_c = \frac{2c}{\gamma} \cdot \\ \frac{\sin i \cos\phi}{\sin[(i-\phi)/2]\{\sin[(i+\phi)/2]\cos\phi - \cos[(i+\phi)/2]\sin\phi\}} \tag{5.19}$$

ここで，公式 $\sin a \cos b - \cos a \sin b = \sin(a-b)$ を使うと，式(5.19)は，

$$H_c = \frac{2c}{\gamma}\frac{\sin i \cos\phi}{\sin[(i-\phi)/2]\sin[(i-\phi)/2]} \tag{5.20}$$

となる．ここで，$2\sin^2\theta = 1-\cos 2\theta$ の公式を使うと，

$$H_c = \frac{4c}{\gamma}\frac{\sin i \cos\phi}{1-\cos(i-\phi)} \tag{5.21}$$

となり，これが限界斜面高さを求める一般式となる．

もし，崖が垂直の場合の限界高さは，式(5.21)に $i=\pi/2$ を代入して求められる次式となる：

$$H_c = \frac{4c}{\gamma}\frac{\cos\phi}{1-\sin\phi} \tag{5.22}$$

この式は，一般的には次式のように表される：

$$H_c = \frac{4c}{\gamma}\tan\left(\frac{\pi}{4}+\frac{\phi}{2}\right) \tag{5.23}$$

このように，実測で得られる斜面構成物質の物性値（c, ϕ, γ）から斜面限界高さが求められる．

(2) 一軸圧縮強度を用いた解析

以上のように，式(5.22)あるいは式(5.23)は，垂直な崖の限界高さを与えるが，この式を用いた解析においては，せん断強度定数である c と ϕ の値が必要となる．しかし，c と ϕ の値の代わりに**一軸圧縮強度** q_u がわかっていれば，$H_c=2q_u/\gamma$ という簡単な式で，崖の限界高さを求めることができる．以下に，このことを証明しよう．

一軸圧縮試験の破壊時の**モール円**（Mohr's circle）の左端は，**図5.7**のように原点を通る．なぜなら，一軸圧縮試験は側圧（封圧）がゼロの三軸圧縮試験に相当し，すなわち $\sigma_3=0$ であり，しかも，軸方向応力 σ_1 ($=q_u$) によって材料が破壊（せん断）されるからである．この図には，前述したクーロンの式である $\tau=c+\sigma\tan\phi$ の直線が重ねて描かれている．このように，クーロンの式がモール円の

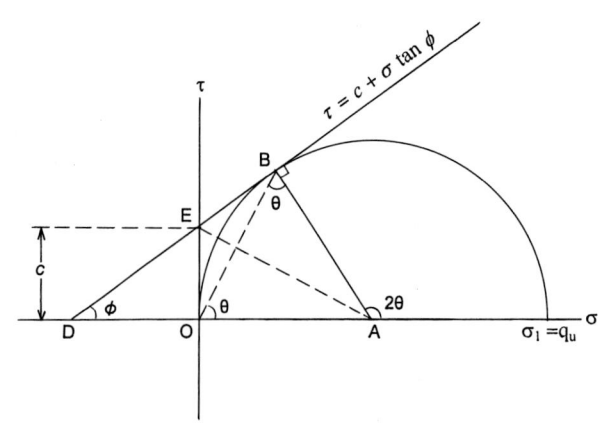

図5.7 一軸圧縮試験の破壊時（一軸圧縮強度がq_u）におけるモールの応力円とクーロンの式

包絡線となる関係は，**モール・クーロンの破壊基準**と呼ばれている．この図で，△ABDから

$$\sin\phi = \frac{AB}{DO+OA} = \frac{q_u/2}{c\cot\phi + q_u/2}$$
$$= \frac{q_u}{2c\cot\phi + q_u} \quad (5.24)$$

これを変形すると，

$$2c\cot\phi = \frac{q_u}{\sin\phi} - q_u = q_u\frac{1-\sin\phi}{\sin\phi} \quad (5.25)$$

$$c = \frac{q_u}{2\cot\phi}\frac{1-\sin\phi}{\sin\phi} = \frac{q_u}{2}\frac{1-\sin\phi}{\cos\phi} \quad (5.26)$$

式(5.26)を式(5.21)中のcに代入すると

$$H_c = \frac{4}{\gamma} \times \left(\frac{q_u}{2}\frac{1-\sin\phi}{\cos\phi}\right) \times \left(\frac{\cos\phi}{1-\sin\phi}\right) = \frac{2q_u}{\gamma} \quad (5.27)$$

となり，$H_c = 2q_u/\gamma$が得られる．すなわち，垂直な崖の限界高さは，崖を構成する物質の一軸圧縮強度と単位体積重量がわかれば，計算できることになる．

5.4.2 急斜面でのトップリング破壊（引張破壊）

崖の崩落の中でとくに前倒しになるように崩落するものは，**転倒崩壊（トップリング）**と呼ばれている．このトップリングに関わる最も簡単な解析の一例を，以下に示す．この解析は，**片持ち梁の安定解析**と呼ばれるものである．図5.8のように，崖の基部にノッチが形成されそのノッチの深さ（奥行き）が増大するに従い，崖の不安定性が増し，臨界に達したときに破壊（崩落）するというプロセスをと

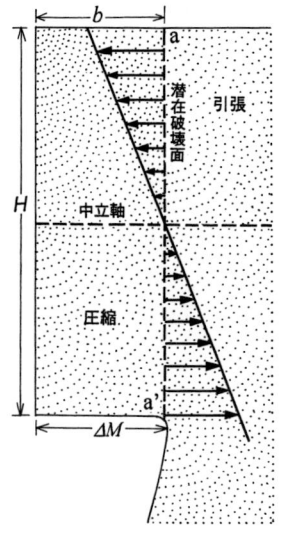

図5.8 ノッチの発達する崖における力の釣り合い（側面図）（ジョイントのない岩石や土に，突出部の自重による応力発生）

る．

図5.8において，崩落ブロックの厚さbがノッチの深さΔMに相当すると仮定すると，崩落ブロックは完全な直方体となる．ブロックが単位幅（谷壁に向かったときの幅）をとると仮定すると，曲げ応力は直方体の重さから派生し，$W = \gamma \cdot b \cdot H$と表される．ここで，$\gamma$は崖構成物質の自然含水比状態での単位体積重量であり，この重量は潜在破壊面aa'に沿って作用する．また，Hはノッチ上部からの崖の高さである．中立軸より上では引張応力

が作用し，下では圧縮応力が作用する．最大の引張応力（σ_{max}）は最大の圧縮応力（$-\sigma_{min}$）に等しい（たとえば，Timoshenko and Gere, 1972, pp. 133-135）ので，

$$\sigma_{max} = -\sigma_{min} = \frac{M}{Z} \quad (5.28)$$

ここで，分子の曲げモーメント M と分母の断面係数 Z は，それぞれ以下のように与えられる：

$$M = W\frac{b}{2} = \frac{1}{2}\gamma b^2 H \quad (5.29)$$

$$Z = \frac{1}{6}H^2 \quad (5.30)$$

これらを式(5.28)に代入すると，次式を得る：

$$\sigma_{max} = -\sigma_{min} = 3\frac{\gamma b^2}{H} \quad (5.31)$$

こうして求められた σ_{max} は，梁（突出した部分の崖：以下，崖とする）の上面と下面で等しい大きさとなるが，崖においては上部で引張応力，下部で圧縮応力として作用する(図5.8)．通常，岩石の引張強度は圧縮強度の5分の1から20分の1であるといわれている(その逆数である S_c/S_t は**脆性度**(brittleness)と呼ばれ，岩石の場合は5～20となる．たとえば，Sunamura, 1992, pp. 55-56)．そのため，崖の上面と下面に等しい応力が作用した場合，先に破壊するのは引張応力が作用する上面である．そこで，崖が崩壊するときの σ_{max} を引張強度 S_t と等しいとし，式中の σ_{max} を S_t と置き換えると，臨界状態は以下の式で表される．

$$S_t = 3\frac{\gamma b^2}{H} \quad (5.32)$$

5.4.3 無限長斜面の安定解析

前節の図5.5に示したように，斜面に沿う長いせん断（すべり）破壊が浅い深度で生じているような場合を想定する．その斜面は破壊の深度に比較して「無限に長い」と考えてよいので，一般に**無限長斜面**と呼ばれている．すでに前節の5.3節で示したように，このような斜面におけるせん断破壊を考えた場合には，その安全率は式(5.5)に示したように以下のようになる：

$$F_s = \frac{S}{T} = \frac{cL + W\cos\beta \tan\phi}{W\sin\beta} \quad (5.33)$$

ここでは，さらに条件を簡単にしてみよう．すなわ

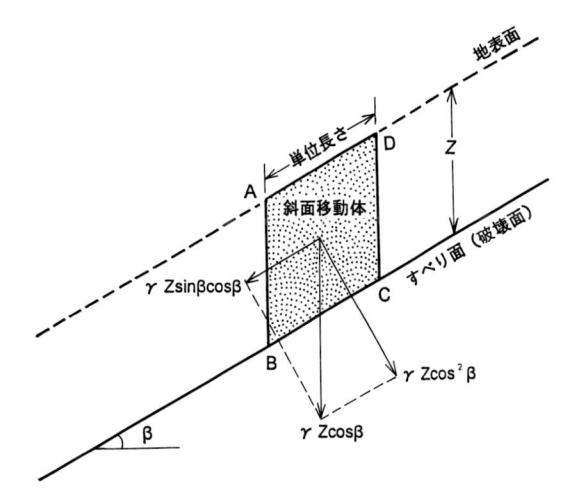

図5.9 無限長斜面における力の釣り合い（斜面安定解析）

ち，図5.9のように，斜面の長さ L を単位長さ(1)とする．上式の W は ABCD の土塊の重さであるので，その体積に単位体積重量（γ）を乗じたものになる．すなわち，$W = \gamma Z \cos\beta$ となる．ここで β は斜面勾配，Z は破壊面の**鉛直深**である．これを式(5.33)に戻すと，

$$F_s = \frac{c + \gamma Z \cos^2\beta \tan\phi}{\gamma Z \cos\beta \sin\beta} \quad (5.34)$$

となる．分子の $\gamma Z \cos^2\beta$ は，破壊面 BC に作用する垂直応力となる．

ところで，斜面物質が乾燥した砂礫で粘着力をもたない（$c=0$）ものであれば，式(5.34)は，

$$F_s = \frac{\tan\phi}{\tan\beta} \quad (5.35)$$

となり，安定・不安定の境界の条件（$F_s = 1$ の臨界条件）においては，$\beta = \phi$ となる．すなわち，乾燥砂礫の限界勾配は，その材料のもつせん断抵抗角に等しいことになる（6.1節参照）．

ここで，式(5.34)に戻る．斜面物質が普段の自然含水比状態（不飽和状態）であれば，この式で解析が可能である．安定な斜面では，斜面物質の重さによってもたらされる分母のせん断力よりも，分子のせん断抵抗力が大きく（安全率は1以上に）なっているはずである．しかし，このような斜面に降雨がある場合には，式(5.34)では対応しきれない場合が生ずる．とくに台風や集中豪雨などにより短時間に多量の降雨があると，その降雨は斜面中に浸透し土層を飽和させるだけではなく，水流（斜面上で発生する地下水流は飽和側方流と呼ばれる）を発生させ

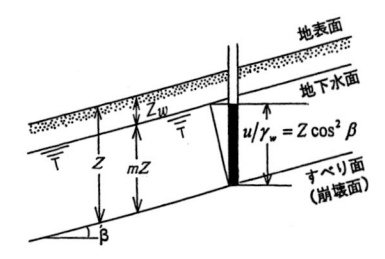

図 5.10 無限長斜面において地下水位が上昇した場合の解析 (Skempton and DeLory, 1957)

る．その飽和側方流は土層と基盤との境界付近から発生し，徐々に水位（地下水面）をあげ，場合によってはその水位を地表面まで上昇させる．このような場合には土層中で間隙水圧が発生する．この間隙水圧を u とすると，地下水面が地表面まで上昇した場合に，破壊面（せん断面）における u は $u=\gamma_w Z \cos^2\beta$ と与えられる．ここで，γ_w は水の単位体積重量である．この間隙水圧は，式(5.34)の分子の $\gamma Z \cos^2\beta$（破壊面 BC に作用する垂直応力）を弱めるように作用する．したがって，式(5.34)は以下のように変形される．

$$F_s = \frac{c+(\gamma Z \cos^2\beta - \gamma_w Z \cos^2\beta)\tan\phi}{\gamma Z \cos\beta \sin\beta}$$
$$= \frac{c+(\gamma-\gamma_w) Z \cos^2\beta \tan\phi}{\gamma Z \cos\beta \sin\beta} \quad (5.36)$$

式(5.34)は無降雨状態を想定しており，式(5.36)は豪雨により土層が飽和し，しかも地下水面が地表面まで上昇したというきわめて特殊な状態を想定している．実際の地すべりや崩壊の多くは，これほどまで条件が悪くならない状態で起きていることが多いと考えられる．そこで，式(5.34)と式(5.36)の両条件にも対応できる一般式を導出しておく必要がある．そのために，Skempton and DeLory (1957) は，変動する地下水面の高さを表す m なるパラメータを導入し，式(5.36)を以下のように表した．

$$F_s = \frac{c+(\gamma-m\gamma_w) Z \cos^2\beta \tan\phi}{\gamma Z \cos\beta \sin\beta} \quad (5.37)$$

図 5.10 において，地表から地下水面までの深さを Z_w としたとき，m は，

$$m = 1 - \frac{Z_w}{Z} \quad (5.38)$$

と地下水面の高さを表すパラメータとして定義される．$Z_w = Z$，すなわち地下水面が破壊面に一致する場合（崩壊土層中に地下水がない場合）は $m=0$ となり，式(5.37)は式(5.34)と同じになる．一方，$Z_w = 0$ すなわち地下水面が地表に一致する場合（地下水が地表まで上昇した場合）は $m=1$ となり，式(5.37)は式(5.36)と同じになる．

5.4.4 粘土斜面の円弧すべりの安定解析：スライス法

この解析は，May and Brahtz (1936) によって最初に提案されたものであり，図 5.11 のように土塊を多数のスライスの集合体とみなすことからスライス法と呼ばれている．破壊面は，点 O を中心とする円弧を想定している．このような斜面における安全率は，次式によって表される：

$$F_s = \sum_A^B \frac{c'l+(W\cos\theta-ul)\tan\phi'}{W\sin\theta} \quad (5.39)$$

スライス法の変形式が Bishop (1955) によって示されており，その簡単な形が以下のような式である．

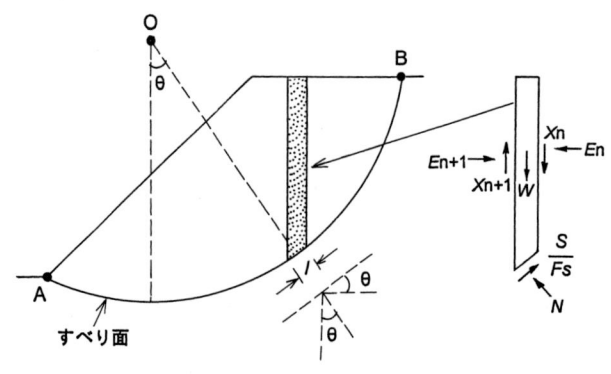

図 5.11 円弧すべりのスライス法による斜面安定解析

$$F_s = \sum_A^B \frac{c'l + [(W/\cos\theta) - ul]\tan\phi'}{1 + (\tan\theta \tan\phi'/F_s)} \frac{1}{W\sin\theta} \quad (5.40)$$

この式は以下のようにして求められる．

まず，図5.11における斜面の安全率は，次式のように定義される：

$$F_s = \sum_A^B \frac{S}{T} \quad (5.41)$$

ここで，TとSは，おのおののスライスの基底に沿った最大せん断抵抗力と実際のせん断力とを示しており，それらは次のように示される：

$$S = c'l + (N - ul)\tan\phi' \quad (5.42)$$
$$T = W\sin\theta \quad (5.43)$$

ここで，Wはスライスの重量，c'とϕ'は斜面構成物質の粘着力とせん断抵抗角である．また，uは間隙水圧，lはスライスの破壊面に沿った方向の幅である．Nは，スライスの基底に働く全垂直力であり，それは垂直に分割した力によって決定される．平衡状態では，

$$N\cos\theta = W + X_n - X_{n+1} - \frac{S}{F_s}\sin\theta \quad (5.44)$$

斜面が不安定になれば$F_s = 1$である．式(5.42)を変形しNを求め，それを式(5.44)に代入し両辺を$\cos\theta$で割って整理をすると，次式が得られる：

$$S = c'l + \left(\frac{W^*}{\cos\theta} - \frac{S}{F_s}\tan\theta - ul\right)\tan\phi' \quad (5.45)$$

ここで，$W^* = W + X_n - X_{n+1}$である．この式を整理すると，

$$S = \frac{c'l + (W^*/\cos\theta - ul)\tan\phi'}{1 + (\tan\theta \tan\phi'/F_s)} \quad (5.46)$$

となるので，式(5.41)，(5.43)，(5.46)を組合せることにより，安全率は次式で与えられる：

$$F_s = \sum_A^B \frac{c'l + [(W^*/\cos\theta) - ul]\tan\phi'}{1 + (\tan\theta \tan\phi'/F_s)} \frac{1}{W\sin\theta} \quad (5.47)$$

Bishop (1955)は，計算上は1％の誤差しかないので$X_n = X_{n+1}$と仮定した．その場合$W^* = W$となり，式(5.47)は式(5.40)となる．式(5.39)と式(5.40)の違いは，垂直力Nの導出に起因している．May and Brahtzは，式(5.44)におけるF_sの項を無視し，暗黙のうちに$F_s = 1$と仮定した．すると，式(5.44)は次式のようになる．

$$N\cos\theta = W^* - S\sin\theta \quad (5.48)$$

さらに，$S = T = W\sin\theta$であり，もしスライス間の圧力が無視できると仮定すれば，次式が得られる：

$$N\cos\theta = W(1 - \sin^2\theta) \quad または$$
$$N = W\cos\theta \quad (5.49)$$

このNを式(5.42)に代入すれば，式(5.40)ではなく式(5.39)が得られることになる．

引用文献

Bishop, A. W. (1955) The use of the slip circle in the stability analysis of slopes, *Géotechnique*, **5**, 7-17.

Bromhead, E. N. (1986) The Stability of Slopes. Surrey Univ. Press, Chapman and Hall, New York, 373 p.

Carson, M. A. (1971) The Mechanics of Erosion. Pion, London, 174 p.

Carson, M. A. and Kirkby, M. J. (1972) Hillslope Form and Process. Cambridge Univ. Press, London, 475 p.

古谷尊彦 (1976) 変成岩帯地すべりについての私見．農業土木学会中国四国支部昭和51年度シンポジウム．

Hoek, E. and Bray, J. W. (1977) Rock Slope Engineering (Revised 2nd ed.). The Institution of Mining and Metallurgy, London, 402 p.

Hutchinson, J. N. (1968) Mass movement. *in* Fairbridge, R. W. (ed.) The Encyclopedia of Geomorphology. Reinhold, New York, 1295 p.

今井五郎 (1983) わかりやすい土の力学．鹿島出版会，258 p.

稲田善紀 (1997) 岩盤工学．森北出版，215 p.

駒村富士弥 (1978) 治山・砂防工学．森北出版，228 p.

京都大学防災研究所編 (2003) 地盤災害論．山海堂，139 p.

Lambe, T. W. and Whitman, R. V. (1979) Soil Mechanics, SI version. John Wiley & Sons, New York, 553 p.

松倉公憲 (1994) 地形材料学からみた斜面地形研究における二，三の課題，筑波大学水理実験センター報告，**19**, 1-9.

松倉公憲 (2008) 山崩れ・地すべりの力学：地形プロセス学入門．筑波大学出版会，162 p.

May, D. R. and Brahtz, J. H. A. (1936) Proposed methods of calculating the stability of earth dams, *Transactions of the 2nd Congress on Large Dams*, **4**, 539.

Mitchell, J. K. (1993) Fundamentals of Soil Behavior (2nd ed.). John Wiley & Sons, New York, 437 p.

日本材料学会編 (2002) ロックメカニクス．技報堂出版，264 p.

岡田憲治 (2002) 土壌雨量指数，測候時報，**69**-5,

67-100.

大八木規夫（1986）斜面災害発生のメカニズム．高橋博ほか編著，斜面災害の予知と防災．白亜書房，85-94.

Parsons, A. J. (1988) Hillslope Form. Routledge, London, 212 p.

砂防学会監修（1992）斜面の土砂移動現象，砂防学講座第3巻．山海堂，357 p.

Selby, M. J. (1993) Hillslope Materials and Processes (2nd ed.). Oxford Univ. Press, Oxford, 451 p.

Sharpe, C. F. S. (1938) Landslides and Related Phenomena. Pageant, New Jersey, 137 p.

Skempton, A. W. and DeLory, F. A. (1957) Stability of natural slopes in London Clay, *Proceedings of the 4th International Conference on Soil Mechanics and Foundation Engineering, London*, **2**, 378-381.

Sunamura, T. (1992) Geomorphology of Rocky Coasts. John Wiley & Sons, Chichester, 302 p.

鈴木隆介（2000）建設技術者のための地形図読図入門，第3巻：段丘・丘陵・山地．古今書院，pp. 555-942.

高橋　博・大八木規夫・大滝俊夫・安江朝光（1986）斜面災害の予知と防災．白亜書房，526 p.

Taylor, D. W. (1948) Fundamentals of Soil Mechanics. John Wiley & Sons, New York, 700 p.

Terzaghi, K. (1943) Theoretical Soil Mechanics. John Wiley & Sons, New York, 510 p.

Terzaghi, K. (1950) Mechanism of landslides. *Bulletin of the Geological Society of America, Engineering Geology*, Berkey Volume, 83-123.

Timoshenko, S. P. and Gere, J. M. (1972) Mechanics of Materials. Van Nostrand Reinhold, New York, 608 p.

塚本良則（1973）豪雨型山崩れにみられる2，3の特性について．第10回自然災害科学総合シンポジウム論文集，303-306.

塚本良則（1998）森林・水・土の保全：湿潤変動帯の水文地形学．朝倉書店，138 p.

宇佐美竜夫（1975）資料日本被害地震総覧．東京大学出版会，327 p.

Varnes, D. J. (1958) Landslide types and processes, *Highway Research Board, Special Report*, **29**, 20-47.

Varnes, D. J. (1978) Slope movements types and processes, *Transportation Research Board, Special Report*, **176**, 11-33.

山田剛二・渡　正亮・小橋澄治（1971）地すべり・斜面崩壊の実態と対策．山海堂，580 p.

山口梅太郎・西松裕一（1991）岩石力学入門（第3版）．東京大学出版会，331 p.

Young, A. (1972) Slopes. Oliver & Boyd, Edinburgh, 288 p.

6. 落石と崖錐斜面

蟻地獄は，縁の下などの乾いた土に，ウスバカゲロウの幼虫が蟻などの獲物をとらえるために構築するすり鉢状の陣地である．この幼虫（これもアリジゴクと呼ばれる）は，体長数 mm から十数 mm，頭についた鋏を閉じて土の中に差し込み，これを勢いよく振り上げることにより，土砂を遠方に跳ねとばす．後ずさりしながら円形を描いて整地作業を進め，描く円の直径が次第に小さくなっていくにつれ粒ぞろいの土粒子でつくられる斜面からなるすり鉢状の陣地ができあがる．この斜面は安定ぎりぎりの角度なので斜面の上縁に獲物が一歩でも足を踏み入れると，足もとの土が崩れ落ちるので獲物は一気に地獄の底に転落していくことになる．この蟻地獄のように，崩れるぎりぎりの限界の斜面角度を**安息角**という（正確な定義については 6.3.1 項参照）．アリジゴクは実に巧みに安息角を利用しているのである．

砂時計で砂が落下すると，円錐状の山ができる．また，ダンプカーから砂利を落としたときにも，錐状の小山ができる．これらの山のつくる斜面勾配も安息角である．同様のメカニズムで，山の斜面から供給された岩屑が斜面下部に堆積してつくられる地形に**崖錐**がある．一見，単純に見えるこれらの地形にも，まだ不明なことが多い．

6.1 崖錐斜面とそこでの斜面プロセス

急崖あるいは**自由面**（free face）から主に風化により生産された岩屑が崖の基部に堆積したものを talus（米語）または scree（英語）という．talus あるいは scree が急崖の基部に堆積してつくる地形が**崖錐斜面**（単に"崖錐"と呼ぶことも多い）である（**図 6.1**）．崖錐斜面は米語では talus slope，

図 6.1 福島県・磐梯山のカルデラ壁の基部に見られる崖錐斜面（口絵参照）

talus cone（半円錐状の場合）と呼ばれ，英語では scree slope と呼ばれる（単に talus あるいは scree で崖錐を指すこともある）．崖錐斜面の勾配は，30〜40°の範囲にあり，岩屑の安息角に近い角度を示す場合が多い．多くの教科書（たとえば Strahler, 1969, pp. 407-408）では，崖錐斜面の勾配は崖錐構成物質（以後，崖錐物質と呼ぶ）のせん断抵抗角に等しいことを，以下のような解析で示している．崖錐斜面上では，後述するように表層のすべり（**乾燥岩屑流**）が発生する．このような乾燥岩屑流に，5章の無限長斜面のすべりの解析を当てはめてみよう．すべりを起こそうとする力を S_d，すべりに抵抗する力を S_r とすると，それらは以下のように表される（5.3 節を参照）：

$$S_d = W\sin\theta \qquad (6.1)$$
$$S_r = cL + W\cos\theta\tan\phi \qquad (6.2)$$

崖錐物質は砂礫であり，粘着力をもたない（$c=0$）ので，$S_r = W\cos\theta\tan\phi$ となる．したがって，崖錐斜面の安全率は以下のようになる：

$$F_s = \frac{S_r}{S_d} = \frac{W\cos\theta\tan\phi}{W\sin\theta} = \frac{\tan\phi}{\tan\theta} \qquad (6.3)$$

この斜面で乾燥岩屑流が発生する臨界時は $F_s=1$

であるので，これを代入すると，

$$\tan\theta = \tan\phi \quad \text{すなわち} \quad \theta = \phi \tag{6.4}$$

が得られる．すなわち，崖錐斜面の勾配は崖錐物質のせん断抵抗角に等しい，ということになる．ただし，これらの角度の関係については，その後詳細に研究され，異論が唱えられている（6.3節参照）．

崖錐を形成する主な地形プロセスは，**落石**である．落石が卓越する崖錐斜面では，斜面上部から下部に向かって崖錐物質の粒径の増大が見られる．この理由は，小さい岩屑粒子は，転動の過程ですぐに崖錐表面の礫の嚙み合わせがつくる凹凸にはまりこみやすいのに対し，大きな礫はそのような凹凸に関係なく転動し，その運動エネルギーが大きいことと相まって，斜面の下方まで転動することによる．このような礫の分級作用は，grain size grading, fall sorting などと呼ばれている．

落石は単体の礫の落下が主であるが，このようなプロセスの他に，崖錐斜面では，乾燥岩屑流や土石流などのマスムーブメントが生起する．

6.2 落石の原因と落石量

急崖や free face からの落石の主要な原因として，凍結融解作用による岩盤剝離によるものがある．最近は，データロガーなどの技術の進歩に伴い，岩盤内部の温度の長期的計測などが行われており，この方面の研究もかなり定量的な扱いがなされている．たとえば Fahey and Lefebure（1988）は，北米ヒューロン湖に面したナイアガラ・エスカープメントにおいて，岩壁内部（深さ1cm）の温度や地下水の滲み出し量，剝離岩屑の量などを計測し，岩屑生産の盛んな時期と凍結融解のサイクルとはよい対応関係のあることを指摘している（サイクルの回数よりも凍結の継続時間と凍結の強さが重要である）．また，根岸・中島（1993）は，北海道層雲峡の溶結凝灰岩の柱状節理において，深さ2mまでの岩盤温度の計測とアコースティックエミッション（AE）による微小破壊音の観測を行い，そこの斜面下部における亀裂の進展や岩盤剝離の主たる原因は，凍結融解作用であることを示している．

落石量の見積もりには種々の方法がある．長期にわたる記録としては，Guillien（1960）がフランスの砂岩の壁からの落石量を1935～1960年にかけて見積もったものがあるが，残念ながら目視による定性的なものであった．Jäckli（1957）は，スイスアルプスにおいて定期的に撮影された空中写真を用いて落石量を推定した．また，Starkel（1959）は，1:10000の地形図を用いてポーランドのカルパティア地方の落石速度を見積もろうと試みた．落石速度に関する定量的把握という点で最も重要な貢献をしたのは Rapp（1960 a, b）のスピッツベルゲンにおける研究であろう（**表6.1**）．この研究では，空中写真の利用に加えて，山岳氷河のモレーンの岩屑や崖錐に集積した物質の量を地形計測することにより落石量が計算された．また，ラップランドのKärkevaggeにおいては，崖錐斜面に金網が設置され，新鮮な落石が捕捉された．そこでは，大部分の落石は春に起こるが，その季節には多くの崖下には残雪があるので，雪面上の岩屑量を計測することにより，新しい落石の量をかなり高い精度で見積もることが可能になる．このような方法による1952～1960年にかけてのKärkevaggeにおける観

表6.1 異なった環境下での岩壁後退速度（Carson and Kirkby, 1972, table 6.1）

場所と期間	岩壁後退速度 (mm/yr)			岩 石	文 献
	最小値	最大値	中央値		
Mt. Templet (Spitsbergen)：過去1万年	0.34	0.50		石灰岩，砂岩	Rapp (1960 a)
Mt. Langtunafjell (Spitsbergen)：最近	0.05	0.50		石灰岩，砂岩	Rapp (1960 a)
Kärkevagge (Lappland)：1952～60	0.04	0.15		雲母片岩，ざくろ石雲母片岩	Rapp (1960 b)
Austrian Alps：過去1万年			0.7～1.0	片麻岩，片岩，蛇紋岩	Poser (1954)
Brazil：最近12年間		20	2	花崗岩，片麻岩	Freise (1933)
S. Africa：最近1000万年から1億年			1.5	花崗岩	King (1955)

測から，落石の結果生じる岩壁の後退量は，最大で0.15 mm/yr，最小で0.04 mm/yrと見積もられた（表6.1）．Rapp（1960 b）によってまとめられた岩壁後退量の数値はすべて極地域や高山において得られたものである．これらは，Freise（1933）やKing（1955）らによって熱帯地域で得られた値より1桁小さいことが注目される．ただし，寒帯と熱帯では関与するプロセスが異なると思われるので，直接比較することが可能かどうかは疑わしい．

6.3 崖錐斜面の勾配と崖錐物質の安息角およびせん断抵抗角との関係

6.3.1 安息角とは

安息角（angle of repose）に関係する地形としては，崖錐斜面の他にも，風成や水成のデューンやリップルのすべり面（slip face）や火山砕屑丘，デルタの前置層などのつくる斜面などがある．岩屑や砂などのような非粘着性の物質がつくる斜面の勾配を理解する上で，安息角が重要な概念であることは，地形学者に広く受け入れられてきた．ところが，安息角そのものについての地形学からの研究がきわめて少なく（Van Burkalow, 1945；Statham, 1974；Carson, 1977など数えるほどしかない），そのために安息角に関する知見もごく限られている．

一般に，「安息角とは，砂や礫などを上方から落下させたときにできる円錐の山の斜面角度」と定義されるので，安息角は砂礫の落下・堆積実験によって容易に測定できるものと考えられやすい．しかし，実際に実験をしてみると，たちまち次のような問題に直面することになる．すなわち，砂を落下させて円錐状の砂山を徐々に大きくしていくような実験をすると，その斜面は一定の勾配をもち続けるわけではない．砂山に砂を供給し続けると，錐の上部により多くの砂が堆積することから，錐の傾斜は徐々に増加する．しかし，傾斜がある程度大きくなると錐の上部は崩壊（avalanche）を起こし，斜面を流下する．その結果，斜面の傾斜は若干緩くなる．砂の供給を続ければ，斜面は再び急になる．このように，錐の傾斜角は崩壊直前の最大の角度と崩壊後の角度の2つの角度の間を往復することにな

る．崩壊直前の最大の角度は**限界安息角**（a_C）と呼ばれ，崩壊後の角度は**停止安息角**（a_R）と呼ばれる（松倉・恩田，1989）．

6.3.2 安息角に関する実験とそれにまつわる問題

安息角の問題が複雑になっている原因の一つには，安息角の計測方法が多様であることにある．従来の安息角の測定法としては注入法，排出法，傾斜法などがある（図6.2）．粉体工学の分野においては，「同一粉体でも測定方法により安息角の値はかなり異なることから，測定方法および条件を明示しておく必要がある」（粉体工学研究会・日本粉体工業協会編，1975，p.136）とされている．たとえば，この測定法の違いによる安息角の違いを検討するために，以下のような簡単な実験が行われた．すなわち，平均粒径0.2 mmの**豊浦標準砂**を用い，注入法（ロートから試料を注入落下させ，直径30 cmほどの円錐をつくる実験（図6.2①））と傾斜法（一つは，長さ50 cm，幅30 cmほどの板の上に厚さ3 cmほどの砂をできるだけ平らに敷きならしたものを徐々に傾けていく傾斜箱実験であり，もう一つは直径20 cmほどのガラス瓶半分ほどに試料を投入し，それを寝かせた状態でゆっくり回転させる回転ドラム実験）により，それぞれa_Cとa_Rとを計測した（松倉・恩田，1989）．

測定結果を図6.3に示す．それぞれの測定において測定値に多少のバラツキはあるものの，平均値はa_Cとa_Rともにそれぞれ近似した値をとっている．すなわち，a_Cは回転ドラムが35.1°，傾斜箱では33.5°とその差は1.6°である．回転ドラムでは容器壁によって下端が拘束されているために，すべりを起こす角度（a_C）が少し大きくなることが考えられる．またa_Rは傾斜箱31.7°，回転ドラム30.8°，注入法31.0°と，0.9°の差の範囲内にある．このような値の差は十分な許容範囲と考えられ，測定法の違いによる安息角の差はほとんどないと考えてよいであろう．

それでは，上述の粉体工学の分野における「測定方法によって安息角の値がかなり異なる」という記述が見られるのはなぜであろうか．それは粉体工学の分野においては，a_Cとa_Rの区別が明確にされていないことによるものと考えられる．傾斜法での安息角は，「容器を傾斜させて表面の粒子が滑り始

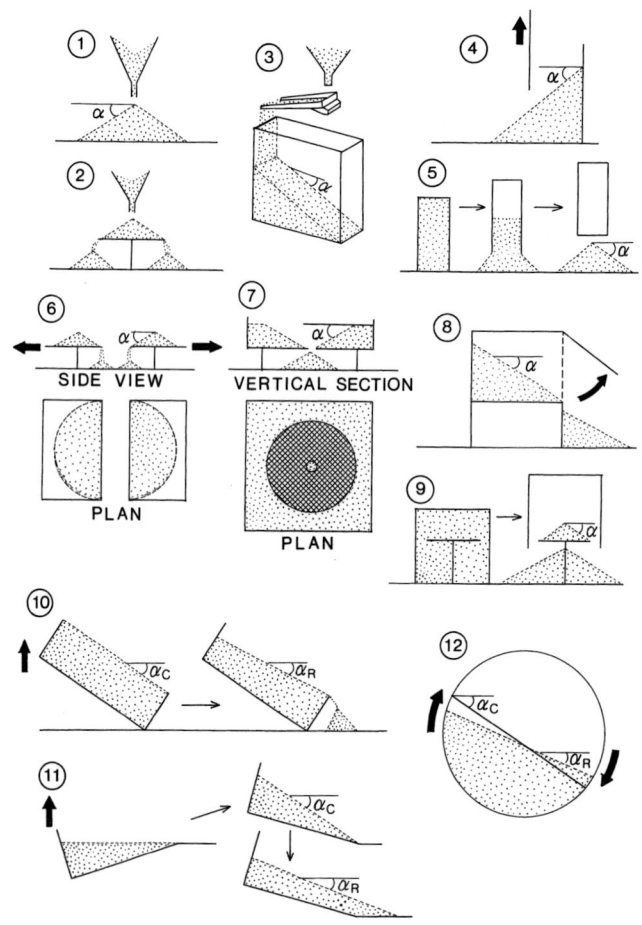

図 6.2 安息角の測定方法（松倉・恩田，1989）
Carrigy (1970)，粉体工学研究会・日本粉体工業協会編（1975）などをまとめたものである．1〜5 は注入法，6〜9 は排出法，10〜12 は傾斜法と呼ばれている．

る傾斜角」を測定することになっており，明らかに α_C を安息角とみなしている．一方，注入法や排出法では α_C または α_R を計測することになる．したがって，注入法や排出法で得られる値より傾斜法で得られる値が大きいのは当然のことである．このように，安息角の議論においては，α_C と α_R のいずれの計測かを明記しなければ余計な混乱を招くことになるので，注意しなければならない．

6.3.3 崖錐の勾配と安息角およびせん断抵抗角に関する研究小史

安息角に関する先駆的研究として有名な Van Burkalow (1945) の実験は，主に排出法（図 6.2 の⑥）の方法によって行われているが，その実験を通していくつかの結論が導びかれた：(1) 完全に淘汰された物質においては，岩屑のサイズが大きくなるほど安息角は小さくなる，(2) 淘汰が悪い物質では，粒径が大きくなるほど安息角は大きくなる，(3) 物質の落下高さが大きいほど安息角は小さい．また，Allen (1969) はゆる詰めな物質が angle of initial yield (ϕ_i) と呼ばれる最大の角度でパイルに積み上げられることを指摘した．この限界角度を越えると，表面が不安定になり粒子の崩れで流動する．崩壊後，表面の勾配は，一様安息角として認められるような角度になり，彼はこれを residual angle after shearing (ϕ_r) と呼んだ．

$$\phi_i - \phi_r = \Delta\phi \qquad (6.5)$$

ここで，$\Delta\phi$ は単純に $\phi_i - \phi_r$ である．Allen の実験

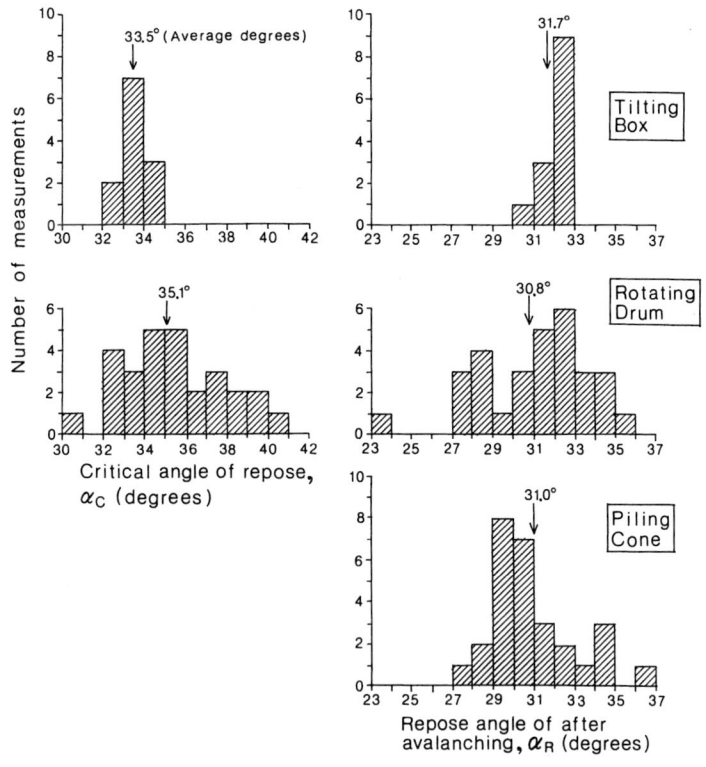

図 6.3 豊浦標準砂の安息角測定結果（松倉・恩田, 1989）
左側の α_C は限界安息角，右側の α_R は停止安息角をそれぞれ示す．Tilting Box：傾斜箱実験, Rotating Drum：回転ドラム実験, Piling Cone：注入法実験．

結果は，与えられた粒状物質に対し ϕ_r にはほとんど差がないことを示している．一方，岩屑のかさ密度（岩屑粒子のつまり具合）によって ϕ_i は大きく変わり，したがって $\Delta\phi$ も 0° から 14° の幅で変化することが示された．

土質工学の教科書には，「安息角とゆる詰め状態での内部摩擦角がほとんど等しい」と書かれている．これに対して，Metcalf (1966) はゆる詰めにされた岩屑（崖錐斜面において見られるようなゆる詰め状態）と密に詰まった岩屑（前者より 10% ほど間隙率の小さいもの）との実験を行い，安息角は密に詰まった岩屑の内部摩擦角に近いことを述べた．

従来報告された自然の崖錐斜面の勾配は約 35° である（図 6.4）．このような崖錐斜面の勾配を力学的観点から扱った先駆けとなったのは，Chandler (1973) の研究である．彼は，崖錐斜面の勾配と崖錐を構成する礫の内部摩擦角（せん断抵抗角）を比較した．せん断抵抗角は，崖錐物質の中から最大径

(d) 6 mm の試料をとり，一面せん断試験を行い，ϕ'_{cv}（せん断過程において，ダイラタンシーレイトがゼロ，すなわち限界間隙比になったときのせん断抵抗角）を求めた．スピッツベルゲンに見られる片岩と石灰岩の礫からなる崖錐斜面の勾配 β (35°)（図 6.4 の最上部参照）は，崖錐物質のせん断抵抗角 ϕ'_{cv} (39°) より若干小さいことがわかった（ただし，脚部が侵食されたり物質の供給量が多い崖錐の場合には，斜面勾配とせん断抵抗角はほぼ等しくなる）．この論文で，従来，漠然と認められてきた「崖錐斜面の勾配はそれを構成する礫のせん断抵抗角に等しい」という考えに初めて疑問が投げかけられた意義は大きい．同じ頃，崖錐斜面の勾配に関する Kirkby and Statham (1975) 論文が発表された．この論文は，落石 1 個の運動を力学的に扱ったもので，Chandler (1973) が礫のマスとしてのせん断強度を議論の対象としているのとはまったく異なったアプローチをしたものである．彼らは，落石 (rockfall) による岩屑の集積のモデルを，「崖錐斜

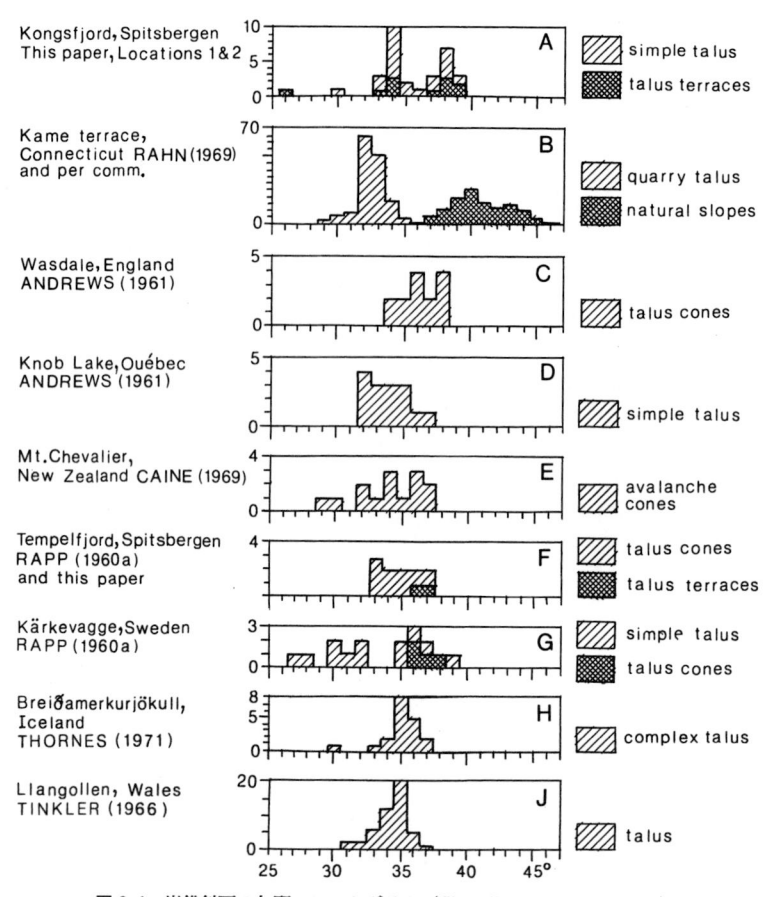

図6.4 崖錐斜面の勾配のヒストグラム（Chandler, 1973, figure 7）

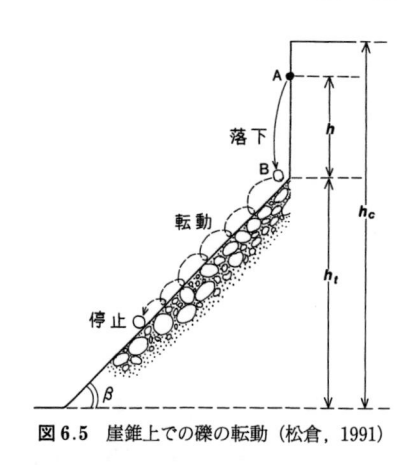

図6.5 崖錐上での礫の転動（松倉，1991）

面上で1個の礫の落下運動がどのように起こるか」という点に着目した理論を組み立てた．崖錐斜面方向への礫の平均転動距離（$\bar{x}$）は，次式のように求められる（図6.5）：

$$\bar{x} = \frac{h \sin^2\beta \cos\phi'_{\mu d}}{\sin(\phi'_{\mu d} - \beta)} \quad (6.6)$$

ここで，h は岩屑落下高さ，β は崖錐の勾配，$\phi'_{\mu d}$ は崖錐物質の動摩擦角である（この式の導出については，松倉，1991，Appendixを参照されたい）．そして，この式(6.6)を変形すると，次式が得られる：

$$\tan\phi'_{\mu d} = \left(1 + \frac{h}{\bar{x}} \sin\beta\right)\tan\beta \quad (6.7)$$

このような理論構築の一方において，崖錐の形成・成長に関する実験を行った．実験では，径が1～2 cmの石灰岩の礫を高さ90 cmの所から落下させ，崖錐の成長過程を追った．その結果が図6.6である．また，上記のモデルを援用したコンピュータシミュレーションも行った．それらの結果，以下のことがわかった．一般に，崖錐斜面は上部で直線，下部でコンケーブな形態を示すが，崖錐の高さ（h_t）が崖の高さ（h_c）に近づくほど（すなわち，崖錐が成長して，free faceが小さくなるほど）斜面下方のコンケーブが消え，斜面全体が直線的にな

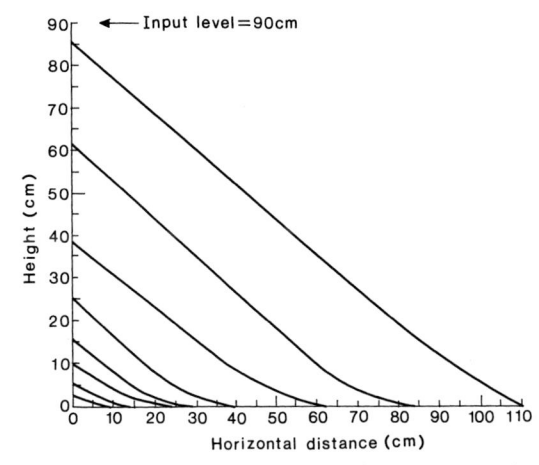

図6.6 1 cm の礫を 90 cm の高さから落下させてできる崖錐斜面のプロファイルの変化 (Kirkby and Statham, 1975, figure 6)

る (h_t, h_c については図6.5参照). 同様に, 崖錐の高さが高くなるほど (h_t/h_c が1に近づくほど), 直線部の勾配は増加する. とくに, 式(6.7)からも明らかなように, h がゼロよりも大きい (すなわち free face が崖錐の成長によって埋まってなくなる以前の状態) 場合には $\beta < \phi'_{\mu d}$ となる. すなわち, もし $\phi'_{\mu d}$ が安息角に等しいと考えると (少なくとも, Statham は次に取り上げる論文でそう考えている), 大部分の崖錐斜面の勾配は安息角より小さいことになり, この考えは Chandler (1973) と同じように, 従来の考えに疑問を投げかけるものである

さらに, Statham (1976) は, 上記の理論を西スコットランドの Sky 島に見られるハンレイ岩と花崗岩の岩屑からなる崖錐で検討した. そこでの崖錐の大部分は, Kirkby and Statham (1975) が室内実験やシミュレーションで指摘したように, 斜面下部でコンケーブで上方で 33～38°の直線勾配を示している. 斜面下部の concavity は, h_t/h_c が1に近づくほど小さくなり, 同時に直線部の勾配も徐々に大きくなる. 一方, 崖錐斜面から集めた径1cm以下の斜面物質を用いて, (1) 回転ドラムによる安息角実験を行い, 停止安息角 (ϕ_r) は 39.3°または 39.6°を, また, (2) 同じ物質をゆる詰めにした一面せん断試験を行い, せん断抵抗角 (ϕ'_{cv}) は 40.03°, 40.56°という値を得た. また, 野外において礫を所定の高さ (h) から落下させ, その転動距離 (x) を測定することにより, 式(6.7)を用いて $\phi'_{\mu d}$ を計算した. その結果, **図6.7** が得られた. この図から d/d_* (d は落下実験に使われた礫径, d_* は斜面構成物質の平均粒径) が1 (すなわち, 斜面構成物質と同じ物質が斜面を転動する) 場合には, ほぼ $\tan \phi'_{\mu d} = 0.84$ ($\phi'_{\mu d} = 40°$) が得られた.

以上の結果をまとめると, $\beta < \phi'_{\mu d} = \phi_r = \phi'_{cv}$ という結論が得られ, 基本的には崖錐の勾配 (β) は停止安息角 (ϕ_r) より約5度以上小さいと考えられた. 以上の3論文 (Chandler, 1973; Kirkby

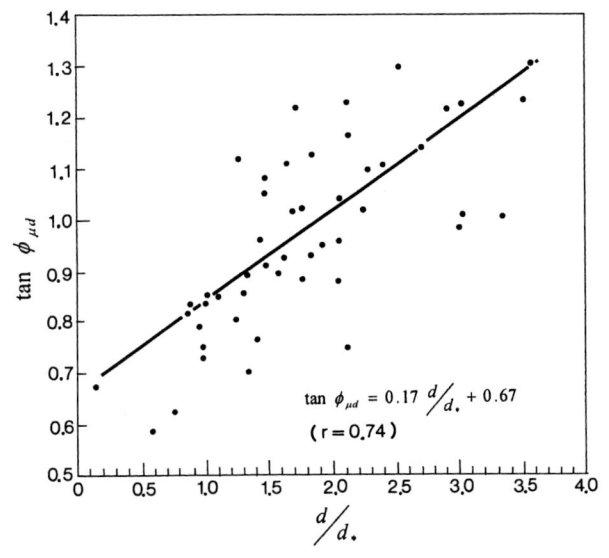

図6.7 粒子の径が ϕ' に与える影響 (Statham, 1976, fugure 4 をもとに一部改変)

and Statham, 1975; Statham, 1976)により，「崖錐の勾配は礫のせん断抵抗角より小さい」，あるいは「崖錐の勾配は安息角より小さい」というような主張がなされ，従来の考えと異なる見解が出されたことになる．

ところが，次に紹介するCarson（1977）は，カナダ・モントリオール郊外の砕石場のストックパイル（円錐状に積まれた砂礫の山）の勾配の観察と安息角実験とから，前述の3論文とは異なり，「崖錐の勾配と安息角は等しい」という従来の考えを支持する結果を示した．すなわち，ベルトコンベヤーの先端から淘汰のよい 6.3～12.7 mm と 38.1～50.8 mm の石灰岩の角礫が落下（高さは 0～5 m）してつくるストックパイルの高さは 5～15 m 程度のものであった．ストックパイルの頂上部に次々に落下する礫は，ジャンプせずに集積する．ある程度の集積で頂上部にconeが形成されるとavalanche（後述する"乾燥岩屑流"に相当する）が発生する（図6.8）．すなわち，ストックパイルの形態を決めるプロセスとしてはavalancheが重要である．このことは，Kirkby and Statham（1975）の理論（礫は転動しながら斜面をある距離だけ落下する）とは異なったプロセスをとることになる．ストックパイルは，下部までほぼ一定の（下部にコンケーブな斜面をもたない）完全な直線斜面をもち，（しかも礫の落下高さの影響はほとんどなく）その勾配は 35～36°であった．このようなストックパイルの斜面勾配を ϕ_{rep} と定義する．

一方，実験室において傾斜箱による安息角の実験を行い，箱の側面の影響のない中央部でのavalancheが発生した後の勾配，すなわち停止安息角（ϕ_r）を測定し，ほぼ35°という値を得た．すなわち，ストックパイル斜面においては，斜面勾配（ϕ_{rep}）＝停止安息角（ϕ_r）が成り立つ．ところで，Kirkby and Statham（1975）の式(6.6)によれば，h がゼロに近づくとき $\beta=\phi'_{\mu d}$ となるはずである．しかし，図6.6に示した実験結果を見ると，free face がわずか17％埋没したところ（崖錐の高さが 15 cm の時点）で，すでに $\beta=\phi'_{\mu d}$ となっている．このことは，式(6.6)の展開か $\phi'_{\mu d}=\phi_r$ という仮定のどちらか，あるいは両方ともに間違っている可能性がある．一つには，礫が落下の途中で終端速度（terminal velocity）になるのであれば（この問題は未解決），h の効果は議論できない．また，式(6.7)から，一定値の h のときに x が減少すれば $\phi'_{\mu d}$ が増大する，すなわち，$\phi'_{\mu d}>\phi_r$ となることが予想される．実際に図6.7において，$d/d_*=1$ のときのデータは $\phi'_{\mu d}=36.2\sim40.4°$（回帰式では40°）であり，一方 $h=0$ の斜面では $\beta=36.4\sim38°$ であることから，$\beta=\phi'_{\mu d}$ が得られる．すなわち，$\beta=\phi'_{\mu d}>\phi_r$ となり，崖錐斜面は ϕ_r より大きい角度で集積する可能性もある．

このように，Carson は砕石場のストックパイル上での礫の集積の様子を詳しく観察するという卓抜したアイデアで崖錐の問題にアプローチし，その形成プロセスとしては，avalanche がより重要であることを主張した．また，Van Burkalow（1945）などによって主張されてきた，「礫の落下高さが大きいほど安息角は小さくなる」という従来の考えに対しては，否定的な見解を示した．いずれにしても，この論文の結論は，崖錐斜面の勾配は安息角に等しいという従来の考えを支持するものであり，かつ，Kirkby and Statham（1975），Statham（1976）論文に対する討論や疑問点の指摘がなされていた．

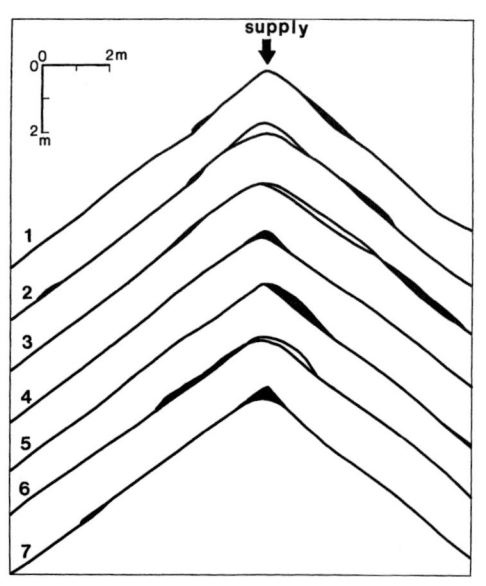

図6.8 ストックパイル・コーンの形状変化の一例（Carson, 1977, figure 5 を一部改変）
礫の粒径は 5～10 cm，30 分間に 7 回撮影された写真をもとに作成されたものである（斜面の左端の数字がその撮影回を示している）．黒く塗りつぶされたところは堆積域を示し，白抜きの部分は主に avalanche による侵食（loss）域を示す．

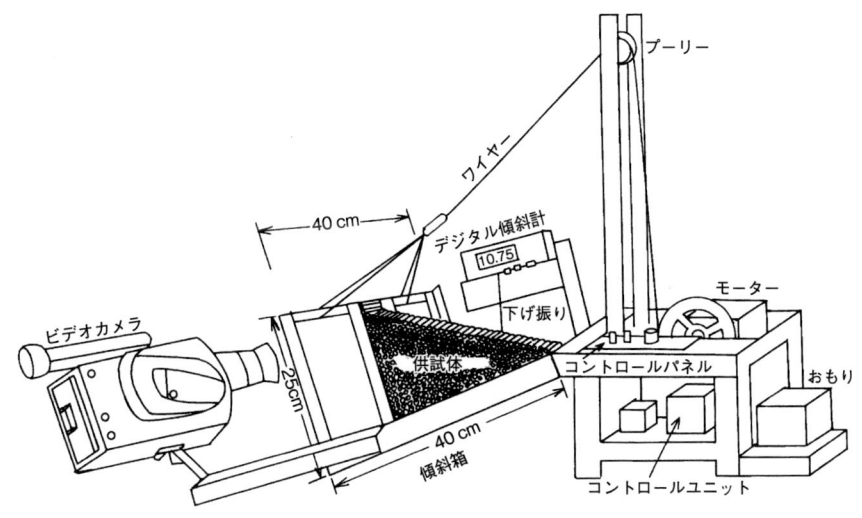

図 6.9 二次元傾斜箱と実験装置全体の図 (Onda and Matsukura, 1997)

それに対する Statham (1977) の反論は，以下のように要約される．前報 (Kirkby and Statham, 1975) のモデルは，礫の落下に伴う斜面の形成・発達を考えたものであり，けっして avalanche の効果を低く見積もっているわけではない．Carson の観察したストックパイルの研究での最大の問題点は，ストックパイルの頂部が（とくに斜面上部で avalanche を起こした後は）丸くなっている（cone apex をつくり，勾配でいえば 0〜20°）ことである．このような頂部に礫が供給されるから斜面下部には礫は転動していかない．このことは，式 (6.6) において，x は β の関数であり，cone apex で $\beta=0$ なら $x=0$ となり転動しないことが説明できる．礫が転動しないことから，結果としてストックパイルは斜面下部にコンケーブな部分をもたない直線斜面を形成する．実際の野外の崖錐の観察によれば，free face と崖錐最上部の両者の接点では，Carson (1977) の主張するようなストックパイル上の丸み (cone apex) はほとんどない．したがって，このようなストックパイルの実験で仮に ϕ_I, ϕ_r, ϕ_{rep}, ϕ'_{cv} などの関係を説明しえても，それで崖錐斜面の問題を説明できたことにはならない．

このように，Statham の Carson への反論の主な点は，崖錐の形成・成長とストックパイルのそれとを同一のプロセスとしてはとらえられないということであろう．Carson (1977) が，ストックパイルの勾配をわざわざ ϕ_{rep} と定義し，崖錐の勾配 β と異なった記号を使っているが，Statham (1977) は，$\phi_{rep}=\phi_r$ であるからといって必ずしも $\beta=\phi_r$ とはいえないという．このように，Carson の主張と Statham の主張とはかみ合っていない．この問題に関する議論は，残念なことに他の研究者のものも含めて，これ以降途絶えてしまったままである．

6.3.4 安息角とせん断抵抗角

Onda and Matsukura (1997) は，安息角とせん断抵抗角（内部摩擦角）との比較を行った．実験材料としては，直径が 5 mm, 9 mm, 25 mm, 45 mm のアルミの丸棒やそれらを変形させた楕円棒を使用した．それらを適当な比率で混合させて斜面構成材料とした．安息角の実験は，以下のようにして行った．(1) 図 6.9 のような L 字型のフレームをつくり，その中に材料を積層させ，それをワイヤーを介してモーターでゆっくり (0.2° arc/s の速度で) 引き上げる．(2) 斜面勾配が徐々に大きくなり，ある勾配になると斜面物質が崩れるが，その崩れの様子と角度をビデオカメラで記録する．(3) 崩れの起こった斜面角度を α_c とする．一方，せん断抵抗角 (ϕ'_p) は，高さ 10 cm（両側面はフリー）のせん断箱に材料を積層し，一面せん断試験から求めた．両者の結果を比較したのが図 6.10 である．この図からは，α_c と ϕ'_p は明らかに異なった値であることがわかる．その解釈として，彼らは，α_c は斜面表層での物質の転がり摩擦に支配された量であり，ϕ'_p はすべり摩擦（せん断摩擦）に支配された量であるという違いによるものと考えた．

上記の主張は，砂礫を使った実験（Matsukura et al., 1998）からも支持される．この実験で用いられた実験材料は，8〜13 mm（−3〜−3.5φ）に破砕されたホルンフェルスの岩片と豊浦標準砂（平均粒径 0.24 mm）を混合させたものとホルンフェルス岩片とシルトサイズ（0.03 mm）の球形のガラスビーズを混合させたものである．それらの混合比率や混合材料の平均粒径，乾燥密度は表 6.2 に示されている．これらの材料を用いて，安息角の実験と一面せん断試験を行った．安息角の実験は，図 6.11 に示すような傾斜箱を用いた．箱の一端を持ち上げることにより斜面が徐々に急傾斜になり，ある角度で崩れを起こすが，その崩れの起こった斜面角度を安息角 α_c とした（同じ計測を 3 回繰り返し，それらの平均値を用いた）．一方，せん断抵抗角 ϕ は，直径 24 cm，高さ 9.6 cm のせん断箱をもつ大型一面せん断試験機（松倉，1988）を用いて計測した．せん断の速度は 2 mm/min とし，垂直応力は，1.0, 2.0, 3.0, 4.0 kgf/cm^2（98, 196, 294, 392 kPa）を与えた．安息角 α_c とせん断抵抗角 ϕ の測定結果が図 6.12 に示されている．結果の解釈の前に，試験材料の組織（構造）に関する定義をしておかなければならない．材料は粗粒物質と細粒物質の混合物であるので，それらは図 6.13 のような状態になっている．粗粒物質の量が少なく，細粒物質であるマトリックスの中に取り込まれた状態を"floating state"と呼び，逆に粗粒物質が多く，それらがかみ合った状態の隙間を細粒物質が充填している場合を"non-floating state"と呼ぶ（Fragaszy et al., 1992, Fig. 3）．図 6.12 の上部に，材料の乾燥密度のデータが示されているが，両試料ともに細粒分の比率が 30％で密度が最大となっている．すなわち，最大密度をとるということは，粗粒分が骨組みをつくっている中に細粒分が目一杯充塡して

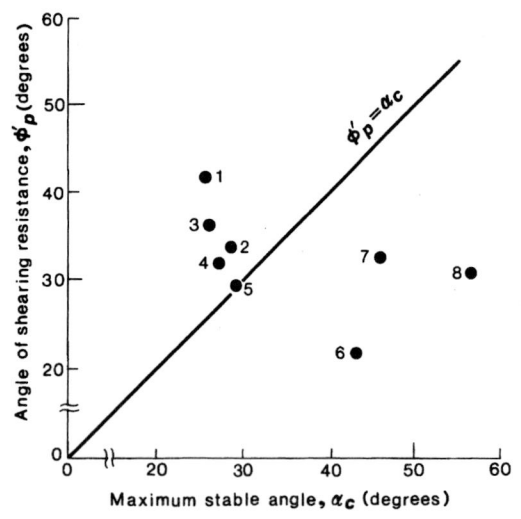

図 6.10 最大安定角 α_c とせん断抵抗角 ϕ'_p との関係（Onda and Matsukura, 1997）

表 6.2 ホルンフェルス岩片と標準砂およびホルンフェルス岩片とシルトサイズのガラスビーズの混合材料の平均粒径，乾燥密度および安息角（Matsukura et al., 1998）

供試体（平均粒径, mm）	乾燥密度, γ (g/cm^3)	安息角, α_c (degrees)			平均
100% gravel (9.58)	1.48	44.9	45.7	45.4	45.3
70% gravel and 30% sand (6.78)	2.05	41.5	41.4	41.7	41.5
60% gravel and 40% sand (5.84)	2.05	41.4	41.8	42.0	41.7
50% gravel and 50% sand (4.91)	1.87	38.0	38.1	38.0	38.0
40% gravel and 60% sand (3.97)	1.81	37.2	36.7	37.0	37.0
30% gravel and 70% sand (3.04)	1.69	35.2	35.5	35.6	35.4
20% gravel and 80% sand (2.11)	1.61	35.0	35.3	35.0	35.1
10% gravel and 90% sand (1.17)	1.52	34.9	34.8	34.9	34.9
100% sand (0.24)	1.41	34.9	34.6	35.1	34.9
80% gravel and 20% silt (7.67)	1.90	42.6	43.1	42.2	42.6
70% gravel and 30% silt (6.71)	1.99	42.1	41.4	41.9	41.8
60% gravel and 40% silt (5.76)	1.93	39.8	41.0	40.6 40.6	40.5
50% gravel and 50% silt (4.80)	1.87	38.3	38.5	39.0	38.6
40% gravel and 60% silt (3.85)	1.72	36.6	36.6	36.7	36.6
30% gravel and 70% silt (2.89)	1.64	35.4	35.1	34.5	35.0
20% gravel and 80% silt (1.94)	1.58	34.3	34.0	34.0	34.1
10% gravel and 90% silt (0.98)	1.50	32.8	32.5	32.3 32.1	32.4
100% silt (0.03)	1.38	32.0	31.2	31.6	31.6

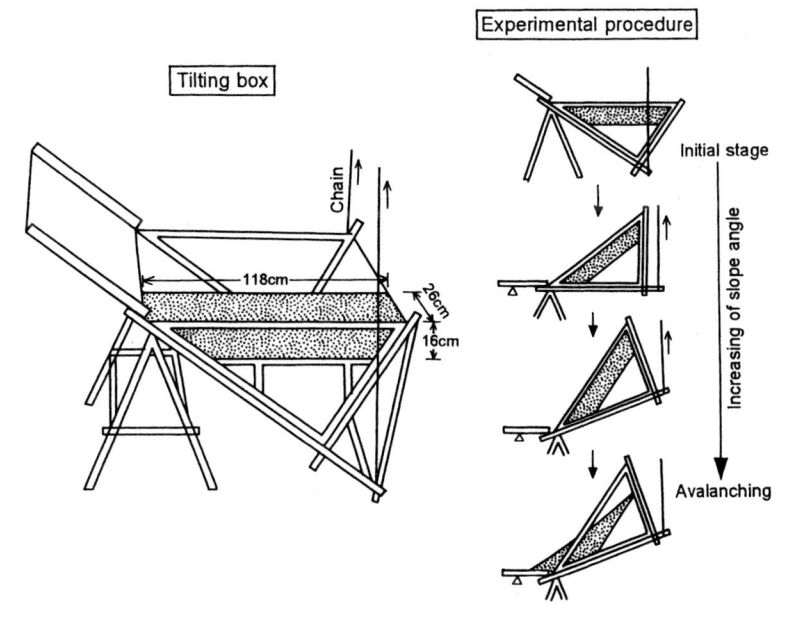

6.3 崖錐斜面の勾配と崖錐物質の安息角およびせん断抵抗角との関係

図 6.11 傾斜箱と実験手順を示す図 (Matsukura *et al.*, 1998)
チェーンブロックで傾斜箱 (tilting box) の一部を持ち上げることにより,最初の initial stage で水平だった面が徐々に傾斜していき,最終的に崩れ (avalanche) を発生させる.

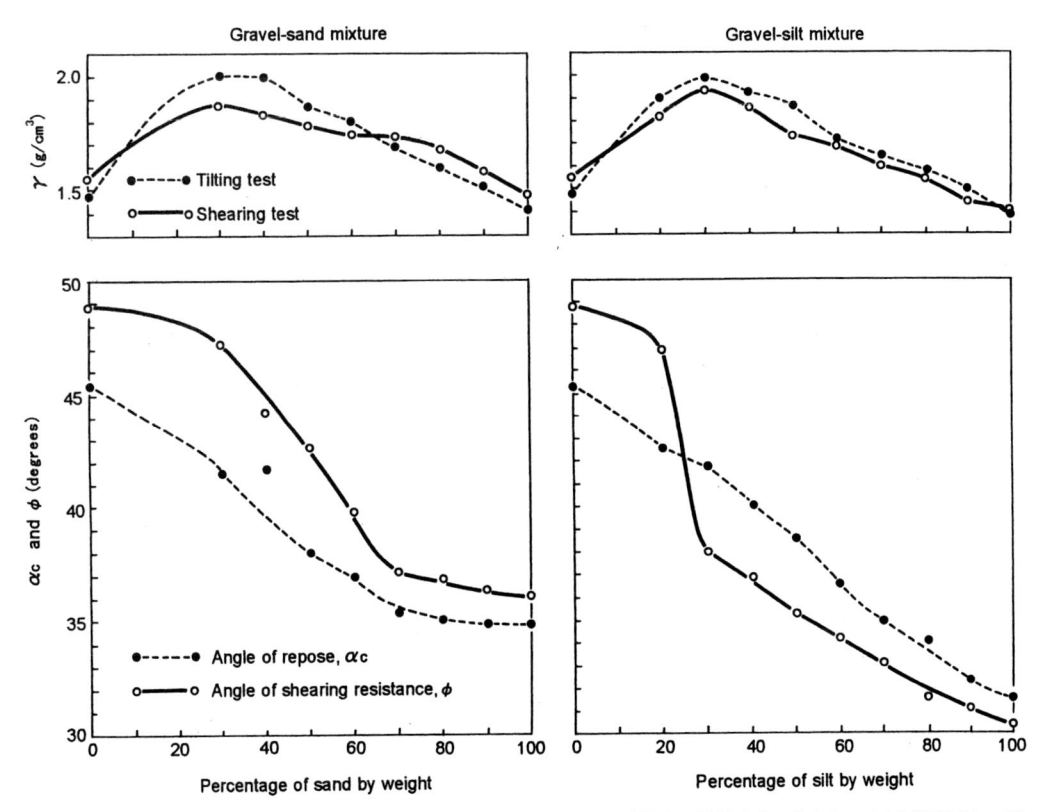

図 6.12 礫-砂混合物 (図の左側) と礫-シルト混合物 (図の右側) の混合比率と乾燥密度,安息角,せん断抵抗角との関係 (Matsukura *et al.*, 1998)
Tilting test:傾斜箱による安息角実験,Shearing test:一面せん断試験.横軸は混合物全体に占める砂あるいはシルトの割合を表している.

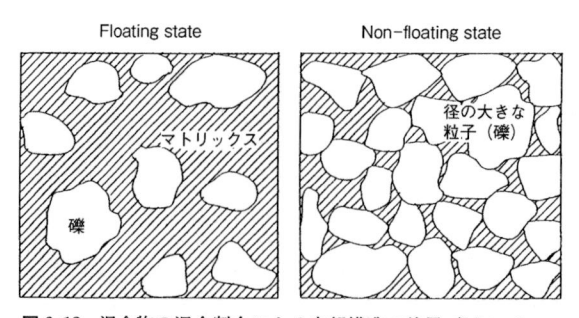

図 6.13 混合物の混合割合による内部構造の差異（Matsukura et al., 1998）
左図は floating state と呼ばれ，礫が細粒物質であるマトリックス（斜線部）の中に完全に浮いた状態であり，右図は non-floating state と呼ばれ，大きな粒子どうしが直接接しており，かみ合った状態である．

いることを示していると思われるので，細粒分が 30% 未満の場合が non-floating state になっており，それが 30% を超えると floating state になっていると考えられる．

安息角の実験結果をみると，礫 100% で 45.3°，砂とシルトのそれぞれ 100% は 34.9° と 31.6° となっている．礫-砂混合と礫-シルト混合の両ケースともに，細粒分が増加するに従って α_c は徐々に低下する．一方，ϕ の変化は，両試料ともに細粒分が 20〜30% のところまでは礫 100% の値に近い値を保つ．たとえば礫 100% の場合に密度は 1.5 g/cm³ と小さいが，これは礫どうしの間に大きな間隙が形成されているためである．このような non-floating state での礫のかみ合いを**インターロッキング**という．細粒分が 30% までの範囲では non-floating state であるため，礫どうしのインターロッキング効果で ϕ が大きいことになる．ところが，そこから細粒分が増加するに従い ϕ は急激に低下する．細粒分が 30% を超えるとそれはすでに floating state となっており，インターロッキングの効果が減少し，そのため ϕ が小さくなると解釈される．礫-砂混合物の細粒分が 70% を超えた状態では，マトリックスである砂の強度しか発揮されない（インターロッキングの効果がない）ようである．以上のことから，安息角をもたらす斜面表層の岩屑流のメカニズムとせん断のメカニズムは，同列には論じられないということが導かれる．このことは，α_c と ϕ_p は異なる値であるという Onda and Matsukura（1997）の主張を支持している．

6.4 崖錐斜面上での乾燥岩屑流とその厚さ

安息角の実験を行ったとき，注入法にせよ傾斜法にせよ斜面傾斜が徐々に大きくなり，限界安息角 α_c に到達した時点で表面の粒子は転がり始め，それが引き金になって表層物質がある幅をもって薄い層として流れ下る．このような崩れの形態は**乾燥岩屑流**（avalanche あるいは dry fragment flow）と呼ばれる．乾燥岩屑流は崖錐の表層のみならず，デューンの slip face などで観察される．Matsukura and Onda（1999）はこのような乾燥岩屑流の厚さ（深さ）を検討した．前述した傾斜箱（図 6.9）を用い，アルミ丸棒の積層体をつくることにより"粒状体斜面"をつくった．このような斜面で安息角実験をすると，α_c の計測と同時に，乾燥岩屑流の観察ができる．ただし，この乾燥岩屑流は一気

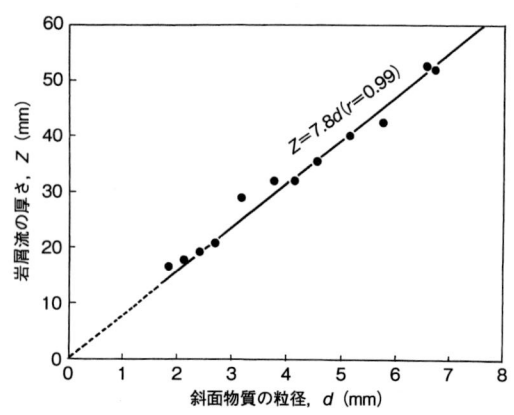

図 6.14 斜面物質の粒径 d と崩れの厚さ（鉛直深）Z との関係（Matsukura and Onda, 1999）

に崩れ落ちるので，その厚さ Z を肉眼で識別することはできない．そのため，ビデオカメラで崩れの瞬間を撮影し，1秒間30コマという画像を解析した．その結果，Z は斜面の上部・中部・下部でほぼ同じ，すなわち崩れの面は斜面にほぼ平行に起こることがわかった．アルミ丸棒の粒径を変化させて12ケースの実験を行った結果，Z は，斜面構成物質の平均粒径の約8倍の大きさであることがわかった（図6.14）．

6.5 崖錐発達に関する数学モデル

6.5.1 崖錐発達の数学モデル：従来の研究

落石によって崖の基部に崖錐が形成されるプロセスは，Wood（1942）によって図6.15のように示された．この場合，初期の岩壁の岩石は均質であり，その岩壁は平行後退すると仮定されている．このような崖錐発達に関する数学モデルからのアプローチは，Fisher（1866）の研究から始まり，Lehmann（1933）によって拡張された．彼は，平行後退する崖の後退（侵食）量と崖基部に形成される崖錐の堆積量とのバランスに基づく斜面発達モデルを微分方程式の形でまとめたが，このモデルは，崖の平行後退のみを仮定しており，減傾斜後退も起こる実際の斜面変化に適用する際に問題となる（斜面の平行後退と減傾斜については，11章の11.3節で詳述する）．また，Bakker and Le Heux（1947）は，初期地形（崖錐堆積物がない状態）の崖基部を支点として減傾斜していく崖の侵食量と，崖錐の堆積量のバランスに基づく斜面発達モデルを示した．このモデルは，平行後退と減傾斜後退の両方の影響を考慮したモデルであるが，平行後退量と減傾斜後退量を独立して設定することはできない．Scheidegger（1961）は，崖の後退-崖錐の成長過程を，非線形微分方程式モデルを用いて示した．このモデルは，崖の後退量が斜面傾斜角に比例するという現実的な地形変化の特徴をもつ．しかし，崖の後退量に平行後退成分は含まれず，また，崖錐斜面の傾斜角が初期崖面の傾斜角により決定されるという不自然さもあり，実際の崖錐地形発達に適用するのは難しい．

6.5.2 崖錐発達に関する Obanawa and Matsukura モデル

崖錐の地形発達過程を検討するために，Obanawa and Matsukura（2006, 2008）は，新しい数値モデルを作成した．このモデルは崖錐における侵食量と堆積量の物質収支に基づく．また，このモデルは，地形形状および地形変化速度の関係式で構成されるが，その解法としてコンピュータシミュレーション（差分法による積分）を用いている．さらに，前節で紹介したモデルなどと比較して，以下のような特徴をもつ．①崖の平行後退速度（v_a）および減傾斜後退速度（v_θ）を，独立して自由に設定できる．②崖の後退速度および岩量変化率（崖構成物質が崖錐物質に変化するときの体積変化を示す量で，崖錐堆積量を崖侵食量で除した値）を，経時的に自由に変化させることができる．③崖の上下を区切る上面斜面および底面斜面の傾斜角を，自由に設定できる．

(1) モデルの適用例1：チョークの崖における崖錐の成長

高さ175 cm のチョークの崖における8年間の崖錐地形変化の野外実験結果（Hutchinson, 1998）を用いて，実際の崖錐地形変化とモデルによる計算結果を比較した（図6.16）．その結果，実測値と計算値はよく一致しており，このモデルが実際の地形変化に適用できることが示された．

(2) モデルの適用例2：セントヘレンズ火山カルデラ壁における崖錐の成長

アメリカ・ワシントン州のセントヘレンズ火山

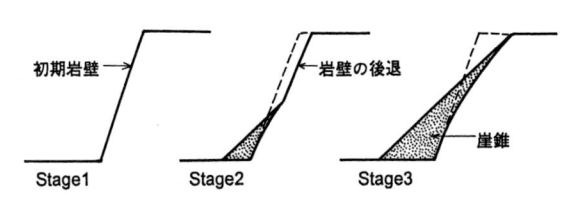

図6.15 斜面基部からの崖錐物質の除去がないと仮定した場合の，崖と崖錐の理論的変化（Wood, 1942）

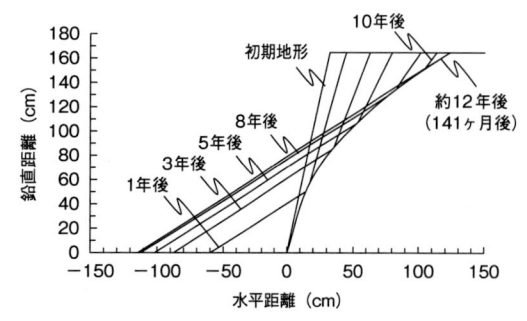

図6.16 数値モデルによる地形変化シミュレーション
(Obanawa and Matsukura, 2006)
Hutchinson (1998) により観察された崖錐地形変化とよく適合する.

は，1980年の噴火により山頂部が大崩壊し，カルデラが形成された．山頂部のカルデラ壁は北向きに開いており，直径約2 km，壁の高さ600 m以上，構成岩石は安山岩質溶岩や火砕岩よりなり，カルデラ壁の底は標高約1900 mである．Mills (1991) によると，カルデラ壁は主に落石により急速に後退しており，生産された岩屑は崖の基部に堆積し，広範囲にわたって崖錐が形成されている．

そこで，このモデルをセントヘレンズ火山のカルデラ壁における，噴火から約11年間の地形変化に適用した．その結果，減傾斜後退速度 (v_θ) の値は北向きの崖で大きく，一方，平行後退速度 (v_a) の値は西向きの崖で大きく，v_θ と v_a の比率は斜面の方位によって異なることがわかった．そこで，この関係を調べるために，以下のような崖錐発達に関する室内実験を行った．①平均粒径1.2 mmの砂と蒸留水を混ぜた試料を圧密して人工崖（供試体）を作製する．②3か所の異なる位置に設置したヒーターにより，斜面（供試体）表面を加熱して乾燥させ，落石を発生させる．③崖の後退や崖錐の発達などの地形変化を，供試体側面からの定点写真観測により，経時的に記録する．この実験により，上面斜面（崖の上端より後方の斜面）に対する乾燥作用が強い場合は，崖の減傾斜後退が卓越し（v_θ が大きい），一方，崖面に対する乾燥作用が強い場合は，崖の平行後退が卓越する（v_a が大きい）ことが判明した．

セントヘレンズ火山カルデラ壁においては，春季には崖の間隙の氷が融解して岩屑が不安定になることにより落石が発生している．それに対し，この室内実験では供試体間隙の水分が蒸発することにより砂粒子間の粘着力が低下して落石が発生している．すなわち，本実験はセントヘレンズ火山における崖錐成長プロセスを加速した現象を表すと考えられる．そこで，セントヘレンズ火山カルデラ壁の各斜面方位における崖の後退様式を，室内実験結果および，各斜面方位に対する日射量の強さの差異をもとに検討した．その結果，北向きの崖では v_θ の値が大きく，一方西向きの崖では v_a の値が大きくなることが推測された．この推測結果は，セントヘレンズ火山における崖の実際の後退様式の特徴と一致する．すなわち，崖面と上面斜面に対する日射量のような気象条件の違いが，セントヘレンズ火山カルデラ壁の各斜面方位における崖後退様式の差異を生みだす原因の一つだと考えられる．

最後に，セントヘレンズ火山カルデラ壁における今後の崖錐地形発達を，モデルを用いて予測した．その結果，地形変化は噴火（すなわち崖錐の形成開始）から約100年間には相対的に大きく，その後は変化が小さいと推測された．また，セントヘレンズ火山における約10000年間のカルデラ壁の平均後退速度を，従来の研究により得られた他地域の崖の後退速度と比較した．その結果，セントヘレンズ火山における後退速度は，他地域よりも約10から100倍速いと予想された．この原因は，セントヘレンズ火山のカルデラ壁が間隙の氷によって結合されたかさ密度の小さな火砕岩の岩屑によって構成されており，岩盤の強度が低く，また風化速度が速いためと考えられている．

引用文献

Allen, J. R. L. (1969) Maximum slope attainable by surfaces underlain by bulked equal spheroids with variable dimensional ordering, *Bulletin of Geological Society of America*, **80**, 1924-1930.

Bakker, J. P. and Le Heux, J. W. N. (1947) Theory on central rectilinear recession of slopes, *K. Nederl. Akad. Wetens. Series B*, **50**, 959-966 and 1154-1162.

Carrigy, M. A. (1970) Experiments on the angles of repose of granular materials, *Sedimentology*, **14**, 147-158.

Carson, M. A. (1977) Angle of repose, angle of shearing resistance and angle of talus slopes, *Earth Surface Processes*, **2**, 363-380.

Carson, M. A. and Kirkby, M. J. (1972) Hillslope Form and Process. Cambridge Univ. Press, London,

475 p.

Chandler, R. J. (1973) The inclination of talus terraces, and other slopes composed of granular materials, *Journal of Geology*, **81**, 1-14.

Fahey, B. D. and Lefebure, T. H. (1988) The freeze-thaw weathering regime at a section of the Niagara Escarpment on the Bruce Peninsula, southern Ontario, Canada, *Earth Surface Processes and Landforms*, **13**, 293-304.

Fisher, O. (1866) On the disintegration of a chalk cliff, *Geological Magazine*, **3**, 354-356.

Fragaszy, R. J., Siddiqi, F. H. and Ho, C. L. (1992) Modeling strength of sandy gravel, *Journal of Geotechnical Engineering*, **118**, 920-935.

Freise, F. W. (1933) Beobachtungen über erosion an urwaldgebirgsflüssen des brasilianischen states Rio de Janeiro, *Zeitschrift für Geomorphologie*, **7**, 1-9.

粉体工学研究会・日本粉体工業協会編 (1975) 粉体物性図説. 産業技術センター, 606 p.

Guillien, Y. (1960) Monographie d'une paroi de sablière, 1935-1959, *Zeitschrift für Geomorphologie, N. F.*, Supplement Bd., **1**, 140-155.

Hutchinson, J. N. (1998) A small-scale field check on the Fisher-Lehmann and Bakker- Le Heux cliff degradation models, *Earth Surface Processes and Landforms*, **23**, 913-926.

Jäckli, H. (1957) Gegenwartsgeologie des bundnerischen Rheingebietes-ein Beitrag zur exogene Dynamik Alpiner Gebirgslandschaften, *Beiträge zur Geologie der Schweiz, Geotechnische Serie*, **36**, 1-126.

King, L. C. (1955) Pediplanation and isostacy : An example from South Africa, *Quarterly Journal of the Geological Society of London*, **111**, 353-359.

Kirkby, M. J. and Statham, I. (1975) Surface stone movement and scree formation, *Journal of Geology*, **83**, 349-362.

Lehmann, O. (1933) Morphologische Thorie der Verwitterung von Steinschlagwänden, *Vierteljahrsschrift Naturforsch. Ges. Zurich*, **78**, 83-126.

松倉公憲 (1988) 大型一面せん断試験機の作製とその目的, 筑波大学水理実験センター報告, **12**, 37-41.

松倉公憲 (1991) 崖錐斜面の勾配と斜面構成物質の安息角およびせん断抵抗角との関係について, TAGS (筑波応用地学談話会誌), **3**, 47-58.

松倉公憲・恩田裕一 (1989) 安息角：定義と測定法にまつわる諸問題, 筑波大学水理実験センター報告, **13**, 27-35.

Matsukura, Y. and Onda, Y. (1999) The depth of avalanching on a slope composed of dry granular assemblies evaluated by tilting test, *Transactions of the Japanese Geomorphological Union*, **20**, 551-558.

Matsukura, Y., Obanawa, H. and Mizuno, K. (1998) Is the angle of repose of cohesionless granular materials comparable to the angle of shearing resistance?, *Science Reports of the Institute of Geoscience, Univ. Tsukuba, Sec. A*, **19**, 1-10.

Metcalf, J. R. (1966) Angle of repose and internal friction, *International Journal of Rock Mechanics and Mining Sciences*, **3**, 155-161.

Mills, H. H. (1991) Temporal variation of mass-wasting activity in Mount St. Helens crater, Washington, U. S. A. indicate by seismic activity, *Arctic and Alpine Research*, **23**, 417-423.

根岸正充・中島 巌 (1993) 層雲峡熔結凝灰岩の柱状節理におけるき裂進展とすべり破壊：寒冷地における岩盤斜面崩壊に関する研究（第1報）, 応用地質, **34**, 47-57.

Obanawa, H. and Matsukura, Y. (2006) Mathematical modeling of talus development, *Computers & Geosciences*, **32**, 1461-1478.

Obanawa, H. and Matsukura, Y. (2008) Cliff retreat and talus development at the caldera wall of Mount St. Helens : Computer simulation using a mathematical model, *Geomorphology*, **97**, 697-711.

Onda, Y. and Matsukura, Y. (1997) Mechanism for the instability of slopes composed of granular materials, *Earth Surface Processes and Landforms*, **22**, 401-411.

Rapp, A. (1960 a) Talus slopes and mountain walls at Tempelfjorden, Spitsbergen, *Norsk Polarinstitutt Skrifter*, **119**, 1-96.

Rapp, A. (1960 b) Recent developments of mountain slope in Kärkevagge and surroundings, northern Scandinavia, *Geografiska Annaler*, **42**, 71-200.

Scheidegger, A. E. (1961) Mathematical models of slope development, *Geological Society of America Bulletin*, **72**, 37-50.

Starkel, L. (1959) Development of the relief of the Polish Carpathians in the Holocene, *Przeglad Geograficzny*, **31**, 121-141.

Statham, I. (1974) The relationship of porosity and angle of repose to mixture proportions in assemblages of different sized materials, *Sedimentology*, **21**, 149-162.

Statham, I. (1976) A scree slope rockfall model, *Earth Surface Processes*, **1**, 43-62.

Statham, I. (1977) Angle of repose, angles of shearing resistance and angles of talus slopes : A reply, *Earth Surface Processes*, **2**, 437-440.

Strahler, A. N. (1969) Physical Geography. John Wiley & Sons, New York, 510 p.

Van Burkalow, A. (1945) Angle of repose and angle of sliding friction : An experimental study, *Bulletin of the Geological Society of America*, **56**, 669-708.

Wood, A. (1942) The development of hillside slopes, *Professional Geographers*, **26**, 416-420.

7. 崩落と崩壊（崖崩れと山崩れ）

　1996（平成8）年2月10日午前8時8分頃，北海道積丹半島の東海岸の古平町豊浜に位置する，国道229号線の**豊浜トンネル**において大きな地盤災害が発生した．すなわち，その上部岩盤がトンネルに崩落し，ちょうど通りかかったバスと乗用車が下敷きになり，20名が犠牲になった．この付近は，高さが150mを超える海食崖が海岸に迫っており，国道はその崖と海岸の間を縫うように走っている．高さ70mの崖が10～15mほど崩落した（**図7.1**）が，崩落の幅は最大で50m（平均30m），崩壊の奥行き（厚さ）は最大で13m（平均で7m），崩落ブロックの体積はおよそ11000 m³ほどと見積もられている．豊浜トンネル周辺の崖は，比較的強度の大きい火砕岩からなっており，その強度からはおよそ200mの高さまでは十分安定であることが計算される．しかし高さが100mに満たない崖で崩落が起こり，豊浜トンネルを押し潰すことになった．その原因とは一体どのようなものであろうか．

図7.1　豊浜トンネルの西側入り口で起こった岩盤崩落（豊浜トンネル崩落事故調査委員会，1996）
中央の竹の子状に見える部分が崩落岩盤であり，右下にトンネルの出入口が見える．

表7.1 2, 3の地形物質の物性値 (Matsukura, 1987 a, 1990)

地形物質（地点）	単位体積重量 (gf/cm³)	粘着力 (kgf/cm²)	せん断抵抗角 (°)	出典
レス（UAS・アイオワ）	1.20	0.091	24.9	Lohnes and Handy (1968)
黄土（中国・黄土高原）	1.4〜1.5	0.3〜0.5	18〜22	Tan Tjong Kie (1988)
ティル（英・アイルランド）	2.25	0.38	25	McGreal (1979)
シラス（鹿児島・国分）	1.10	0.16	49	Matsukura et al. (1984)
浅間軽石流（長野・小諸）	1.72	0.327	42	Matsukura (1988)
チョーク（英・ドーバー）	1.90	1.33	42	Hutchinson (1972)

7.1 崖の限界自立高さ

7.1.1 せん断強度を用いた斜面の限界自立高さの推定

第6章で述べたように，砂礫のような粘着力をもたないいわゆる粒状体材料は，垂直には自立できない．しかし，少しでも斜面物質に粘着力のある場合は，斜面は垂直に自立できることになる．ここでは，そのような斜面の自立高さをまず議論する．

Culmannの安定解析を用いれば，第5章で述べたように，斜面の限界高さH，および破壊面の角度aはそれぞれ以下の式で与えられる：

$$H = \frac{4c}{\gamma} \frac{\sin i \cos \phi}{1-\cos(i-\phi)} \quad (7.1)$$

$$a = \frac{1}{2}(i+\phi) \quad (7.2)$$

式(7.1)と式(7.2)は，それぞれ式(5.21)，式(5.17)と同じものである．ここで，iは初期（崩壊前）の斜面勾配，γ, c, ϕはそれぞれ，斜面構成物質の単位体積重量，粘着力，せん断抵抗角（内部摩擦角）を示す．

表7.1に取り上げた斜面構成物質は，比較的脆弱な固結の弱いものが多く，それだけ崖崩れを起こしやすいものである．それぞれの物性値を式(7.1)に代入すると，任意の斜面勾配における安定自立高さは図7.2のように得られる（Matsukura, 1987 a）．たとえばシラスは60°，70°の斜面勾配の場合には，それぞれ180 m, 56 mの高さまで自立できるが，垂直には15.6 mの高さにしか自立できない．この表の中では比較的強度の大きいチョーク（軟らかい石灰岩）では，その垂直自立高さは63 mほどとなる．事実，ドーバー海峡に面するセブンシスターズの海食崖（図3.26参照）は，ほぼ垂直な30 mほどの高さをもち，通常は安定している．し

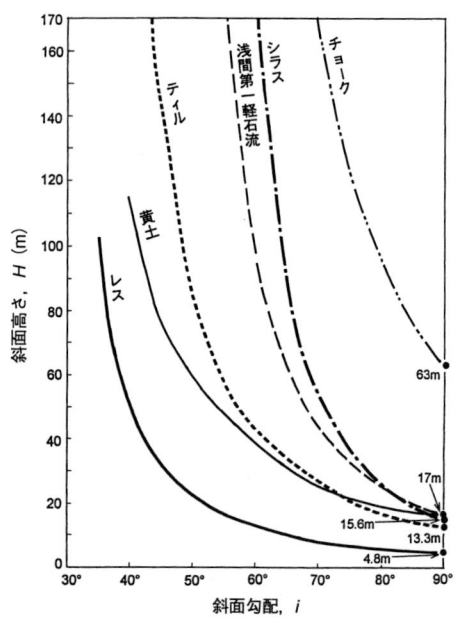

図7.2 種々の物質からなる崖の限界自立高さ
斜面勾配と限界自立高さとの関係 (Matsukura, 1987a を一部改変；各斜面物質の物性は表7.1参照)．

かし，実際には海食崖の基部には波食ノッチが形成され，さらに海食崖の上部には崖面と平行な引張亀裂が形成されることにより不安定性が増し，高さ30 mほどの崖でも時々崩落が起こる（Hutchinson, 1972）．

豊浜トンネルの岩盤崩落事故を引き起こした崖は，チョークよりもさらに強度の大きい火砕岩からなっている．その物性（$\gamma = 2.13$ gf/cm³, $c = 4.0$ kgf/cm², $\phi = 50°$）を用いると，計算上の垂直自立高さはおよそ200 mになる．しかし，実際には100 mに満たない高さの崖で崩落が起こっている．この理由については7.5節で後述する．

7.1.2 一軸圧縮強度を用いた斜面の限界自立高さの推定

崖の垂直自立高さは，岩石の一軸圧縮強度を用いた次式から計算できることを第5章で述べた．

$$H_c = \frac{2q_u}{\gamma} \tag{7.3}$$

たとえば，一軸圧縮強度（q_u）が760 kgf/cm²，単位体積重量（γ）が2.31 gf/cm³の千葉県・銚子の砂岩の値を式(7.3)に代入すると，その垂直自立高さは，実に6600 mと計算される．また，強度の"弱い"岩石で知られる大谷石（凝灰岩）の$q_u=$ 161 kgf/cm²，$\gamma=1.47$ gf/cm³という値を入れても，垂直自立高さは約2200 mと求まる．

南米ギアナ高地に見られるテーブルマウンテンの側壁はほぼ垂直な壁になっており，そこには高さがおよそ1000 mのエンジェルフォールが懸かっている．この滝は，落水が途中で霧になり基部まで達することができないほど高いという．ここがおそらく，世界で一番高い垂直な壁であろう．1000 mを超えるような垂直の壁は，地球上には存在しないようである．上述の計算結果のような高さをもった崖が，実際の地球上には存在しないのはなぜだろうか．その理由の一つには，計算で用いた一軸圧縮強度はあくまでも供試体（直径5～10 cm，高さ10～20 cm）によって実験室で得られた強度であり，これはクラックや亀裂などが入った実際の崖をつくる岩体全体の強度ではないということがあろう．岩石はインタクト（intact）な（クラックの入っていない"無傷"の）強度はそれなりに大きいが，対象となる岩盤のスケールが大きいほど，そこには多様なスケールのクラックが入ってくるので強度がその分低下することになる．すなわち，いわゆる強度の**寸法効果**が存在する．したがって，実際の崖はこのようなインタクトな岩石強度から計算された自立高さほどは自立しえない．このような亀裂の多い岩石の寸法効果を考慮した崖の安定解析については，7.6節で取り上げる．

7.2 シラス台地開析谷谷壁における崖崩れ

7.2.1 下刻に伴う谷壁斜面における崖崩れ（開析谷の谷壁斜面の発達過程）

鹿児島県霧島市（旧・国分市）周辺のシラス台地の最上部は，約2.9万年前に噴出した入戸火砕流堆積物（以下，単にシラスと呼ぶ）で構成されている．たとえば，春山原や須川原などのシラス台地の縁は，小さな支流の開析谷によって刻まれている（図7.3）．これらの開析谷は，普段は流水はないが，梅雨や台風の豪雨時には流水があり，雨洗で斜面から供給された物質を運搬しながら，下刻や谷頭侵食が進む．

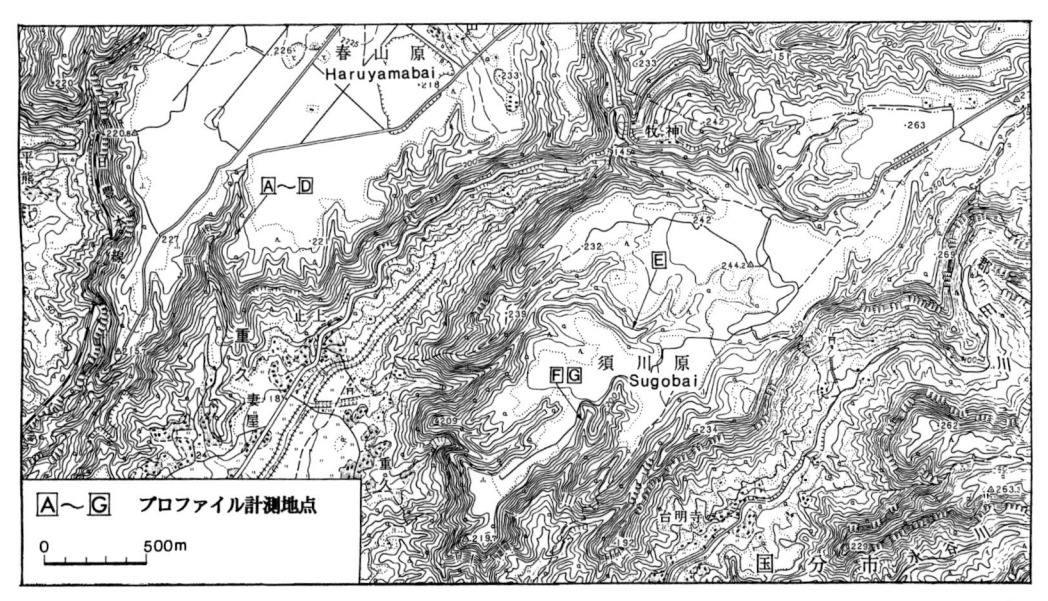

図7.3 鹿児島県霧島市（旧・国分市）付近のシラス台地の地形と谷壁プロファイルの計測地点（Matsukura, 1987 b）

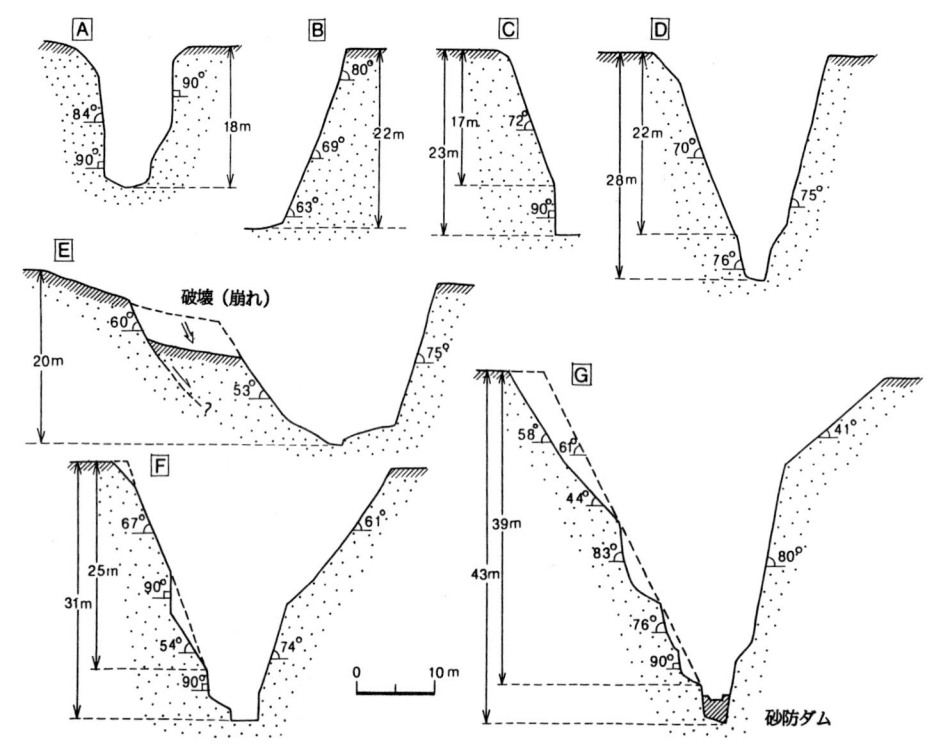

図7.4 シラス台地開析谷の谷壁プロファイルのいくつかの例（位置は図7.3参照）（Matsukura, 1987 b）

　この下刻に伴う谷壁斜面の発達過程を考えてみよう（Matsukura *et al.*, 1984；Matsukura, 1987 b）．図7.3に示したいくつかの地点で，開析谷の横断形を計測した（図7.4：谷壁の高さの順に並べてある）．これらの形状は以下のような特徴をもつ．
　(1) 開析谷の谷頭には，垂直な谷壁をもつガリーが発達する（図7.4のProfile A）．
　(2) ガリー壁の多くのプロファイルは直線のセグメントからなる．たとえば，Profile BやProfile Eの右岸などは単一の直線セグメントからなり，Profile C, D, F, Gなどは複数の直線セグメントからなっている．
　(3) Profile C, D, F, Gに見られるように，プロファイルの下部は急である（ほぼ垂直）．
　Profile Eの場所では，小さな段丘状の地形が谷壁に沿って上・下流方向に長さ30mほど延びている．この段は，周囲の地形観察などから破壊面が60°の**平面破壊**（図5.6に示したような破壊）の結果形成されたものと考えられる．これは，50mほど下流にある多量の堆砂をもつ砂防ダムの影響で，崩れのブロックが流水に運搬されにくいため残存していたもののようであった．また，Profile B, C, Dの直線部は，平面破壊によって形成されたせん断面と思われる．以上のような観察から，ここでは，垂直な下刻と平面破壊という2つの侵食プロセスが示唆される．
　上記のような侵食プロセスをもとに，以下のような条件を考慮して斜面発達モデルの作成を試みた．
　(1) 最初に，下刻が垂直に進行する．そして，
　(2) 谷壁の高さが限界自立高さに到達した瞬間に，くさびの形状をもつように，のり先を通る平面破壊（崖崩れ）が起こる．そして，
　(3) 谷底に堆積した崩れの物質を，流水が速やかに運搬除去し，さらに谷底を垂直に下刻する．
　このようなモデルの解析には，先述のCulmannの解析を適用するのが妥当と思われる．ところで，シラスの物性値（表7.1：自然含水比状態で，$c=0.16\,\text{kgf/cm}^2$，$\phi=49°$，$\gamma=1.10\,\text{gf/cm}^3$）を，限界自立高さと破壊面勾配を求める式(7.1), (7.2)に代入して計算すると，$H_{c1}=15.6\,\text{m}$，$a(a_1)=70°$となることはすでに述べた．すなわち，シラスの垂直な谷壁は，15.6 mの高さまでしか自立できない．シラスの垂直な谷壁は，この高さに達すると斜面は不安定となり，70°のせん断破壊面をもつ崩れが起

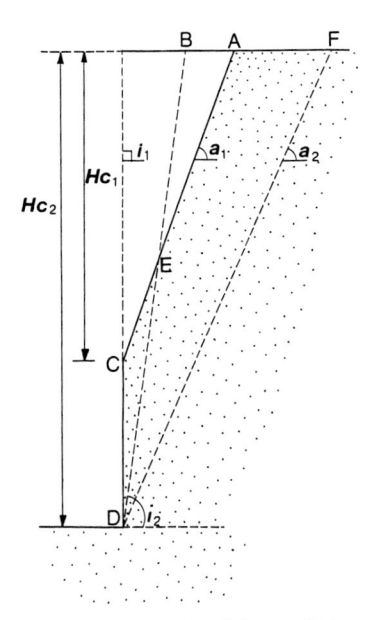

図7.5 下刻が垂直に進行する場合の Culmann の斜面安定解析（Matsukura, 1987 b）

H, i, a の下付き添字は、何回目の崩壊かを示す。たとえば、H_1, i_1, a_1 は、それぞれ1回目の崩壊の起こる限界自立高さ、初期勾配、崩壊面の角度を示している。

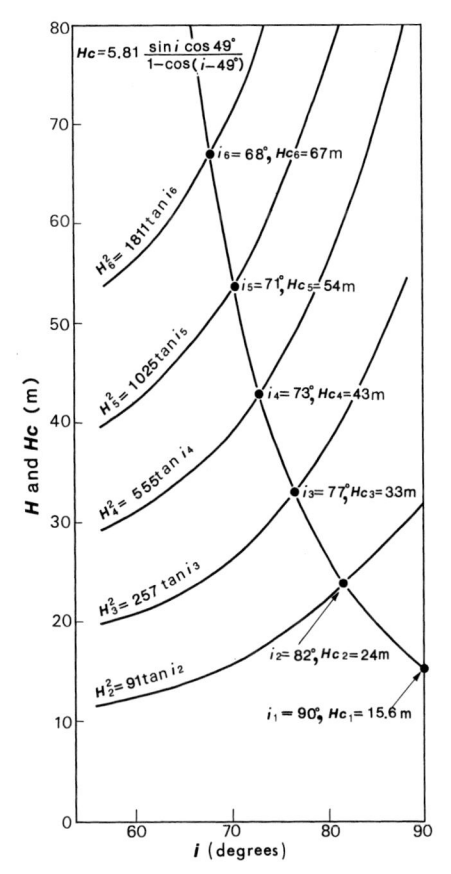

図7.6 シラス斜面の勾配と斜面高さとの関係（Matsukura, 1987 b）

こる。

最初の崩れが起こったあとに、流水が崩れの物質を運搬除去したのち、再び下刻に転じ、谷壁下部に垂直な部分が付け加わることになる（**図7.5**）。下刻が進行するに従い、谷壁斜面全体の勾配は70°から徐々に増加することになる。このとき、谷壁斜面は AC と CD の2つのセグメントからなることになるが、これを一つの勾配として表現することを考えた。その勾配を i_2 としたが、この i_2 は2回目の潜在破壊面である FD の上に載る ACDF の重量が、BDF の重量に等しくなることが満足されなければならない。このとき、斜面高さ H_{c2} と i_2 との間には、簡単な幾何学的解析によって以下のような関係が成り立つ：

$$H_{c2}^2 = 91.0 \tan i_2 \tag{7.4}$$

同様に、シラスの物性値を式(7.1)に代入すると、以下の式が得られる：

$$H_c = 5.81 \frac{\sin i \cos 49°}{1 - \cos(i - 49°)} \tag{7.5}$$

式(7.4)と式(7.5)は、**図7.6**に示したような曲線となる。式(7.5)は、斜面勾配が減少するほど斜面の自立高さは増加することを示している。しかも、この曲線の右上は不安定領域、左下が安定領域になる。最初の崩れで70°の勾配になった斜面は、崩れたあとは完全な安定領域（式(7.4)の曲線上の70°のポイント）に入ることになる。しかし、下刻が進むとともに、式(7.4)の曲線を右上に進むことになる。しかし、その勾配増加にも限界がある。なぜなら、$i_2 = 82°$, $H_{c2} = 24$ m のポイントで式(7.5)の曲線と交差するからである。すなわち、この高さになったとき、再び斜面は不安定になり、2回目の崩れが起こることになる。

同様の解析を、下刻がシラスの下部の溶結部に到達するまで、垂直な下刻とそれに続く崩れが起こると仮定し、同様の解析を繰り返す。谷壁の高さが70 m に達するまでには、図7.6に示す交点において、合計6回の崩れが起こることになる。最後の6回目の崩れは谷壁の高さが67 m になったときに起

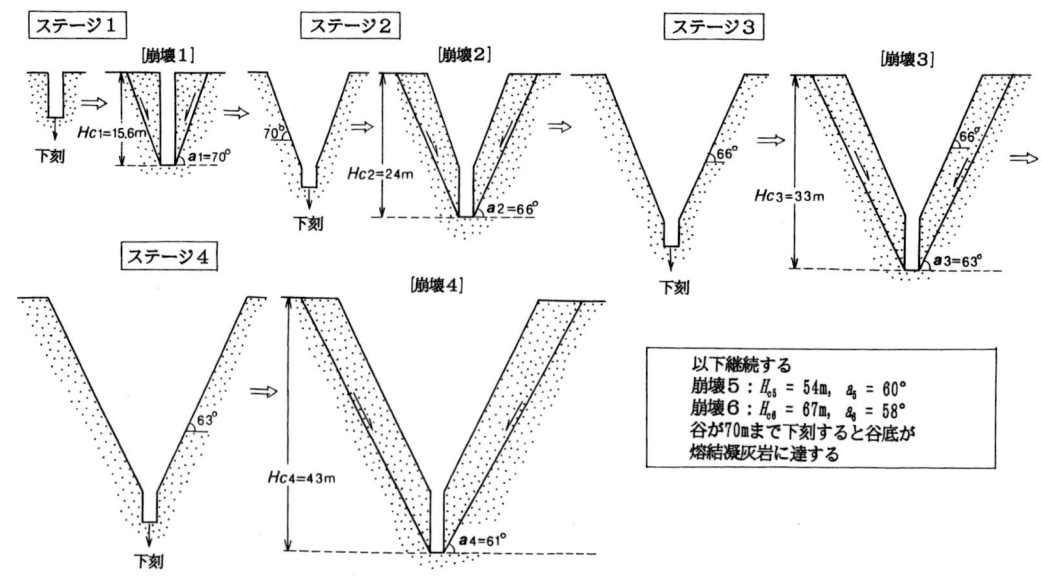

120 7. 崩落と崩壊（崖崩れと山崩れ）

図7.7 シラス台地における，下刻に伴う谷壁斜面発達のモデル（Matsukura，1987 b）

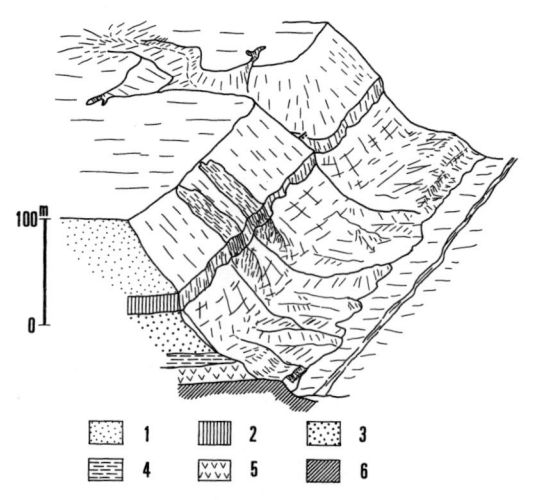

以下継続する
崩壊5：$H_{c5} = 54m$，$a_5 = 60°$
崩壊6：$H_{c6} = 67m$，$a_6 = 58°$
谷が70mまで下刻すると谷底が
熔結凝灰岩に達する

図7.8 シラス台地の地形模式図（Matsukura et al., 1984）
1：シラス（入戸火砕流堆積物の非溶結部），2：溶結凝灰岩（入戸火砕流堆積物の溶結部），3：妻屋火砕流堆積物，4：姶良層，5：岩戸火砕流堆積物，6：阿多火砕流堆積物．

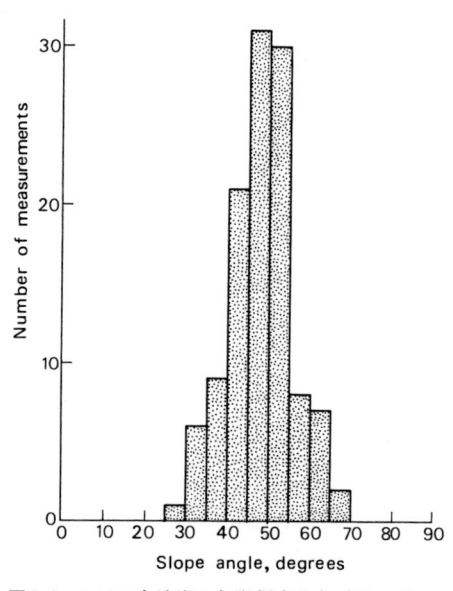

図7.9 シラス台地崖の勾配頻度分布（Matsukura et al., 1984）

こり，その崩れの勾配は式(7.2)により，$a_6=1/2$ $(68°+49°)=58°$ となる．

　以上のような解析をもとに，シラス台地における谷壁斜面の発達過程をモデル化したのが図7.7である．このモデルと図7.4に示した現実の谷壁プロファイルと比較してみる．Profile A，Bはステージ1に相当する．Profile Bは，モデルの最初の崩れが起こった直後に相当すると思われる．すなわち，谷壁の高さはモデルより若干高いが，斜面勾配

の69°はモデルの最初の崩れの70°にきわめて近い．Profile CやDは，モデルのステージ2のプロファイルに似ている．また，Profile FやGはモデルのステージ3，4のプロファイルに似ている．このように，上記のモデルで谷壁斜面の発達過程をうまく説明できる．

　以上のように，シラス台地の開析谷発達モデルは，下刻により谷壁が高くなるに従い，谷壁で崩壊

が起こり徐々に減傾斜していることを示している．

7.2.2 シラス台地崖での崩壊（台地の縁の斜面勾配）

シラス台地を下刻する谷が溶結部まで到達したとき，斜面勾配は58°と計算されることが前項で示された．ここでは，その後の斜面変化について考えてみよう（Matsukura *et al.*, 1984）．たとえば，図7.8は，シラス台地を刻む本流が，最上部の入戸火砕流堆積物（非溶結と溶結部を含む）のみならず，その下部の妻屋・岩戸・阿多火砕流堆積物などをも下刻して深い谷を形成している様子を模式的に示している．この図に示されるように，台地の縁の厚さ60mほどの入戸火砕流堆積物の非溶結部（以下，単にシラスと呼ぶ）は，50°前後の直線状斜面を呈しており，その下部の溶結部（溶結凝灰岩）は垂直な壁となっている．地形図からシラス台地崖斜面の勾配のヒストグラムをつくってみると，50°付近にピークが存在する（図7.9）．

シラス台地崖では，梅雨や台風の豪雨によって毎年のように表層崩壊が発生する．たとえば，図7.10がその遠景であり，実際の測量結果が図7.11

図7.10 霧島市北方の須川原のシラス台地崖で見られる表層崩壊 (Matsukura *et al.*, 1984)

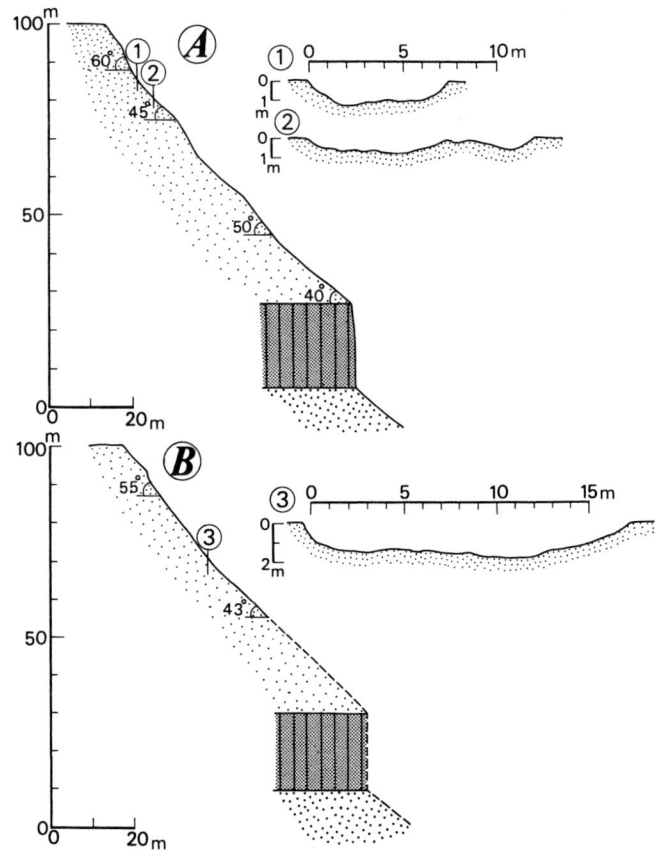

図7.11 シラス崩壊斜面の縦断プロファイル (Matsukura *et al.*, 1984)
横断形の計測はそれぞれ，縦断プロファイルの①，②，③の場所で行った．

に示されている．斜面縦断形は小さな凹凸をもつものほぼ直線状である．崩壊面の勾配は 40°〜60° であり，平均 50°であった．この勾配は，前述した斜面の全体の勾配とほぼ一致している．図 7.11 の崩壊面の横断形からもわかるように，崩壊深は 1〜2 m と浅く，表層崩壊であることを示している．また，崩壊を起こすような豪雨時には，土層の深さ 1〜2 m のところまでは十分飽和していると考えられる．

このような表層崩壊における斜面勾配（β）と崩壊深（Z）との関係は，無限長斜面の安定解析の式 (5.34) で $F_s=1$ として変形して，次式のように得られる：

$$Z = \frac{c}{\gamma} \frac{\sec^2\beta}{\tan\beta - (\gamma_b/\gamma)\tan\phi} \quad (7.6)$$

ここで，γ，c，ϕ は土の単位体積重量，粘着力，せん断抵抗角を表し，γ_b は土の水中単位体積重量（$\gamma - \gamma_w$）を示す．飽和状態でのシラスの物性値は，$\gamma=1.6 \mathrm{gf/cm^3}$，$c=0.11 \mathrm{kgf/cm^2}$，$\phi=43°$ が得られている．そこで，これらの値を式(7.6)に代入すると図 7.12 のような関係が得られる．この図から斜面勾配（β）がおよそ 50°程度のときが最も不安定であり，その崩壊深（Z）もほぼ 2 m 程度であることがわかる．すなわち，豪雨による表層崩壊は，ほぼ 50°の崩壊面をつくり，この斜面がシラス台地崖の勾配を特徴づけていることになる．

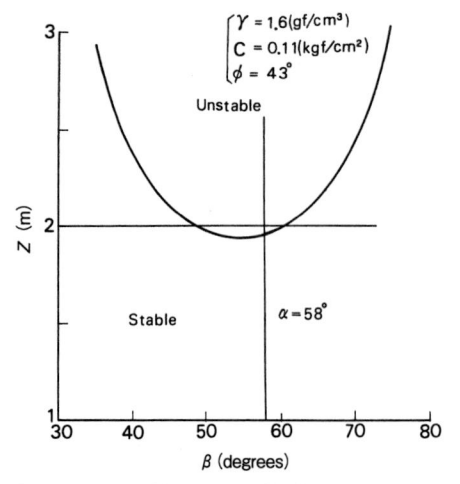

図 7.12 シラス斜面における斜面勾配（β）と表層崩壊の崩壊深（Z）との関係（Matsukura et al., 1984）

7.2.3 谷壁発達モデルと空間-時間置換

7.2.1 項において，現実の斜面地形プロファイルとモデルのプロファイルとの比較を行ったが，この比較にはある仮定が隠されている．現実の斜面地形プロファイルは，いくつかの異なる場所に分布しているものを，仮に斜面の高さの低いものから順に並べたものである．それに対して，モデルは時間的発達過程を示したものであり，本来両者は直接は比較できないものである．それを比較可能なものと考えるのが**空間-時間置換**の仮定である．

2.9 万年前のシラスが堆積した直後には，ほとんど平坦な平原が広がっていたと考えられる．そこに下流から河川による侵食が始まる．河川は下刻と同時に谷頭侵食をして上流方向に流路を延ばしていく．したがって，開析谷は上流ほど若く（谷壁の高さも低く），下流ほど古い（谷壁の高さは高い）ということになる．すなわち，上流にある谷壁斜面は新しく，下流にある谷壁斜面は古いことになるので，それらを時間軸に並べ替えることができるということになる．このように，空間的（space）に配置しているものを時間的（time）な配置に並べ替えることから，このような仮定を**空間-時間置換**（space-time substitution または space-time transformation）と呼ぶ．この空間-時間置換は，地形学においてはしばしば援用される手法であり，11 章（11.3.2 項）でも取り上げる．

7.3 黄土台地の台地開析谷谷壁における崖崩れ

中国の黄河の中流域には，黄土と呼ばれる堆積物が分布し，いわゆる黄土高原を形成している．黄土は，中国北西部やモンゴル南部の砂漠地帯で風によって巻き上げられた砂塵が運搬され堆積した風成堆積物であり，**レス**（loess）の一種である．全体としてきわめて細粒の物質で構成されているが，細かく見ると粒度の地域的な変化がある（図 7.13）．すなわち，砂塵の発生源供給源に近い北西域ではやや粗粒（砂質レス）であるのに対し，南東地域ではより細粒となる（シルト質レス，粘土質レス）．Suzuki and Matsukura (1992) は図 7.13 における 12 地点において土壌硬度を計測するとともに黄土を採取し，それらの間隙径分布の計測を行った．そ

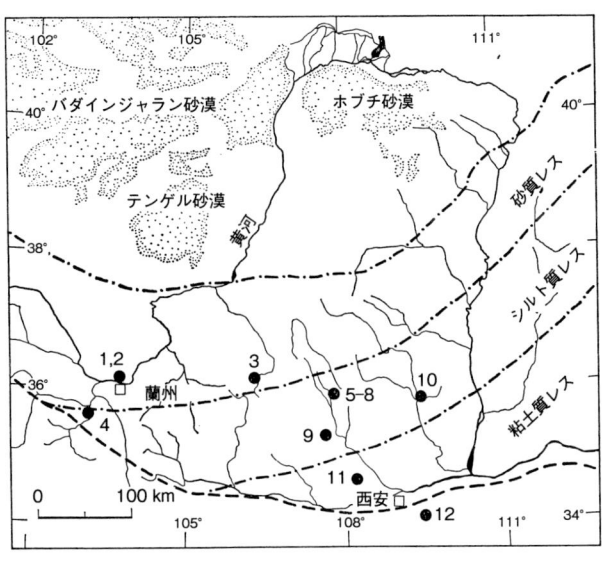

図7.13 中国黄土高原におけるレス（黄土）の粒径分布（Suzuki and Matsukura, 1992）

図7.14 黄土台地上で見られる垂直に近いガリー壁とガリー頭部（谷頭の下部に大きなパイプが見える）（口絵参照）

の結果，以下のようなことを指摘した．(1) 黄土の全間隙径量は，$0.15 \sim 0.34 \, \mathrm{cm^3/g}$ の範囲にあり，古土壌のそれ（$0.13 \, \mathrm{cm^3/g}$）より大きい．(2) 砂塵の発生源から離れるほど，黄土の中央粒径値が減少し，全間隙量も大きな間隙容量も減少する．(3) 黄土が厚く堆積しているところでは，全間隙量および大きな間隙容量が下位層準では小さくなり，圧密の影響が示唆される．(4) 黄土の貫入硬度は，露頭表層の乾燥部で大きく，内部の湿潤部で小さい．

ところで，前述したようにシラス台地崖では峡谷状に**ガリー侵食**（gulley erosion）が進行している．このような谷頭のガリー谷壁は，植生を欠く急崖（しばしば垂直な壁）をなしている．黄土高原でも，これと類似のガリー地形がいたるところで観察される（図7.14）．とくにガリーの谷頭部は，高さ数 m の垂直な壁になっており，その基部には直径 $1 \sim 2$ m もの大きな穴があいている（図7.14）．この穴は，いわゆる**パイピング**（piping）によるものと思われる（降雨時には，ここから水と土砂が噴出し，背後に続くパイプを徐々に上流側に伸張させているものと思われる）．このパイプの穴の拡大が谷頭侵食の伸張方向や侵食速度に影響を及ぼしている．

黄土地域でも，シラス地域で見られたのと同様の崩壊地が随所に見られることから，シラス地域と類

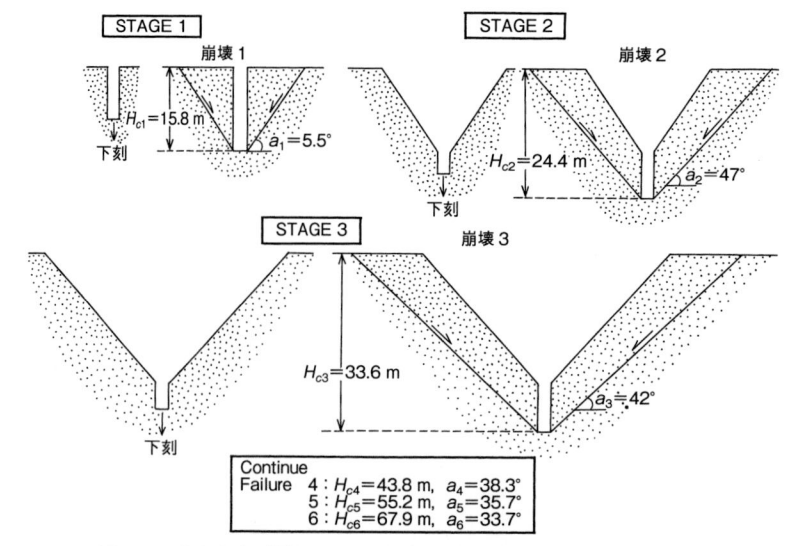

図7.15 黄土台地の開析による谷壁斜面発達モデル (Matsukura, 1990)

図7.16 黄土台地の開析谷 (Matsukura, 1990)
(a) 開析谷の谷頭付近は谷壁斜面の高さも低く垂直に近い高角度な斜面をもつ．(b) 開析がすすんだ谷壁斜面では谷壁斜面勾配がかなり緩くなっているが，斜面下部には垂直に近い斜面も見える．

似のプロセスで斜面が形成されていることが想定される．そこで，シラス台地と同じ斜面発達モデルの解析が**黄土台地**（塬：Yuanと呼ばれる平坦面をもつ地形）においても適用された（Matsukura, 1990）．黄土の物性としては，表7.1の値の平均値，$\gamma = 1.45 \text{ gf/cm}^3$，$c = 0.4 \text{ kgf/cm}^2$，$\phi = 20°$ を採用した．計算の結果を示したのが，**図7.15**である．黄土地域では，シラス地域と比較してϕが小さい分だけ崩壊による減傾斜が大きいことが示されている．このようなモデルで示された斜面プロファイルは，実際に黄土台地に見られる開析谷の谷壁斜面の形状（たとえば**図7.16a, b**）にきわめて類似している．

7.4 田切の谷壁斜面での崖崩れ

浅間山の南西麓は，およそ1.3万年前に噴出した浅間第一軽石流からなり，その緩斜面を切る開析谷は，垂直な谷壁と平坦な谷底をもち**田切**と呼ばれている（前出，3.3節）．谷壁を構成する軽石流堆積物の物性（表7.1参照）を用いると，この谷壁の垂直自立高さはおよそ17mと計算される（図7.2参照）．小諸周辺の田切の谷壁の高さは最大でもおよそ15mであるので，十分安定といえる．しかし，田切の谷壁下部には，しばしば崖の崩落物と思われるブロックが点在しているのが観察されることから，谷壁の崩壊がたまに起こっていることがわかる．この谷壁の崩れの原因は，谷壁下部のノッチの

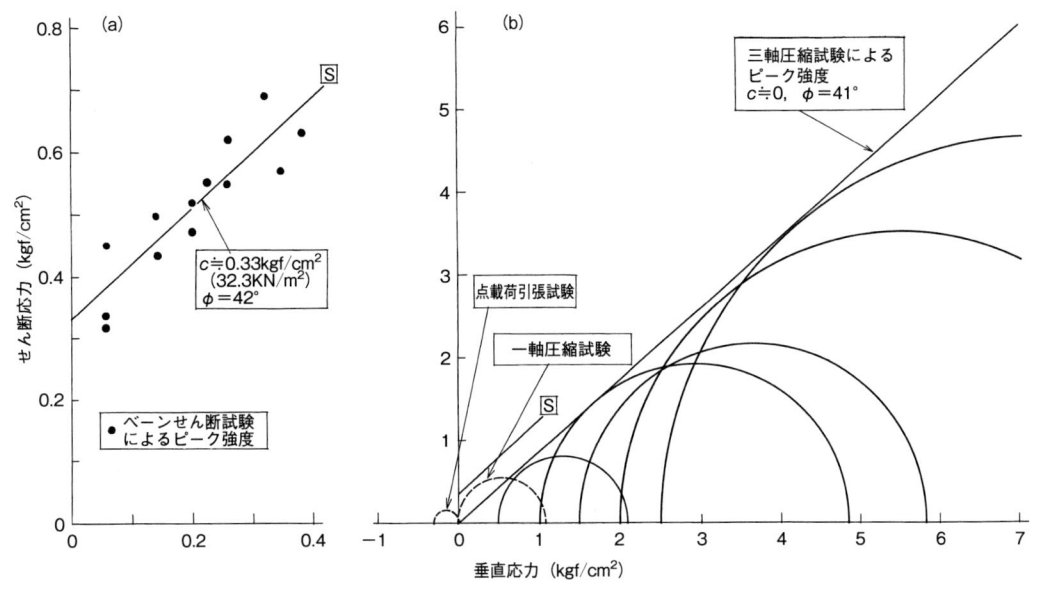

図7.17 浅間第一軽石流のせん断強度測定結果（Matsukura, 1988, 1991）
(a) ベーンせん断試験結果，(b) 三軸圧縮試験および一軸圧縮試験，点載荷圧裂引張試験結果．

成長（ノッチの成長をもたらす風化作用については3.3節に詳述した）と思われる．そこで，以下には，ノッチの成長に伴う崖の不安定性の増大と，それにより引き起こされる崩れのメカニズムについて議論しよう（松倉・近藤，1985；Matsukura，1988，1991）．

ところで，浅間軽石流堆積物の物性のいくつかは表7.1に示したものの他に，引張強度の最大値，最小値，平均値はそれぞれ $S_{t\max}=0.600\,\mathrm{kgf/cm^2}$, $S_{t\mathrm{mean}}=0.300\,\mathrm{kgf/cm^2}$, $S_{t\min}=0.125\,\mathrm{kgf/cm^2}$, せん断強度定数の粘着力とせん断抵抗角はそれぞれ, $c=0.33\,\mathrm{kgf/cm^2}$, $\phi=42°$ と得られている（図7.17）.

7.4.1 崖崩れのタイプ

田切谷壁では崖下に崩れたブロックが観察される（図7.18）．崩れの起こった谷壁斜面は，2つのタイプに分けられる．(1) 谷壁の上部から下部まで，ほとんど垂直な壁になっている場合．(2) 上部が垂直で下部が70°程度の急斜面になっている場合である．多くは前者のタイプであり，後者のタイプは1か所のみ見られたものであり，稀に起こるようである．

前者のタイプは垂直な表面に小さな10 cm以下の凹凸をもち，せん断による擦痕が見られない．し

図7.18 ノッチの拡大によって田切の谷壁上部が崩落した様子（Matsukura, 1988, 1991）
場所は御代田町御影新田．

たがって，この崩れはせん断破壊ではない．崖下の崩壊ブロックの厚さすなわち，崖の面に直交する方向の長さを数か所で計測したところ，110 cm（Site

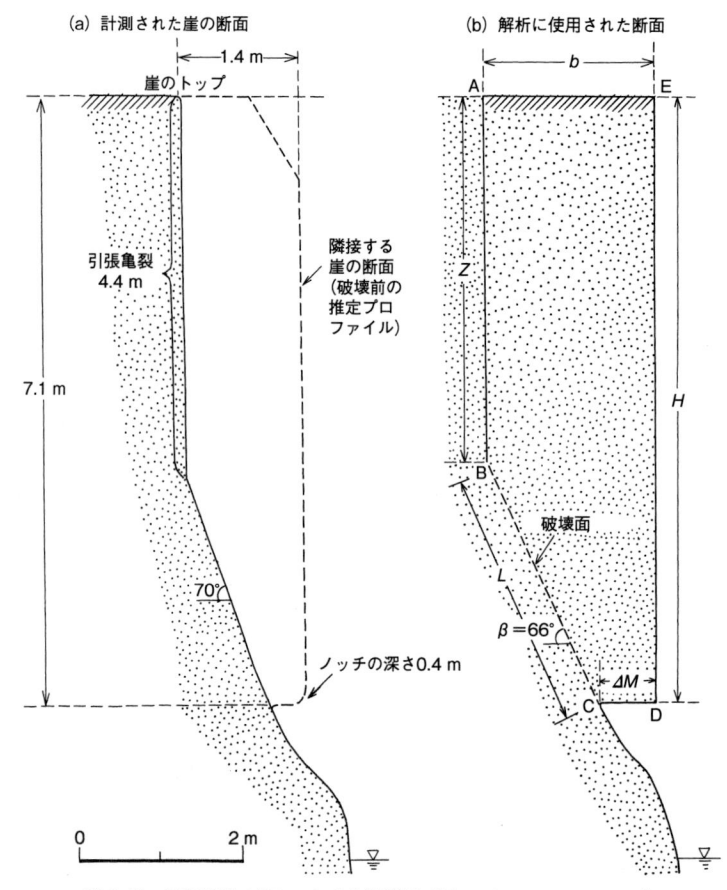

図 7.19 田切谷壁で起こったせん断破壊 (Matsukura, 1988, 1991)
(a) 実際の破壊後の崖のプロファイルと破壊前の崖の推定プロファイル (破線),
(b) 安定解析のための模式断面.

1), 170 cm (Site 2), 130 cm (Site 3), 150 cm (Site 4), 140 cm (Site 5) となった. この長さが, 崩れの直前のノッチの奥行きの最大長さと等しいと仮定することができる. なぜなら, 崩れが起こった谷壁にはノッチが見られないからである. また, ノッチがかなり発達した部分の崖の肩の部分には引張亀裂があまり観察されないことから, 引張亀裂の形成は稀なケースと判断された. 以上の観察から, 以下のような崩れのプロセスが予想された. (1) ノッチの発達は, 片持ち梁のような状況をつくりだす. (2) この梁の自重で, 崖の上部に引張応力を生じさせ (松倉・近藤, 1985), 潜在的な引張亀裂を生じさせる. (3) この引張亀裂が梁の曲げ破壊を生じさせる. このような一連のプロセスにより, ノッチの成長が限界まで進んだときに破壊が起こる.

後者のタイプではせん断破壊が起こる. **図 7.19** に示されているように, 上部は垂直な壁であり, 下部は 70° の斜面となっている. 垂直な壁には, 崖の肩から数多くの木の根が垂れ下がっているのが観察された. この崖の東隣には, 崩壊壁面からそのまま崖に平行する亀裂が数 m の長さで延びていた. これらの観察は, 崩れが起こる前にすでに引張亀裂が存在していたことを示唆している. 平滑で 70° に傾斜した下部斜面の形状は, この部分がせん断破壊したことをうかがわせる. このタイプは **平面破壊** (Hoek and Bray, 1977, p. 29) とか **slab failure** (Carson and Kirkby, 1972, p. 112) と呼ばれている. 破壊前の推定プロファイルを図 7.19 a の中に破線で表した. ノッチの深さと引張亀裂の崖面からの奥行きは, それぞれ 0.4 m と 1.4 m となる.

7.4.2 片持ち梁の安定解析

片持ち梁の安定解析式は，第5章の式(5.32)ですでに与えられている．この式に崖を構成する物質の物性値（$\gamma=1.72$ gf/cm^3, $S_{t\max}=0.600$ kgf/cm^2, $S_{t\mathrm{mean}}=0.300$ kgf/cm^2, $S_{t\min}=0.125$ kgf/cm^2）を代入すると，崖の高さと崩落ブロックの厚さ（b）との関係が次式のように求められる．

$$H=4.13\,b^2 \quad (S_{t\min} \text{の場合}) \tag{7.7}$$
$$H=1.72\,b^2 \quad (S_{t\mathrm{mean}} \text{の場合}) \tag{7.8}$$
$$H=0.86\,b^2 \quad (S_{t\max} \text{の場合}) \tag{7.9}$$

図7.20は，両者の関係を示したものである．曲線の左側が安定領域であり，右側が不安定領域である．この図の中に野外のデータをプロットする．図中の白丸は，サイトAからEまでの現在のプロファイルをもとにした崖の高さとノッチの奥行きの値を示す．また，黒丸は崩落ブロックの厚さと，その崩落の起こった崖の高さの値を表している．したがって，白丸は安定領域（曲線の左側）に，逆に黒丸は不安定領域（曲線の右側）にプロットされなければならない．事実，Cの崖を除いて，現在の崖は安定領域にプロットされている．一方，黒丸は引張強度の最小値を用いた曲線と平均値を用いた曲線の間に散在している．この図から，臨界状態は平均引張強度よりやや小さい値によってもたらされることがわかった．このことは，破壊は最も弱い所から進展するという **Griffith 理論**（Griffith, 1920）とも整合する．

ところで，Cの崖のみ崩落ブロックと同じ領域にプロットされている．この崖のノッチの奥行きは140 cmもあり，崩落寸前の状態になっている．それにもかかわらず崩落しないのは，140 cmの奥行きをもつノッチの横方向の長さが短い（およそ50 cm程度）ことから，崖の不安定性をもたらすには長さが不足している（すなわち崖の重量不足）ということで解釈される．このことは，いずれの崩壊ブロックも横幅が長さ2 mを超えている，ということからも首肯される．いずれにしても，この図を用いることにより，崖の高ささえわかれば，臨界になるノッチの奥行きが推定できることになる．

7.4.3 平面破壊の安定解析

図7.19aに示した崩落跡の形状から，ここでの崩落は，崖が崖面からbの奥行きのところに深さ

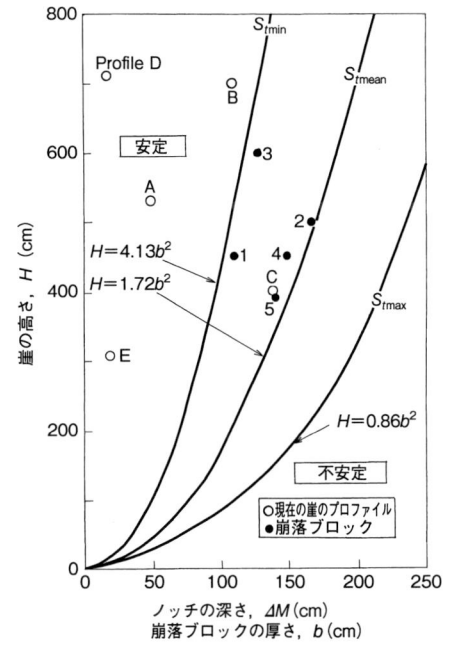

図7.20 崖の高さHとノッチの深さΔM，および崩落ブロックの厚さbとの関係を示す解析結果（Matsukura, 1988, 1991）
白丸，黒丸の脇のアルファベットと番号は地点を示す．

Zの引張亀裂をもち，その亀裂を使ってβという角度の面を滑落（せん断破壊）したと考えられる（図7.19b）．前出したCulmannの解析を援用して，この斜面の不安定性を吟味してみよう．

潜在崩壊面BCに沿うせん断力Tとせん断抵抗力Sとから，斜面の安全率F_sは，

$$F_s=\frac{S}{T}=\frac{cL+W\cos\beta\tan\phi}{W\sin\beta} \tag{7.10}$$

と与えられる．ところで，WはブロックABCDEの重量，Lは破壊面BCの長さであるので，

$$W=\gamma\Big[\{(Z+L\sin\beta)+H\}\times b\times\frac{1}{2} \\ -(b-\Delta M)L\times\sin\beta\times\frac{1}{2}\Big] \tag{7.11}$$
$$L=(b-\Delta M)\sec\beta \tag{7.12}$$

となり，これらを整理すると，

$$W=\frac{1}{2}\gamma\big[(Z+H)b+(b-\Delta M)\Delta M\tan\beta\big] \tag{7.13}$$

となる．式(7.10)と式(7.13)を組合せると，次式が

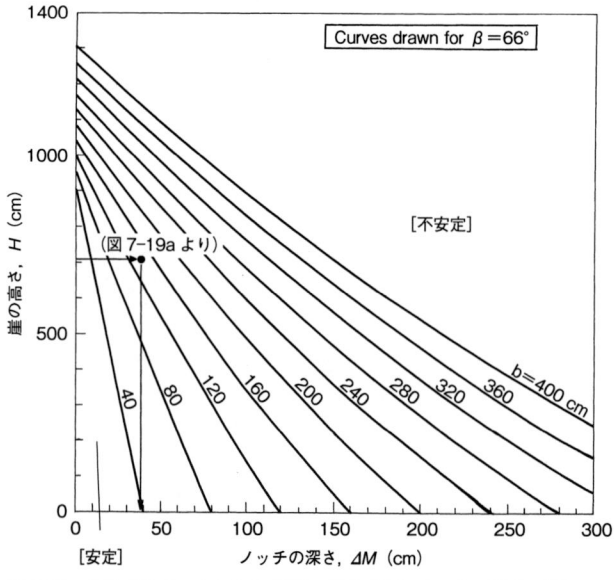

図7.21 b をパラメータにした谷壁の高さ H とノッチの深さ ΔM との関係 (Matsukura, 1988, 1991)

得られる：

$$F_s = \frac{2c(b-\Delta M)\sec\beta}{\gamma[(Z+H)b+(b-\Delta M)\Delta M \tan\beta]\sin\beta} + \cot\beta\tan\phi \tag{7.14}$$

このケースは**ランキンの主働状態**（土が地表面に平行な方向に膨張しようという状態）に相当するので，安全率は，

$$\beta = \frac{\pi}{4} + \frac{\phi}{2} \tag{7.15}$$

のときにいつも最小値をとることになる．

崖の物質の物性値（$\phi = 42°$）を式(7.15)に代入すると，破壊面の角度 β は 66°と計算される．$\beta=66°$ と仮定すると，幾何学的解析から Z が求まることになり，次式が得られる：

$$Z = 2.22(\Delta M - b) + H \tag{7.16}$$

式(7.16)を式(7.14)に代入して Z を消去し，さらに $F_s=1$, $\beta=66°$, $\gamma=1.72\,\mathrm{gf/cm^3}$, $c=0.33\,\mathrm{kgf/cm^2}$, $\phi=42°$ を代入すると，H と b と ΔM の関係が，次式のように求まる：

$$H = \frac{1.12}{b}\Delta M^2 - \left(\frac{863}{b} + 2.23\right)\Delta M + (863 + 1.11b) \tag{7.17}$$

図7.21は，これらの関係を b をパラメータにして示したものである．各曲線の左下が安定領域，右上が不安定領域を示している．この図を用いて，せん断破壊した斜面を検討してみよう．図7.19a で示される崖の断面形より，H と b はそれぞれ 7.1 m と 1.4 m である．そこで，図7.21 の中にその値をプロットしたのが黒丸である．この点は，ノッチの深さが 38 cm になると臨界状態（破壊の発生）になることを示している．この値は，野外で見積もった 40 cm という値にきわめて近い．したがって，この解析も有効であることがわかる．

7.4.4 田切の谷壁の後退プロセス

前述したように，田切はノッチの成長により不安定になり，崖崩れを起こす．崖崩れが起こったあとの谷壁は再びほぼ垂直なものとなる．崩れの崩落物質は，谷壁基部にある流水により徐々に分解され運搬・除去される．そして，谷壁下部では再びノッチの形成が始まることになる．したがって，この谷壁は時間とともに垂直な壁を保ちながら，平行後退を繰り返していることになる．浅間第一軽石流の噴出・堆積は今から1.3万年前と考えられているので，田切の谷幅はこの1.3万年間で広げられたことになる．そのプロセスは以下のように想像される．

(1) 1.3万年前に浅間第一軽石流が浅間山南麓に流下・堆積した．

(2) 軽石流堆積物（火砕流堆積物）は，流水に

より侵食されやすく，幅が狭く深いガリーを形成した（シラス台地に見られるガリーと類似のものが想定される）．

(3) ガリーの深さは，ほぼ10m程度にまで成長した（上述したように，ガリーの両側面，すなわち両側の垂直な谷壁は，高さ10m程度では十分安定である）．

(4) ガリーの幅が狭い間は，谷壁下部では凍結融解によるノッチの形成があり，ノッチの成長に伴い，谷壁で崩れが起きた．

(5) 崩れの物質がガリーを流れる流水で除去されると，再び(4)のプロセスが繰り返される．

(6) 谷の幅が広がり，南面する谷壁下部で日射が当たるようになると，そこでは，塩類風化によるノッチの形成も起こった．

(7) ノッチの形成と崖崩れのプロセスが繰り返し起こることにより，田切の谷幅が徐々に広がった．

現在，田切の谷幅は，狭いところでも30〜40m，その谷底をしなの鉄道（旧・信越線）が通っているような広い所では100mを超えるようなところもある．したがって，単純に谷幅を堆積後の年数で割ると，その谷壁の後退速度は，1cm/yrという値になる．

ところで，シラス台地の場合は下刻が進み，それに従って谷壁の高さは徐々に増加するが（入戸火砕流堆積物の厚さは霧島市周辺では70mあり，そこでは100mを超えるような谷壁の高さがある），これに対し，田切の谷壁の高さは高いところでも15m程度にとどまっている．このように，田切谷壁が高くなれないのは，谷底の高さが，合流する千曲川の河床高度（**侵食基準面**）に制約されているからである．

シラスと浅間第一軽石流は火砕流堆積物（しかも両者ともに非溶結）という点では類似の物質である．ところが，シラスでは侵食基準面が低く，下刻が深くまで進行するために谷壁は徐々に**減傾斜**していく．これに対し田切では，谷壁の高さが低い状態で保たれていることもあり，谷壁は**平行後退**をしている．このように，類似の物質においても（すなわち物性が似ていても），侵食基準面が関与する下刻の量によって谷壁斜面の発達プロセスが異なることは興味深い．

7.5　海食崖の崩落(1)：豊浜トンネルにおける岩盤崩落

豊浜トンネルの岩盤崩落現場付近には，高さが150mを超える海食崖が海岸に迫っている．このような場所で，比高70mの崖が10〜15mほどの部分が崩落した（図7.1および図7.22）．この周辺の崖は，新第三紀中新世・尾根内累層の安山岩質ハイアロクラスタイト（水冷火砕岩）とその二次堆積物からなる．崩落した岩盤の背面には，既存節理の開口クラック：以下，背面亀裂と呼ぶ）があり，基部には，奥行きが最大2mほどのノッチが形成されていたことが推定されている（図7.22）．

この崩落は，崩落岩盤が壁面に沿ってすべり落ちるという形態をとったと考えられる．そこで，この崩落の形態は浅間山南麓の田切の崖のせん断破壊と同じものとみなせるので，式(7.14)が使えることになる．この式に，崖を構成する物質の物性値（$\gamma=2.12$ tf/m^3，$c=4$ kgf/cm^2，$\phi=50°$）を代入し，さらに崖の上部が水平面であることを仮定すると，臨界条件下（$F_s=1$）での崖の高さHとノッチの深さ（奥行き）ΔMとの関係が以下のように導かれる（Matsukura, 2001；赤崎・松倉, 2001）．

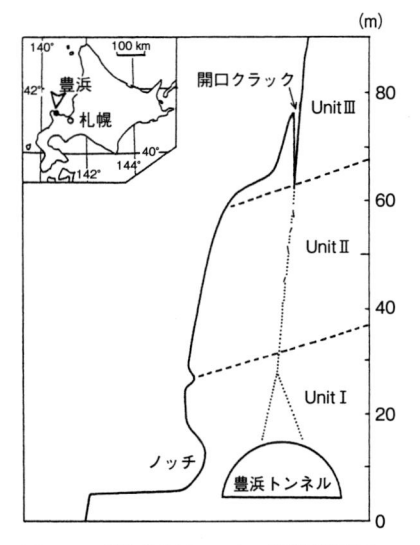

図7.22 北海道豊浜トンネル岩盤崩落斜面の断面（川村，1997，をもとに一部改変）(Matsukura, 2001)
破線は Unit Ⅰ，Ⅱ，Ⅲで分けられた岩層の境界を示す．また，縦の点線は崩壊面を示している．

$$H = \frac{1.38}{b}\Delta M^2 - \left(\frac{102.83}{b} + 2.75\right)\Delta M$$
$$+ (102.83 + 1.38b) \qquad (7.18)$$

この式において，$H=70\,\mathrm{m}$，$b=7\,\mathrm{m}$ における臨界時のノッチの深さを求めると，その値は2.5mと見積もられる．すなわち，この解析結果は，崩壊時にノッチの深さ（奥行き）がほぼ2.5mほどであったことを示唆している．崩落前にノッチの深さが約2mと見積もられていることは前述した．解析から求められたノッチの深さ（2.5m）は，この値に近い．このことは，この解析の妥当性を示すとともに，崖の不安定性に与えるノッチの影響が重要であることを示唆している．

崖の不安定性に与えるノッチの影響は，その安定解析から十分考慮すべきであることが示唆される．しかも，そのノッチは，離水した波食ノッチというより，現在の環境下で風化（凍結破砕ないし塩類風化）により形成され，奥行きの拡大が進行しているノッチである可能性が高い．そのため，ノッチの拡大による崖の不安定性は，時間とともに増大していることになる．このような条件下で，背面亀裂が進展するという条件が重なり，崩落に至ったものと推測される．背面亀裂の深さやその進展状況を事前に知ることはなかなか難しいが，ノッチの存在やノッチの深さ（あるいはその成長速度）を知ることは，容易であろう．したがって，崩壊の予知・予測（防災）という観点からも，ノッチには十分な注意を払う必要があろう．

7.6 海食崖の崩落(2)：石灰岩からなる海食崖の崩落

沖縄島荒崎海岸と万座毛海岸，宮古島東平安名崎の海食崖の基部には，波食によるノッチが形成されており，その高さは3～4mである（図7.23b）．これらの地域における海食崖の前面には，崖が崩壊したものと思われる直方体（または立方体）のブロックが点在している（図7.23c）．崖の上面には，崖の面に平行または斜交する引張亀裂がしばしば見られる（図7.23a）．引張亀裂の深さは，数mに達

図7.23 琉球石灰岩からなる海食崖の様子（Kogure *et al.*, 2006）
(a) 崖の上部にはしばしばこのような大きな引張亀裂が見られる，(b) ノッチは崖の基部から3～4mの高さに発達する，(c) 崖の前面にはこのような崖の崩落ブロックが点在する．

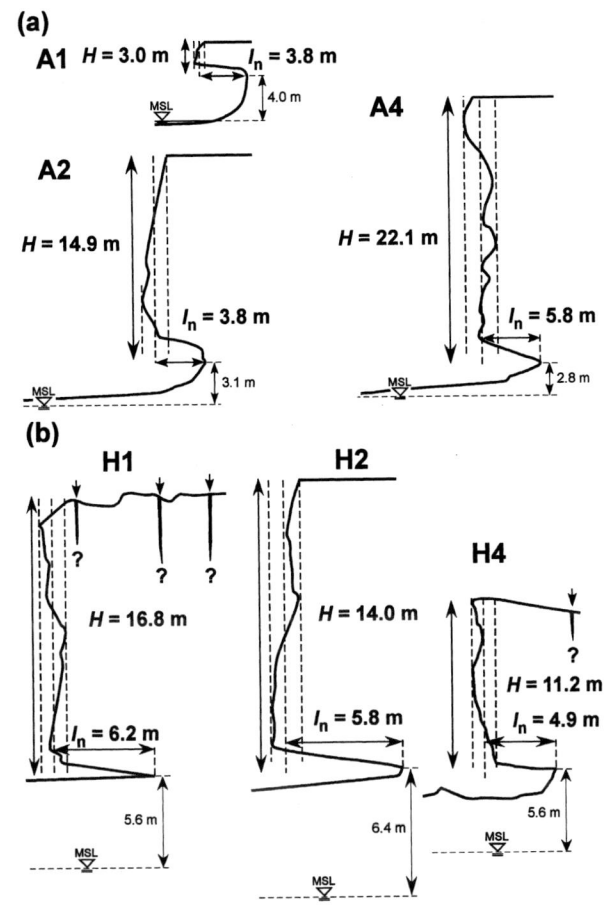

図7.24 海食崖のプロファイルの例（Kogure et al., 2006）
(a) 沖縄本島の荒崎海岸，(b) 宮古島の東平安名崎．

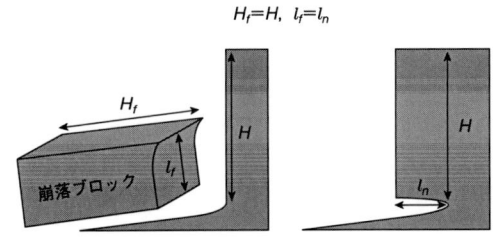

図7.25 崩落ブロックの各ディメンジョンの定義
（Kogure et al., 2006）
右の図は海食崖の高さ（H）とノッチの奥行き（l_n）を示し，左の図は崩落ブロックと背後の海食崖との関係を示す．

すると思われる．引張亀裂以外にも，海食崖全体に，数cmから数十cm幅の無数の割れ目が見られる．海食崖は，いずれも第四紀更新世の早-中期に形成された琉球層群・琉球石灰岩（以下，琉球石灰岩とする）によって構成されている．現地の海食崖には，無数の割れ目が存在し，その岩盤強度は供試体強度より小さい（強度の寸法効果が大きい）ことが考えられるので，崖の崩落の解析ではそのことが考慮された（Kogure et al., 2006）．

海食崖の崖高やノッチの深さを知るために，崖の縦断面形の測量を行った（図7.24）．崖高Hは，ノッチのリトリートポイント（ノッチの最奥部）と，海食崖の上面との垂直距離として定義され，ノッチの深さl_nは，ノッチのリトリートポイントと海食崖の前面（最も外側の線と最も内側の線の中間線）までの水平距離として定義された．また，崩落ブロックの大きさについても測量した（図7.25）．l_fは，ノッチ天井の水平方向の長さ，H_fは，崖の前面に接していた部分の長さ（崩落前の崖の高さ）として定義された．

現地での観察から，浅間山南麓の田切で見られた

のと同様のトッピングによる崩落プロセスが考えられた．そこで，ここでは片持ち梁の解析（式(5.32)）を用いることにした．崩落ブロックの厚さ（式(5.32)で b と表されたもの）＝限界ノッチ深さ l_c とし，さらに引張亀裂の深さを aH（α は引張亀裂の程度を表す値で $0\sim1$ をとる）とすると，l_c は以下の式のように変形される：

$$l_c = \sqrt{\frac{H(1-\alpha)^2 S_t}{3\gamma}} \quad (7.19)$$

琉球石灰岩の強度について調べるために，一軸圧縮試験と圧裂引張試験を行った．一軸圧縮試験用の供試体は，一辺の長さを d とする正方形断面をもち，高さを $2d$ とする角柱とした．岩石強度の寸法効果について調べるため，d をそれぞれ1 cm，2.5 cm，5 cm，7.5 cm，10 cm とした．求められた圧縮強度（S_c）と d の関係（図7.26）をみると，d の増大とともに強度の最大値・平均値ともに小さくなるという明確な**寸法効果**が認められる．また，圧裂引張試験の結果，引張強度（S_t）の平均値は5.5 MPa であった．そこで，$d=2.5$ cm 角柱供試体における S_c と S_t との比（S_c/S_t）である**脆性度**（B_r）を求めると5.6であった（琉球石灰岩は岩石の中ではかなり"延性"に富んでいることになる）．

寸法効果を論じた研究（たとえばMogi, 1962；Townsend *et al.*, 1977）を参考に，強度を供試体の寸法のべき関数で表した（なお，全供試体の最小値である3.5 MPa を収束値とした）．$B_r=5.6$ であることを使い，さらに，崖の強度を推定する式に拡張するために，供試体のサイズを崖の高さに置き換える（すなわち d の代わりに H を代入する）と次式を得る（Kogure *et al.*, 2006）：

$$S_t = 5.6 H^{-0.6} + 0.6 \quad (7.20)$$

この式(7.20)を式(7.19)に代入すると，次式を得る：

$$l_c = \sqrt{\frac{H(1-\alpha)^2(5.6 H^{-0.6} + 0.6)}{3\gamma}} \quad (7.21)$$

γ には，一軸圧縮試験に用いた全供試体の平均値2.17 gf/cm³ を採用することにすると，式(7.21)において，l_c は H と α の関数となり，図7.27のように表される．これらの曲線は，限界状態を表す．曲線の左側は安定領域，右側は不安定領域である．たとえば，$H=10$ m でかつ引張亀裂が存在しない，すなわち $\alpha=0$（point A）の海食崖は，ノッチの深

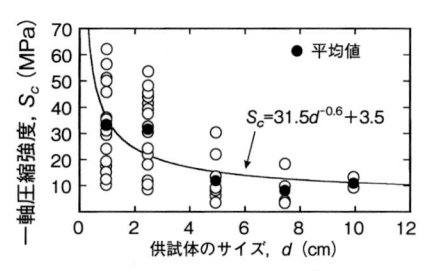

図7.26 供試体の大きさと一軸圧縮強度との関係（小暮ほか，2005）

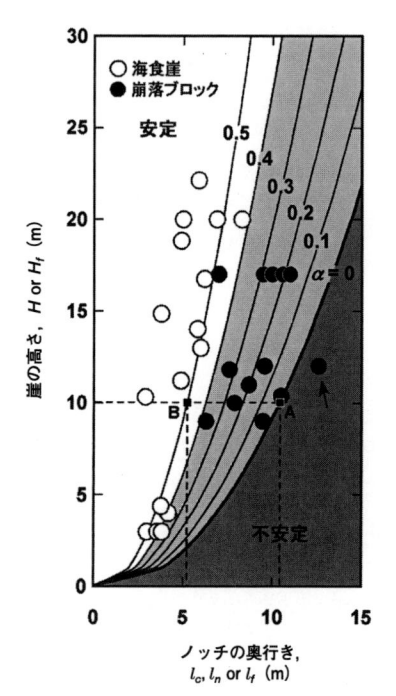

図7.27 崖の高さ H とノッチの深さ l_c，および崩落ブロックの厚さ l_f との関係を示す解析結果（Kogure *et al.*, 2006）
大部分の崩落は $\alpha=0\sim0.4$ のところで起こっている．

さがおよそ10 m で崩壊する．一方，$H=10$ m かつ $\alpha=0.5$ の海食崖は，ノッチの深さが5 m に達したとき（point B）に崩壊する．すなわち，引張亀裂が発達するほどノッチが発達しなくても，崩壊が発生する．この図では，α の大きさは0から0.5 までしか示されていない．これは，Terzaghi (1943, p. 152-155) が，垂直に切り立った崖に存在しうる引張亀裂の深さは，その崖高の大きさの半分（$\alpha=0.5$）を超えないと報告しているからである（このことは，Matsukura and Terada, 1997, による室

内実験によっても確認されている).

フィールドで得られたデータをこの図にプロットした.白丸は現存する崖のHとl_nの値を表し,黒丸は崩落ブロックのH_fとl_fの値を表す.したがって,引張亀裂を考慮しない場合は,黒丸は$\alpha=0$の線(critical line)の上に位置するはずであり,白丸は$\alpha=0$の線の左側の安定領域に位置するはずである.実際,すべてが$\alpha=0$の線の左側に位置する.黒丸が$\alpha=0$の線の左側(安定領域)に位置していることから(一つの黒丸を除く:図中の矢印),海食崖の崩壊を説明できていないようにみえる.しかし,引張亀裂の存在を考慮した場合,安定・不安定領域の境界線は$0<\alpha<0.5$の範囲を移動する.黒丸はほぼすべてが$\alpha=0$と$\alpha=0.5$の線の間に位置していることから,海食崖に発達する引張亀裂の影響で,ノッチが予想される深さにまで成長する前に崩壊が発生したことが考えられる.白丸と黒丸の位置関係から,両者の境界線は$\alpha=0.4$付近であると思われる.すなわち,崖の高さと引張亀裂の深さを知ることができれば,この図を用いることによりcriticalなノッチの深さを知ることができる.

Hodgkin (1964) は,西オーストラリアのPoint Peronにおいて石灰岩からなるノッチの壁に打ち込んだステンレス棒の突出部の長さの変化を追うという方法を用いて,ノッチの侵食速度を調べ1.0 mm/yrという値を得た.Tjia (1985), Trudgill et al. (1987) の調査からも,マレーシア半島Langkawi島の石灰岩からなるノッチの一般的な侵食速度は,およそ1 mm/yrであることがわかっている.そこで,本研究地域におけるノッチの侵食速度をおよそ1 mm/yrと仮定し,海食崖が崩壊するまでに要する時間を計算した.$l_c=6$ mで崩壊発生の可能性があるとすると,侵食開始から崩壊発生までに必要な時間は6000年となる.

7.7 山崩れ(表層崩壊)の二,三の例

小規模な崩壊である表層崩壊は,斜面表層の風化層が崩壊するもので,日本では台風や梅雨の豪雨時に多数発生し豪雨型山崩れとも呼ばれる.表層崩壊の発生は,斜面の一部(0次谷地形のところでの発生が多い)に限られるが,一度に発生する場所の数が多く,しかも,同一場所における崩壊の再現周期が短い(数十年〜数百年)という特徴をもつ.以下には,このような表層崩壊に関するプロセスについて詳述しよう.

7.7.1 花崗岩類からなる山地における表層崩壊の二,三の例

(1) 小原村における表層崩壊

愛知県西三河地方の豊田市(旧・小原村,藤岡町)では,1972年7月12日〜13日にかけて梅雨前線による集中豪雨のため5時間で200 mm以上,時間雨量で60〜80 mmを記録し,多数の崩壊が発生した.地質ごとに崩壊発生頻度(密度)をみると,粗粒黒雲母花崗岩(4.3.1項で**伊奈川花崗岩**と呼んだもので,以下この呼び名を使用する)のところで大きく,中粒角閃石黒雲母花崗閃緑岩(同,**小原花崗閃緑岩**)のところで小さい値となっている.崩壊地の傾斜は30〜45°が多く,その大部分は100 m²前後の面積をもつ.飯田・奥西 (1979) は,伊奈川花崗岩流域での調査から,①斜面の上部と下部では土層構造が異なっていること,②斜面下部では軟弱な土層の厚さが,風化などによって臨界の厚さに達してはじめて豪雨により崩壊すること,などを明らかにした.

風化層の厚さは,小原花崗閃緑岩斜面で平均4 m程度と厚いのに対し,伊奈川花崗岩斜面では平均1 mほどであった.恩田 (1989) およびOnda (1992) は,両地域に試験流域を設け,土壌水の移動方向をテンシオメータ (tensiometer) によって計測した.その結果,小原花崗閃緑岩斜面では,梅雨初期の降雨が1か月程度の時間をかけて徐々に風化層の深部に浸透していった.一方,伊奈川花崗岩斜面では,降雨に伴って風化層全体が飽和状態に近づき,また,梅雨末期になるに従って徐々に乾燥しにくくなるという特徴を示した.また,流域からのハイドログラフは,小原花崗閃緑岩斜面では降雨に伴って流量は増加するものの,梅雨初期から末期まで流出率に大きな違いはなかった.これに対し,伊奈川花崗岩斜面のハイドログラフは,降雨に対するピーク流量が大きく,梅雨末期になるほど流出率も増加していった.このような水文観測の結果から,両地域で崩壊の発生頻度が異なるのは,図7.28に示したように,両地域の土層の厚さが異なり,土層中に貯留

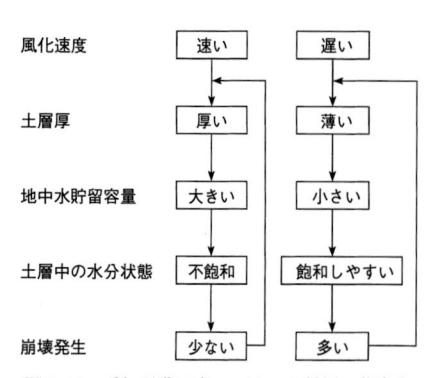

134　　　　　　　　　　　　　　　　　　7. 崩落と崩壊（崖崩れと山崩れ）

図7.28　愛知県豊田市における2種類の花崗岩質岩石斜面における風化速度・土層厚と崩壊発生の関係（恩田, 1989）

される水分量が異なることから，これが地中水の挙動の差異をもたらすためであると考えられている．

(2) 多賀山地における表層崩壊

山崩れの力学的解析例として，基岩がいずれも花崗岩質岩石からなる阿武隈山地南部の多賀山地における2つの斜面を取り上げる（Matsukura and Tanaka, 1983）．この地域では1977年台風11号による降雨により，およそ270か所の崩壊があったとされている．対象とする2つの斜面をそれぞれSlope 1（黒雲母花崗岩斜面）およびSlope 2（角閃石黒雲母花崗岩斜面）と呼ぶことにする．Slope 1は，斜面長が約60 m，縦断プロファイルはほぼ直線状である（図7.29）．崩壊の冠部（滑落崖）は，斜面プロファイルのほぼ中央付近にあり，崩壊斜面の長さは約20 m，幅は7 mほどである．崩壊跡地および周辺の地形調査から崩壊前の斜面プロファイル（図7.29中の点線）が推定されるが，それによると，崩壊前の斜面の勾配と深さ（鉛直深）は，それぞれ39.5°と80 cmと見積もられた．一方，Slope 2（図7.30）では，斜面長が約80 mである．崩壊の冠部は，斜面上部のコンベックスな部分と斜面下部のコンケーブな部分の接合点（いわゆる遷急点）に位置している．崩壊斜面の長さは17 mで，崩壊幅は最大で10 mほどである．崩壊の脚部は，人工的なステップの上に位置している．崩壊前の斜面勾配は約47°，崩壊深はおよそ100 cmと見積も

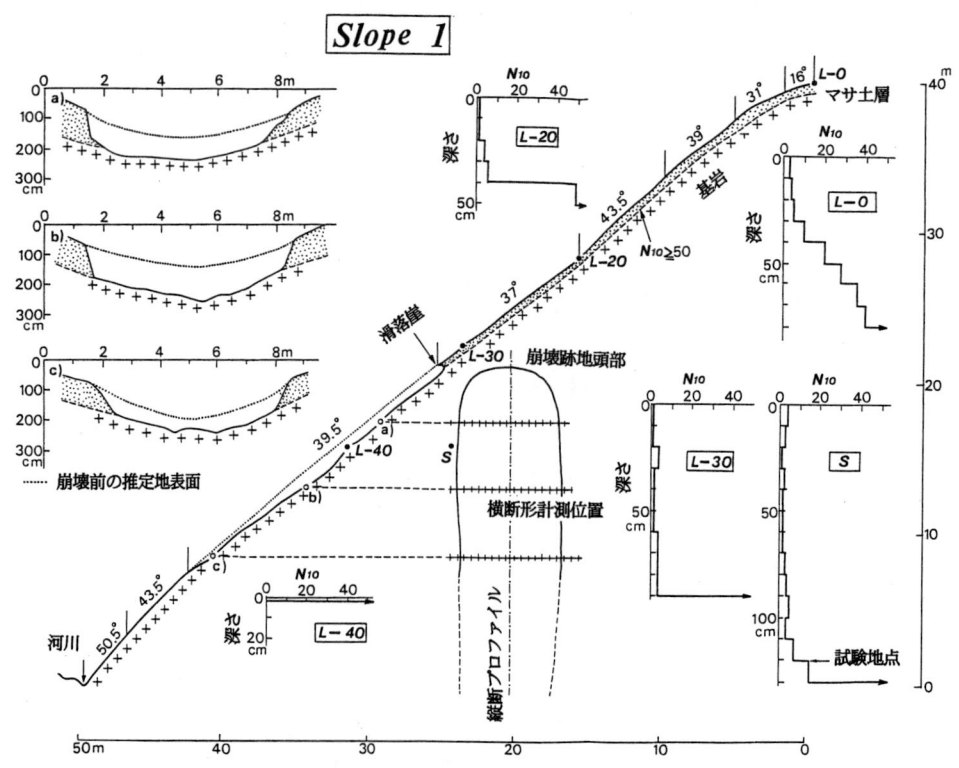

図7.29　阿武隈山地南部の多賀山地の黒雲母花崗岩からなるSlope 1における斜面縦断形，横断形，崩壊地平面形，貫入試験結果（Matsukura and Tanaka, 1983）

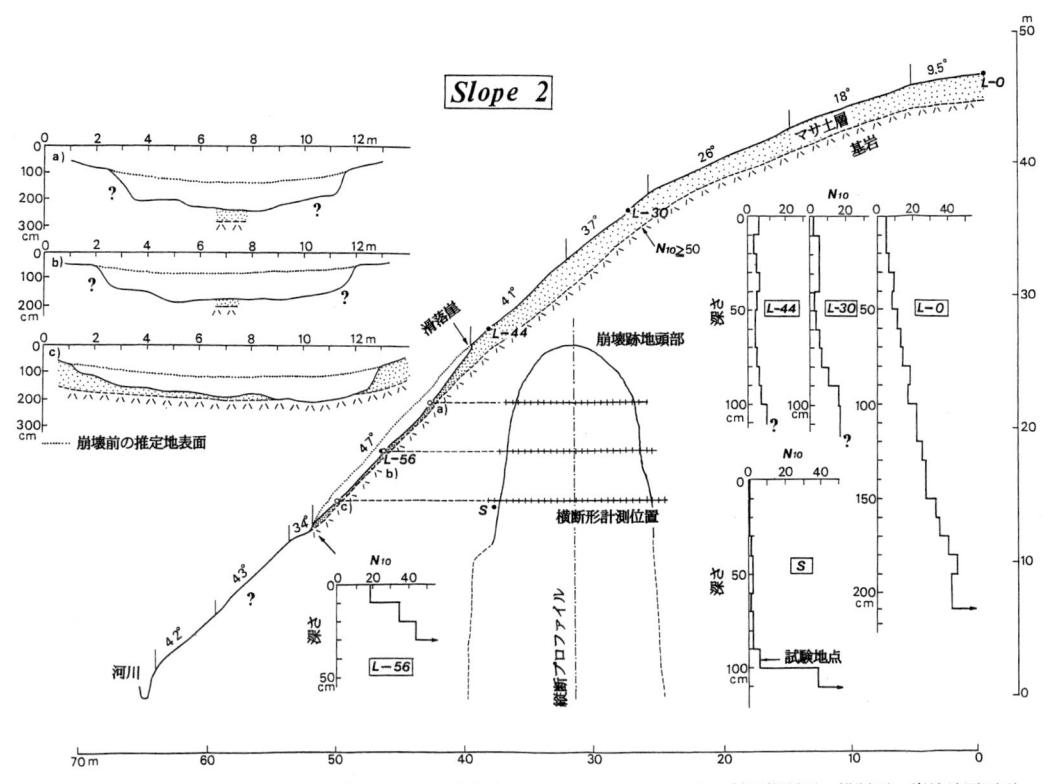

図7.30 阿武隈山地南部の多賀山地の角閃石黒雲母花崗岩からなる Slope 2 における斜面縦断形，横断形，崩壊地平面形，貫入試験結果（Matsukura and Tanaka, 1983）

表7.2 阿武隈山地南部の多賀山地におけるマサ土の物理的・力学的性質（Matsukura and Tanaka, 1983）

		G_s (—)	γ (gf/cm³)	γ_d (gf/cm³)	n (%)	w (%)	S_r (%)	c (gf/cm²)	ϕ (°)
マサ1 (Slope 1)	自然含水比	2.64	1.86	1.76	33.3	6.1	32.2	54.3	42.9
	飽和含水比	2.64	2.09	1.76	33.3	17.4	91.9	41.2	39.0
マサ2 (Slope 2)	自然含水比	2.67	1.97	1.84	31.0	6.9	40.9	97.3	37.4
	飽和含水比	2.67	2.15	1.84	31.0	16.9	100.0	67.0	33.4

G_s：真比重，γ：単位体積重量，γ_d：乾燥単位体積重量，n：間隙率，w：含水比，S_r：飽和度，c：粘着力，ϕ：せん断抵抗角．

られた．

土研式貫入試験器を用いて計測した斜面表層の土層構造は，図7.29と図7.30中に示した．Slope 2 の尾根部では，風化土（マサ）層（N_{10}値が10以下）から漸移層帯（N_{10}値が10〜50），基岩（N_{10}値が50以上）へと徐々に移行するが，崩壊のすぐ脇の斜面（S地点）では，貫入値がある深さで急変する．すなわち，Slope 1では厚さ120〜130 cmの風化土層の下は，N_{10}値が急激に50以上（基岩）と大きくなる．Slope 2では，風化土層の厚さは，およそ100 cmほどである．また，Slope 2の崩壊跡地の中央（L-56地点）では，基岩の上に厚さ30 cmほどの漸移層が残っている．したがって，どちらの斜面においても，崩壊のせん断面は，風化土層の下部（基岩との境界部）か漸移層の中にあることが推定される．

表7.2に両斜面の崩壊面相当の土の物性計測結果を示す．それらの値を無限長斜面の安定解析の式（5.37）に代入し，斜面の不安定性が検討された．その結果，両斜面の臨界状態は，地下水位がほぼ地表面まで上昇したとき（mの値がほぼ1に近い状態）であることが導かれた（**図7.31**）．

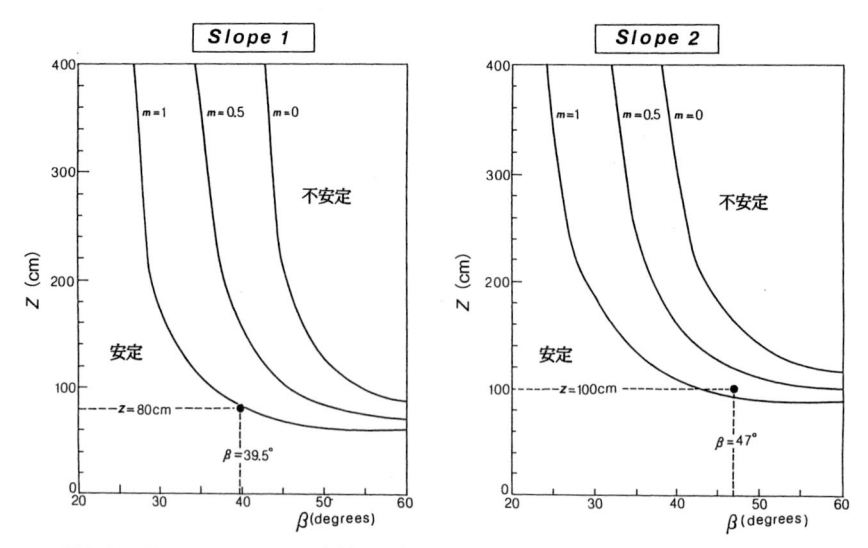

図7.31 Slope 1 と Slope 2 の各斜面の臨界条件における崩壊深 Z と斜面勾配 β との関係 (Matsukura and Tanaka, 1983)

7.7.2 土層厚と崩壊の関係：風化層の厚さと安全率との関係（崩壊再現周期）

上述したように，花崗岩地域の表層崩壊は，基岩にのる土層がすべり落ちるタイプが多い．土層が薄い場合は，せん断力が小さいため斜面は安定性が高いが，土層が厚くなるに従い，不安定性を増す．たとえば，Slope 1 のマサの物性を用いた計算によれば，図7.32のように，約25 cm の土層の場合（しかも土層が飽和状態で側方流がある $m=1.0$ の条件で）の安全率は2.1もあるのに対し，土層が50 cm，75 cm と増加するに従い，安全率は1.3，1.03と小さくなる．このような計算から，ほぼ1m ほどの厚さの土層が形成された頃に豪雨があると崩壊を起こすことになる．このように，花崗岩地域の表層崩壊は土層の形成速度，すなわち風化速度に制約されていることになる．

以上の議論から，花崗岩斜面は，（ここで起こる表層崩壊というプロセスが土層の形成速度，すなわち基岩の風化速度でコントロールされているという意味で）**風化制約斜面**であることがわかる．図7.33は花崗岩斜面での風化土層の厚さと安全率との関係をまとめたものである．崩壊直後には，風化土層が除去されるので斜面には基盤岩が露出する．基盤岩の強度は土層に比較して桁違いに大きいので，その斜面はきわめて安定なものになる．しかし，時間の経過とともに，斜面物質である花崗岩が表層から風化し徐々にマサ化する．同時に，斜面上

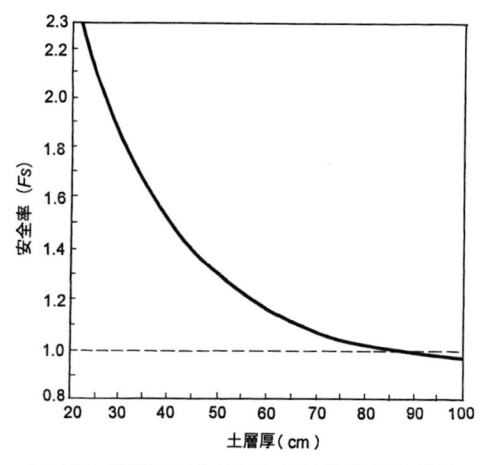

図7.32 花崗岩斜面における土層厚と安全率の関係

方から雨洗や土壌匍行などにより土層物質が付加される．時間の進行とともに，土層は徐々にその厚さを増し，その厚さの増大に伴い斜面の安全率は徐々に低下する．安全率が1.0程度になった頃に豪雨があると，それが引き金になって崩壊が起こることになる．この場合，崩壊面は土層と基盤岩の境界に位置することが多い．崩壊によって土層が除去されると，斜面は再び大きな安全率を確保することになる．これを**免疫性の獲得**と呼ぶ．人間の場合は，たとえば一度獲得した天然痘の免疫などは一生通用するが，斜面の免疫性は一過性のものであり再発する．時間がたてば，また崩壊の危機にさらされる．すなわち，崩壊は繰り返す．これを**崩壊の周期性**と

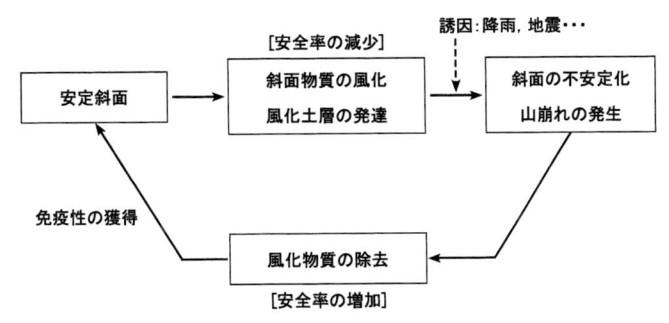

図7.33 表層崩壊を起こす斜面における風化土層の厚さと安全率の変化

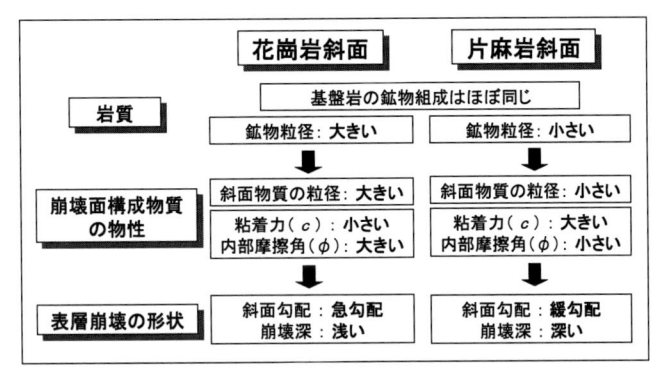

図7.34 韓国における2つの岩質斜面における，崩壊面構成物質の物性および表層崩壊の形状の関係（松倉ほか，2002）

呼ぶ．

上記の議論から，崩壊の周期性は，斜面における土層の形成速度にコントロールされていることが明らかである．一度崩壊が起こった斜面において，再び崩壊が発生するのは何年後であろうか？　このような崩壊発生時期の予測のためにも，土層の形成速度を知る必要がある．このことについては，第11章（11.1.3項）でもう一度取り上げる．

7.8 崩壊密度や崩壊周期をコントロールする岩質

前節の議論から，崩壊の周期は，土層の形成速度に依存していることが示された．土層の形成速度は，風化速度にコントロールされているので，基盤岩質の差異によって大きく左右される．そこで以下では，基盤岩質の差異が崩壊密度や崩壊周期に与える影響を考察する．まず，韓国の例では，鉱物組成が同じで粒径の異なる岩質の比較を行い，次いで，多賀山地の例では，粒径が同じで鉱物組成（有色鉱物の量）が異なる岩質を比較する．

7.8.1 韓国における片麻岩斜面と花崗岩斜面での表層崩壊

ソウル郊外に位置する京畿道付近には，ジュラ紀の花崗岩と先カンブリア紀の片麻岩が広く分布しているが，花崗岩山地と片麻岩山地では，異なった地形が観察される．花崗岩山地は，高標高の尾根部を中心に基盤岩が露出している場所が数多くあり，トアやドームが形成されている．これに対し，片麻岩山地は，山地全体が土層に覆われており基盤岩の露出は見られない．1998年8月6日に24時間雨量319 mmの豪雨によって，これらの花崗岩と片麻岩のいずれの山地斜面でも多数の表層崩壊が発生した．山地を構成する両岩石は，主要構成鉱物が石英，微斜長石，曹長石，黒雲母で，それらの構成比もほぼ同じであるが，構成鉱物の50％粒径は，花崗岩が1.96 mm，片麻岩が0.66 mmで，花崗岩の方が約3倍大きい（若月ほか，2001）．

松倉ほか（2002）やWakatsuki *et al.*（2002, 2005）は，上記両岩石の地域からそれぞれ代表的崩壊地を選定し，土層構造の把握や風化土の物性調査を行い，それらの結果を用いた安定解析を通して，

岩質，崩壊面構成物質の物性および表層崩壊の形状の関係を図 7.34 のようにまとめた．両基盤岩石の構成鉱物の粒径の違いから，花崗岩山地の崩壊面構成物質の粒径は相対的に大きくなり，片麻岩山地の崩壊面構成物質の粒径は相対的に小さくなる．そのことにより崩壊面の土層は花崗岩山地においては相対的に小さな c と大きな ϕ をもち，片麻岩山地は相対的に大きな c と小さな ϕ をもつ．そして，このような崩壊面の土層の c, ϕ の違いにより，花崗岩斜面の崩壊地は相対的に浅い崩壊深と急勾配の斜面傾斜をもち，片麻岩斜面の崩壊地は相対的に深い崩壊深と緩勾配の斜面傾斜をもつ．すなわち，鉱物組成がほぼ同じ岩石からなる花崗岩山地と片麻岩山地では，山地斜面の土層構造や表層崩壊形状の差異は，基盤岩の粒度組成の影響を強く受けているといえる．

7.8.2 多賀山地における黒雲母花崗岩と角閃石黒雲母花崗岩斜面での表層崩壊

7.7.1 項で述べたように，多賀山地では表層崩壊が多発する．なかでも黒雲母花崗岩斜面（Slope 1 を含む山地斜面：以下 Gb 斜面と呼ぶ）では崩壊密度が高く，角閃石黒雲母花崗岩（Slope 2 を含む山地斜面：以下 Ghb 斜面と呼ぶ）に比較して 2.7 倍も多い．そこで Wakatsuki and Matsukura (2008) は，両地域に 2 か所ずつ調査地を設定し，韓国での調査と同じ手法を用い，土層深の空間分布，崩壊地の土層の鉱物化学的性質，物理力学的性質などを調査した．これらの結果から岩石風化による土層形成メカニズムの解明や土層構造の分類を行い，崩壊再現周期を予測した．

調査結果から，潜在崩壊面と風化フロントという 2 つの土層境界の深さの違いによって，土層構造は，Type A（Gb 斜面）と Type B（Ghb 斜面）の 2 種類に分類することができた．潜在崩壊面は，表層崩壊が将来発生する際に崩壊面となる位置であり，簡易貫入試験値 $N_c = 5$ という力学的強度をもつ土層深に位置している．風化フロントは，地震波探査による P 波速度 380 m/s 程度の強度をもつ土層深に位置している．Type A の土層は，潜在崩壊面と風化フロントがほぼ同じ深さ（1～2 m）に位置している．Type B の土層は，風化フロントの深さ（3～5 m）が潜在崩壊面の深さ（1～2 m）より

も大きいものである．

Type A の土層が，有色鉱物の少ない岩石からなる Gb 斜面に形成されやすいのは，有色鉱物が少ないと風化フロントが低下しにくくなるためである．一方，Type B の土層が有色鉱物（とくに黒雲母）の多い岩石からなる Ghb 斜面に形成されやすいのは，風化が速く風化フロントが低下しやすくなるためである．Type A の土層（Gb 斜面）は Type B の土層（Ghb 斜面）に比べて，地下水面が形成されやすいので，同じ降雨量であっても表層崩壊は発生しやすい．Gb 斜面では，崩壊直後は土層形成速度が最大となるので，Gb 斜面ではさらに崩壊が発生しやすくなって，崩壊再現周期が短く，そのため崩壊密度が大きくなると考えられる．

7.9 砂岩・泥岩斜面での崩壊メカニズムと降雨閾値

前節では，主に風化層の物性をもとに，すなわち素因の立場から崩壊発生の問題を考えた．以下では，素因の検討（松四・松倉，2004）のみならず，誘因である降雨とそれがもたらす浸透水を実際に観測し，両者をあわせて崩壊発生の降雨閾値を検討した例（Matsushi *et al.*, 2006；Matsushi and Matsukura, 2007）を述べる．

房総半島の第四紀堆積岩からなる丘陵斜面を対象に，透水性の高い砂岩と難透水性の泥岩を基盤とする 2 つの地域を選定した．これらの地域では，気候環境や植生条件が等しいにもかかわらず，表層崩壊の発生頻度が大きく異なる．過去 20 年間での泥岩丘陵における崩壊発生数は，単位面積当り砂岩丘陵の約 22 倍に達する．すなわち，基盤岩の風化生成物である土層の水理・力学的特性と，そこで生起する斜面水文プロセスの差異が，表層崩壊の発生に決定的な影響を与えている．

表層崩壊の発生プロセスを特定するため，両地域の自然斜面を対象に，土層浅部における浸透水の挙動を連続観測した．また，不撹乱試料を用いた土質試験によって，土の水分条件とせん断強度の関係を調べ（Matsushi and Matsukura, 2006），強度低下を考慮した安定解析を行った．これにより，表層崩壊発生の臨界水分条件を求めた．次に，水文観測結果と安定解析を組合せることで，斜面の不安定性

を連続的に追跡した．そして，斜面の不安定化とそれをもたらした降雨の規模の関係を解析することにより，表層崩壊を誘発する閾(しきい)降雨条件を求めた．

その結果，基盤岩の透水性が異なる2つの丘陵地では，不安定化メカニズムおよび閾降雨の異なる表層崩壊によって，斜面の侵食が進行することが明らかとなった．透水性の高い砂岩を基盤とする斜面は，激しい降雨時においても不飽和状態を保っており，土層に浸透した雨水は常に鉛直下方向へ透過していた．このとき，濡れの伝播による粘着力成分の消失が，表層崩壊の直接的引き金となっており，臨界水分状態は再現周期が数十年の降雨によってもたらされるであろうと推定された．一方，透水性の低い泥岩を基盤とする丘陵では，降雨のたびに斜面が飽和状態に達し，間隙水圧の上昇に伴う摩擦力成分の減少が表層崩壊を引き起こしていることがわかった．このとき，斜面上に十分な厚みの土層が発達していれば，再現周期が数年以内の降雨によって崩れに至ることがわかった．この研究で用いた閾降雨条件の推定法は，地質条件を考慮した崩壊発生の警戒基準設定を可能にするもので，水文データや土質データの入手可能な特定地域での崩壊警報システムに応用できる可能性がある．

引用文献

赤崎久美子・松倉公憲 (2001) 豊浜トンネル岩盤崩落：海食崖の不安定性に与えるノッチの影響, 筑波大学陸域環境研究センター報告, **2**, 7-12.

Carson, M. A. and Kirkby, M. J. (1972) Hillslope Form and Process. Cambridge Univ. Press, London, 475 p.

Griffith, A. A. (1920) The phenomena of rupture and flow in solids, *Philosophical Transactions of the Royal Society of London*, **A221**, 163-198.

Hodgkin, E. P. (1964) Rate of erosion of intertidal limestone, *Zeitschrift für Geomorphologie, N.F.*, **8**, 385-392.

Hoek, E. and Bray, J. W. (1977) Rock Slope Engineering (Revised 2nd ed.). The Institution of Mining and Metallurgy, London, 402 p.

Hutchinson, J. N. (1972) Field and laboratory studies of a fall in Upper Chalk cliffs at Joss Bay, Isle of Thanet. in Parry, R. H. G. (ed.) Stress Strain Behaviour of Soils. Proceedings Roscoe Memorial Symposium., G. T. Foulis & Co. Ltd., Henley-on-Thames, Oxfordshire, 692-706.

飯田智之・奥西一夫 (1979) 風化表層土の崩壊による斜面発達について, 地理学評論, **52**, 426-438.

川村信人 (1997) 豊浜トンネル崩落事故の地質学的背景, 第34回自然災害科学総合シンポジウム要旨集, 4-11.

小暮哲也・青木 久・前門 晃・松倉公憲 (2005) 琉球石灰岩の一軸圧縮強度に与える寸法効果と岩石物性の影響, 応用地質, **46**, 2-8.

Kogure, T., Aoki, H., Maekado, A., Hirose, T. and Matsukura, Y. (2006) Effect of development of notches and tension cracks on instability of limestone coastal cliffs in the Ryukyus, Japan, *Geomorphology*, **80**, 236-244.

Matsukura, Y. (1987 a) Critical height of cliff made of loosely consolidated materials, *Annual Report of the Institute of Geoscience, Univ. Tsukuba*, **13**, 68-70.

Matsukura, Y. (1987 b) Evolution of valley side slopes in the "Shirasu" ignimbrite plateau, *Transactions of the Japanese Geomorphological Union*, **8**, 41-49.

Matsukura, Y. (1988) Cliff instability in pumice flow deposits due to notch formation on the Asama mountain slope, Japan, *Zeitschrift für Geomorphologie, N.F.*, **32**, 129-141.

Matsukura, Y. (1990) A model for valley side slope evolution in the Loess Plateau of China, *Annual Report of the Institute of Geoscience, Univ. Tsukuba*, **16**, 26-29.

Matsukura, Y. (1991) Notch formation processes and cliff instability in pumice flow deposits on the Asama mountain slopes, Japan, *Science Reports of the Institute of Geoscience, Univ. Tsukuba, Sect. A*, **12**, 37-63.

Matsukura, Y. (2001) Rockfall at Toyohama Tunnel of Japan in 1996: Effect of notch growth on instability of a coastal cliff, *Bulletin of Engineering Geology and the Environment*, **60**, 285-289.

松倉公憲・近藤昭彦 (1985) 田切谷壁における応力状態について, 筑波大学水理実験センター報告, **9**, 49-52.

Matsukura, Y. and Tanaka, Y. (1983) Stability analysis for soil slips of two gruss-slopes in southern Abukuma Mountains, *Transactions of the Japanese Geomorphological Union*, **4**, 229-239.

Matsukura, Y. and Terada, K. (1997) The slab-failure due to downcutting in a cliff composed of granular assemblies: An experimental approach, *Science Reports of the Institute of Geoscience, Univ. Tsukuba, Sect. A*, **18**, 57-63.

Matsukura, Y., Hayashida, S. and Maekado, A. (1984) Angles of valley-side slope made of "Shirasu" ignimbrite in South Kyushu, Japan, *Zeitschrift für Geomorphologie, N.F.*, **28**, 179-191.

松倉公憲・田中幸哉・若月　強（2002）韓国ソウル郊外の花崗岩と片麻岩山地における土層構造と表層崩壊形状に与える基盤岩質の影響，地学雑誌，**111**，416-425．

松四雄騎・松倉公憲（2004）透水性の異なる砂岩と泥岩からなる丘陵地における斜面崩壊の発生機構と発生位置，地形，**25**，139-159．

Matsushi, Y. and Matsukura, Y. (2006) Cohesion of unsaturated residual soils as a function of volumetric water content, *Bulletin of Engineering Geology and the Environment*, **65**, 449-455.

Matsushi, Y. and Matsukura, Y. (2007) Rainfall thresholds for shallow landsliding from pressure-head monitoring: Two cases with permeable and impermeable bedrocks in the Boso Peninsula, Japan, *Earth Surface Processes and Landforms*, **32**, 1308-1322.

Matsushi, Y., Hattanji, T. and Matsukura, Y. (2006) Mechanisms of shallow landslides in soil-mantled hillslopes with permeable and impermeable bedrocks in the Boso Peninsula, Japan, *Geomorphology*, **76**, 92-108.

Mogi, K. (1962) The influence of the dimensions of specimens on the fracture strength of rocks: Comparison between the strength of rock specimens and that of the earth's crust, *Bulletin of the Earthquake Research Institute*, **40**, 175-185.

恩田裕一（1989）土層の水貯留機能の水文特性および崩壊発生に及ぼす影響，地形，**10**，13-26．

Onda, Y. (1992) Influence of water storage capacity in the regolith zone on hydrological characteristics, slope processes and slope form, *Zeitschrift für Geomorphologie, N.F.*, **36**, 165-178.

Suzuki, T. and Matsukura, Y. (1992) Pore-size distribution of loess from the Loess Plateau, China, *Transactions of the Japanese Geomorphological Union*, **13**, 169-183.

Terzaghi, K. (1943) Theoretical Soil Mechanics. John Wiley & Sons, New York, 510 p.

Tjia, H. D. (1985) Notching by abrasion on a limestone coast, *Zeitschrift für Geomorphologie, N.F.*, **29**, 367-372.

Townsend, J. M., Jennings, W. C., Haycocks, C., Neall, G. M. and Johnson, L. P. (1977) A relationship between the ultimate compressive strength of cubes and cylinders for coal specimens. Proceedings of the 18th U. S. Symposium on Rock Mechanics, Keystone, Colorado, 4 A 6-1-4 A 6-6.

豊浜トンネル崩落事故調査委員会（1996）豊浜トンネル崩落事故調査報告書．

Trudgill, S. T., Smart, P. L., Friedrich, H. and Crabtree, R.W. (1987) Bioerosion of intertidal limestone, Co. Clare, Eire-1: Paracentrotus lividus, *Marine Geology*, **74**, 85-98.

Wakatsuki, T. and Matsukura, Y. (2008) Lithological effects in soil formation and soil slips on weathering-limited slopes underlain by granitic bedrocks in Japan, *Catena*, **72**, 153-168.

若月　強・田中幸哉・松倉公憲（2001）韓国京畿道に分布する花崗岩と片麻岩の鉱物粒径の差異，筑波大学陸域環境研究センター報告，**2**，25-30．

Wakatsuki, T., Tanaka, Y. and Matsukura, Y. (2002) Effect of lithological properties of bedrocks on structures of soil layers and soil slip depth and slope angle of shallow soil slips of granite and gneiss slopes in Korea, *Transactions of the Japanese Geomorphological Union*, **23**, 223-236.

Wakatsuki, T., Tanaka, Y. and Matsukura, Y. (2005) Soil slips on weathering-limited slopes underlain by coarse-grained granite or fine-grained gneiss near Seoul, Republic of Korea, *Catena*, **60**, 181-203.

8. 地 す べ り

　地震や火山国である日本では，地震や火山噴火が予知できれば，防災に多大な貢献をするであろう．しかし，現状では地震も火山噴火も予知できるレベルには至っていないようである．マスムーブメントの**予知**には様式の予知，発生場所や時間（時期）の予知などがある．ある場所で，どのような様式のマスムーブメントが発生するかについては，そこの地質（基盤岩石）・土質（風化物質）などの素因が重要となる．たとえば，砂質の土のところでは崩壊が発生し，粘土質の土のところでは地すべりが起こりやすいので，斜面物質からマスムーブメントの様式の見当をつけることができる．また，発生場所の予知・予測についていえば，地震による崩壊は尾根部で起こりやすいとか，降雨による崩壊は水が集まりやすい凹形谷型斜面で起こりやすい，ということなどの知見を利用して行われる．その場合に，マスムーブメントが起こるかどうかの判定には，斜面安定解析の手法はきわめて有効である．

　防災という面からいえば，マスムーブメントの様式の予知，場所の予知も重要であるが，やはり時間の予知は最も重要なものである．ただし，時間の予知といっても，その時間スケールには種々のものがある．たとえば，浅間山麓の田切や豊浜トンネルの崩壊例では，崩壊の発生はノッチの成長に依存していることから，ノッチの成長速度がわかれば，今度の崩壊がいつ頃（何十年～何年先）かということが推定できるかもしれない．また，阿武隈山地の花崗岩地域においては，同一地点での崩壊周期は土層の回復速度にコントロールされており，土層の成長速度がわかり，それが1mほどの厚さにまで回復する年数が見積もれれば，次の崩壊がいつ頃かが推定できる．しかし，このような数年先とか数十年先の予知よりは，数日先とか数時間以内とかいうような，より直近での発生時間がわかれば，防災上はよ

り有効である．本章の最後では，マスムーブメントの発生時刻の予知に成功した例を紹介する．

8.1　地すべりの定義・分類

8.1.1　初生地すべりと二次地すべり

　前章で議論したように，山崩れは比較的急な斜面で起こる急速な運動であるのに対し，地すべりは比較的傾斜の緩い斜面で緩慢な速度で起こるものをさす．しかし，山崩れと地すべりを厳密に区分することは難しい．なぜなら，自然界で起こる現象の中には，それらの中間的なものがあるからである．すなわち**崩壊性地すべり**とか**地すべり性崩壊**などと呼ばれているものがその例である．たとえば，ある山体が徐々に隆起して斜面勾配を徐々に急にすることにより，または，大きな地震を誘因として大規模な崩壊（あるいは崩壊性地すべり）を発生させたとする．このようなものは**初生地すべり**（あるいは一次地すべり）と呼ばれる．一次地すべりが終息した後も，地盤の継続的な隆起による斜面勾配の増加や，あるいは風化による地すべり土塊の脆弱化（強度低下）の進行によって，再び力学的なバランスが崩れると，地すべり土塊は運動を再開する．このような地すべりは**二次地すべり**と呼ばれる．一般に初生地すべりが終息した斜面では，それ以前の斜面に比較してかなり勾配が緩くなっており，土塊は風化により徐々に細粒化（粘土分が増加）する．したがって，二次地すべり以降の運動様式は，典型的な地すべりとなる．

8.1.2　地すべりの分類および発生しやすい地質帯（素因）

　日本では，地すべりはある特定の地質地帯に発生することが古くから示されてきた．たとえば新潟県

には地すべりが多いが，特に第三紀層の寺泊層と呼ばれる黒色泥岩地帯に多く，同じく第三紀層の椎谷層，魚沼層などの砂岩と頁岩あるいは砂岩と泥岩の互層地帯でも多く発生している．同様に，第三紀の泥岩の分布する富山県氷見丘陵，石川県能登半島，九州北部北松浦地方，千葉県房総半島南部などにおいて地すべりが密集して分布する．このように，地すべりに頁岩・泥岩が関与するということは，頁岩・泥岩がスレーキングにより強度を低下させることと深い関連が予想される．また，四国を横断する中央構造線沿いの破砕帯に地すべり多発地帯があり，そこでの地すべりは**破砕帯地すべり**と呼ばれている．

小出（1955）は，日本の地すべりを**第三紀層地すべり**，**破砕帯地すべり**，**温泉地すべり**に分類した．この分類は単純で，大局的な把握には便利であったので，地すべり研究者の中で長い間使われてきたが，分類の基準があいまいであることに対する批判がある．また，渡（1971，1973）は，地すべりを斜面物質によって以下のように区分した．

(1) 岩盤地すべり（新鮮な岩盤よりなる）
(2) 風化岩地すべり（風化岩または巨礫まじり岩屑よりなる）
(3) 崩積土地すべり（礫混じり土砂よりなる）
(4) 粘質土地すべり（粘土または礫混じり粘土よりなる）

8.2 地すべり粘土とその特性

8.2.1 地すべり粘土の粘土鉱物

地すべりの土塊中には多くの場合，粘土が含まれている．それらは，**地すべり粘土**と呼ばれる．また，地すべりのすべり面には，しばしば数mm～数cmの厚さの粘土層が発達している．それらは，とくに**すべり面粘土**などと呼ばれ，地すべりが繰り返して活動していることの証拠であり，そのような粘土の存在そのものが，典型的地すべりの特徴と考えられている．一般的には，**地すべり粘土**と**すべり面粘土**は，その構成する粘土鉱物の種類にはあまり違いがないといわれている．

地すべり粘土の粘土鉱物については，古くからデータが集積されてきている（たとえば，谷津，1965など多数）．それらによると，ほとんどの場合，地すべり粘土には膨潤性の粘土鉱物（主にモンモリロナイト，膨潤性緑泥石，モンモリロナイトを含む混合層鉱物など）が含まれている．膨潤性の粘土鉱物については，第3章において，泥岩の乾湿風化（スレーキング）と密接な関連のあることを述べた．たとえば，膨潤性粘土鉱物を含む泥岩からなる斜面においては，降雨の浸透や地下水位の上昇・下降などにより含水比の変化があると，岩盤の膨張や収縮が起こる．それが繰り返されることにより，岩盤のせん断強度が徐々に低下することが考えられる．そのことが，地すべりの発生を引き起こしているものと考えられる．すなわち，膨潤性粘土鉱物を含む岩石や土の存在は，地すべりを引き起こす最も重要な原因（素因）と考えられる．

8.2.2 地すべり土のせん断強度特性

地すべり土のせん断強度は，一般に一面せん断試験によって得られる．密な土では，ピーク強度が発揮されたあとに残留強度が現れるが，過圧密粘土の長期的な強度特性にも，同様なことが起こる．**過圧密粘土**とは，大きな上載荷重のために強い圧縮を受けていた粘土層が，後に上部が侵食されてこの圧力から解放され，膨張して含水比が増加した粘土をいう．これに対し，過去に強い圧縮を受けたことのない粘土を**正規圧密粘土**という．過圧密粘土の代表的なものとして，後述するLondon粘土層がある．日本の第三紀層の泥岩も，一種の過圧密粘土である．

過圧密粘土と正規圧密粘土を，排水条件でせん断試験したときの応力-ひずみ曲線は，図8.1のようになる．過圧密粘土は，**ピーク強度**（peak strength）に達したあともせん断を継続する（ひずみを増大させる）と強度が低下する，いわゆるひずみ軟化特性がみられる．この強度低下がある程度進むと，完全軟化強度（正規圧密粘土のせん断強度に相当する強度）に達する．これは，破壊が進行するとせん断面付近での含水比が増加するためと考えられている．完全軟化強度に達したあとにさらにせん断変位が生じると，強度はさらに低下し，ある一定値に限りなく近づく．この一定値は，**残留強度**（residual strength）と呼ばれる．一般に，ピーク強度の粘着力はc_p，せん断抵抗角はϕ_p，残留強度のそれらはc_r，ϕ_rと表される．残留強度の求め方には，繰返し一面せん断試験とリングせん断試験と

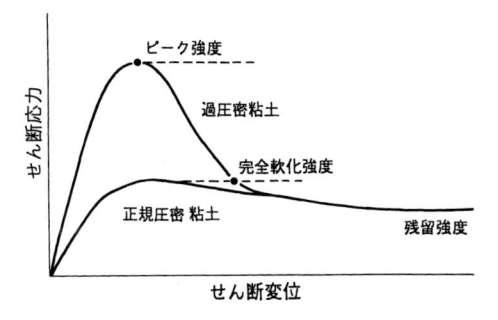

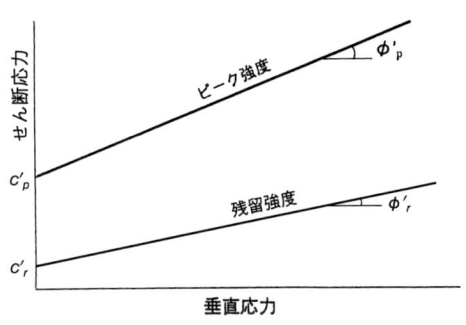

図8.1 すべり面粘土のせん断強度特性

がある.

8.2.3 残留強度と粘土含有量および粘土鉱物との関係

一般に,地すべりは崩壊と異なり,その動きは緩慢であり,すべりを慢性的に繰り返すという特徴をもっている.このような地すべり斜面の安定解析を行う場合には,その強度定数としては,残留強度定数 (c'_r, ϕ'_r) が用いられる.そこで,ここではまず,残留強度と粘土含有量および粘土鉱物の関係について検討する.

表8.1に取り上げた14個の粘土は,日本各地の地すべり地から採取されたものである(松倉,1991).これらの粘土の母岩は,水沢新田が砂岩泥岩の互層,小諸が礫岩,東山がハンレイ岩の他は,すべて泥岩である.粒度組成やアッターベルグ限界 (Atterberg limits) は,JISの規格に従って求められている.せん断強度は,繰返し一面せん断試験によって得られた.せん断の速度は,すべて0.03〜0.045 mm/min で,垂直応力は,千葉,新潟,東山では,0.2〜2.0 kgf/cm² の範囲で,小諸は1.0〜4.0 kgf/cm² の範囲でそれぞれ行われた.その試験結果をもとに残留強度 (c'_r, ϕ'_r) が求められた.また,Lupini et al. (1981) の方法に従い,$\sigma'_n = 2.0$ kgf/cm² におけるせん断応力 τ'_r の値をもとに残留摩擦係数 (residual coefficient of friction),τ'_r/σ'_n の値を求めた.また,地すべり粘土中に含まれる粘土鉱物は,水簸後の試料を用い,X線回折によって分析した.

残留強度のせん断抵抗角 ϕ'_r,あるいは残留摩擦係数 τ'_r/σ'_n については,従来,粘土含有量 (CF) および塑性指数 (I_P) との関係が議論されてきた.そこで,ここでは,求められた14個の粘土の CF と τ'_r/σ'_n との関係をプロットした(図8.2).この図には,Skempton (1984) の整理した,これら両者の関係を示す上限・下限のラインを示してある.また,純粋な単一の粘土100%の試料を用いた実験により,ϕ'_r の値はカオリナイトでは15°,イライトでは10°,モンモリロナイトでは4〜5°ということも知られている(たとえば,Mitchell, 1993, p. 370)ので,この値も図の中に書き込んである.この図に示されているように,従来の研究の多くは,粘土分が20〜25%を超えると ϕ'_r あるいは τ'_r/σ'_n が急激に低下することを示している.この現象については,CF が20%以下では回転せん断 (turbulent shear or rolling shear) が起こるためにせん断抵抗が大きくなり,逆に CF が50%を超えると,すべりせん断 (sliding shear) が起こってせん断抵抗を小さくするというきわめて興味深い解釈がなされている(たとえば,Lupini et al., 1981;Skempton, 1984).

ここでは,この CF と ϕ'_r あるいは τ'_r/σ'_n の関係を,さらに粘土鉱物の種類とその量(定性的な)の問題を加味して考察する.葭尾沢と蓬平と小諸はモンモリロナイトを含むが,そのX線回折ピーク強度が大きいことから,モンモリロナイトの含有量が多いと思われる.これが,CF が少ない割にせん断抵抗が小さい理由と考えられる.逆に,千葉県の西における粘土は,イライトやクロライトからなるために,また馬場と寸分道においてはモンモリロナイトが少なく,イライト,クロライトが多量に含まれていることが,従来の傾向を示すラインより上方に点がプロットされることになったと解釈される.西以外の千葉県の粘土は,大部分のものは,CF が30%以上とかなり大きい値をとる.そのため,粘土のせん断形態としてはすべりせん断をすると思われることと,粘土のせん断抵抗そのものが小さいモ

表 8.1 日本各地の地すべり粘土の諸物性（松倉，1991）

地点	母岩の岩質	砂 >63μm (%)	シルト 63〜2μm (%)	粘土 <2μm (%)	塑性指数 (I_P)	せん断強度定数 c'_r (kgf/cm²)	ϕ'_r (degree)	τ'_r/σ'_n (degree)	含有する主な粘土鉱物*
1 新潟 葭尾沢	寺泊層泥岩	32	44	24	24.5	0.302	16.4	23	Mo, I, Chl
2 〃 馬場	椎谷層泥岩	1	60.5	38.5	35.5	0.115	21.4	23.7	Mo, I, Chl
3 〃 寸分道	椎谷層泥岩	4.5	55.5	40	29.2	0.283	21.5	27.5	Mo, I, Chl
4 〃 蓬平	椎谷層泥岩	13	53.5	33.5	37.4	0.219	11.5	17.2	Mo, I
5 〃 水沢新田	魚沼層群砂質泥岩	38.5	35.0	26.5	24.3	0.056	35.9	37.2	I, Chl
6 長野 小諸	大杭層礫岩	35	37.5	27.5	41.7	0.32	15.1	23.7	Mo, I, Chl
7 茨城 東山	― ハンレイ岩	15	40	45	29.2	0.122	10.6	12.4	Sw.Chl, K, Hal, St
8 千葉 西	嶺岡層群泥岩	4.5	53.5	42	19.6	0.068	19.4	21.8	I, Chl
9 〃 西56	嶺岡層群泥岩	11	44	45	39.3	0.047	12.1	14.0	I/Mo, Mo, I, Chl
10 〃 東A2	嶺岡層群泥岩	18.5	30.5	51	36.7	0.057	9.2	11.3	I/Mo, Mo, I, Chl
11 〃 東G3	嶺岡層群泥岩	7	41.5	51.5	45.2	0.060	10.9	13.3	I/Mo, Mo, I, Chl
12 〃 平久里中	保田層群泥岩	25	31	44	29.0	0.072	11.8	14.4	Mo, I, Chl, V
13 〃 平久里下一原	保田層群泥岩	9	48	43	31.0	0.115	7.8	12.5	I/Mo, I, Chl
14 〃 平久里下一真門	保田層群泥岩	7	38	55	30.9	0.039	8.9	10.5	I/Mo, I, Chl

*含有する粘土鉱物は以下のように略記されている．Mo：モンモリロナイト，I：イライト，Chl：クロライト，Sw.Chl：膨潤性緑泥石，K：カオリナイト，Hal：ハロイサイト，St：スティルバイト，I/Mo：イライト/モンモリロナイト混合層鉱物，V：バーミキュライト．塑性指数は液性限界と塑性限界の含水比の差として求められる．液性限界，塑性限界，収縮限界などの含水比を総称してコンシステンシー限界またはアッターベルグ限界と呼ぶ．
データの出典；1〜5：佐藤ほか（1985），6：蒲野（1985），7：松倉ほか（1979）および松倉・水野（1984），8〜10：水野（1984）および Matsukura and Mizuno（1986），11〜14：水野（1984）による．

ンモリロナイトおよびイライト/モンモリロナイト混合層鉱物が多く含まれていることが，せん断抵抗を小さくしているものと解釈できる．水沢新田は，砂分が多いために，回転せん断の様式をとりせん断抵抗を大きくさせていると思われるが，CF〜ϕ'_rの従来の研究で引かれた傾向ラインからさらに上方にはずれる理由についてはよくわからない．東山が，かなり小さいせん断抵抗をもつことは，板状の形態をもつ膨潤性クロライトが，球形ハロイサイトよりも多量に含まれており，せん断に影響しているためではないかと解釈される．

以上のように，これらの地すべり粘土のせん断抵抗力は，従来いわれているような，粘土含有量だけではなく，粘土鉱物の種類やその量比によっても大きく影響されていることがわかる．

8.3 風化による強度低下および地下水位の上昇が引き起こす地すべり

8.3.1 泥岩の風化と地すべり：房総半島・嶺岡地域

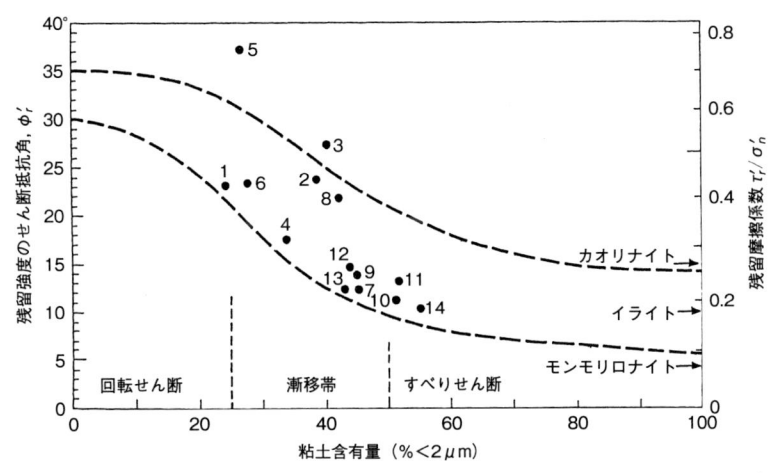

図8.2 粘土含有量と残留摩擦抵抗（せん断抵抗角）との関係（図中のプロファイルの添字番号は表8.1のサンプル番号に対応している．また図中の破線はLupini *et al.* (1981) による）（松倉, 1991）

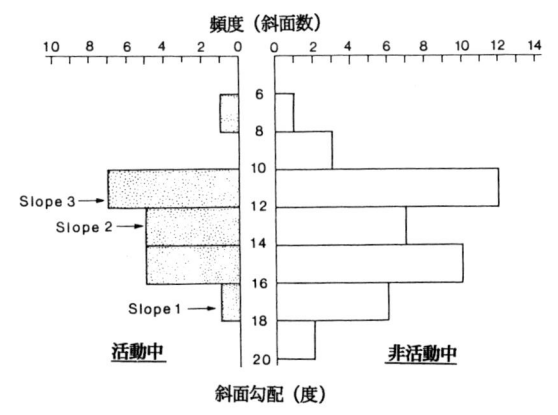

図8.3 千葉県嶺岡地域における地すべり活動中の斜面，非活動中の斜面における斜面勾配の頻度分布（Matsukura and Mizuno, 1986）

　房総半島南部の嶺岡地域は，中新世に貫入した蛇紋岩や玄武岩が東西に分布し，その南側に，漸新世の嶺岡層群の泥岩が存在する．標高120～250m程度の山地を構成する緩斜面がいくつかの河川によって開析されており，わが国でも有数の地すべり地帯となっている．地すべり土塊は粘質土よりなり，ボーリング調査・標準貫入試験結果では $N<15$ を示し，スウェーデン式サウンディング調査結果では $N_{sw}<100$ を示し，オーガーボーリング調査結果では，すべり面以浅で貫入不能となる（守随, 1992）．蛇紋岩の風化物質による地すべりというよりは，泥岩の風化物質中で起こる地すべりである．

　以下は，Matsukura and Mizuno (1986) の調査結果である．調査時（1982～1983年）に活動中の19斜面の縦断形の勾配と，1/10000地形図上で任意に引いた41本の測線に沿う斜面縦断の勾配をもとに，それらのヒストグラムを作成した（図8.3）．これによると，地すべりが活動中の斜面も非活動中の斜面もともに，勾配は10～12°のところにピークをもち，斜面での地形形成プロセスとしては，地すべりが主要なものであることが確かめられた．これらの活動中の地すべり地の中から，とくに勾配の異なる3つの斜面を選び，土層構造，すべり面の位置，地下水位などを精査した（図8.4）．Slope 1, 3 の縦断形はほぼ直線状であり，X-X′, Z-Z′ での平均勾配は 17.4° と 11.6° である．Slope 2 では，

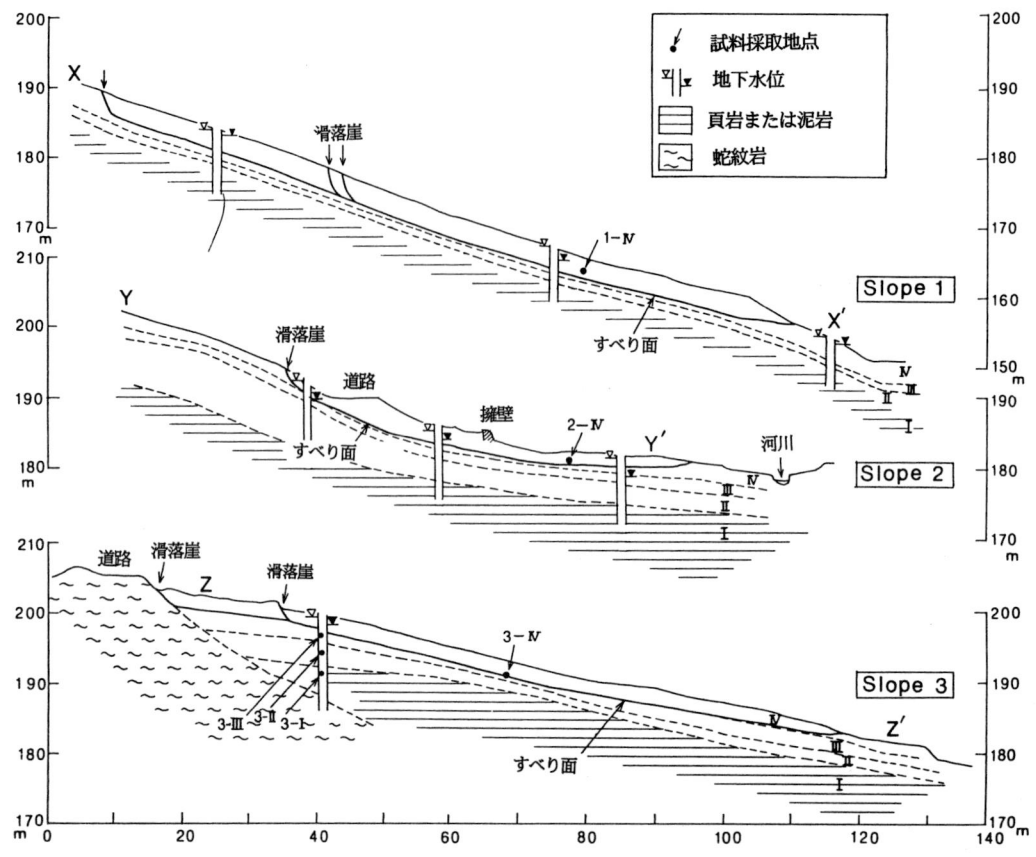

図 8.4 千葉県嶺岡地域における地すべり地の斜面プロファイル（すべり面の位置）と物性計測試料の採取地点 (Matsukura and Mizuno, 1986)

人工構造物などによるステップなどが見られるが，中央部（Y-Y'）における平均勾配はおよそ12.9°と読みとれる（図8.3）．貫入試験によるN値などから，土層構造は斜面に平行な成層構造をもっていることがわかった．それらを，深部の基岩のI層から地表付近の粘土層のIV層までに分帯した．また，トレンチ掘削やひずみ計により確認されたすべり面も地表面にほぼ平行な平面とみなされる．すべり面の平均（鉛直）深さは，約3m（Slope 1），約2.5m（Slope 2），約2m（Slope 3）と非常に浅く，土層構造のIV層中の下部，あるいはIII層とIV層の境界付近に位置している．また，地下水位は降雨に伴い地表面に平行に上昇するが，その変動は，地表面にごく近いところでのみ起こっているようである．

ボーリング試料（図8.4中の3-I，3-II，3-III，3-IV）などを用いて，Slope 3における鉛直深さ方向（深い方から浅い方向へ）の鉱物変化および物性の変化を調べた．基岩である嶺岡層の泥岩（3-I）は，石英，斜長石，カリ長石，ドロマイトなどの一次鉱物の他に，粘土鉱物として，クロライトとイライトを含む（図8.5）．一方，3-IVのような地表付近では，ドロマイトの消失，一次鉱物のX線強度の減少，粘土鉱物のわずかな増加が認められる．また，3-Iから3-IVまでの土質工学的諸性質（**表8.2**）を見ると，3-I，3-IIの粘土含有量はそれぞれ18%と19%であるのに対し，上部の3-III，3-IVでは32%，51%と多くなっている．また，乾燥単位体積重量は，3-Iで21.9 kN/cm³ (2.15 gf/cm³)，3-IIで19.7 kN/cm³ (1.93 gf/cm³)，3-IIIで19.2 kN/cm³ (1.88 gf/cm³)，3-IVで14.8 kN/cm³ (1.45 gf/cm³) と徐々に減少している．逆に，間隙比は上部に向かい，0.21，0.34，0.38，0.81と増加する．窒素吸着のBET法で求めた比表面積は，3-I，3-IIで16.1 m²/g，7.6 m²/gと小さく，3-III，3-IVで33.3 m²/g，39.5 m²/gと増大する．以上のように，鉱物学的，土質工学的性質の測定結

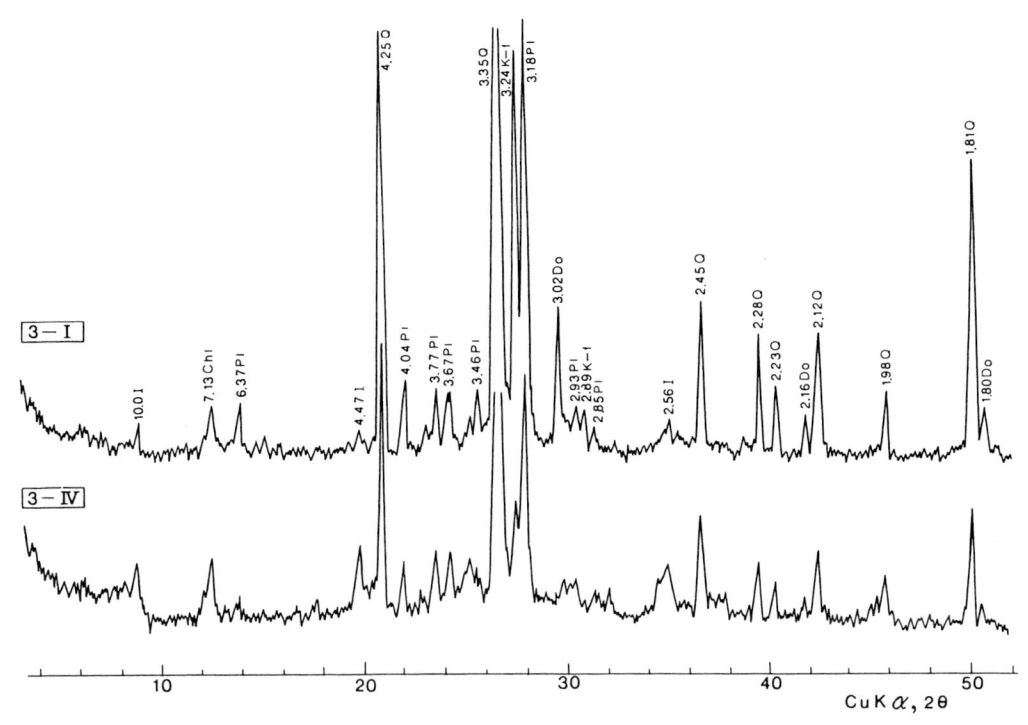

図8.5 試料3-Ⅰと3-ⅣのX線粉末回折パターン（Matsukura and Mizuno, 1986）
回折曲線の波形のピークは，鉱物の1つの結晶単位構造層の厚さ（回折線の各ピークの上の数値がこの厚さを示すd値であり単位はÅ）を表す底面反射線であり，その位置が鉱物によって異なることを利用して鉱物の同定を行う．Q：石英，Pl：斜長石，K-f：カリ長石，Do：ドロマイト，I：イライト，Chl：クロライト．

表8.2 千葉県嶺岡地区の地すべり土の物理的，土質工学的諸性質（Matsukura and Mizuno, 1986）

	γ_d (kN/m³)	γ (kN/m³)	e	CF (%)	w_n (%)	w_L (%)	w_p (%)	I_P	S_s (m²/g)
1-Ⅳ	15.2	19.4	0.74	42	28.7	31.7	12.1	19.6	28.2
2-Ⅳ	15.2	19.4	0.74	45	26.5	58.6	19.3	39.3	44.2
3-Ⅳ	14.8	19.2	0.81	51	28.7	53.6	16.9	36.7	39.5
3-Ⅲ	19.2	—	0.38	32	13.4	—	—	—	33.3
3-Ⅱ	19.7	—	0.34	19	5.5	—	—	—	7.6
3-Ⅰ	21.9	—	0.21	18	5.0	—	—	—	16.1

γ_d：乾燥単位体積重量，γ：飽和単位体積重量，e：間隙比，CF：粘土含有量（<2μm），w_n：自然含水比，w_L：液性限界，w_p：塑性限界，I_P：塑性指数，S_s：比表面積．

果は，土層のⅠ層，Ⅱ層，Ⅲ層，Ⅳ層と，地表に向かって徐々に風化程度が大きくなる（地表に近いほど風化が進行している）ことを示している．

Slope 1, 2, 3はごく隣接した斜面であることから，それぞれの基岩はほぼ類似の鉱物組成や類似の諸性質をもっている．しかし，表層部（Ⅳ層）の鉱物組成や物性には，以下に述べるように，各斜面ごとに差異が認められる．Slope 1では，イライトやクロライトを含むだけであるが，Slope 2やSlope 3ではこれらの他に，イライト/モンモリロナイト混合層鉱物やモンモリロナイトが含まれている（図8.6）．Slope 1に比較して，Slope 2, 3は粘土含有量，塑性指数がともに大きい（表8.2）．また，比表面積もSlope 1 (1-Ⅳ) で28.2 m²/gと小さいのに対し，Slope 2 (2-Ⅳ) で44.2 m²/g, Slope 3で39.5 m²/gと大きい．せん断抵抗角も，Slope 1は

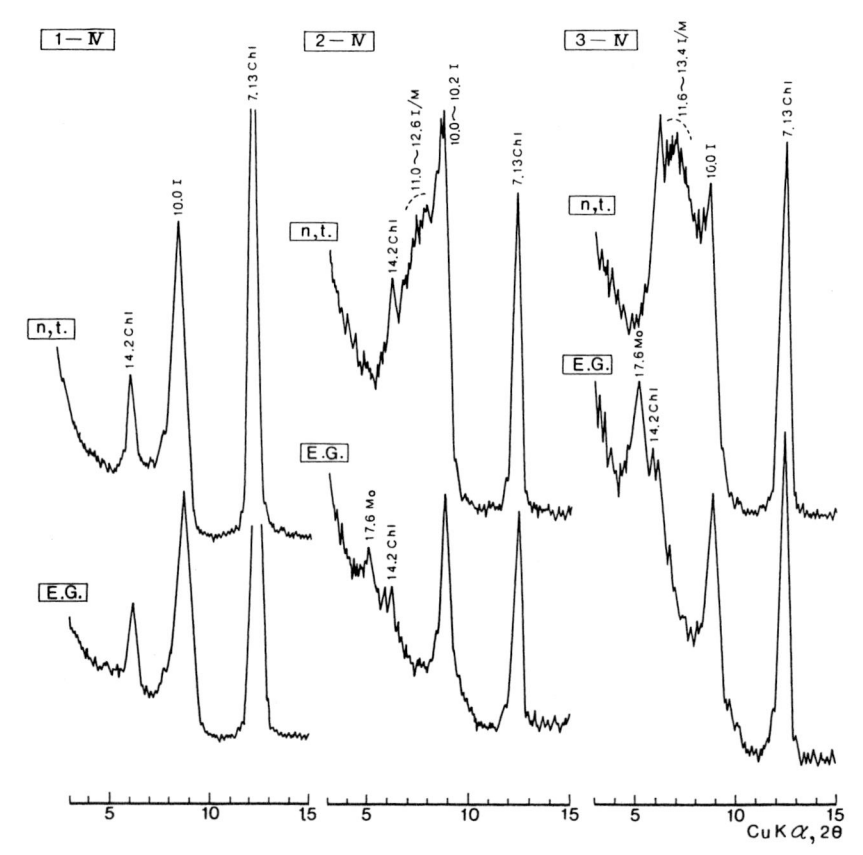

図 8.6 粘土分の X 線粉末回折パターン (Matsukura and Mizuno, 1986)
n,t.：無処理（風乾状態），E.G.：エチレングリコール処理，I：イライト，Chl：クロライト，Mo：モンモリロナイト，I/Mo：イライト/モンモリロナイト混合層鉱物．

19.4°であるのに対し，Slope 2 では 12.1°，Slope 3 では 9.2°とかなり小さな値をとる（図 8.7）．以上のことは，同じ物性をもった嶺岡層の泥岩を基岩としているにもかかわらず，斜面のおかれた環境によって，その後の風化の進行程度に差異が生じた（すなわち，土層の風化程度によって残留強度が決定されている）ものと考えられる．

得られた残留強度定数や他の物性値を，無限長斜面の安定解析の式(5.37)，(5.38)に代入した．結果を図 8.8 に示す．この図から，それぞれの斜面勾配は，地下水面がほぼ地表面に一致するときの限界安定勾配に相当することが読み取れる．このことは，斜面が残留強度に応じた勾配をもっていることを示している．一方，この残留強度は斜面物質の風化程度によってその値が決まっていることはすでに述べた．したがって，この 3 つの斜面の勾配は，それぞれの斜面物質の風化の程度によって決まっていると考えることができる．

8.3.2 ハンレイ岩の風化と地すべり：柿岡盆地東山地すべり

茨城県柿岡盆地の北に，東山という小さなハンレイ岩からなる山がある（4.3.2 項参照）．空中写真判読によれば，多くの化石地すべり地形が存在する．西の山麓で 1976 年 6 月から 1977 年末までにかけて地すべりが起こった（松倉・水野，1984；Matsukura, 1996）．図 8.9 は，地すべり発生 1 年後の 1977 年 6 月時点での地すべり地の断面図である．この地すべりは，最大 100 m の長さと最大 40 m の幅をもっている．また，地すべり発生前の斜面勾配（図 8.9 の X′-Y′）は 13.9°と見積もられ，1 年後の勾配（X-Y）は 11.3°となった．地すべり地内と周辺に掘られたボーリングの孔で計測されたひずみ計のデータから，すべり面の位置が崩積土の中

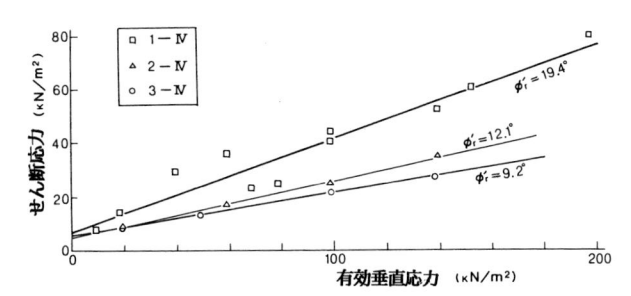

8.3 風化による強度低下および地下水位の上昇が引き起こす地すべり

図8.7 地すべり土の緩速繰返し一面せん断試験による残留強度ライン（Matsukura and Mizuno, 1986）

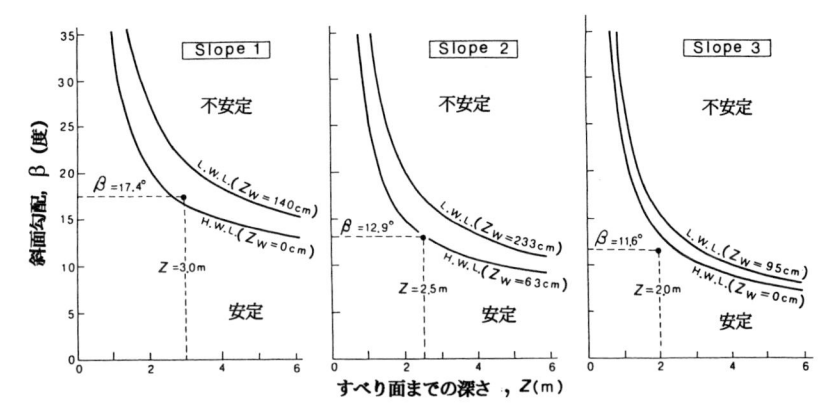

図8.8 各斜面における安定解析結果（Matsukura and Mizuno, 1986）

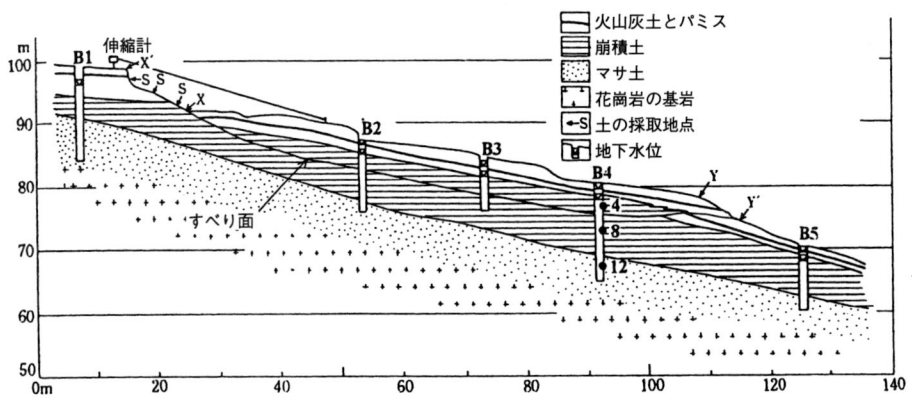

図8.9 茨城県柿岡盆地の東山地すべり地における1977年6月の時点での地すべり断面図（松倉・水野，1984；Matsukura, 1996）

に存在することが推定された．すべり面は地表面にほぼ平行であり，その鉛直深は約6.4 mであった．地すべり斜面の上に，3段ほどの段丘状の地形が認められるが，これは人工的なものである（地すべり地の上はたばこ畑になっており，段差の部分は，その畑どうしの境界部に相当する）．地すべり地の末端が少し盛り上がっているのは，そこが圧縮ゾーンであるからである．

滑落崖での観察から，すべりを起こしている物質は礫を含む褐色の粘土からなる崩積土であることがわかった．地すべり粘土には，ハンレイ岩の風化物である膨潤性緑泥石が含まれていることは，すでに第4章（4.3.2項）で述べた．崩積土の上には厚さ3～4 mの関東ロームが載っており，そのローム層にはオレンジ色の鹿沼パミス（約5万年前の噴出物：厚さ0.5 m）が挟在する．1975年と1976年の

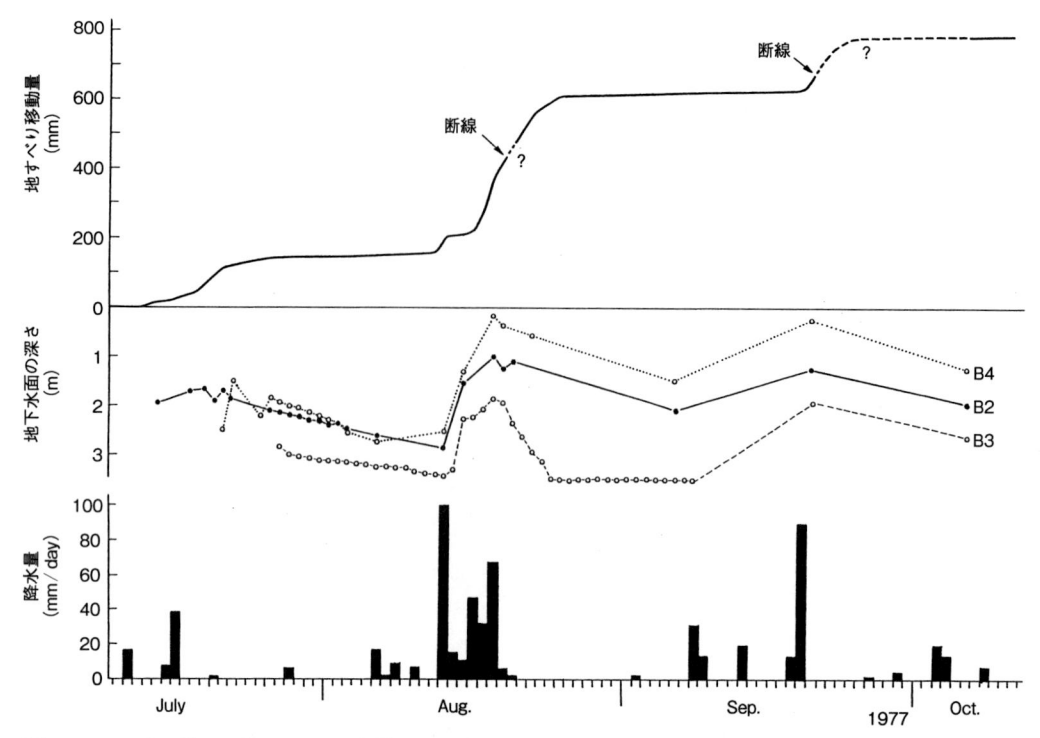

図 8.10 1977年7月～10月までの3か月間の地すべり移動量の積算値，B2, B3, B4における地下水位の変動（B2～B4の位置は図8.9を参照），降水量の変化（松倉・水野，1984; Matsukura, 1996）

降水量は，それぞれ1525 mmと1575 mmであり，平均年降水量1394 mmより若干多い．雨量の多いのはもちろん梅雨と台風の季節である．1976年の5月に梅雨前線と台風6号が刺激しあって，3日間で162 mmという豪雨があり，これが地すべりの引き金となった．

滑落崖の亀裂が最初に発見されたのは，1976年6月末で，その後地すべりの移動は徐々に進行し，9月末には滑落崖と地すべり土塊頭部との溝は5 mに広がった．このことから，地すべり発生初期の3～4か月間の平均移動速度は，50 mm/day程度と見積もられる．1年後の1977年7月から10月までの3か月間にわたり，応用地質調査事務所（1977）により移動プロセスに関する調査が行われた．図8.10に，伸縮計による移動量の測定および地下水位の観測結果を示した．この図から，降雨・地下水位の上昇・地すべりの移動との間には，きわめてよい対応が認められる．すなわち，降雨後地下水位が徐々に上昇し，それに伴い地すべりの移動量が増大するという関係である．平常の地下水位は，地表下2～3 mであるので，前述のすべり面深度のほぼ中間のところに位置している．これが降雨により緩やかに上昇する．とくに8月中旬，9月上～中旬の降雨に対する地下水位の上昇は顕著であり，B2～B4のいずれも平常の地下水位より2～3 mの上昇が記録されている．降雨による地下水位の上昇とともに，地すべり移動量の増大が顕著である．とくに8月13日～19日の降雨に対しては，ほぼ350 mmの移動量が測定されている．

地すべりの形状から，解析の式としては無限長斜面の平面すべりを用いるのが妥当であろう．この式は，第5章で式(5.37)として与えられている．この解析は，すべり面より上の物質が一様であるという条件で成り立つが，東山地すべりの場合には異なる3種の土からなる．そこで，式中のγZ（すべり面の単位面積にかかる鉛直方向の荷重）は3種の土の荷重を加えたものとなるので，それを考慮すると次式が得られる：

$$F_s = \frac{c' + [(\gamma_1 Z_1 + \gamma_2 Z_2 + \gamma_3 Z_3) - m\gamma_w Z]\cos^2\beta \tan\phi'}{(\gamma_1 Z_1 + \gamma_2 Z_2 + \gamma_3 Z_3)\sin\beta \cos\beta}$$

(8.1)

8.3 風化による強度低下および地下水位の上昇が引き起こす地すべり

表 8.3 茨城県柿岡盆地の東山地すべり地の火山灰土，軽石層（パミス），崩積土の物理的諸性質（松倉・水野，1984；Matsukura, 1996）

	火山灰土壌	パミス	崩積土
比重，G_s（無次元）	2.76	2.60	2.76
乾燥単位体積重量，γ_d (gf/cm³)	1.17	0.32	1.24
間隙比，e（無次元）	1.36	7.11	1.22
自然含水比，w (%)	36.7	193.2	40.6
飽和単位体積重量，γ (gf/cm³)	1.74 (γ_1)	1.20 (γ_2)	1.79 (γ_3)

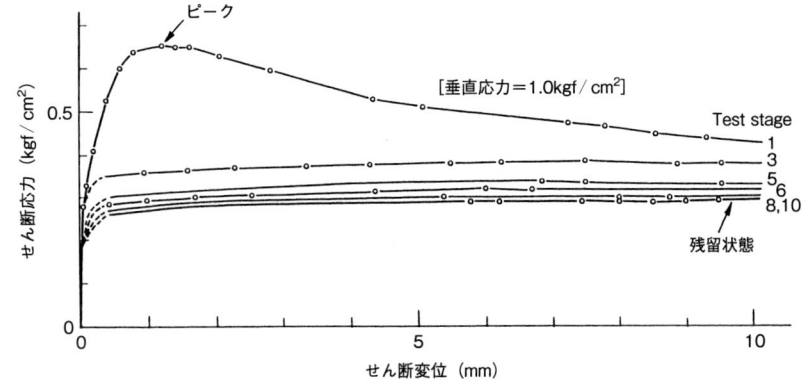

図 8.11 応力-ひずみ曲線とピーク強度，残留強度の状況（松倉・水野，1984；Matsukura, 1996）

土の諸物性を計測した結果を表 8.3 に示した．せん断強度は，繰返しの一面せん断試験によって求めた．せん断は，0.03〜0.045 mm/min の緩速で行った．これは，前述の地すべり初期の平均移動速度 50 mm/day にほぼ相当する．試験結果の応力-変位曲線の一例を図 8.11 に示した．これは垂直応力が 1.0 kgf/cm² の場合であるが，最初のせん断の 1 mm ほどの変位のところで 0.65 kgf/cm² のピーク強度を示し，その後の変位の増大とともに強度が徐々に低下する．せん断を繰り返すに従い，強度は 0.3 kgf/cm² とほぼ一定値に近づく．この値を残留強度と認めた．その結果，ピーク強度に対しては，$c'_p = 0.169$ kgf/cm²，$\phi'_p = 27.8°$，残留強度に対しては $c'_r = 0.122$ kgf/cm²，$\phi'_r = 10.6°$ となった（図 8.12）．

式(8.1)に各物性値のデータを代入することにより，安全率と斜面勾配との関係をみたのが図 8.13 である．地下水面の位置を表す m の値は，1.0, 0.5, 0 として計算した．現実の地すべり地では，m の値はほぼ 0.5〜1.0 の間で変動している．地すべり発生前の斜面勾配は，13.9° と推定されている．この斜面勾配とピーク強度を用いた解析によれば，地下水が地表面に一致する $m = 1.0$ の場合（図の一番下の破線）でさえ $F_s = 1.55$ となり，地すべりの移動は説明しえない．Skempton (1964) は，初生地すべりの場合の土の平均強度は，ピーク強度 S_f と残留強度 S_r の間の値をとることを示し，その指標として**残留係数** R（residual factor）なるものを次のように定義した．

$$R = \frac{S_f - S}{S_f - S_r} \tag{8.2}$$

ここで，S はすべり面上での平均強度を示す．東山地すべり地における R は，次のようにして求められる．まず S は臨界条件（$F_s = 1$）においては，すべり面上に働くせん断力（式(8.1)の分母で示される）と等しくなることから，$\beta = 13.9°$ の条件で 0.257 kgf/cm² となる．次に $m = 0.5$ および $m = 1.0$ において，すべり面に働く垂直応力（式(8.1)の分子の [ ] 括弧×$\cos^2\beta$ で示される）は，それぞれ 0.737 kgf/cm²，0.435 kgf/cm² となる．そこで図 8.12 から，これらの垂直応力における S_f は 0.557 kgf/cm²，0.398 kgf/cm²，S_r は 0.257 kgf/cm²，0.203 kgf/cm² とそれぞれ与えられる．式(8.2)にこれらの値を代入すると $m = 1.0$ のとき

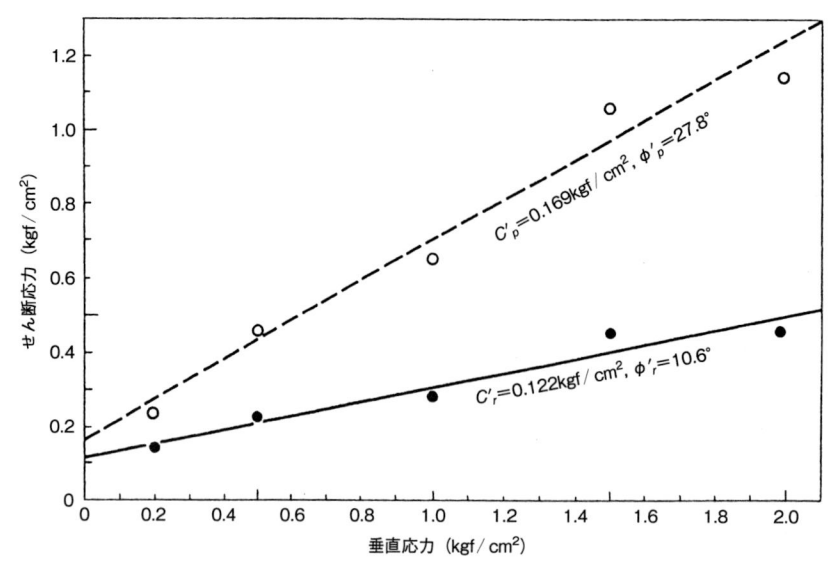

図 8.12 一面せん断試験から求められた崩積土のピーク強度，残留強度の強度包絡線（松倉・水野，1984；Matsukura，1996）

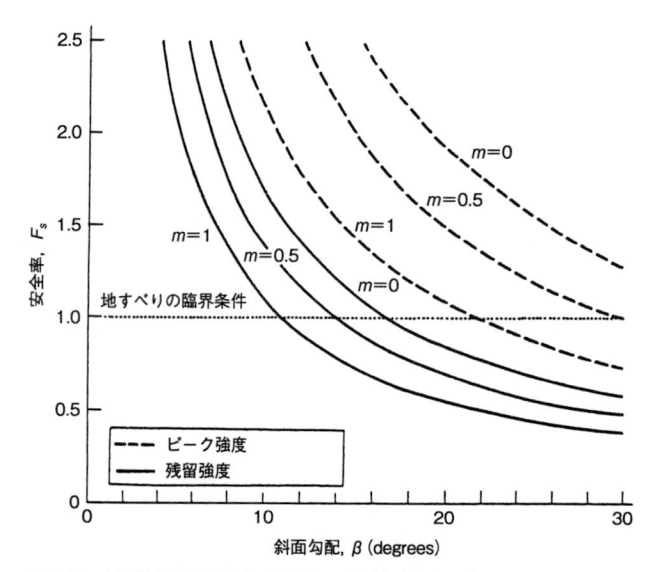

図 8.13 斜面勾配 β と安全率 F_s との関係（松倉・水野，1984；Matsukura，1996）
ピーク強度と残留強度を用い，地下水位の変動のパラメータである m を変化させている．安全率1以上が安定領域（安全側）であり，1以下が不安定領域（危険側）となる．

$R=0.72$，$m=0.5$ のとき $R=1.01$ が得られる．このことは $m=1.0$ の条件下ですべりが始まったとすると，そのときの土の強度は，すべり面全体の7割が残留強度まで低下していたことを示し，$m=0.5$ の条件を与えると，ほぼすべり面全体が残留強度にまで低下していたことになる．以上のことから，地すべり発生時には，すでにすべり面の強度はかなり低下しており，それに地下水位の上昇が重なり（地すべりは梅雨時に発生した），斜面が不安定になり，すべりだしたと想定される．

地すべり発生1年後の斜面勾配は，11.3°ほどである．この場合，移動量，すなわちせん断の変位量

8.4 地すべりの再活動のメカニズム

から考えて，土の強度は残留強度値にまで低下していたと思われる．そこで，残留強度を用い，勾配の11.3°を代入すると，図8.13において $m=0.5$ のとき $F_s=1.24$，$m=1.0$ のとき $F_s=0.97$ となる．すなわち最低水位では安定であるが，水位が上昇すると不安定になることを示している．このことは，図8.10において水位の低いときには移動せず，水位が上昇したときに移動するという観測結果と整合し，斜面の安定は残留強度でうまく説明される．

この残留強度と地下水位が最も高い状態（$m=1$）を想定すると，安定の限界を示す限界勾配 (threshold slope angle, limiting slope angle：第11章参照) が推定できる．図8.13にこの条件を入れると，$\beta=11°$ と与えられる．すなわち，この地すべり地では斜面勾配が11°以下では，どのような地下水位の条件下においても不安定にならないことになる．この地すべり地が1977年の年末にほぼ11°の勾配ですべりを停止させたことから，安定解析から求められる限界安定勾配11°という値は，ほぼ妥当と思われる．

8.4 地すべりの再活動のメカニズム

以上，いくつかの地すべり研究の結果をもとに，地すべり地における風化-物性(強度)-斜面安定の関係を考えてみよう．まず図8.14であるが，この図は地すべりの再発過程を示したものである．すなわち，地すべり地においては，風化によって地すべり土の強度が徐々に低下している．そしてその強度がその斜面勾配では耐えられなくなったときに，降雨などを引き金にしてすべり始める．しかし，ある程度すべると斜面は減傾斜されることになり，安定勾配を取り戻す．その後しばらくは安定でいられたとしても，斜面物質の風化は徐々に進むことになり，いずれまた不安定になる．このようにして，地すべりは同じ場所でも間欠的に再発を繰り返すことになる．

このプロセスを時間軸で書き換えたのが図8.15である．ここでは基本的には斜面構成物質が風化によって物性を変化（強度を低下）させることによって地すべりが発生すると考え，地すべりの引き金としては地下水位の上昇のみを考えており，地震その他の突発的事象は含んでいない．最も直接的に斜面安定に関わるのは斜面物質（土）のせん断抵抗力である．風化によって粘土含有量が増加したり，粘土鉱物そのものの変質がせん断抵抗力の減少を引き起こす．従来の研究によれば，粘土含有量が20%から50%に増加する付近で，急激なせん断抵抗力の減少が見られる（図8.2参照）．せん断抵抗力が減少すると，それに伴って安全率が減少する．安全率の変動（図8.15の中央）は，この長期のせん断抵抗力の減少のラインの上に，降雨に伴う地下水位の上昇・下降の短期の変動が重ね合わされたものとなる．この変動のラインが1.0を切る点（閾値）で地すべりが発生する．地すべりが起こると，そこの斜面は勾配を低下させる（図8.15の下部）．一般的には，地すべりの活動初期にはすべりの速度が大きく，そのため勾配の減少速度も大きいと考えられる．地すべりの活動がある程度の時間継続すると，強度に見合った勾配で斜面は安定（安全率は1.0を超える）し，すべりを止める．すなわち，勾配が低

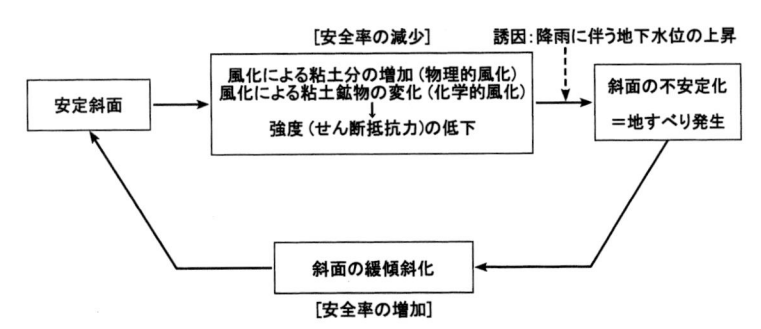

図8.14 地すべり地における，斜面の不安定化と安定の回復との関連性
地すべり地では地すべりを起こすことにより緩傾斜化し安全率を回復させるというサイクルを繰り返しながら斜面発達を進行させる．

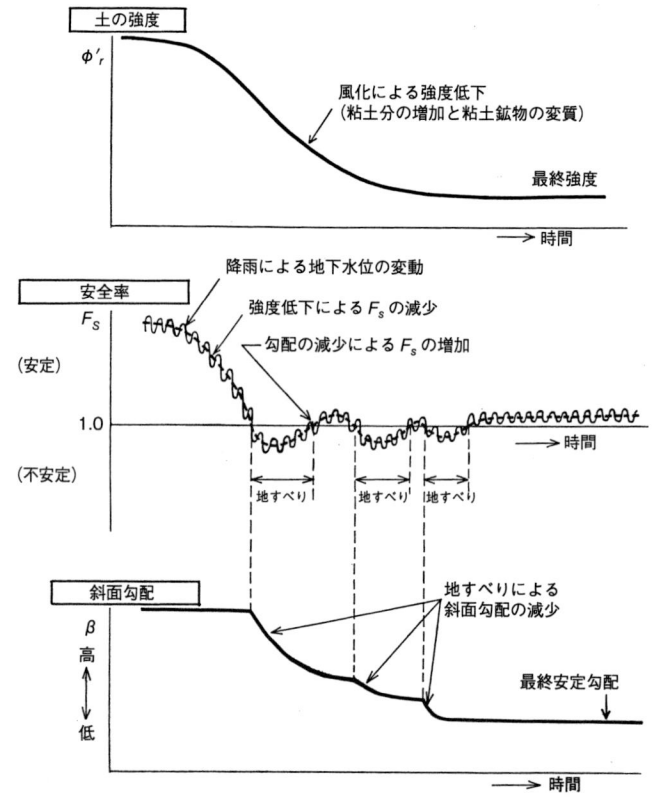

図 8.15 地すべり斜面における長期の斜面物質の強度変化，安全率の変動，斜面勾配の低減変化の関係（風化-強度-斜面発達の関連性）（Matsukura, 1996）

下することにより安全率が増加し，その後のある期間，地すべり活動は停止する．この考えでいくと，風化による細粒化や粘土鉱物の変質が続く限り（地すべり地が最終のせん断抵抗力に見合った勾配になるまでは），断続的ではあっても，地すべり活動が繰り返される．

8.5 地震による地すべり

青森県・白神山地西端に位置する崩山の西斜面に，明瞭な馬蹄形をもつ滑落崖が存在する．滑落崖には，中新世の安山岩質凝灰角礫岩や緑色凝灰岩などが露出している．地すべりの土量は $1.1 \times 10^8 \mathrm{m}^3$ と見積もられている（古谷ほか，1987）．地すべりは西向きに起こっており，土砂は日本海に向かって流れた．その結果，滑落崖の前面には，多数の流れ山（9.4.1項参照）と津軽十二湖の湖沼群が形成された．この地すべりは，1704年の青森・秋田の県境を震源とする岩館地震（マグニチュード 7.0）によっておこった可能性が高い（古谷ほか，1987；猪股・松倉，2001）．

8.5.1 今市地震による今市パミスの地すべり

上述の例のように地すべりは，地震によっても引き起こされる．ここでは，1949年の今市地震（表5.2参照）によって引き起こされた軽石（パミス）層の地すべりを取り上げる（Matsukura and Maekado, 1984）．栃木県今市市（現在は日光市），日光市とその周辺を，1949年12月26日の8時17分と8時25分の2回，大きな地震が襲った．震央は今市市の 4.5 km 南（最初の揺れ：M 6.4）と市の西端（2回目の揺れ：M 6.7）であった．これらの揺れにより，多数の崩壊・地すべりが誘発された．

今市市・室瀬にある神社の南側斜面の一つでも地すべりが起こった．この地すべりの跡は，現在でも明瞭に残っている．地すべり跡地の中央を測線とし

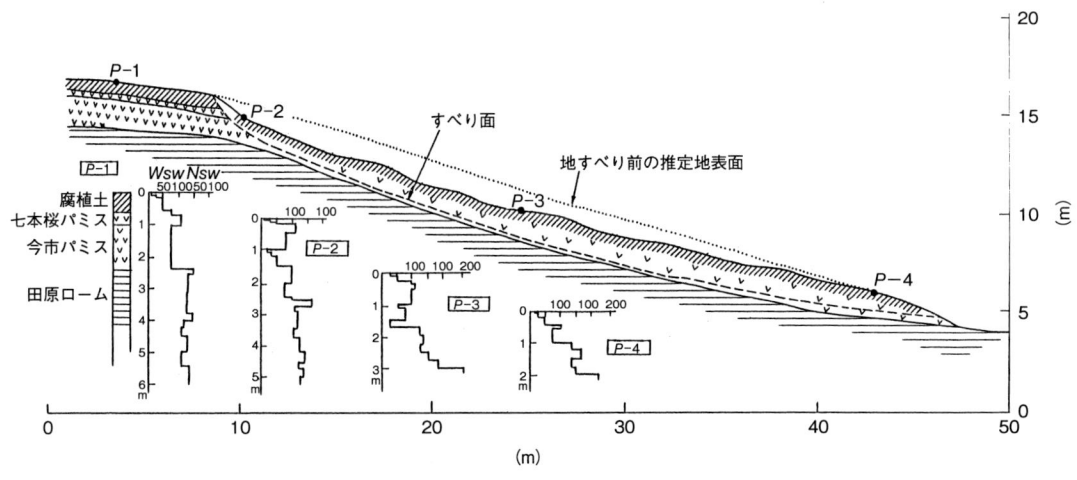

図 8.16 栃木県室瀬地すべりの断面図（Matsukura and Maekado, 1984）

た縦断形を図 8.16 に示した．図中の土層構造の把握には，滑落崖での観察とスウェーデン式貫入試験機によるサウンディングによった．斜面長は 60 m あり，そのうちの 40 m が地すべり跡になっている．ほぼ中央での地すべりの幅は 50 m ほどであった．斜面の表層は，上から，黒色腐植土（厚さ 60 cm），黄色の七本桜パミス（40 cm），赤褐色の今市パミス（200～250 cm），褐色の田原ロームとなっている．サウンディングの結果，地すべり跡地には地すべりによる崩土が残されており，地すべり面は，今市パミスの下底部にあることがわかった．周辺の地形や縦断形などの検討から，地すべり前の縦断形は図中の破線のように推定された．推定した斜面の勾配は 16.2° であり，すべりの鉛直深さは，ほぼ 250 cm と見積もられた．

地すべりは，一様な勾配の斜面で，しかも斜面上部下部で同じような深さで起こっていることから，この斜面の安定解析には，無限長斜面の安定解析が有効であろう．ただし，地震による水平方向の揺れの成分が，せん断力を強くすると同時に，せん断抵抗力を弱める．そのことを取り込んだ安全率の式は，以下のようになる：

$$F_s = \frac{c + \gamma Z \cos\beta [\cos\beta - (a/g) \sin\beta] \tan\phi}{\gamma Z \cos\beta [\sin\beta + (a/g) \cos\beta]}$$

(8.3)

ここで Z はすべり面までの鉛直深，γ は土の単位体積重量，c は土の粘着力，ϕ は土のせん断抵抗角，a は地震による水平方向の加速度，g は重力加

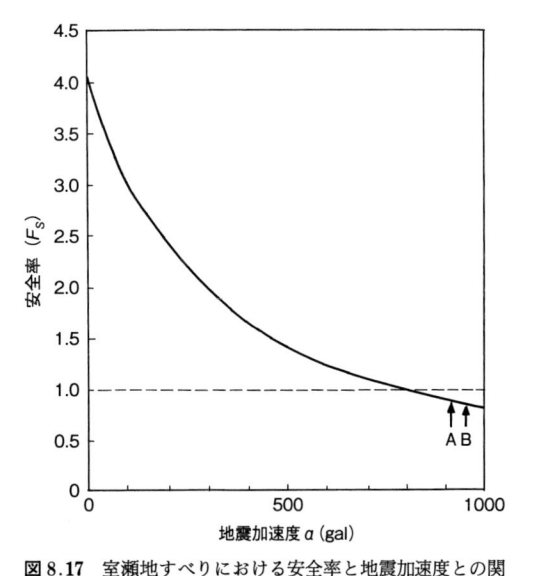

図 8.17 室瀬地すべりにおける安全率と地震加速度との関係（Matsukura and Maekado, 1984）
A, B は Ikegami and Kishinouye (1950) が墓石の倒壊から推定した地震加速度の値．

速度（980 gal）である．

地震による地すべりは，晴れた日に起こっている．したがって今市パミスの物性値の計測は自然含水比状態で計測した．地すべり地の土は撹乱されている可能性が高かったので，地すべり地とは別の切り取られたばかりの新鮮な露頭で不撹乱試料を採取した．試験の結果，$\gamma = 1.04 \, \text{gf/cm}^3$，$c = 220 \, \text{gf/cm}^2$，$\phi = 20.9°$ が得られた．

腐植土と七本桜パミスの単位体積重量をそれぞれ 1.5 gf/cm³，1.0 gf/cm³ と仮定すると，すべり面に

かかる垂直応力 γZ は，約 290 gf/cm^2 と見積もられる．$\gamma Z=290$ gf/cm^2，$c=220$ gf/cm^2，$\phi=20.9°$，$\beta=16.2°$ などのデータを式(8.3)に代入し，安全率と水平加速度の関係をみた（図8.17）．この図から以下のことがわかる：(1) 地震動がない場合（$a=0$）の安全率は 4.1 である，(2) 斜面が臨界になる（$F_s=1.0$）のは，地震の加速度がほぼ 800 gal になったときである．今市地震の加速度 a は，正確には計測されていない．しかし，Ikegami and Kishinouye (1950) は，河原町と下今市駅でそれぞれ 912 gal と 949 gal の揺れがあったことを推定している．震央からの距離などを勘案すると，地すべり地においてもこれらと同等の揺れがあったと推定される．これらの値を式(8.3)に代入すると，安全率は 0.88〜0.86 と計算される（図8.17のA，Bポイント）．すなわち，室瀬の地すべりは，上記の解析によりうまく説明される．

8.5.2 地震による軽石層のすべりのメカニズム

軽石層（パミス）や火山灰層が地震時にすべる現象の報告は多い．たとえば，1968 年の十勝沖地震（M 7.9）により，青森県東部を中心として多数の崩壊が起こった（表5.2参照）．地震直前の3日間で，三戸，八戸地方では総雨量が 200 mm を超え，24 時間雨量も 89 mm と測候所開始以来の大雨であった．この大雨により，八戸軽石層を載せた地盤は十分に水を含み崩れやすい状態になっており，そこに地震の影響が重なったことになる．また，1984 年に長野県木曾郡王滝村を震央とする M 6.8 の長野県西部地震が発生し，この地震が引き金となり，御嶽山南斜面に大崩壊が発生した（表5.2参照）．この大崩壊は，旧谷地形を埋積して尾根を形成していた山腹の溶岩類の下層にある軽石層が，地震により液状化したのを引き金にして発生し，それに続く土石流は，多量の水を含んだその軽石層が潤滑剤となり，崩壊土砂をのせたまま滑動したために起こった可能性が高い．

一般に軽石層（粘土鉱物としてはハロイサイト）は，高い含水比をもっている．地震動によってハロイサイトあるいは火山灰層中の水分が絞り出されて，それが滑材になるのではないかと考えられる．

8.6 侵食および人為的影響による地すべり

8.6.1 河床洗掘（下刻）が引き起こした地すべり

下刻により地すべり末端の押さえがきかなくなり，回転地すべりを起こしたものとして長野県小諸地すべりがある．この地すべりは，古い地すべり地が 1982 年の夏に再活動を始めたものである．1982 年の夏の変動は，多重円弧すべり（複数の円弧型すべりが前方では収斂するが，後方では別々の滑落崖を形成し，すべりの進行とともに個々のブロックは後傾する）の形態を示している．中央ブロックでは 1.5 m の沈下，末端の河床では 1 m の隆起を伴う（図8.18）．滑落崖の東端にある富士見平団地では，建物の損壊（その後数棟の建物が取壊しになっている）や道路の亀裂などの被害が出た．河床に露出した青粘土（湖成第三系「大杭層」礫岩の火山灰マトリックスの変質部）の存在から，地すべりの引き金としてはこの青粘土（軟弱層）の絞り出し（squeezing）の可能性が指摘されている（羽田野，1983）．すなわち，1981 年夏から 1982 年秋にかけて千曲川の河床は，砂利採取や河床洗掘（1982 年夏の2度にわたる台風の豪雨により）の結果，約 3 m も低下しており，これによってそれまで押さえ盛土の役目をしていた河床物質が除去されたことが，再活動の引き金ではないかと推定される．

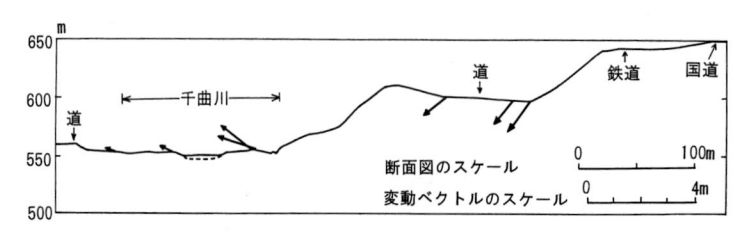

図8.18 長野県小諸地すべりのプロファイル（大八木，1986）

8.6 侵食および人為的影響による地すべり

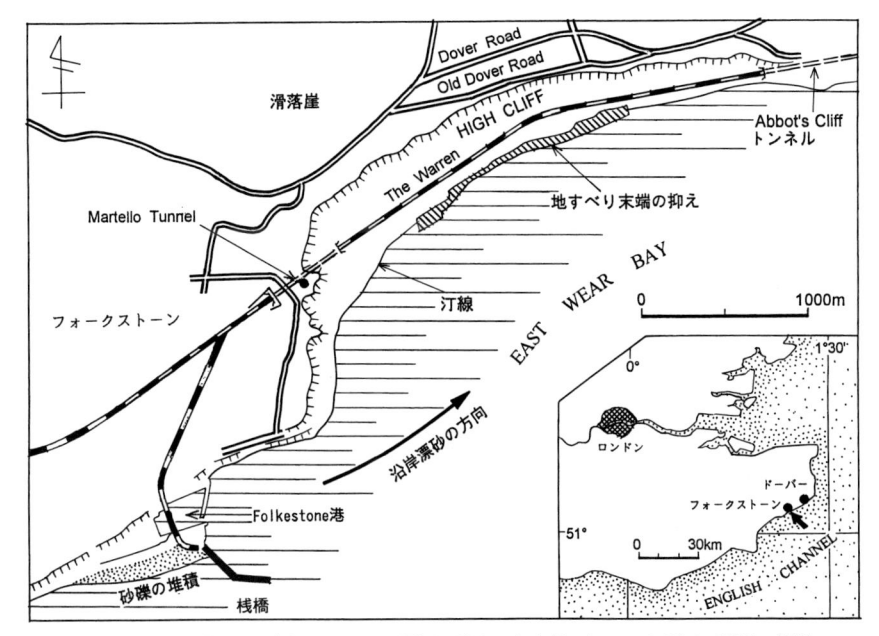

図8.19 イングランド南部 Folkstone 周辺と地すべりを起こしている High Cliff の位置
図左下の港の桟橋建設で南西方向からの漂砂が止められたことが，地すべりを誘発したと考えられている（Hutchinson et al., 1980）．

図8.20 Folkstone Warren の全景
スカイラインの崖が High Cliff である．

8.6.2 港の建設が引き起こした地すべり

ドーバー海峡に面したフォークストーン Folkstone（図8.19）の港の東側には，High Cliff と呼ばれる白いチョークの高い壁が続いている．この壁は，高さが130〜155 m あり，長さが約3 km という大きなものである（図8.20）．この壁で，1765年から現在まで12回の大きな地すべりが記録されている．中でも最大のものとして，1915年12月19日に発生した地すべりは有名である．このときの地すべりは，海へ400 m ほどすべりだした．また，地すべりの中央を走る鉄道を50 m ほど海側に動か

し，通過中の列車を脱線させた．

この地すべりに関する研究は，古くから行われてきたが，とくに Hutchinson（1969, 1980）の報告がよく知られている．彼によれば，Folkstone Warren の地すべりの要因として，以下の4つがあげられている．

(1) High Cliff をつくるチョークの下に厚い Gault 粘土があり（いずれも白亜紀の堆積物），この粘土層中にすべりが発生している．他の地域ではチョークと Gault 粘土の間に Upper Greensand と呼ばれる砂岩層が挟まれるが，この場所

ではそれが欠如しており，しかもGault粘土が厚く堆積していることが地すべりの原因である．

(2) これらの堆積物は，きわめてわずかながら（傾斜1°）海側に傾いている（すなわち弱い流れ盤斜面）．

(3) 背後に150mを超えるようなチョークの高い崖をもつ．

(4) 1810年から1905年にかけて，Folkstone港の建設を行った．これが漂砂を止めたために1915年の大規模な地すべりにつながった．

最後の(4)について補足する．Folkstoneはフランスへ渡る船の発着所として栄えてきた港町であり，1810年頃から桟橋の建設が始まった．1861～63年，1881～83年と徐々に桟橋が延ばされていき，最後の拡張工事は1887～1905年に行われた．この桟橋の建設に伴い，その西側には徐々に堆砂が進んだ．すなわち，この付近の沿岸漂砂は，南西から北東へ向かう方向（図8.19）である．したがって，桟橋の建設とともに，High Cliffの足許では，南西側からの漂砂の供給が少なくなる一方，足許からは海岸堆積物が漂砂として運び出されるので，侵食が起こることになる．それ以前は漂砂の出入りのバランスが保たれていたが，桟橋の建設によってそのバランスが崩れ，海岸侵食が進み，地すべり末端の支えが失われたことになる．当然，Gault粘土は海側に押し出され（もちろん雨による地下水位上昇による間隙水圧も関係していたが）大きな地すべりに発展した．

地すべりは，桟橋の最後の拡張工事からちょうど10年後に発生したことになる．自然を改変する場合には，それが周辺の地形変化に与える影響まで慎重に考慮しなければならないという一つの例である．現在は，海側の末端部分に押さえ盛土をして，地すべりの再発を防止している．

8.7 地すべりの挙動と発生時期の予知

8.7.1 土のクリープ

土あるいは粘土の円柱状供試体に，ある重さのおもりを載せて放置しておくと，供試体は時間の経過とともに徐々に縮んでいく（ひずみが徐々に増加する）．この状態は**一定応力のもとでのひずみの増大**

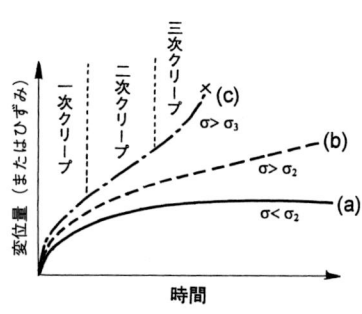

図8.21 土のクリープ曲線の3つのタイプ

であり，このような現象は**クリープ**（creep）と呼ばれる．土のクリープ曲線は，以下の3タイプに分類される（図8.21）．

(1) 載せるおもりの重量が比較的小さい場合には，徐々に増加したひずみ（ε）は，ある値でとまってしまう（図8.21a）．すなわち，ひずみ速度（$d\varepsilon/dt$）が徐々に減少するが，このタイプは，減速クリープあるいは一次クリープと呼ばれる．

(2) 載せるおもりの重量をある程度大きくした場合には，ひずみ速度が徐々に減少しつつひずみが増加し，ある時間経過したあとはひずみ速度が一定のままひずみが増加する（図8.21b）．このひずみ速度一定の部分を，定常クリープあるいは二次クリープという．

(3) さらに重いおもりを載せた場合には，上記(2)の場合と同じ挙動を示したあと，ひずみ速度が加速度的に増加して，最終的には試料は破壊（クリープ破壊）に至る（図8.21c）．ひずみ速度が加速する部分を，加速クリープあるいは三次クリープという．

以上のように，土のクリープ実験をすると，一次クリープで止まってしまうもの，二次クリープまでいくもの，三次クリープまで進行するものの3種類がある．

8.7.2 地すべりの移動プロセス

地すべりがいつ発生し，その後どのような挙動を示すかということを予知することは，なかなか難しい．しかし地すべりの初期には地表面に地割れや陥没・隆起などの前兆が見られたり，井戸水が濁ったり涸れたりするという現象が現れるので，これらの

現象を的確にとらえて予知に結びつけることは可能である．それをいっそう合理的に行うには，計器による観測が必要である．通常，地すべりの観測に用いられる計器には，伸縮計（地すべりの移動記録器），水管式傾斜計，パイプひずみ計などがある．たとえば，伸縮計による計測は，以下のようにして行う（図8.22）．地すべり土塊より上部の不動斜面と地すべり土塊との2点間に温度伸縮の少ない金属線（インバー線）を張り，2点間の距離の変化を測定する．移動量はギヤ機構によって拡大記録され，その精度は0.2 mmほどである．設置方向は，できるだけ地すべりの移動方向と平行にする．

図8.23は，新潟県の松の山の兎口地すべり（図8.23 a）と高場山地すべり（図8.23 b：山田ほか，1971）で計測されたデータを示したものである．前者は，地すべり発生の直後は移動速度が大きいが，時間がたつにつれて次第に動きが緩慢になり，ある程度時間がたつと移動を停止する（前述した柿岡盆地東山地すべりの移動パターンも，これとまったく同じタイプである）．後者は，時間経過とともに徐々に移動速度を増加させ，最終的には崩壊に至ってしまったものである．

図8.23の横軸は時間であり，縦軸は移動量あるいは変位量となっている．これらは斜面長で割るとひずみに換算できるので，縦軸はひずみと読み替えられる．そうすると，これらの地すべり移動記録は前述したクリープのグラフに酷似していることがわかる．すなわち，地すべりはクリープ現象と読むことができる．駒村（1978）は，兎口地すべり（図8.23 a）のようなタイプを**減速クリープ型**，高場山地すべり（図8.23 b）のようなタイプを**崩壊クリープ型**と呼んでいる．

8.7.3 斎藤による崩壊発生時期の予測モデル

地すべりがクリープであるとの見方で，その発生時間（時期）の予測に関する研究を行ったのが斎藤（1968）である．彼は，まず多種類の土を用いたクリープ実験を行うとともに，既存の実験データを整理した．その結果，三次クリープまで進行するケースでは，定常クリープ速度（$d\varepsilon/dt$）が大きいほど，実験を始めてから破壊するまでの時間（t_r）が短いということを見出した．両者の関係は，両対数グラフ上で45°の勾配で右下がりの直線関係にあることを示した．すなわち，両者の関係は以下の式で表された：

$$\log_{10} t_r = 2.33 - \log_{10}\frac{d\varepsilon}{dt} \qquad (8.4)$$

この関係が地すべりの移動のグラフにも適用できると仮定すると，地すべり地で定常クリープ速度が把握できた時点で，この式を用いることにより破壊（崩壊）に至る時間が計算できる（地すべりの発生

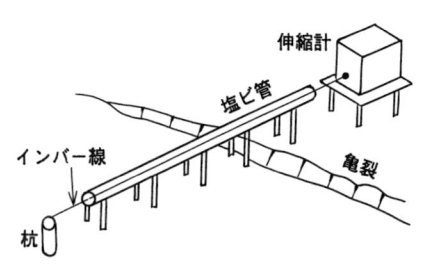

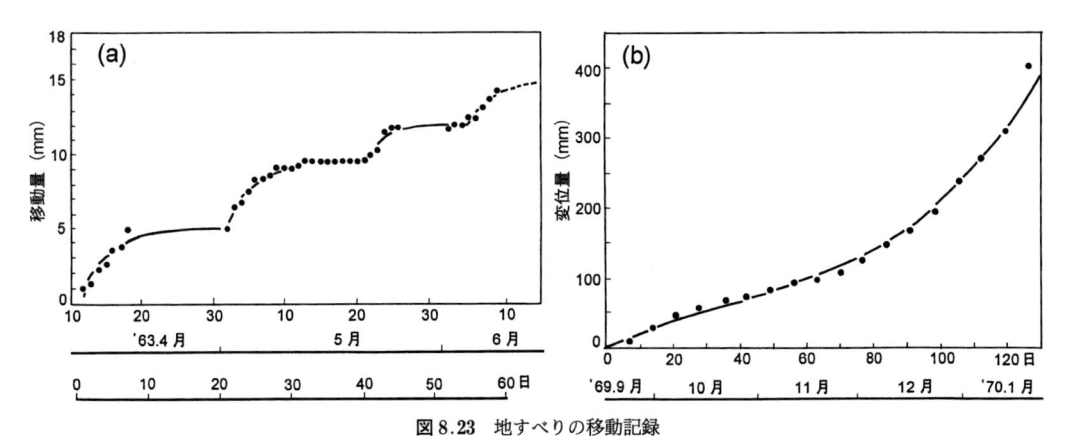

図8.22 地すべりの移動量を計測する伸縮計

図8.23 地すべりの移動記録
(a) 新潟県兎口地すべりの挙動，(b) 新潟県高場山地すべりの挙動（駒村，1978，図8.25，8.26）．

時期の予測ができる）ことになる．

この手法は，1960年12月に大井川鉄道の大井川本線脇の擁壁が崩壊した事例に適用された．大井川本線は，大井川の急流沿いにあるため，護岸や擁壁の防災には注意が払われていた．1960年の9月には擁壁基部に沈下や亀裂の変状が見られたので，擁壁の観測が開始された．9月30日以降10日ごとに擁壁の移動速度を計測していたが，11月20日過ぎからその速度が急激に増大し定常クリープとなった．そのひずみ速度から計算された破壊（崩壊）までの時間は25.6日，すなわち12月15日が崩壊発生日と予測された．そこで12月13日には列車の運行を止めた．12月14日に，擁壁は線路沿いに35 mにわたって倒壊した（斜面の破壊＝崩壊が起こった）．すなわち1日違いで予知に成功したことになる．

その後，この方法は新潟県高場山の例などにも適用され，その有効性が証明されている．しかし，この方法が有効性を発揮するためには，以下のような制約がある．(1) 三次クリープに至るような移動プロセスをもつ**崩壊クリープ型**（いわゆる地すべり性崩壊）には適用できるが，一次クリープのあと動きが停止するような**減速クリープ型**（いわゆる地すべり）には適用できない．(2) 移動の記録がとれて，二次クリープのひずみ速度のデータが得られる必要がある．

引用文献

古谷尊彦・町田 洋・水野 裕（1987）津軽十二湖を形成した大崩壊について，文部省科学研究費自然災害特別研究報告，183-188．

羽田野誠一（1983）空中写真でみる小諸市「富士見・押出地区」地すべり，地理，28-1, 106-107．

Hutchinson, J. N. (1969) A reconsideration of the coastal landslides at Folkstone Warren, Kent, Géotechnique, 21, 273-328.

Hutchinson, J. N., Bromhead, E. N. and Lupini, J. F. (1980) Additional observation on the Folkstone Warren landslide, Quarterly Journal of Engineering Geology, 13, 1-31.

Ikegami, R. and Kishinouye, F. (1950) The acceleration of earthquake motion deduced from overturning of the gravestones in case of the Imaichi Earthquake on Dec. 26, 1949, Bulletin of Earthquake Research Institute, 28, 121-128.

猪股 豪・松倉公憲（2001）津軽十二湖における地すべり性大規模崩壊について，筑波大学陸域環境研究センター報告，2, 13-18．

小出 博（1955）日本の地すべり．東洋経済新報社，257 p.

駒村富士弥（1978）治山・砂防工学．森北出版，228 p.

Lupini, J. F., Skinner, A. E. and Vaughan, P. R. (1981) The drained residual strength of cohesive soils, Géotechnique, 31, 181-213.

松倉公憲（1991）すべり粘土の物性に与える風化の影響，「土質工学と粘土科学の接点をさぐる」共催シンポジウム発表論文集，29-36．

Matsukura, Y. (1996) The role of the degree of weathering and groundwater fluctuation in landslide movement in a colluvium of weathered hornblende-gabbro, Catena, 27, 63-78.

Matsukura, Y. and Maekado, A. (1984) Slope stability analysis for "Murose" debris-slide triggered by the 1949 Imaichi earthquake, Annual Report of the Institute of Geoscience, Univ. Tsukuba, 10, 63-65.

松倉公憲・水野恵司（1984）柿岡盆地北部，東山地すべりにおける斜面勾配とその力学的安定について，地理学評論，57, 485-494．

Matsukura, Y. and Mizuno, K. (1986) The influence of weathering on the geotechnical properties and slope angles of mudstone in the Mineoka earth-slide area, Japan, Earth Surface Processes and Landforms, 11, 263-273.

Mitchell, J. K. (1993) Fundamentals of Soil Behavior (2nd ed.). John Wiley, New York, 437 p.

大八木規夫（1986）斜面災害発生のメカニズム．高橋博ほか編著，斜面災害の予知と防災．白亜書房，85-94．

応用地質調査事務所（1977）52県単砂防工事調査第1号，砂防工事基礎調査工事報告書，1-52．

斎藤迪孝（1968）斜面崩壊発生時期の予知に関する研究，鉄道技術研究報告，626, 1-53．

守随治雄（1992）千葉県嶺岡隆起帯縁辺部の粘質土地すべりの発生機構と対策，地すべり，29, 1-11．

Skempton, A. W. (1964) Long-term stability of clay slopes, Géotechnique, 14, 77-101.

Skempton, A. W. (1984) Residual strength of clays in landslides, folded strata and the laboratory, Géotechnique, 35, 3-18.

渡 正亮（1971）地すべりの型と対策，地すべり，8-1, 1-5．

渡 正亮（1973）地すべりの運動型の分類について，地すべり，9-4, 26-28．

山田剛二・小橋澄治・草野国重（1971）高場山トンネルの地すべりによる崩壊，地すべり，8-1, 11-24．

谷津榮壽（1965）日本の地すべり粘土について，粘土科学，4, 54-66．

9. 流動（ソリフラクション，泥流，土石流，岩屑流）

　1962年1月10日にペルーのワスカラン山（6768 m）の頂上付近の氷河の一部が落下し，それが流動した．最初に崩落した氷の総量は，300万tと推定されているが，その氷の塊は谷を怒涛のごとく流下し，数百万tの岩屑を巻き込み破砕した．衝撃波は絶え間なく成長する雷の音を鳴り響かせ，斜面から植生をはぎとった．この岩屑流は，19 km移動するのに7分しかかからなかった．この岩屑流により，ランラヒルカの周辺地域は破壊され，およそ3500人が死亡したとされている．

　それから8年後の1970年5月31日に，M 7.75の大地震が引き金で起こった崩れにより，再度この地域が被災するという悲劇に見舞われた（図9.1）．地震によりワスカラン山の一部の50～100 Mm³の岩塊が崩れ，1962年と同じ約23°の勾配の谷を14 kmも流下した．この岩屑流の流速は，280 km/hと見積もられている．岩屑流は通り道のすべてのものを破壊したが，地表面の侵食は少なかったという．このことは，岩屑流の摩擦が小さかったことを示している．流下した砕屑物は，1962年の岩屑流と同様にランラヒルカの町を埋め尽くすとともに，右岸の高さ200～300 mの基盤岩リッジを乗り越え，それからたった3分という短い時間でユンガイの町（この町は前回の岩屑流からはリッジによって守られていたが）を飲み込んだ．2つの町の破壊により2万人の死者が出たという．

　このように，流動性の高いマスムーブメントは，その規模や速度が大きいほど人的・物的被害の大きい災害を引き起こす．したがって，これらの発生・流動のメカニズムを知ることは，防災や減災につながることになる．

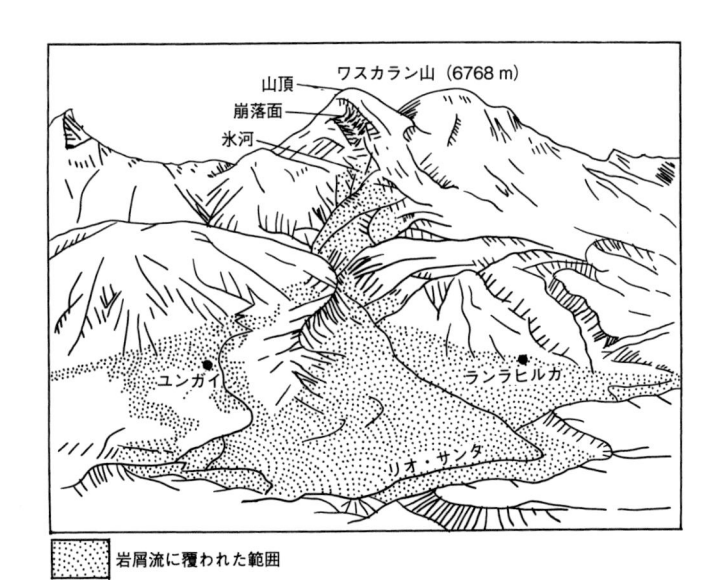

図9.1　1970年発生のペルー・ワスカラン岩屑流のスケッチ（Plafker and Ericksen, 1978をもとに一部修正）

図 9.2 山梨県雨畑川流域で見られる岩盤クリープの例

9.1 岩盤クリープ

硬い岩盤であっても，自重でたわむ，すなわちクリープを起こすことがある．**図 9.2** は，山梨県雨畑川で見られる岩盤クリープの例である．この岩石は，劈開面をもつ古第三紀の瀬戸川層群と呼ばれる粘板岩であり，劈開面は深部ではほぼ垂直に立っている．それが道路沿いの露頭では，ある深さのところから表層が川に向かって折れ曲がった**キンク褶曲**が形成されている．この折れ曲がりは，垂直に立った劈開面において，斜面物質の自重から発生する一定応力が急傾斜な斜面下方へ向かって作用しており，それが長期間作用し続けた結果として形成されたものである．

キャンバリング（cambering）あるいは**バリーバルジング**（valley bulging）と呼ばれる現象も，クリープの一種であろう．これは，たとえば泥岩などの軟岩の上に，溶岩や石灰岩などの硬い岩石がキャップロックとして載っているような場所に谷が形成されているような場合，軟岩がクリープ変形することにより谷に向かってはらみだしたり，上部のキャップロックを移動させたり変形させたりする現象である．

山体全体が変形するような大規模な岩盤クリープの存在も考えられており，**サギング**（sagging）と呼ばれている．たとえば，重力（山体の自重）によって山体が周辺にはらみだすように変形し，これに伴い山体の頂上付近に正断層が生じ，その結果，**二重山稜**（あるいは多重山稜）や**線状凹地**あるいは山向き小崖が形成されることがある．

9.2 ソリフラクションと土壌匍行

9.2.1 ソリフラクション

土壌あるいは土層の流動は，ソリフラクション（solifluction）と呼ばれる．とくに凍土に関連したソリフラクションを，ジェリフラクション（gelifluction）と呼ぶことがある．ジェリフラクションと密接に関連したプロセスとして，**土壌匍行**（soil creep）がある．これは，「土壌が凍結-融解サイクルを通じて地表面に対して垂直方向に膨張し，ついでほぼ鉛直に近い方向に沈下するときに生じる正味の斜面下方への移動」と定義される．

ソリフラクションの移動速度は，野外での直接的な観測によって得られている（**表 9.1**）．たとえば，地表面での移動は，ペンキなどで印をつけた礫を地表に置いたり棒を突出させたりすることによって計測される．また，深さ方向の移動速度の計測は，変形されやすいプラスチックなどを埋めたり，ひずみゲージを貼った板を埋めたりして計測される．

ジェリフラクションは，土壌水が浸透しにくい場所で，しかも析出したアイスレンズの融解により過剰な水分が供給され（過剰間隙水圧の発生），土壌のせん断強度が低下するような場所で発生する．したがって，ジェリフラクションは含水比が液性限界に近いか，あるいはそれを越えたときに生じることが示されている（たとえば Washburn, 1967；Harris, 1972）．一方，土壌匍行はジェリフラクションに比較すると，より緩慢なプロセスである．土壌匍行による年間の移動量は，明らかに深さとともに減少し，凍結-融解の頻度，斜面勾配，凍上に

表9.1 ソリフラクションによる移動速度の測定例 (French, 2007, Table 9.1)

場所	勾配(度)	移動速度(cm/yr)	文献
(A) 北極			
Spitsbergen	3〜4	1.0〜3.0	Jahn (1960)
Spitsbergen	7〜15	5.0〜12.0	Jahn (1961)
Svalbard	2〜25		Akerman (1993)
East Greenland		0.9〜3.7	Washburn (1967)
Banks Island, NWR, Canada	3	1.5〜2.0	French (1974)
	<10	0.6	Egginton and French (1985)
(B) 亜北極			
Kärkevagge, Sweden	15	4.0	Rapp (1960)
Tarna area, Sweden	5	0.9〜1.8	Rudberg (1962)
Norra Storfjell, Sweden	5	0.9〜3.8	Rudberg (1964)
Okstindan, Norway	5〜17	1.0〜6.0	Harris (1972)
Garry Island, NWT, Canada	1〜7	0.4〜1.0	Mackay (1971)
Ruby Range, YT, Canada	14〜18	0.6〜3.5	Price (1973)
(C) 高山			
French Alps		1.0	Pissart (1964)
Colorado Rockies		0.4〜4.3	Benedict (1970)
Swiss Alps		0.02〜0.1	Gamper (1983)

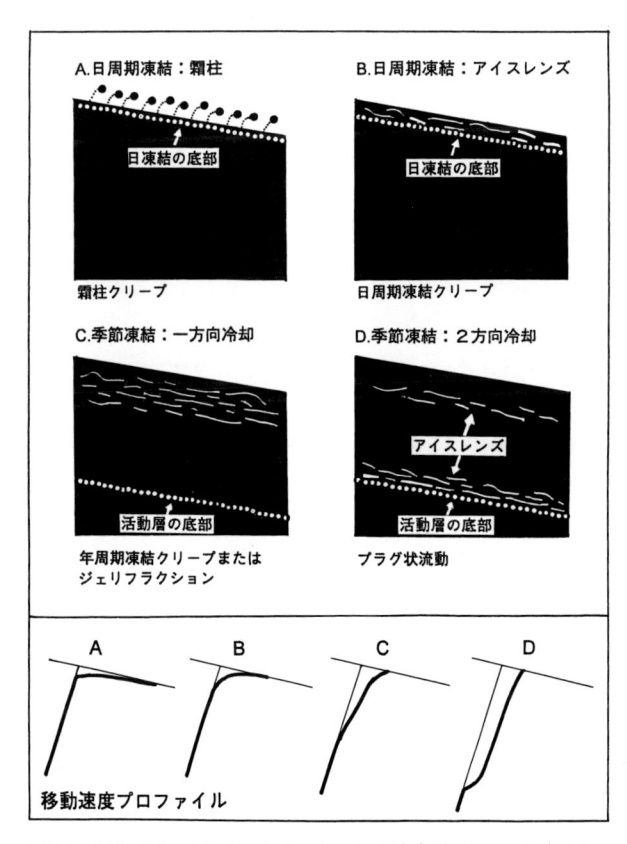

図9.3 霜柱クリープとソリフラクションの速度プロファイル(Matsuoka, 2001)

有効な土壌水分および土壌の凍上性などに依存している．土壌匍行を含めたソリフラクションの移動速度プロファイルは，図9.3のように日周期か年周期の凍結融解か，活動層基底にアイスレンズが形成されるか否かなどで異なってくる（Matsuoka, 2001）．

9.2.2 土壌匍行に関する一実験

土壌匍行に関する実験例を以下に示す（堀井ほか，1987）．低温実験室に，図9.4に示したような斜面モデルを置き，関東ロームをふるい分けした試料を詰めた斜面モデルをつくり，そこに，−10℃を22時間，−10℃から+20℃までを2時間，+20℃を22時間，+20℃から−10℃までを2時間という1サイクルが48時間の凍結・融解条件が与えられた．実験開始時の試料の含水比は40％弱であり，実験中は斜面下部においたビーカーから水が供給される（ビーカー内の水はヒーターにより凍結しない）．土壌表面の土粒子の動きを知るために，スチロール製のマーカーが斜面上に置かれた．地中内部の変形を知るために，バネ鋼にひずみゲージを貼り付けたものが斜面の3か所に埋設された（図9.4）．

土壌表面のマーカーの動きの結果と土層表面の状態変化を，図9.5と図9.6にそれぞれ示した．10サイクルの実験の前半のサイクルでは，霜降氷層・コンクリート氷層などにより主に鉛直方向の比較的小さな（0.5 cm程度）膨張（上昇）・収縮（下降）の動きが卓越した．サイクルの進行に伴い，土層表面は徐々に乾燥した．そして，乾燥による収縮クラックが形成され，多数の薄板土層に分割した．この薄板土層は，一種の断熱材の役割を果たし，土層内部への冷却速度を小さくし，そのため土入霜柱が形成された．このような状況になると，膨張は斜面に垂直方向，収縮は鉛直方向に起こり，それらの量は1.0 cm前後と大きくなった．結果として前半のサイクルで斜面下方への移動量は0.2〜0.5 cm，後半のサイクルで1.0 cmであった．また，土層内部ではおよそ6〜7 cm以浅の部分の変形量が大きく，これは凍結深とほぼ一致していた．このように，変形ゾーンと凍結深とは密接な関係がある．

9.3 ソリフラクションの関与する地形：非対称谷

9.3.1 非対称谷の分布とその形成プロセス

相対する谷壁間の勾配に差異があるものを**非対称谷**（asymmetrical valley）という．多くの研究では北向き斜面が急であることが指摘されているが，急斜面が南向き，東向き，西向きであるという研究

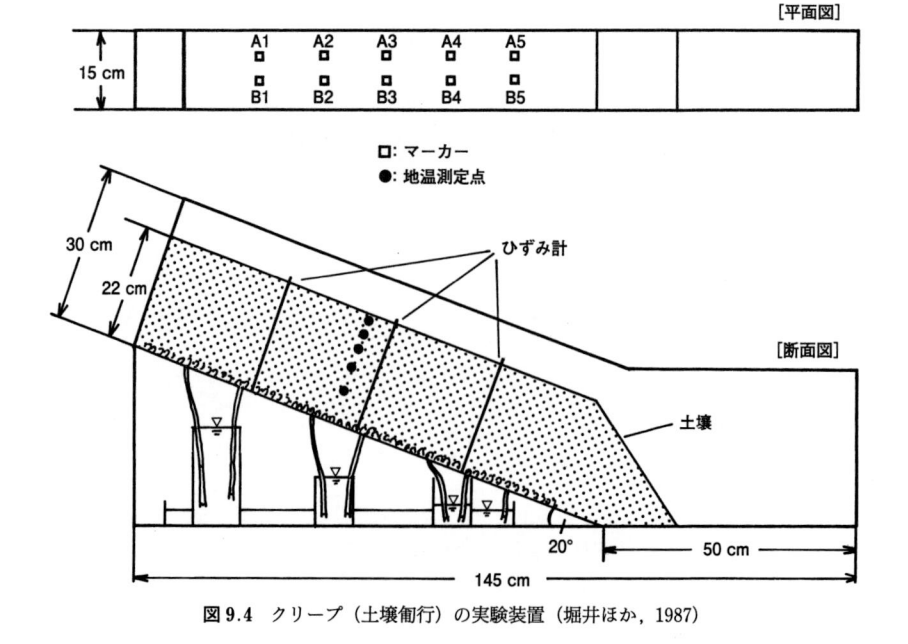

図9.4 クリープ（土壌匍行）の実験装置（堀井ほか，1987）

9.3 ソリフラクションの関与する地形：非対称谷

例もある．急斜面の向きには，緯度ごとに傾向が認められる (Parsons, 1988, Fig. 4.11)．たとえば，中緯度地域（およそ30〜40°N）においては，北向き谷壁が急であることが多い．高緯度においては，北向きと南向きの両者の急な谷壁が認められ (Kennedy and Melton, 1972)，緯度30°Nより南では，東向きおよび西向き斜面が，北向きや南向きの斜面より急である．

ただし，このように特定の緯度において急な谷壁の向きについての共通点が認められたとしても，非対称谷において同じ地形形成プロセスが関与しているとはいえない．なぜなら，非対称谷は，過去あるいは現在の氷河，または周氷河のプロセスによって形成されたものという一般的同意はあるものの，具体的なプロセスについては，いくつかの異なった解釈があるからである．たとえば，Büdel (1953) やFrench (1971) は，谷床堆積物の非対称性の事実から，流水による侵食が谷壁勾配の差異をもたらしたと考えている．この仮説によれば，北向き斜面においてソリフラクションが活発に起こり，より多くの崩積土（colluvium）がその麓に堆積する．そのため，流水は南向きの谷壁に対して作用し，侵食する．しかし，他の研究者は，勾配の差異は直接に斜面プロセスの効果の結果であることを主張している．すなわち，斜面プロセスは一方の谷壁においてより活動的であり，そのため一方の側だけが急になるからである．

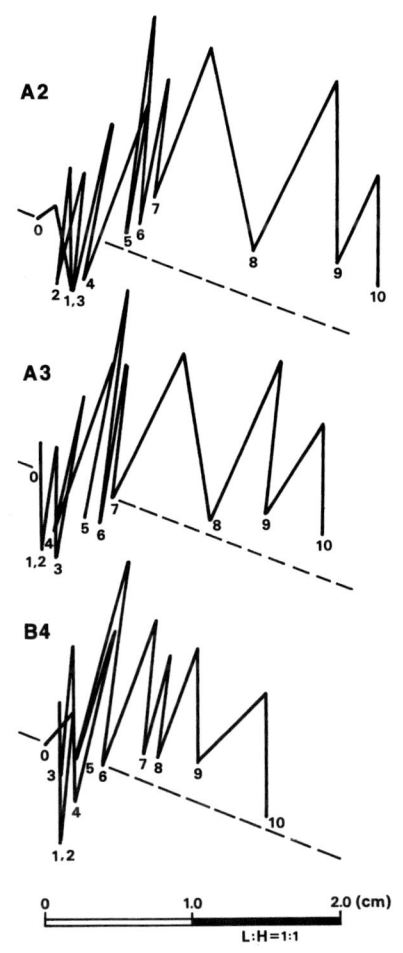

図9.5 マーカーの移動軌跡（堀井ほか，1987）
破線は実験開始時における地表面，図中の数字はサイクル数を示す．

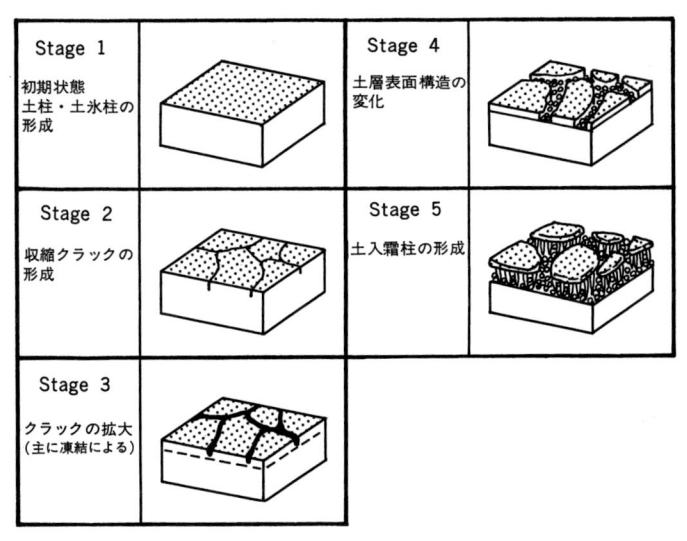

図9.6 サイクルの進行に伴う土層表面の変化（堀井ほか，1987）

このように，より活動的な斜面プロセスが谷壁をより急にするか，あるいはより緩くするか，また，より活動的なのは北向き斜面なのか南向き斜面なのかということが明瞭になっていないことが，この問題の解釈を複雑化させている．Starkel (1975)，Crampton (1977) や Kotarba (1980) は，南向き谷壁の急激な凍結-融解が，その急勾配化をもたらすということを主張している．反対に，Tuck (1935) や Churchill (1981) は北向き斜面のより急激な侵食とその結果としての緩傾斜化を主張した．しかし，これらの主張は，実際の斜面プロセスの観察事実からではなく，むしろ斜面プロセスの効果に関する先入観のもとで構築されているように思われる．

非対称谷の研究は，氷河や周氷河プロセスによって影響を受ける地域から遠くなると，一般に少なくなる．そのような中緯度地域においては，北向き谷壁が急になることが知られており，これには，気候に影響された植生の違いが関与していると考えられている．すなわち，南向き谷壁は乾燥しており植生の被覆が貧弱である．そのため，そこはより急激に侵食されることにより急激に減傾斜するか（たとえば，Emery, 1947; Kane, 1978），または，基底水流が北向き谷壁を選択的に下刻し，谷床の北側からより多くの崩積土をもたらすことによる結果と考えられる (Dohrenwend, 1978)．

9.3.2 日本における非対称谷

根釧原野一帯の丘陵では，北向き谷壁が急傾斜になっているが，その理由は，岩田（1977）によって以下のように考えられている．最終氷期の寒冷期（30000〜17000 年前）における日射や積雪の差から，南向き谷壁ではソリフラクションが活発に起こり，谷壁脚部にソリフラクション堆積物を堆積させたが，そのような作用のない北向き谷壁の基部は，流水の侵食を受けて急になった．

関東地域の台地の縁では，根釧原野とは逆に南向き谷壁が急となっている．また，茨城県つくば市周辺では，台地を開析する谷が南北に走っており，西向き谷壁が急（東向きが緩斜面）となっている．これらは，上記で説明した中緯度地域の傾向とは異なっている．これについては，最終氷期の寒冷期に，北向きや東向き斜面において土壌匍行が活発に

起こり，そこが緩傾斜化したと解釈されている（石井ほか，1987）．

9.4 泥　　流

9.4.1 火山体における泥流

火山活動に起因する砕屑物の流れ（火砕流を除く）は，**火山泥流**（volcanic mudflow; lahar）と呼ばれ，いくつかのタイプがある．その一つは大規模な水蒸気爆発によって火山体の一部が爆裂し，爆発カルデラを形成すると同時に，その部分を構成していた岩塊が山麓に高速（数十 km/h）で流下するものである．たとえば，1888 年の福島県磐梯山の噴火や 1980 年のセントヘレンズ火山の噴火時に発生したことが知られている（このときの流下速度は 100 m/s と見積もられている）．最大流下距離は，数十 km を超えることもある．このタイプの泥流では，山体の崩壊に伴う巨大岩塊がこの流れで運ばれ，流下した下流部に**流れ山**と呼ばれる多数の小丘群を形成することが少なくない．

積雪や氷河に覆われている火山で噴火が起こると，高温の火山噴出物がそれらを瞬間的に融解し，その水が岩屑を巻き込みながら火山斜面を高速で流下する．これが狭義の火山泥流である．1926 年の北海道十勝岳の噴火時に発生した泥流は，火口から 20 km 先の富良野盆地にまで達した．このような水分の多い泥流は，噴火によって火口湖の水が溢れだし，火山斜面の岩屑を巻き込み流下する場合にも見られる．このタイプの泥流はインドネシア・ジャワ島のケルート火山でしばしば発生し，**ラハール**（lahar）と呼ばれている．また，火砕流が河川に流入して泥流に転化するタイプもある．1783 年の浅間山の噴火により鎌原火砕流が発生したが，その火砕流は吾妻川に流入し泥流となり，30〜40 km/h の速度で利根川にまで流下した．

9.4.2 粘土層で発生する泥流

イングランド南西部のドーセット地方の Stonebarrow では，スランプ性の地すべり（slump; mudslide）が起こっている（**図 9.7A**）．その一つは 1942 年の 5 月 14 日に起こったもので，18 m の幅（海岸方向の奥行き）で崖方向に 500 m の長さにわたり 15 m ほどすべり落ちた．このすべりに

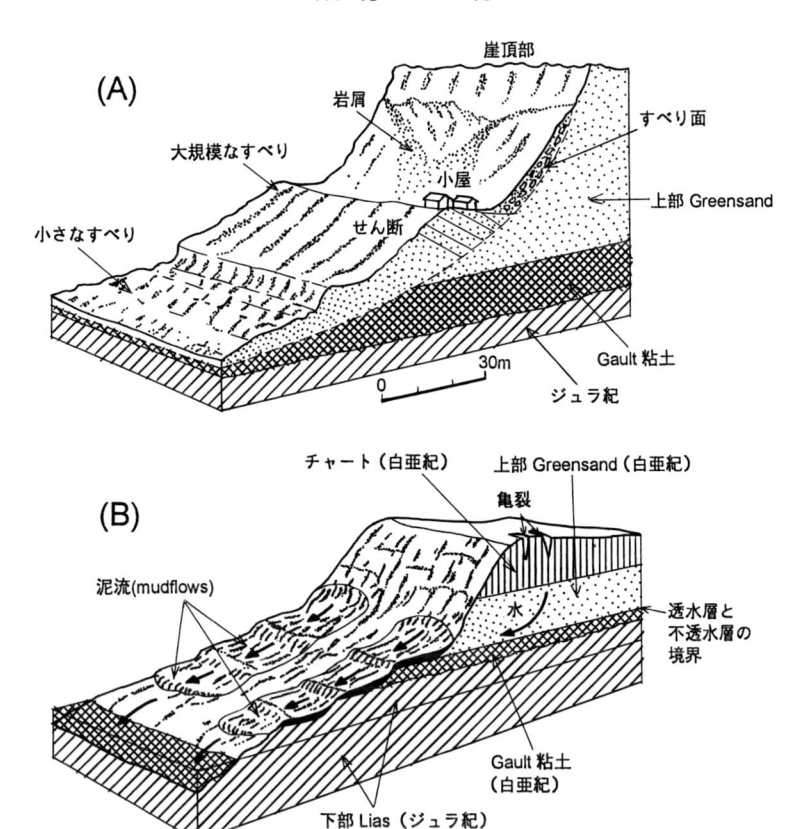

図 9.7 (A) 南イングランド Dorset 地方の Stonebarrow 地すべりと地質との関連，(B) Dorset の Black Ven 泥流と地質との関連 (Goudie and Gardner, 1985)

表 9.2 デンマークにおける mudflow 粘土のアッターベルグ限界値 (Prior, 1977)

	単位重量 (gf/cm^3)	塑性限界 (%)	液性限界 (%)	塑性指数
Helgenæs	1.71	36	61	25
Røsnæs	2.09	32	60	28
Røjle Klint	1.79	31	58	27

よって，滑落崖には黄褐色の Greensand（下部白亜系：粘土層・砂層からなる）が露出した．滑落した土塊の上には，第二次世界大戦の初期につくられたレーダー小屋が載っており，この小屋がスランプが起こった証拠になっている．

この付近ではもう一つのマスムーブメントも観察される．図 9.7 B に示したような，スランプの斜面上で生起する泥流 (mudflow) である．これは，上述のスランプによる Greensand や Gault 粘土などの崩積土内で引き起こされる二次的なものである．この崩積土は，夏には乾燥し固い脆性物質になるが，降雨の多い冬季には崩積土中のマトリックスが水分を吸収・保持し，含水比がきわめて高くなる．そのような状態で，舌状の形に流動する．舌状の長さと幅の比は，ほぼ 5 程度である．

同様の泥流は，デンマークの始新世の粘土からなる斜面においても発生している (Prior, 1977)．ここの粘土は，モンモリロナイトを含み高い液性限界をもつ（**表 9.2**）．また，残留強度定数である $c'_r = 0\ kgf/cm^2$ であり，$\phi'_r = 11°$ と小さい．これらの物性値と $m=1$ の条件を無限長斜面の安定解析の式（式 5.37 参照）に代入すると，斜面の最終勾配（11.2.3 項参照）は 6° と計算される．

9.5 土石流

9.5.1 土石流発生のメカニズム

土石流 (debris flow) とは，渓床や斜面に堆積していた岩屑が，多量の水を含んで高速で流下する現象である．土石流の流下した跡には，U 字形ないし箱形の断面をもつ土石流谷が生じる．土石流は発生様式を異にする以下の 3 種類が考えられている．(1) 豪雨により山腹で崩壊が発生し，その崩土である土砂がそのまま渓流に流れ込み流下するもの．(2) 豪雨などによる急激な出水によって，渓岸や渓床の堆積土砂が急激に侵食され，流水が一時に多量の土砂を含み，これが流下するに従って土石流になるもの．(3) 地すべりや崩壊土砂が，渓流を一時せきとめて天然ダムをつくることがあるが，この天然ダムの含水量が多くなって自ら移動するか，あるいは湛水の圧力によって崩壊し，急激に流下するもの．

豪雨以外にも，地震によって崩壊した物質が土石流となる場合もある．たとえば 1923 年の関東大地震による箱根火山東麓の根府川で発生した山津波（土石流の古い呼び名）や 1984 年の長野県西部地震による御嶽崩れが土石流に転化したものなどである．

9.5.2 土石流の物質と流動

土石流は，その構成物質の種類によって，石礫型土石流，泥流型土石流，粘性土石流の 3 タイプに分類される（高橋ほか，2003，pp. 72-74）．石礫型土石流は，流れの主要構成粒子が大きいものをいう．この場合，粒子を分散させる力は，粒子どうしが頻繁に高速で衝突する際に発生する反発力である．泥流型土石流は，構成粒子径は小さいが，粘土のような微細粒子がほとんど含まれていないものをいう．この場合の流れのメカニズムを支配しているのは，粒子どうしの衝突効果よりもむしろ大規模乱流効果である．粘性土石流は，粘土やシルトなどの微細粒子が多量に含まれているものをいい，粘性の大きい層流流動をする．

上記の 3 種類の土石流のメカニズムは，それぞれ典型的な場合であり，それぞれの土石流の内部に作用する応力を，衝突応力 (τ_c)，乱流応力 (τ_t)，粘性応力 (τ_μ) とする．実際の土石流は，それらの中

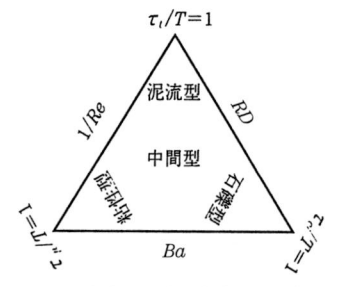

図 9.8 各種土石流の存在領域（高橋ほか，2003，図 2.6）
Re：レイノルズ数，RD：相対水深，Ba：バグノルド数．

間的なものであるので，そのような土石流内部に作用する全せん断応力 T は，

$$T = \tau_c + \tau_t + \tau_\mu \tag{9.1}$$

と表される．そして任意の土石流中での上記 3 種類の応力の寄与分は，τ_c/T，τ_t/T および τ_μ/T の大きさで決定されると考えると，各種の土石流の存在領域は，図 9.8 の三角座標のどこかにプロットされる．3 つの頂点近傍の領域が，3 種の典型的な土石流の存在領域であり，中央部の領域は，それらの中間的な性質をもった土石流の存在領域となる．石礫型土石流は，バグノルド数 (Ba) とレイノルズ数 (Re) が大きく，相対水深 (RD) が小さい場合に生じ，泥流型土石流は，相対水深とレイノルズ数が大きく，バグノルド数が小さいときに生ずる．また，粘性土石流はバグノルド数，レイノルズ数および相対水深のいずれもが小さいときに生じると考えられている．

9.5.3 焼岳の上々堀沢での土石流

通常の谷では，上述のように土石流以外のプロセスによって土砂が供給されることが，土石流の発生に必要な条件となる．そのため，一度土石流が起こって河床の土砂が一掃されてしまうと，その後は長年月にわたって土石流の発生がみられないという免疫性が顕著である．ところが，ルーズな砕屑物で覆われた火山地域がガリー侵食を受けている場合などは，河床そのものが土石流の材料になりうるし，ガリーの側壁からも土砂が供給されるので，免疫性は顕著ではなく，場合によっては同じ場所で毎年のように（あるいは年に何回も）土石流が起こる．

たとえば，長野県と岐阜県の県境にある焼岳にお

いては，年平均3～4回の土石流が発生する．山体が火山砕屑物からなり，冬季～春季の凍結・融解により渓床の側壁から土砂が供給されたり，側壁の崩壊により土砂が供給されたりしているからである．沢の上流では，渓床の勾配が20°以上と大きく，ここに降雨強度が4 mm/10 minの降雨があると土石流の発生の可能性が高くなり，7 mm/10 min以上の降雨があると必ず土石流が発生することがわかっている．上流で発生した土石流は，渓床から土石を取り込み徐々に加速する．したがって，上流の河床は侵食域となる．流下する過程で石礫の衝突などにより土石流の先端には巨礫が集中し，その後続部分は水分の多い泥流，土砂流となる．土石流先端の流速は，5 m/s（＝20 km/h）ほどになる．渓床勾配が12～13°になると，土石流は低速になり，10°以下で減速を始め，谷口の勾配2～3°のところで停止する．このような場所では，ローブ状の土石流堆が累積して土石流扇状地（あるいは沖積錐）が形成される．

土石流の先端部へ大礫が集中する理由を，Suwa (1988) は，岩石粒子を駆動させる質量力は粒径の3乗に比例するのに対し，小粒子の衝突や間隙流体による抵抗は面積力であり粒径の2乗に比例することから，大礫ほど流れの中で達する平衡速度が大きいためである，と説明している．しかし，Sunamura (2007) は，乾燥した粒状体物質からなるせん断流れの室内実験を行い，大きな粒子は回転しながら徐々に表層に向かって斜めに上昇していくことを観察しており，周囲の粒状物質の衝突は礫の上昇には影響していないのではないかと主張している．その流速分布から，礫の上部が速いのでそこが下流側に移動しようとするが，礫の下部は流速が遅いため，礫の下流側の下部では礫周囲の粒状物質は動きにくい．したがって，礫が動こうとすると下流側の粒状物質に乗り上げることになり，その結果として礫は回転しながら徐々に上昇することになるという．

9.5.4 崖錐斜面上で発生する土石流

崖錐上で見られる岩屑移動プロセスとしては，転・落石，乾燥岩屑流とならんで土石流がある．すなわち，崖錐上を流下する土石流は，崖錐からの岩屑侵食を行う．小花和ほか（2002）は，磐梯山カルデラ壁基部に広がる崖錐斜面で発生する土石流跡を調査し，土石流はその到達位置によって崖錐斜面の途中で停止しているタイプと崖錐斜面の外まで流出して沖積錐（alluvial cone）を形成しているタイプに分類できることを示した．後者のタイプは，土石流発生域に相当する崖の高さが大きく，それに対して崖錐が小さい場合に発生し，崖錐が成長して上部の崖の集水面積が小さい場所（すなわち，崖錐に対して崖が小さい場所）では前者のタイプが発生しやすい．このように，土石流の流下到達範囲は崖錐と崖の地形の大小関係によることは，実験によっても確認された（Obanawa et al., 2005）．

9.6 巨大・大規模崩壊に伴う岩屑流・岩屑なだれ

崩壊は著しく大規模なものから小規模なものまであり，それらの発生メカニズムも異なっている．Machida (1966) は，巨大崩壊（崩壊物の量が10^9～$10^7 m^3$），大規模崩壊（地すべり性崩壊：10^6～$10^4 m^3$），小規模崩壊（表層崩壊：10^3～$10^1 m^3$）に分類している．巨大崩壊や大規模崩壊のような多量の土砂を供給するような大規模な崩壊は，高速で遠くまで流動するという特徴をもつ．その流動のメカニズムについては，不明な点も多く，また，その崩壊の直接原因も多様である．

9.6.1 岩屑流・岩屑なだれ（巨大崩壊および大規模崩壊）の二，三の例

(1) Saidmarreh slide

南西イランにあるSaidmarrehは世界最大の崩壊として知られている．1万年以上前に起こったものであるが，乾燥地のためその表面形態をいまだに観察できる．崩壊源は，白亜紀のキャップロックを載せた海抜2000 mの向斜山稜であるKibir Kuhの山腹である．向斜の北山腹には漸新世のAsmari石灰岩がホグバックをなしており，それが始新世の薄い石灰岩や泥灰岩の上に載っており，約20°の傾きで谷の方向に傾斜している．この崩壊ではホグバックの斜面で，長さ15 km，幅5 km，厚さ300 mほどの岩塊が谷に向かってすべり落ちた．Watson and Wright (1969) によれば，後期更新世にSaidmarreh川がホグバック山稜の足許を下刻しているとこ

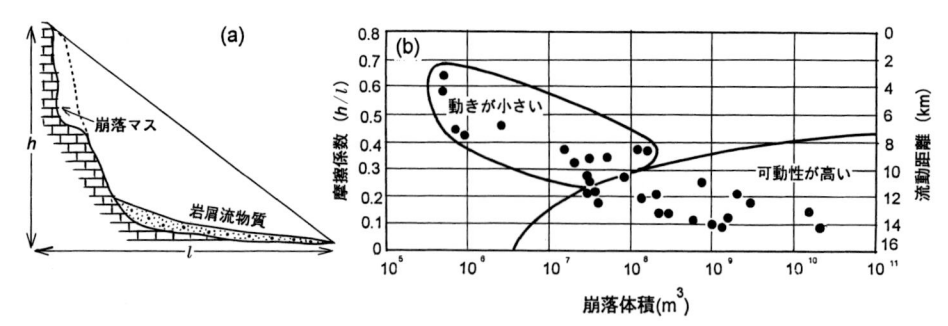

図9.9 (a) 岩屑流の等価摩擦係数の計算法 (h/l) と，(b) 崩土量，等価摩擦係数，流動性の関係（Hsü, 1975, 1989をもとに作成）(Selby, 1993, Fig. 14.8)

ろに，地震が引き金で起こったと推定されている．発生源の高さは600 mほどしかないのに，流動距離は18 kmに及んでいる．Shreve (1966) によれば，この距離を流動するためには，最小でも300 km/hの流速が必要と計算されるという．

(2) Sherman slide

1964年3月27日のアラスカ地震が引き金となり起こった崩壊である (Shreve, 1966)．高さ600 mで40°の勾配をもつ山体が崩壊し，平均厚さ1.3 mほどの岩屑シートが前方の150 mの高さの基盤岩からなるリッジを乗り越えて5 kmも流動した．リッジは，流動岩屑の発射台の役目をし，そのため岩屑の移動速度は最大185 km/hに達した．岩屑は，最終的に氷河の上に広がって堆積し，その拡散面積は8.5 km²にもわたったが，氷河の新鮮な雪の表面の厚さ2 mしか乱していなかった．

(3) Blackhawk landslide

南カリフォルニアのモハーベ砂漠には，およそ数万年前に発生したと考えられているBlackhawk landslideと呼ばれる大規模な崩壊がある．結晶質石灰岩のおよそ$3.2 \times 10^8 \mathrm{m}^3$の土量がおよそ2.5°というほとんど平坦な沖積砂漠面の上を8 kmもの距離を流動して停止した．このように到達距離が異常に長くなったメカニズムとしては，崩土が空気を取り込み，その圧縮した空気の上をホバークラフトのような状態で移動したと考えるShreve (1966, 1968) のair cushion transport説と，崩土の側方リッジや先端部に認められる砂質泥層が滑材になったと考えるJohnson (1978) の説がある．

(4) Elmの岩屑流

Elmの岩屑流は，スイスのElmで1881年に起こった崩落から岩屑流に移行したものである．この岩屑流は，片岩の採掘が原因で$10^7 \mathrm{m}^3$ $(0.01 \mathrm{km}^3)$の土量が崩落し，それが緩傾斜なところを40秒間に2 kmもの距離を流走した．このような高い流動性の原因は，細粉化した物質に働く揚力やその中の岩塊どうしの衝突による応力伝播によるものとされた (Hsü, 1975)．

9.6.2 等価摩擦係数

上の数例に示したような大規模崩壊において，図9.9に示したように，崩壊源の最高点の比高 (h) と崩壊源から崩壊物質の到達先端までの水平距離 (l) との比は，**等価摩擦係数** (equivalent coefficient of friction; Shreve, 1968) と定義されている．一般に，大規模崩壊の等価摩擦係数は小さい．たとえば，Saidmarreh slideでおよそ0.1，Sherman slideで0.22，Blackhawk landslideで0.13，Elmで0.31 (0.26) と計算されている．前述したように，土石流は谷の出口ですぐ停止し扇状地をつくっているのに対し，大規模崩壊は緩傾斜なところをかなりの遠方まで流動している．したがって何か特別な流動のメカニズムを考えなければならないが，上記のように諸説があり定説はない．

9.7　クイッククレイ地すべり

スカンジナビア半島は，最終氷期には3000 mの厚さの氷床に覆われたが，その後の氷床の後退により海進が起こった．1.1万年前には，現在のスピッツベルゲンやグリーンランドと同じ環境下になったと考えられ，融氷水がシルトや粘土などの細粒物質を浮遊物質 (suspended load) として運搬，フィヨルド底に堆積させた．後氷期になると氷河性アイソ

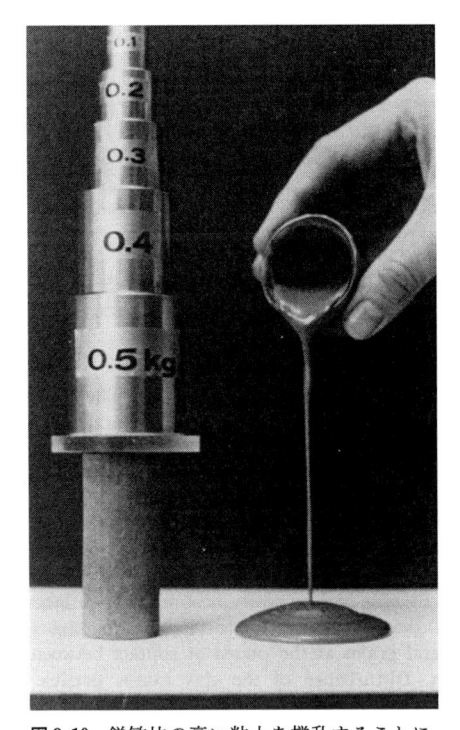

図9.10 鋭敏比の高い粘土を撹乱することによって強度が極端に低下する例（Mitchell, 1993, Fig. 11.1）
左の分銅が載っている柱状の供試体が撹乱前の粘土であり，右が撹乱後の状態．このような粘土をクイッククレイと呼ぶ．

ムをつくったが，湖岸線に沿って突然崩れ（流動）が起こった．崩れは，斜面上方に伝播していき，谷底の牧場や民家が順次飲み込まれていった（崩れの斜面上方への拡大は数分で1km以上にも及んだ）．その流動の速度は，時速30 km/hほどもあった．そのため，流動した粘土塊が湖に流入し，それが大きな波（一種の津波）を起こし，この波が対岸の町を襲い二次災害まで引き起こした．

前述したように，地盤隆起で陸になった直後の海成粘土は，綿毛構造が維持され比較的大きい強度をもっていた．しかし，その後の雨水の侵入により，数千年の間に徐々に間隙水の塩分濃度（当初は35‰）が希釈され，1978年当時には，塩分濃度は1‰程度まで低下し，そのため，粘土粒子どうしの結合が弱まっていた．このような状態のところにアースダムのような重い荷重がかかったため，粘土の構造が一気に破壊し，それが隣接する粘土を順次破壊させたと解釈されている．近年，スカンジナビア半島やカナダなどで，塩分濃度が数‰まで低下している場所が徐々に増加しているといわれており，クイッククレイ地すべりの危険性が増している．

スタシー（glacial isostacy）で地盤が隆起し，その結果，海成粘土は海面上まで隆起し，現在は200mの標高に存在する．海面上まで隆起した海成粘土の間隙水は，当初は当然海水であるが，その後の雨水の浸透によりそれが徐々に真水に置き換わっていく．たとえば，Rosenqvist (1953) などの溶脱理論（leaching theory）によれば，間隙水が海水の場合は，海水のもつ電気的結合力が粘土の綿毛構造（カードハウス構造）を保持しているが，真水に置き換わると粘土粒子間の結合力が極端に減少するという．したがって，このような粘土に地震などのショックが与えられると液状化する（図9.10）．このような粘土の**鋭敏比**（不撹乱試料と練返し試料のそれぞれの一軸圧縮強度の比）は，100を超えるという．鋭敏比が16以上の粘土が，**クイッククレイ**（流動する粘土という意味）と呼ばれる．

ノルウェーのリサでは，湖岸の傾斜10°以下の平坦な谷底にクイッククレイが分布していた．1978年，湖岸で土を取り除いて（盛土にして）アースダ

引 用 文 献

Büdel, J. (1953) Die "Periglazial" Morphologischen Wirkungen des Eiszeitklimas auf der ganzen Erde, *Erdkunde*, **7**, 249-266.

Churchill, R. R. (1981) Aspect-related differences in badlands slope morphology, *Annals of the Association American Geographers*, **71**, 374-388.

Crampton, C. B. (1977) A note of asymmetric valleys in the central Mackenzie River catchment, Canada, *Earth Surface Processes*, **2**, 427-429.

Dohrenwend, J. C. (1978) Systematic valley asymmetry in the central California Coast Ranges, *Geological Society of America Bulletin*, **89**, 891-900.

Emery, K. O. (1947) Asymmetric valleys of San Diego County, California, *Bulletin of the Southern California Academy of Science*, **46**(2), 61-71.

French, H. M. (1971) Slope asymmetry of the Beaufort Plain, Northwest Banks Island, N. W. T., Canada, *Canadian Journal of Earth Science*s, **8**, 717-731.

French, H. M. (2007) The Periglacial Environment. John Wiley & Sons, Chichester, 458 p.

Goudie, A. S. and Gardner, R. (1985) Discovering Landscape in England and Wales. George Allen & Unwin, London, 177 p.

Harris, C. (1972) Processes of soil movement in turf-banked solifluction lobes, Okstindan, northern Norway, *Institute of British Geographers Special Publication*, 4, 155-174.

堀井　徹・松岡憲知・松倉公憲 (1987) フロストクリープによる斜面物質の移動に関する実験，筑波大学水理実験センター報告，11, 21-27.

Hsü, K. J. (1975) Catastrophic debris stream (sturzstroms) generated by rockfalls, *Geological Society of America Bulletin*, 86, 129-140.

Hsü, K. J. (1989) Physical Principles of Sedimentology. Springer-Verlag, Berlin, 233 p.

石井武政・磯部一洋・相原輝雄 (1987) 試錐試料からみた茨城県筑波台地における緩斜面の形成について，第四紀研究，26, 85-92.

岩田修二 (1977) 根釧原野，上春別付近の周氷河非対称谷，地理学評論，50, 455-470.

Johnson, B. (1978) Blackhawk landslide, California, U.S.A. *in* Voight, B. (ed.) Rockslide and Avalanches, 1 : Natural Phenomena. Elsevier, Amsterdam, 481-504.

Kane, P. (1978) Origins of valley asymmetry at Sarah Canyon, *Yearbook of the Association of Pacific Coast Geographers*, 40, 103-115.

Kennedy, B. A. and Melton, M. A. (1972) Valley asymmetry and slope forms of a permafrost area in the Northwest Territories, Canada, *Institute of British Geographers Special Publication*, 4, 107-121.

Kotarba, A. (1980) Climatically controlled asymmetry of slopes in the central Mongolian uplands, *Bulletin de Academie Polonaise des Sciences Serie des Sciences de la Terre*, 28, 139-145.

Machida, H. (1966) Rapid erosional development of mountain slopes and valleys caused by large landslides in Japan, *Geographical Report of Tokyo Metropolitan University*, 1, 55-78.

Matsuoka, N. (2001) Solifluction rates, processes and landforms : A global review, *Earth-Science Reviews*, 55, 107-134.

Mitchell, J. K. (1993) Fundamentals of Soil Behavior (2nd ed.). John Wiley & Sons, New York, 437 p.

小花和宏之・松倉公憲・恩田裕一 (2002) 磐梯山カルデラ壁下部の崖錐斜面上を流下する土石流の到達距離，地形，23, 433-447.

Obanawa, H., Onda, Y., Moriwaki, H. and Matsukura, Y. (2005) Factors affecting sedimentary outflow from talus slope by debris flow : A laboratory experiment, *Geographical Review of Japan*, 78, 859-866.

Parsons, A. J. (1988) Hillslope Form. Routledge, London, 212 p.

Plafker, G. and Ericksen, G. E. (1978) Nevados Huascarán avalanches, Peru. *in* Voigt, B. (ed.) Rockslide and Avalanches, I : Natural Phenomena. Elsevier, Amsterdam, 297-314.

Prior, D. B. (1977) Coastal mudslide morphology and processes on Eocene clays in Denmark, *Geografisk Tidsskrift*, 76, 14-33.

Rosenqvist, I. Th. (1953) Considerations on the sensitivity of Norwegian quick clays, *Géotechnique*, 3, 195-200.

Selby, M. J. (1993) Hillslope Materials and Processes (2nd ed.). Oxford Univ. Press, Oxford, 451 p.

Shreve, R. L. (1966) Sherman landslide, Alaska, *Science*, 154, 1639-1643.

Shreve, R. L. (1968) The Blackhawk landslide, *Geological Society of America Special Paper*, 108, 1-47.

Starkel, L. (1975) Characteristics and evolution of the asymmetrical relief of the Sant Valley, *Bulletin de Academie Polonaise des Sciences Serie des Sciences de la Terre*, 23, 201-203.

Sunamura, T. (2007) Experimental evidence for the emergence of large particles in the gravity-induced shear flow of smaller cohesionless grains, *Journal of Geology*, 115, 483-490.

Suwa, H. (1988) Focusing mechanism of large boulders to a debris-flow front, *Transactions of the Japanese Geomorphological Union*, 9, 151-178.

高橋　保・佐々恭二・中川　一 (2003) 土石流災害．京都大学防災研究所編，地盤災害論．山海堂，57-112.

Tuck, R. (1935) Asymmetrical topography in high latitudes resulting from alpine glacial erosion, *Journal of Geology*, 43, 530-538.

Washburn, A. L. (1967) Instrumental observations of mass wasting in the Mesters Vig District, Northeast Greenland, *Meddelelser om Grønland*, 166, 318 p.

Watson, R. A. and Wright, H. E. Jr. (1969) The Saidmarreh landslide, Iran. *in* Schumm, S. A. and Bradley, W. C. (eds.) U.S. contributions to Quaternary research, *Geological Society of America Special Paper*, 123, 115-139.

10. 陥没・沈下

　旧・帝国ホテルは，1923年に竣工し，その年に起こった関東大地震においてもびくともせず，崩壊を免れたことで有名である．その後，1967年に新本館建設のために解体され，現在は愛知県の明治村に保存されている．世界的な建築家ライトが，この旧・帝国ホテルの建築材として選んだのが**大谷石**である．大谷石は，栃木県宇都宮市の北西約8 kmの地点に位置する大谷町を中心として分布する，新第三系中新統の流紋岩質凝灰岩の通称である．大谷石は，空隙が比較的多く軟岩であり，容易に加工でき，さらに耐寒性，耐圧性，耐火性に優れていることから，建築・土木用石材として古くから利用されてきた．そのため，大谷町地域では多量の大谷石が地下採掘により採取され，大規模な地下空洞が形成されている．たとえば，大谷資料館の地下採掘場跡地は，1919年から1986年までの約70年間の採掘でできた巨大な地下空間であり，その広さは野球場が一つ入ってしまうほどである．坑内の平均気温は，8℃前後で地下冷蔵庫としても利用されている．現在では，コンサートや美術展，演劇場，地下の教会，写真や映画のスタジオなどにも利用され，注目を集めている．しかしその一方で，採掘場によっては無秩序な採掘がされた場所もあり，そのような採掘場跡地の地下空間では，局所的に崩落が発生し，地表部の陥没事故が引き起こされるような場所もあり，埋戻しなどの対策をとることが考えられている．

10.1 陥没・沈下の例

10.1.1 陥没

　陥没地形は，自然的陥没地形と人為的原因による陥没地形に大別される．前者としては，石灰岩の岩体内部の溶食による地下空洞化がもたらす陥没凹地（ドリーネ：4.4.2項参照）が代表的なものである．後者では，採鉱・採石で掘削された坑道や地下空洞が陥没する例がある．

　自然的原因の陥没の例としては，石灰岩以外では**シラスドリーネ**や**黄土ドリーネ**がある．シラス台地の分布域には，円形ないし楕円形の輪郭をもつすり鉢状の凹地が形成されている．大きいものでは，直径約200 m，深さ10 mほどのものがある．カルスト地形のドリーネとの類似性から**シラスドリーネ**と呼ばれている．これと類似の陥没地形は中国の黄土地帯にも見られ，**黄土陥穴**あるいは**黄土ドリーネ**と呼ばれている．シラスや黄土の基底（基盤地形）に沿って流れる地下水流によって，それらの堆積物中の細粒分が運びだされることで，水脈沿いに空洞（パイプ）が発生・成長しているものと考えられる（図7.14参照）が，このような空洞の天井が陥没して生じた地形と考えられる．前述したように，両者が類似の地形を形成するのは，火砕流堆積物と風成堆積物とその成因がまったく異なるにもかかわらず，主に細粒物質で構成される固結度が低い物質であることと，流水の侵食に弱いという共通した性質をもつためである（Yokoyama et al., 1991；横山, 2003, pp. 154-157）．

10.1.2 沈下

　沈下には，地盤沈下と荷重沈下がある．地盤沈下の一つに圧密沈下をあげることができ，これは，透水性のある含水物質から液体が絞りだされて圧密が起こることによる．地下水の汲上げや，石油の汲上げなどがその原因となっている．東京・下町では，1年に29 cmの沈下が記録されたこともある．イタリアのベニスの町は，主に地下水と石油の汲上げによって地盤が沈下したため，高潮による水没の危険にさらされることになった．同じくイタリアのピサ

市にあるピサ大聖堂は，地下水の汲上げによる地盤の不等沈下のために建物が傾斜しており，「ピサの斜塔」として有名である．

軟弱地盤上に盛土をすると地盤が沈下するような現象を，荷重沈下と呼ぶ．荷重沈下は，その上載荷重を除去すれば，ある程度まで地盤が隆起し可逆変形を示す．自然界で起こる荷重沈下の例は，飯縄山(Suzuki, 1965, 1966)やハワイの火山島などの大型の火山体で見られる．

図10.1 栃木県宇都宮市・大谷の坂本地区において1989年2月10日に発生した最初の陥没（Oyagi and Hunger, 1989）（直径約65 m，深さ30 m）

10.2 大谷石採石場の陥没

10.2.1 大谷石採石場の陥没

大谷石は，日本を代表する石材の一つである．そのため栃木県宇都宮市の北西の大谷町地域では，多量の大谷石が地下採掘により採取され，大規模な地下空洞が形成されている．大谷石採掘地域の南東部に位置する坂本地区において，1989年2月10日に大規模な陥没が発生した（**図10.1**）．この陥没は，平面形状が平均直径65 mの円形（厳密には，長径70 m，短径60 mの楕円）で，元の地表面からほぼ垂直に約30 m陥没した（Oyagi and Hunger, 1989）．この陥没発生後には，陥没地周辺の地表面に，地割れなどの多くの亀裂が観察された．その後，3月5日には二次崩壊が起こった．北側では陥没と地すべりが同時に起こり，東側では陥没のみが起こった．その陥没形は，北方および東方へと拡大し，南北方向および東西方向の長さはそれぞれ140 m，90 mとなった．最終的に，陥没の平面形状は円状から楕円状に変化し，陥没面積は約10000 m²となった．陥没の深さは，どこでも約30 mであったとすると，陥没した体積は300000 m³と推定される．

10.2.2 大谷石の物理的・力学的諸性質

崩落岩盤（天盤）を構成する大谷石のほとんどが大谷上部層に相当する細目層（ミソが少なく石材として上質な地層）であることから，細目層の岩石試料を用いて，乾燥・湿潤状態の単位体積重量や岩石強度などの諸性質を調べた（**表10.1**）．また，現地岩盤の弾性波速度の計測結果（**図10.2**）から，寸法が小さい1 m以下の範囲では，寸法効果による強度低下は著しいが，1 m以上になると，強度はあ

表10.1 大谷石の物理的・力学的性質（青木ほか，2005）

岩石物性（単位）		実測値	サンプル数
真比重，G_s		2.46	
乾燥単位体積重量，γ_d (gf/cm³)		1.36	10
湿潤単位体積重量，γ_w (gf/cm³)		1.73	10
間隙率，n (%)		44.7	3
飽和含水比，w_{max} (%)		26.9	
自然含水比 (%)		10.0〜13.6	
一軸圧縮強度，S_c (kgf/cm²)			
（乾燥）	実測値	83.3〜151.3	10
	平均値	114.7	
	標準偏差	21.8	
（湿潤）	実測値	26.4〜41.2	10
	平均値	33.4	
	標準偏差	5.9	
引張強度，S_t (kgf/cm²)			
（乾燥）	実測値	16.1〜25.2	10
	平均値	20.1	
	標準偏差	2.5	
（湿潤）	実測値	3.4〜5.8	10
	平均値	4.7	
	標準偏差	0.7	
弾性波(P波)速度，v (km/s)		1.99	10

る一定値に収束することが示唆された．さらに，脱水過程における含水比計測とエコーチップ反発硬度試験を行った（**図10.3**）．硬度（L値）は，乾燥時（含水比が0%）に最大値508であり，含水比が20%以上になると，300前後の値をとることがわかる．全体的な傾向としては，大谷石の岩石強度は，含水比の増加に伴い大きく低下する．

10.2.3 安定解析式の導出

前述したように，岩石採掘の跡地である地下空洞では，地表から天盤までの重量がそのまま落下重量

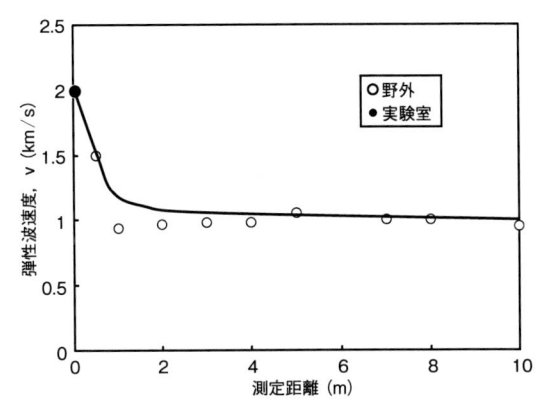

図10.2 大谷石採石場跡地の壁面において測線の長さを変化させたときのP波速度の変化（青木ほか，2005）

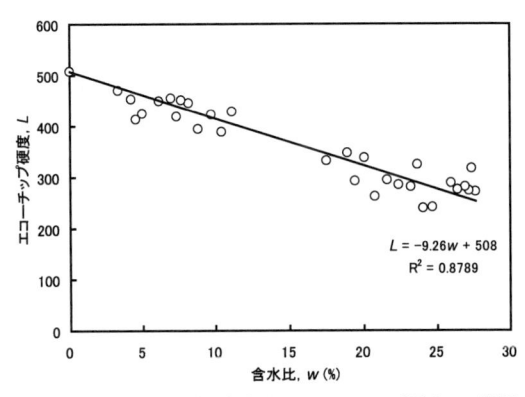

図10.3 大谷石供試体の含水比とエコーチップ硬度との関係（青木ほか，2005）

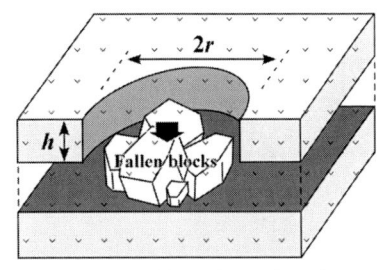

図10.4 大谷石採掘場跡地の陥没の想定図（安定解析のためのスケッチ）（青木ほか，2005）

となる．一方，天盤を構成する岩盤強度は抵抗力となる．落下重量が岩盤強度を越えると陥没が起こることになる．実際の1回目の陥没は，ほぼ円形であった（図10.1）．そこで，崩壊面におけるせん断抵抗力が岩塊の自重によって発生するせん断力よりも小さくなったときに崩壊が発生すると仮定し，力学的安定解析を試みた（青木ほか，2005）．

(1) 大谷石の採掘跡地が岩盤のみで構成されていると考え，厚さh，半径rの円盤が崩落する．崩落を起こそうとするせん断力は，円盤の重量f_1として表すことにする．

(2) 岩盤の周辺部の土圧は等方とみなし，岩盤強度が抵抗して支えている力f_2は岩盤の粘着力，すなわち，せん断強度S_sだけを考える．

高さh (m)，半径r (m)の円盤が陥没落下する場合（図10.4），陥没円盤と不動岩盤との接触部の面積は，$2\pi r \times h$ (m²)，陥没円盤の体積は$\pi r^2 \times h$ (m³)であるので，単位体積重量をγとすると，陥没円盤重量と円盤と不動岩盤との接触部で発揮されるせん断力f_1とせん断抵抗力f_2はそれぞれ次式のようになる：

$$f_1 = \pi r^2 \times h \times \gamma \tag{10.1}$$
$$f_2 = 2\pi r \times h \times S_s \tag{10.2}$$

また安全率F_sは次式のようになる：

$$F_s = \frac{f_2}{f_1} = \frac{2 S_s}{r \times \gamma} \tag{10.3}$$

この式は，(1) 天盤の厚さhは安全率に無関係であること，(2) 半径rや単位体積重量γが大きくなるほど，あるいはせん断強度S_sが小さくなるほど，安全率が低下することを示している．

10.2.4 せん断強度の推定

前述したように，L値は含水比が大きくなるにつれて直線的に減少し，L値は圧縮強度S_cと正の相関をもつ（青木・松倉，2004；Aoki and Matsukura，2008）ことから，圧縮強度もL値と同様に，含水比の増大により直線的に減少することが示唆される．また，乾燥と湿潤状態での脆性度の値はそれぞれ5.7，7.1であり，顕著な差がみられないことから，引張強度S_tもL値と直線的な関係をもつと仮定した．したがって，圧縮強度と引張強度は，乾燥時の強度を最大値として，含水比をパラメータにして次式のように表すことができる：

$$S_c = S_{cd}(1 - 0.026\,w) \tag{10.4}$$
$$S_t = S_{td}(1 - 0.028\,w) \tag{10.5}$$

ここで，S_{cd}とS_{td}はそれぞれ，乾燥状態（含水比$w=0\%$）のS_c値とS_t値である．

一般には，岩石の直接せん断試験が困難であるため，せん断強度S_s（垂直応力0 kgf/cm²の強度，

すなわち粘着力）は，圧縮強度と引張強度とから次式を用いて求められる（たとえば，山口・西松，1991，p.144）：

$$S_s = \frac{1}{2}\sqrt{S_c \times S_t} \tag{10.6}$$

乾燥状態の圧縮強度と引張強度（$S_{cd}=114.7$ kgf/cm², $S_{td}=20.1$ kgf/cm²）を式(10.6)に代入すると，乾燥状態のせん断強度は $S_{sd}=24.0$ kgf/cm² と求まる．そこで，式(10.6)にこの値と式(10.4)，(10.5)を代入すると，任意の含水比における供試体サイズのせん断強度（S_{sl} : kgf/cm²）は，次式のように表される：

$$S_{sl} = 24.0\sqrt{(1-0.026\,w)(1-0.028\,w)} \tag{10.7}$$

この式を用いれば，供試体のせん断強度 S_{sl} は，含水比を代入することにより計算によって求めることができる．たとえば，計算結果は，飽和湿潤（$w=26.9\%$）では 6.2 kgf/cm² となる．

10.2.5 寸法効果を考慮した岩盤せん断強度の推定

岩石の寸法効果を考慮するために，池田(1979)は，割れ目指数 k と呼ばれる無次元数を導入し，現地岩盤の強度 S_f は次式によって表されることを提案している：

$$S_f = k \cdot S_l \quad \text{すなわち} \quad S_f = \left(\frac{v_f}{V_l}\right)^2 S_l \tag{10.8}$$

ここで，v_f は岩盤を伝わる弾性波速度（現地の試験で得られた値），V_l は割れ目のない岩石供試体の弾性波速度，S_l は供試体の強度である．

前述したように大谷石岩盤の弾性波速度 v_f は，寸法が 1 m までの値の減少は著しいが，1 m 以上では約 0.98 km/s という一定値をとる．したがって，1 m を超えると，岩盤強度はある一定値に収束すると考えることができる．問題としている陥没の規模は数十 m であるので，この値（0.98 km/s）を採用し，岩盤強度を推定することにする．

式(10.8)は，岩盤の圧縮強度に関するものであるが，せん断強度についても同様な関係が成立するものと考える．また，大谷石で実測された弾性波速度の値は $v_f=0.98$ km/s, $V_l=1.99$ km/s であるので，$k=0.242$ となる．したがって，岩盤のせん断強度 S_{sf} は次式のようになる：

$$S_{sf} = 5.808\sqrt{(1-0.026\,w)(1-0.028\,w)} \tag{10.9}$$

この式から，岩盤のせん断強度は，乾燥状態（$w=0\%$）のとき，約 5.81 kgf/cm² であり，含水比（w）が増加するにつれ小さくなり，飽和状態（$w=26.9\%$）では 1.52 kgf/cm² となる．

10.2.6 解析結果

ところで，含水比 w が大きくなるにつれて，水を含んだ岩石の単位体積重量 γ (gf/cm³) も大きくなるが，それは，乾燥単位体積重量 γ_d と含水比 w を用いて次式のように表される：

$$\gamma = \gamma_d(1+w/100) \tag{10.10}$$

安全率の式(10.3)は，式(10.9)と式(10.10)および $\gamma_d=1.36$ gf/cm³ を代入することにより，

$$F_s = \frac{8541.2\sqrt{(1-0.026\,w)(1-0.028\,w)}}{r(1+w/100)} \tag{10.11}$$

となり，安全率は半径 r と含水比 w の関数となる．

式(10.11)を用いて，天盤の不安定性に与える地下空間の大きさ（天盤半径）について検討を行う．含水比 w をパラメータとして，半径 r (m) と安全率 F_s との関係を示したものが**図10.5**である．この図は，ある含水比をもつ岩盤において半径 r が大きくなるほど，安全率 F_s が小さくなることを示している．

円盤の半径が 0.1～60 m の範囲では，乾燥状態での（$w=0\%$）の安全率は $F_s=854.1～1.34$ であ

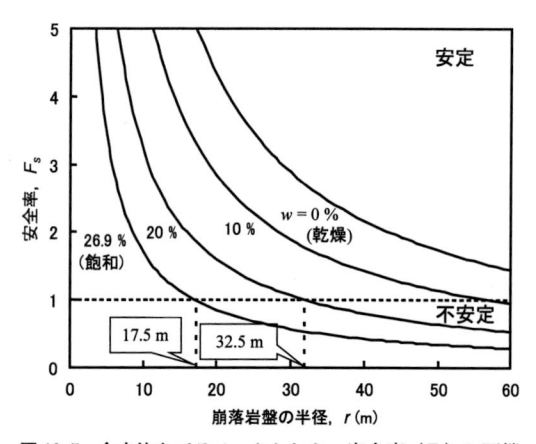

図10.5 含水比をパラメータとした，安全率（F_s）と天端（落下天井）の半径（r）との関係（青木ほか，2005）

り，安定領域にあることがわかる．自然乾燥状態に近い含水比 $w=10\%$ の場合では，$F_s=1$ となる r の値は 56 となる．飽和含水比（$w_{max}=26.9\%$）の場合には，臨界状態（$F_s=1$）となる r の値は 17.5 m となる．このように，岩盤の含水比が増加するに従い，安全率が徐々に低下することがわかる．その理由は，飽和状態へ近づくにつれて，含水比が上昇することにより，岩盤のせん断強度が低下し，岩盤の（単位体積）重量が増加するためである．したがって，これらのことを考慮すれば，崩落を起こさない採掘法として，少なくとも半径 18 m 以上の地下空間をつくることは避けるべきであるといえる．実際に陥没した円盤の直径は 65 m であることから，$r=32.5$ m の場合の臨界条件（$F_s=1.0$）下の含水比は 20%（飽和度が 74%）となる．したがって，この陥没の原因の一つとしては，天盤を構成する岩盤の含水比の上昇に伴う強度低下によることが考えられる．

含水比が上昇する要因として，岩盤への降雨の浸透・貯留や地下水面の上昇が考えられる．宇都宮では，陥没の起きた 1989 年 2 月 10 日とその前日に，10 mm 程度の降雨があるものの，陥没前の 1 月や 1988 年 12 月に特に目立った降水はみられなかった．しかし，1988 年の 8，9 月には 100 mm 前後の月平均雨量があり，例年より降雨が多かった．また，陥没が発生する 2 か月前（1988 年 12 月）には，地下から岩盤破壊音が頻繁に聞こえたことから，その時期にはすでに岩盤の破壊が始まっていたのであろう．多量の降雨のあった時期と陥没時期には 4 か月のずれがあるが，陥没を引き起こす一つの要因として，前年の秋の降雨が関与した可能性がある．

この研究で実施された解析は，保安柱がなかったとした場合に，天盤が壁面とのせん断によってのみ崩落した，という仮定に基づく一つの計算例を示したにすぎない．崩落の原因は，保安残柱の圧縮破壊などの問題があるので，それが含水比の増加のみで説明できるほど単純ではないであろう．たとえば，風化の進行に伴う岩盤全体の強度低下が，天盤や保安残柱の不安定性を助長した可能性もある．また，天盤上のローム層などの土被りの存在も不安定性を助長する何らかの働き（たとえば，降雨による土被り重量の増加に伴うせん断力の増加）をした可能性もあるが，これらについては今後の課題となろう．

引用文献

青木　久・松倉公憲（2004）エコーチップ硬さ試験機の紹介とその反発値と一軸圧縮強度との関係に関する一考察，地形，**25**，267-276．

Aoki, H. and Matsukura, Y. (2008) Estimating the unconfined compressive strength of intact rocks from Equotip hardness, *Bulletin of Engineering Geology and Environment*, **67**, 23-29.

青木　久・佐々木智也・小口千明・松倉公憲（2005）大谷石採掘場跡地における岩盤崩落：宇都宮市大谷町坂本地区における 1989 年陥没の安定解析，地形，**26**，423-437．

池田和彦（1979）割れ目岩盤の性状および強度，応用地質，**20**，20-32．

Oyagi, N. and Hunger, O. (1989) Large rock collapse at Utsunomiya City near Nikko, Japan, *Landslide News*, **3**, 11-12.

Suzuki, T. (1965, 1966) Geomorphology of Iizuna volcano and its adjacent areas, central Japan, with special reference to the subsidence of the volcanic body accompanied by the anticlinal deformation of the foot (Parts 1 and 2), *Bulletin of the Faculty of Science and Engineering, Chuo University*, **8**, 190-209 ; **9**, 194-217.

山口梅太郎・西松裕一（1991）岩石力学入門（第 3 版）．東京大学出版会，331 p.

横山勝三（2003）シラス学：九州南部の巨大火砕流堆積物．古今書院，177 p.

Yokoyama, S., Matsukura, Y. and Suzuki, T. (1991) Topography of Shirasu ignimbrite in Japan and its similarity to the loess landforms in China, *Catena*, Supplement, **20**, 107-118.

11. 斜面プロセスと斜面発達（地形変化）

　沖縄の島々はサンゴ礁に縁取られており美しい（図11.1）．「種の起源」で**進化論**を唱えたことで有名なダーウィン（C. R. Darwin：1809-1882）はサンゴ礁の研究も行っている．ビーグル号に乗って世界をめぐったダーウィンは，太平洋やインド洋で観察したサンゴ礁の地形には，いろいろなタイプのあることに気がついた．それをまとめたのが，1842年に出版された「サンゴ礁の構造と分布」という本である．ダーウィンは，その中でサンゴ礁を**裾礁，堡礁，環礁**の3つのタイプに分類した．そしてそれらの相互の関係と成因を以下のように考えた．まず最初に，ある島の周囲に裾礁が発達する．その後その島が何らかの原因で沈降する．そのとき，海面は島に対して相対的に上昇することになる．このとき，造礁サンゴは浅海にしか生育できないことから，それまでのサンゴ礁を土台にしてサンゴ礁は上方に成長する．すなわち，サンゴ礁は島の沖に発達することになり裾礁から堡礁へと変化する．島が堡礁の段階からさらに沈降した（相対的に海面は上昇する）とすると，島はいずれ海面下に没する．サンゴ礁は堡礁を土台にしてさらに上方に成長するので，ドーナツ状の環礁ができあがる．

　つまり，ダーウィンは，裾礁から堡礁，環礁へと時間的に変化していくと考えた．すなわち，地理的（空間的）に分布しているサンゴ礁地形を時間軸に並べ替えたのである（空間-時間置換）．ダーウィンのこの考えは，戦後，マーシャル群島での環礁のボーリングによって確かめられた．すなわち，1947年のビキニ島でのボーリングによると，深さ779 mまで掘り進んでもなお厚い石灰岩であった．エニウェトク島のボーリングでは1411 mまで掘り進んでやっと島の地質（火山岩）に到達した．ボーリングコアを詳しく分析すると，これらの石灰岩は全体として浅い海に堆積したサンゴ礁であり，最も下部の石灰岩の年代は4000万年よりも古いことがわかった．すなわち，これらの特徴は，環礁はサンゴ礁の島が徐々に沈降していき，その上方にサンゴ礁が成長して厚い堆積物（石灰岩）が形成されたとするダーウィンの説を支持している．

　サンゴ礁の発達に限らず，斜面地形の変化もまたきわめて緩慢であることから，それを観測によって実証することは難しい．そこで，このような問題を克服するためには種々の方法がとられている．**空間-時間置換**の手法もその一つである（この考え方については本章11.3.2項に詳述する）．

11.1　風化と斜面プロセス

11.1.1　「風化と斜面プロセス」に関する研究の問題点

　5.2節や5.3節において，斜面物質の風化による強度低下速度が，斜面プロセスに与える風化の影響として重要であることについて述べた．斜面物質の風化による強度低下速度が明らかになれば，マスムーブメントが「いつ頃」発生するか，あるいは斜面がいつ頃危険になるかについての認識が深まるで

図11.1　沖縄・多良間島を縁取るサンゴ礁（裾礁）
島の大きさは東西6 km，南北4.3 kmほどである．

あろう．しかし，このような力学的な解析は，マスムーブメントが「いつ」起こるか（あるいは斜面変動が起こるか起こらないか）という判定には有効であっても，それが，「どこで」，「どのように」起こるかについての解答を与えてくれるわけではない．

「どこで」とか「どのように」という問題は，マスムーブメントの周期性（再現性）の問題や，マスムーブメントのタイプ（落石か崩壊か地すべりかなどの様式）やマスムーブメントの動きの速度などの問題でもある．マスムーブメントの周期性（たとえば表層崩壊の免疫性）の問題は，斜面上の風化土層の形成速度の問題となり，マスムーブメントの種類や速度は，斜面物質の物性（種々の物性が影響するが，その中でも最も基本的なものとしては，岩盤か，礫か砂質土か粘性土かという粒径の問題がある）に置き換えて考えることができる．

そこで，**斜面プロセスと風化**の最重要課題として，以下ではとくに，(1) 風化による斜面物質の強度低下，(2) 土層の形成速度，(3) 風化による粒径変化，の3点を取り上げて議論することにする．

11.1.2 風化による斜面物質の強度低下

第8章で議論したように，地すべり斜面における地すべり再発の原因の一つに，斜面物質の強度低下がある（図8.14と図8.15参照）．したがって，地すべりの再発時期を予測する場合，斜面物質の強度低下速度を知ることが重要になる．

この問題に挑戦したいくつかの研究がある．たとえば，Chandler (1969, 1972) は，イングランドの Keuper Marl や上部 Lias Clay の過圧密粘土を取り上げ，せん断強度に及ぼす風化の影響を検討している（**図11.2**）．この図から，上部 Lias Clay においては，未風化のゾーン I で $200 kN/m^2$ であった平均の非排水せん断強度が，風化によってゾーン III（風化層）では $63 kN/m^2$ まで低下していることがわかる．また，Spears and Taylor (1972) は，石炭系の泥質岩において粘着力が風化によって93％も減少したことを示している．同様の風化の影響が，南西イングランドの上部石炭系の泥質岩でも強調されている（Grainger and Harris, 1986）．また，Quigley (1975) は，風化による膨潤性粘土鉱物の生成（たとえば，クロライトあるいはイライトからスメクタイトの生成）が，ティルの強度を著

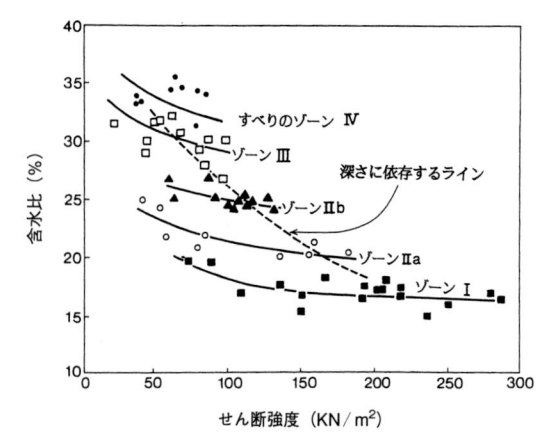

図11.2 イングランド Lias Clay における，風化と含水比・せん断強度の関係（Chandler, 1972）

しく低下（せん断抵抗角を 29° から 16〜19° へと低下）させることを指摘している．しかし，これらの研究は，厳密な意味での風化速度研究（速度を時間軸の上にのせた仕事）にはなっていない．

次章の12.1.3項で述べるように，岩石物性の変化速度，とくに力学的性質の変化速度（とくに強度の低下速度）に関する研究は，斜面プロセスとの関連を議論したものに限らず，きわめて少ない．マスムーブメント発生の時間的予知のためにも，風化による強度低下の速度についての知見を集積する必要があろう．

11.1.3 土層の形成速度

7.7.2項において，土層厚と安全率の関係（図7.32参照）から，崩壊の周期は，斜面における土層の形成速度にコントロールされていることを述べた．すなわち，同一の斜面において崩壊が再発する周期，換言すると，次の崩壊がいつ発生するかを知るためには，土層の形成速度を明らかにする必要がある．

このような斜面における土層の形成速度に関する研究としては，**図11.3**に示したような例があるだけである．下川 (1983)，下川ほか (1984, 1989) は，鹿児島県のマサ（花崗岩）とシラスの斜面における表層崩壊する土層の形成速度のグラフを作成している．崩壊を発生させる厚さ（シラスで約40 cm，マサで約80 cm）の土層は，シラスの場合に約80年で形成され，マサ（花崗岩斜面）の場合，約250年かかるということが示されている．また，Trustrum and DeRose (1988) は，ニュージーラ

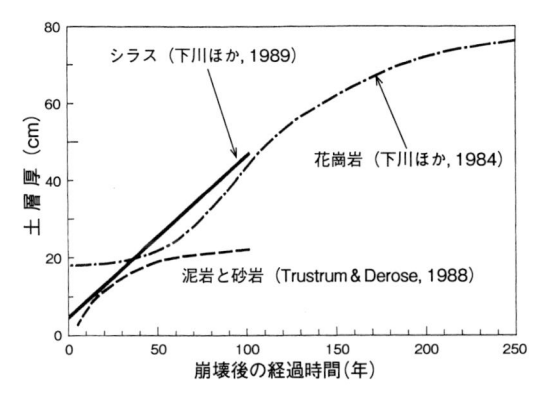

図 11.3 土層の形成速度（松倉，1994，原図；下川（1983），下川ほか（1984, 1989）と Trustrum and DeRose（1988）のデータをもとに作成）

ンドの第三系の堆積岩（泥岩および砂岩）からなる山地の牧草地における斜面崩壊地で，表層土の生成速度を計測し，その速度は時間の経過とともに徐々に小さくなることを示した．

次章で詳述するように，斜面上の土層形成ではないが，風化皮膜や風化層・土壌層およびデュリクラスト形成速度を求めた研究例をみると，風化層の形成速度は，いずれも数千年あるいは数万年で数 mm という小さいものである（表 12.2(2)参照）．このような一般的な風化層（風化土層）の形成速度に比較して，上述した鹿児島やニュージーランドの土層形成速度はかなり大きい．その理由は，基盤岩自体がもともとかなり風化していることの他に，斜面上での土層の形成には，基盤岩の風化によって形成される残積土と，土壌匍行などにより斜面上方から供給される運積土の両者の供給が関係するからである．したがって，斜面上の土層形成速度は，単純に基盤岩の風化速度とは一致しない．それどころか，場所によっては，風化による土層形成より，斜面上方からの運積土の供給や，風化火山灰やレス（風成塵）の供給などによる土層形成の割合の方が大きい可能性すらある．現在のところ，斜面上の土層を，残積土と運積土とに区別できるまでには研究が進展していない．

いずれにしても，前述したように，斜面上における土層形成速度に関する研究は，崩壊の免疫性（同一斜面での崩壊の周期性）を考える上でもきわめて重要である．したがって，風化層の形成速度の研究と同様に，斜面上の土層形成速度に関する研究が今後蓄積されることが期待される．もちろん，この場合にも，土層形成開始時期やその継続時間をどのように認定するかが問題となる．

11.1.4 風化による斜面物質の粒径変化

斜面プロセスを力学的な安定性の問題として考えると，安全率の式により，先述したように強度の低下や土層厚の問題に帰着する．しかしこのような視点からの研究は，力学的な安定性の問題は解けても，マスムーブメントの種類（様式）がどのようなものになるか，という問題は解決されない．

ある限定された時間断面での斜面物質とプロセスの関係としては，たとえば，砂質土で山崩れ（崩壊）が発生し，粘性土で地すべりが発生する（松倉，1980）というような指摘があげられる．同一斜面において，時間的に長期にわたってこの関係を追跡した例もある．たとえば，Carson（1971 b）によれば，斜面上方から新しい物質の供給がなくなった（成長が止まった）崖錐斜面においては，風化により斜面物質が細粒化し，それとともにせん断強度が低下するという．そのため，その強度に見合ったもとの勾配より小さい勾配をとらざるをえなくなり（不安定になり），斜面変動が発生し，その結果，崖錐と流水斜面との中間的な斜面である taluvial slope（talus + colluvial slope）が形成されることを指摘している．また，Durgin（1977）は，花崗岩の風化を，新鮮岩（風化物質が 15% 以下），コアストーン（風化物質が 15〜85%），マサ（85〜100% が小礫サイズのもの），サプロライト（細粒風化物）の 4 つに区分し，新鮮岩のところでは，割れ目に支配された落石，岩石すべり，ブロックすべりなどが起こり，コアストーンやマサのところでは岩屑なだれや岩屑すべりが，サプロライトではスランプとアースフロー（日本の山崩れに相当）が起こるという．とくに，激しい化学的風化にさらされた第 4 段階（サプロライト）の風化地域で，最も多くの崩壊が発生するとしている．

Statham（1977, pp. 169-173）は，風化による粒径変化を 2 つのタイプに分けている（図 11.4）．たとえば，砂岩のような完全な粒状の岩石は，小さな個々の粒子に分解するので，風化により粒径分布のヒストグラムは双峰（ピークが 2 つのバイモーダル）の形をとる．風化物質の粒径分布に不連続性があるので，このような風化は**不連続風化**（discontinuous weathering）と呼ばれた．もう一つは，頁岩のように割れながら徐々に細粒化する場合は，ピークが一つのユニモーダルな粒径分布が細粒側に連続的にシフトする．そのため，このようなケースは**連続風化**（continuous weathering）と呼ばれた．不連続風化の場合はあるところで物性も急変する（**図 11.5**）．礫100％から taluvium（タルビウム：崖錐堆積物 talus と崩積物質 coluvium の混合物質）への変化は，大きな粒径どうしがつくる間隙を細粒分が埋めるため，間隙率や透水性の急激な減少と摩擦抵抗の増加を伴う．したがって，風化が進行するに伴い，（ある種の臨界状態になると）土の物性が急激に変化する．とくに，透水性が急激に低下するため，間隙水圧発生の危険性が高くなる．そのため，物性の急激な変化に対応して比較的規模の大きいすべりが発生する．一方，連続風化の場合は，粒径変化に対応して強度の減少も徐々に起こり，降雨のときの間隙水圧による危険性も徐々に増加する．安定な斜面の勾配も時間の経過とともにゆっくり減少する．結果的に，すべりの程度は，土のゆっくりした物性変化に関係して小さいものになる．

このように，風化による物性変化（とくにここでは粒径変化を取り上げた）は，マスムーブメントの様式に影響を与える．また，それはマスムーブメン

図 11.4 風化による粒径頻度分布パターンの変化（Statham, 1977）

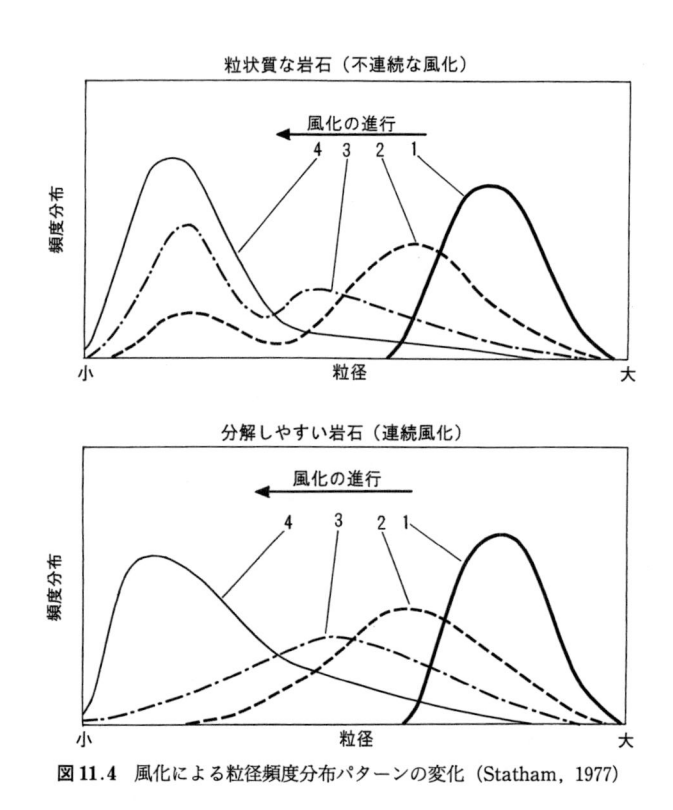

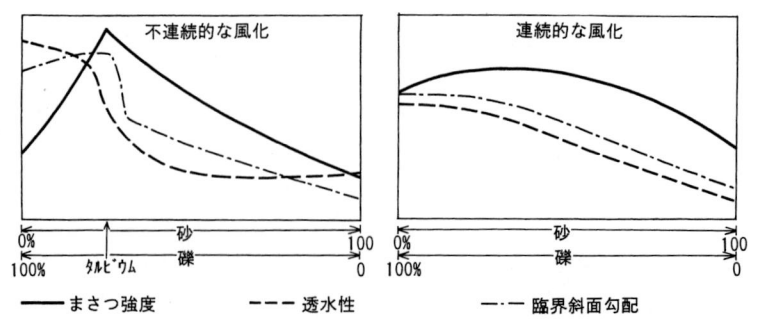

図 11.5 硬岩レゴリスにみられる風化による物性変化（Statham, 1977）

トの移動（運動）速度の変化に与える影響も大きいと考えられる．したがって，種々の岩石がそれぞれ風化によってどのような粒径の物質を生産するのか（粒径変化が起こるのか）ということを把握する必要がある．たとえば，小出（1952）や黒田（1986）によって，基岩が風化によって細粒化するとき，岩質によっては，基岩・岩塊・礫・砂利・砂・粘土という連続的な粒径変化とはならないこと（"風化作用の不連続性"）や，日本における種々の岩石の風化特性がまとめられたものがある．しかし，これらは野外における観察や経験をもとにした"定性的"なものである．風化により母岩からどのような物質が生産されるかについて定量的に研究した例は，ほとんどみあたらないようである．

斜面プロセスに関係したものを直接扱ったものではないが，風化生成物の粒径に関する室内実験や野外観察の例が，二，三報告されている．たとえば，フランスのカーンの実験地形センターでの凍結破砕実験（Lautridou and Ozouf, 1982）によれば，凍結・融解を500回あるいは1000回繰り返すと，石灰岩や片岩では大きい粒径に破砕されたが，泥岩やチョークなどでは，きわめて細粒な物質に粉砕されたという．また，たとえば，砂漠のような塩類風化作用が卓越するような場所では，主にシルトが生産されることが知られている．すなわち，チュニジアの砂漠に6年間放置されたヨークストーン（珪質中粒砂岩）が塩類風化により，シルトに変化したこと（Goudie and Watson, 1984）や，アメリカのデスバレーの扇状地の礫から塩類風化によりシルトが生産されていること（Goudie and Day, 1981）が報告されている．

以上のように，風化による物質生産（粒径変化）には，岩質の差異の他に風化プロセスや風化環境の差異，風化作用を受けた期間などが関与する．今後は，風化による物質生産（粒径変化）が岩質（岩型）によりどのように異なっているかという，定量的な基礎的研究を着実に積み重ねなければならないであろう．

11.2　斜面プロセスと斜面勾配

11.2.1　特性勾配

ある地域における斜面勾配の頻度分布をとったときに，ピークの勾配を**特性勾配**（characteristic angle）と呼ぶ（Young, 1961）．この勾配は，斜面で生起するプロセスの閾値を示す（Carson, 1975）．たとえば，シラス台地の縁辺の斜面勾配のヒストグラム（図7.9参照）や，嶺岡の地すべり斜面の勾配のヒストグラム（図8.3参照）におけるピーク値は，それぞれシラスや泥岩斜面の崩壊と地すべりがもたらす特性勾配ということになる．

11.2.2　限界勾配

限界勾配（threshold slope angle）とは，岩石物性から導かれる斜面勾配の最小値であり，Carson and Kirkby（1972, p. 183）によって定義された．Young（1972, pp. 163-167）が limiting angle と呼んだものと同じである．たとえば，Carson（1971 a, b, 1975）は崖錐の threshold slope angle と地形発達との関連を以下のように考察した．

乾燥した砂礫からなる斜面（たとえば崖錐斜面など）の安定解析によれば，その勾配はせん断抵抗角に等しい（$i = \phi$）ということはすでに述べた（第6章6.1節）．たとえば崖錐において，上方からの砂礫の供給が途絶えた場合のその後の地形変化を考えてみよう．そこでは，崖錐物質の風化が進行し，細粒分が隙間を埋め，タルビウムを経由して崩積物質に変化する．タルビウムは，風化で生産された細粒分が礫間の間隙を埋めていくので，徐々に粒子のかみ合わせがよくなる．したがって，タルビウムのせん断抵抗角は，崖錐物質のそれより10°ほど大きくなる．すなわち35°の勾配をもつ崖錐（せん断抵抗角も35°）がタルビウムに変化したときは45°のせん断抵抗角をもつことになる．一方，タルビウム物質に変化することにより，せん断抵抗角が大きくなると同時に，細粒分が増えることにより透水性が悪くなる．もし，この斜面で地下水位が斜面表面まで上昇し，間隙水圧が発生するようなことが起こると，斜面におけるせん断力 S_d とせん断抵抗力 S_r は，第5章（5.4.3項）で述べたことを援用すると，それぞれ以下のように表される：

$$S_d = \gamma Z \sin i \cos i \qquad (11.1)$$
$$S_r = (\gamma - \gamma_w) Z \cos^2 i \tan \phi \qquad (11.2)$$

臨界時には両者が等しくなるので，これらを等しいとおいて整理すると，

$$\tan i = \frac{\gamma - \gamma_w}{\gamma} \tan \phi \qquad (11.3)$$

となる．ここで，γ は斜面物質の単位体積重量（水分を含んだ値），γ_w は水の単位体積重量，i は斜面勾配，ϕ は斜面物質のせん断抵抗角，Z は崩壊面の深さである．すなわち，タルビウムの斜面で崩壊が起こったとすると，その勾配は式(11.3)で求められることになる．たとえば，$\phi=45°$ であるタルビウムにおいて，仮に $\gamma=2.0\,\mathrm{gf/cm^3}$，$\gamma_w=1.0\,\mathrm{gf/cm^3}$ とすると，得られる限界斜面勾配は 27°となる．

タルビウム物質がさらに風化して細粒分が増加したものは，colluvium 物質と呼ばれる．細粒分がさらに増加すると岩屑粒子のかみ合いが減少し，colluvium 物質の ϕ は再び 35°程度になる．このような斜面で，前述したような崩壊が発生すれば，$\phi=35°$，$\gamma=2.0\,\mathrm{gf/cm^3}$，$\gamma_w=1.0\,\mathrm{gf/cm^3}$ を式(11.3)に代入し，そこでの限界斜面勾配は 19°となる．

以上の議論をもとに，Carson (1976) は斜面勾配における3種類の最大限界勾配 (limiting or threshold angle) を次のように定義した．

① 限界摩擦勾配 (frictional threshold angle)：斜面物質が乾燥した砂礫で，そこでは，$i=\phi$ が成り立つ．この場合の ϕ としては，ϕ_p（ピーク強度のせん断抵抗角）と ϕ_r（残留強度のせん断抵抗角）とが考えられる．

② 準限界摩擦勾配 (semi-frictional threshold angle)：粘着力をもたない斜面物質中で地下水位が上昇し，側方流が発生する斜面の勾配であり，そこでは，$i=1/2\phi$ となる．

③ 地下水位が地表面より高いという被圧地下水状態の場合 (artesian threshold angle) では，斜面勾配は，$1/2\phi$ よりもさらに小さくなる．

このような分類をしたうえで，Carson (1976) は，現実に野外に存在する斜面勾配に，さらに以下のような特徴的な勾配が存在することを主張した．

43〜45°： 破砕されたり節理が多い岩石斜面は，そのために粘着力をもたないが，高い密度をもち斜面物質のかみ合わせもいいので，ϕ は 43〜45°を示す．この斜面は，頁岩のバッドランドにおける一般的な勾配である (Strahler, 1950：**図 11.6B 参照**)．

33〜38°： 上述の 43〜45°斜面と同じタイプの物質であるが，粒子どうしのかみ合わせが悪く，密度が小さい物質からなる斜面の勾配．通常の安息角斜面である．

25〜28°： タルビウム物質からなる斜面勾配であり，高い間隙水圧状態での準限界摩擦勾配となる．

19〜21°： 砂がちな斜面の勾配で，その勾配は高い間隙水圧状態での準限界摩擦勾配となる．

8〜11°： 粘土からなる斜面の勾配（第8章を参照）．

このようにせん断抵抗角と特性斜面勾配との一致する例としては，Strahler (1950) によって調査されたものがある（図11.6B）．これは，片麻岩の地域で1mの厚さの表土に覆われた直線的で急な谷壁斜面である．河川の側方侵食を受けている斜面は，平均 44.5°と比較的勾配が大きく，基部が侵食から免れて保護されている斜面（被保護斜面）は平均 38.2°となっており，2つのグループに分けられている．側方侵食を受けている斜面では，より活発な侵食作用が働いており，より粗い岩屑（平均径12 mm）からなり，被保護斜面の表層はそれよりかなり細粒な砂質土（平均径 0.1 mm 以下）からなっている．両者のせん断抵抗角は前者では $\phi_p=38〜55°$ であり，後者は $\phi_p=35〜44.8°$，$\phi_r=32.8〜35.9°$ であり，両斜面の斜面勾配とよく一致している．

また，コロラド州西部の非常に侵食されやすい Mancos 頁岩層からなる斜面の勾配は，ほぼ 40°である．この斜面勾配は，表土の ϕ_r と ϕ_p の値の範囲内に収まっている（図 11.6 A）．

一方，イングランド，ダービーシャー州の粘土-頁岩の斜面は，短い谷頭斜面（斜面長が 10 m）では 17°以上であり，この部分はほとんど常に乾燥している．一方，水で飽和された状態にある大部分の長い谷壁斜面の勾配は 10°前後となっている．斜面物質である頁岩の岩塊（粘土分 33〜54%；シルト分 24〜64%；塑性指数 18〜42%）の ϕ_r は 18〜30°であり，その ϕ_r を用いて計算される準限界摩擦勾配 ϕ_{sf} は 9〜16°となる．これらの角度は，それぞれの斜面勾配に一致している（図 11.6 C）．

以上のように，斜面勾配は，そこの物質の物性とそこでの斜面プロセスによって決定されることは明らかである．ただし，ここで注意しなければなら

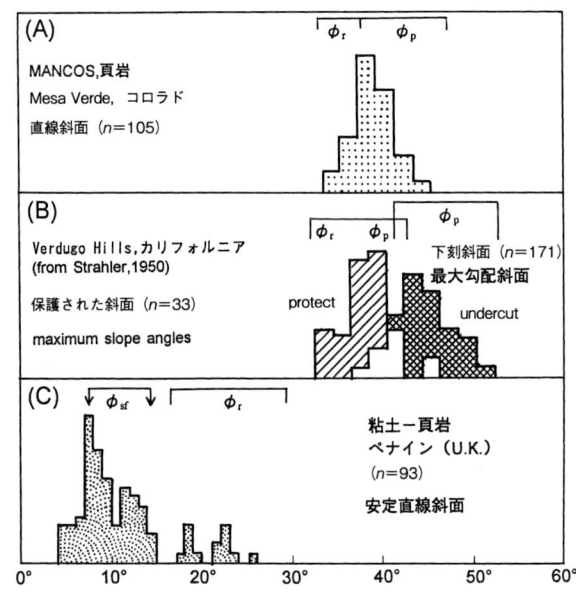

図 11.6 直線斜面の勾配のヒストグラムと斜面物質（岩屑）の限界勾配（Carson, 1975, Fig. 6 を一部改変）

(A) コロラド州 Mesa Verde における頁岩からなる谷壁斜面の勾配の頻度分布，(B) カリフォルニア州 Verdugo Hills における片麻岩岩屑からなる谷壁斜面の，基部が侵食されている場合（undercut）と基部が保護されている場合（protect）の最大勾配の頻度分布，(C) イングランド Pennine の粘土-頁岩からなる谷壁斜面の勾配の頻度分布．それぞれの図の中には，実験的に得られた斜面の表土物質の内部摩擦角（ϕ_p, ϕ_r）および準摩擦角（ϕ_{sf}）の範囲も示されている．

ないのは，斜面勾配の変化の過程で，そこで生起する斜面プロセスが違ってくる場合があることである．たとえば，Wallace（1977）は，沖積層を切る断層崖の変化過程を追跡した．形成直後の断層崖は，50〜90°（平均60°）の直線斜面であった．形成直後には，断層崖の頂部からの岩屑落下によって，そこが後退すると同時にその物質が崖基部に堆積し，徐々に崖錐状の地形（岩屑の安息角である35°程度の傾斜をもつ）がつくられた．しかし，その後は水流による侵食が活発になり，斜面は徐々に緩やかになった．

11.2.3 最終勾配

前述したように，山地斜面の発達過程において，風化物質の変化に伴い崩壊から地すべりに移行する場合もある．このような過程で，斜面がとりうる最終の勾配を**最終勾配**（ultimate slope angle）と呼ぶ．マスムーブメントとの関連でいうと，地すべりが最も緩傾斜となる．風化の最終生成物をモンモリロナイトと考え，そのせん断強度を勘案すると，一般的な最終勾配は5〜6°と推定される．すなわち，地すべり斜面は，これよりは緩くはならないはずで

ある．ただし，地すべり以外のソリフラクションや匍行などが関与すれば，勾配はさらに緩くなることも考えられる．

11.3 斜面の長期的発達：従順化と平行後退のモデル

11.3.1 定性的演繹モデル

斜面形状の経時的変化を斜面発達といい，斜面発達を説明する理論を斜面発達モデルと総称する．ここでは，従来提唱されてきた斜面発達モデルを概観する．

斜面発達モデルは図 11.7 に示されるように，(a) 減傾斜後退モデル，(b) 平行後退モデル，(c) 斜面交代モデル，の3種に大別される．これらはそれぞれデイビス（Davis, 1899），キング（King, 1953），ペンク（Penck, 1924）などの古典的な地形発達のモデルでもある．侵食が卓越する山地での地形の形成年代を知ることが難しかったため，これらのモデルが，定性的でしかも演繹的にならざるをえなかったのは当然の帰結である．

(1) 減傾斜後退モデル

このモデルは斜面発達の過程で，斜面勾配を徐々に減少させていくと考える（図11.7a）．stage 1 においては，自由面（free face）からの削剝は，基盤岩の落石やスランプにより起こり，それは，それらのプロセスによるレゴリスが斜面を被覆するほど緩傾斜に発達するまでは続く．その結果，斜面は35°以下となり，このような stage 2 の状態を平衡斜面という．このような斜面では，風化物質がマスムーブメントや雨洗によって運搬・除去され，斜面上のレゴリスの厚さは一定に保たれる．斜面は，上部凸形部，中部直線部，下部凹形部に分けられる．各部は経時的に減傾斜し，上部の凸形度と下部の凹形度が減少する（stage 3 and stage 4）．これはデイビスが湿潤・温帯地域（とくにアメリカ北東部のアパラチア山地）における斜面の観察をもとにして組み立てたモデルである．

(2) 平行後退モデル

このモデルでは，斜面は上部凸形部，中部直線部，下部凹形部に分けられる．自由面をもつ場合は，中部の直線部が自由面（free face）と岩屑斜面とに細分される（図11.7bの上部）．斜面発達に伴い，下部のペディメント斜面を除きすべての斜面要素はコンスタントな長さとコンスタントな勾配を保つのが特徴である．下部のペディメントは，斜面の後退に伴い，岩屑斜面の足許に広い緩斜面として形

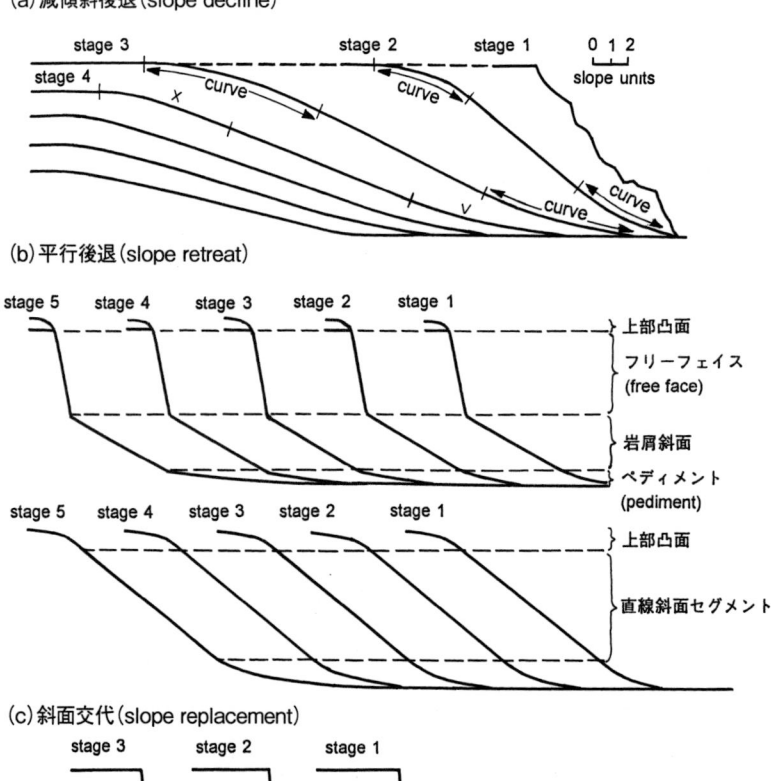

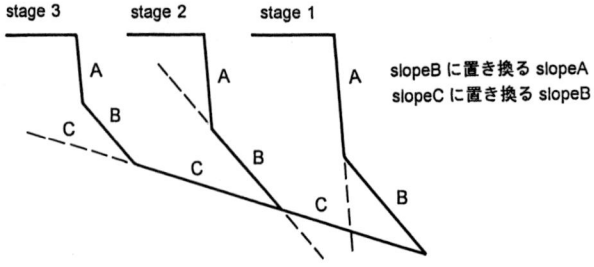

図11.7 斜面発達のモデル
(a) 斜面の減傾斜後退，(b) 斜面の平行後退，(c) 斜面の交代（置き換わり）(Clowes and Comfort, 1987, Fig. 3.29).

成される．その傾斜はきわめて緩く3〜5°であり，その斜面は凹形というよりほとんど直線の場合もある．ペディメントは，薄いレゴリスの層によって覆われており，斜面上の岩屑がほとんど運搬されたと考えざるをえない．しかし，このような半乾燥地域における岩屑の少なさを説明するのは難しい．斜面上部の自由面の勾配は，岩石強度に依存する．化学的風化に強い岩石は，しばしば垂直な自由面をつくる．多くの半乾燥地域では，ラテライトのキャップロックが自由面をつくっている．

(3) 斜面交代モデル

このモデルでは，上方の急斜面が，それより緩傾斜で下方から上方に成長する直線的斜面と交代して緩傾斜になる，と考えるものである（図11.7c）．自由面は，崖下に岩屑が集積した崖錐によって徐々に埋積されていく（stage 1）．stage 2では，崖錐から流された細粒分によって形成された緩勾配のC斜面によって置き換わる．ペンクが1920年代にこのモデルを提示したが，彼のアイディアや上記のモデルに対する議論は，依然として続いている．

11.3.2 定性的推論モデル

前項で述べたモデルが，完全に定性的演繹モデルであるとすれば，以下のモデルは定性的推論モデルと呼ばれるべきものである．このモデルは，斜面発達の速度が遅く，直接観察・直接観測ができないという問題点を，空間-時間置換（space-time substitution, space-time transformation, ergodic assumption）によって克服している．このテクニックは**エルゴディック仮説**とも呼ばれ，「ある現象の時間的系列の統計的性質が，その現象を空間的に観察して得られた一組の結果の統計的性質と基本的に同一である，と仮定することに等しい」ことを意味する．このような仮定が単純に適用された例として，Savigear（1952）の研究（**図11.8**）が有名である．南ウェールズのPendineでは，デボン紀の砂岩からなる海食崖は，近くのGilman Pointから東に向かって延びていく砂州によって海岸から徐々に隔離されている．すなわち西側の海食崖は，砂州が最初に形成されたときに海岸から隔離され，東側の崖は未だに波の攻撃（侵食作用）を受け，崖の基部では崖物質の除去が起こっている．したがって，昔の海食崖のラインに沿って計測した東西方向での海食崖斜面のプロファイルのセットは，時間的連続性を示すと考えられる，というわけである．

ところで，この図で最も"若い"斜面Aは，自由面の上部に32°の斜面をもつ．この特性勾配（characteristic angle）はAからNまでのどの斜

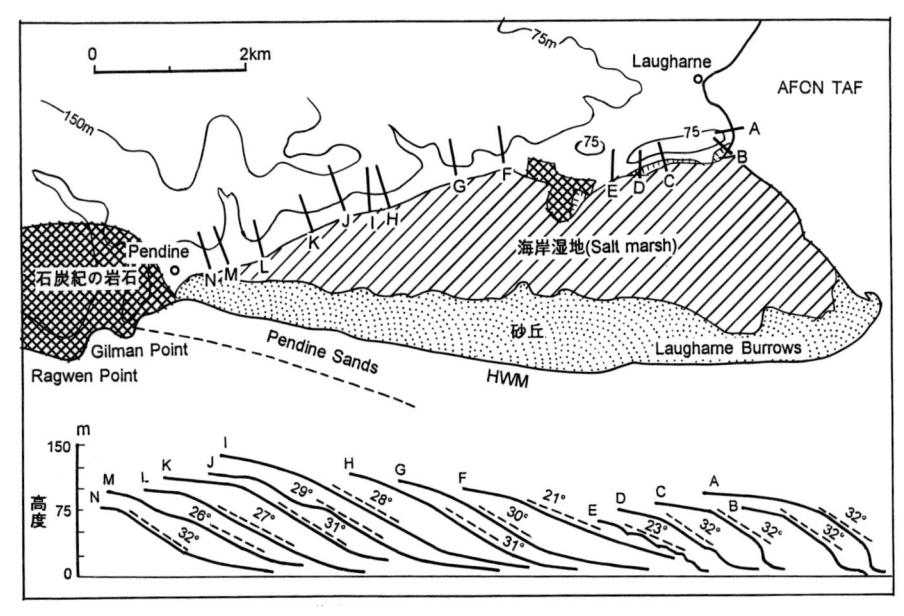

図11.8 斜面発達の事例（空間-時間置換の適用例：イギリス南ウェールズのPendineにおける湿地の成長に伴う基部の保護がその後の斜面発達をコントロールする例）（Savigear, 1952）

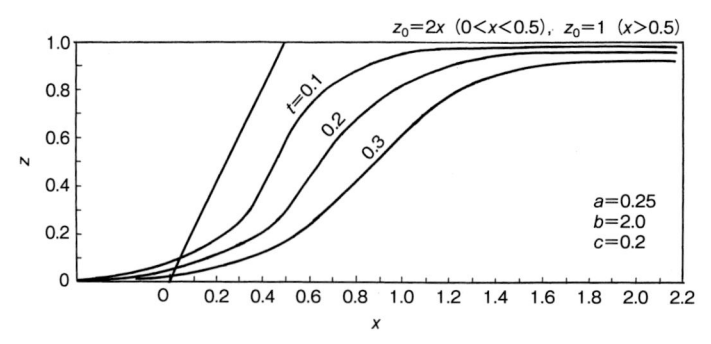

図11.9 斜面形の変化の計算例（平野, 1966）
縦軸は高さ，横軸は水平距離を表す．

面においても存続している．最大の勾配に有意な差はなく，そのため斜面は平行後退をしていると仮定できそうである（とくにA〜Dにおいては）．波の攻撃がなければ，崖の基部にはレゴリスが堆積する．この斜面は，一般的には凹形であり，その上部の斜面と置き換わるので，斜面交代モデルがあてはまるかもしれない．また，見方によっては，基部が波食から免がれて，時間とともに徐々に勾配が減少しているという解釈もできる（西に向かうに従い減傾斜と解釈される）．以上のような事実は，一つの場所で3つのプロセス（減傾斜，平行後退，斜面交代）が一緒に起こりうることを示唆している．各々のプロセスは，異なった場所で起こっているのかもしれない．このように，斜面発達の問題は複雑である．

11.3.3 数学モデル

(1) 数学モデル

斜面発達の数学モデルは数多く提示されている．たとえば，平野（1966），Hirano（1968, 1975, 1976）はCulling（1963）の拡散タイプの式とScheidegger（1961）の線形理論とを結合させて次式を導いた：

$$\frac{\partial y}{\partial t} = a\frac{\partial^2 y}{\partial x^2} - b\frac{\partial y}{\partial x} - cy \quad (11.4)$$

ここで，yは地形の高度，xは水平距離，tは時間を表す．係数a, b, cは，それぞれ従順化係数，後退係数，削剥係数と呼ばれるものである．この式は，山地高度の低下速度を地形的条件によって以下のような3つの場合を想定している．①高度の低下速度は，突出部において大である，②高度の低下速度は，斜面の傾斜に比例する，③高度の低下速度は，山地の高度に比例する．

初期条件として$t=0$で$y_0=1$を与えると，式(11.4)の解は，

$$y = \frac{1}{2\sqrt{a\pi t}} \exp(-ct)$$
$$\cdot \int_{-\infty}^{\infty} \exp\left[\frac{-(x-\xi-bt)^2}{4at}\right] d\xi \quad (11.5)$$

となる．これを図示すると，**図11.9**のようになり，斜面は従順化しながら後退し，さらに指数関数的に高度が減少していくことが示される．

図11.9では，係数$a=0.25$，$b=2.0$と適当に与えているが，この値を変えることによって斜面変化の様子も異なってくる．**図11.10**では，aの値を0.125, 0.25, 0.5と変化させた場合（bの値は2.0と一定）の形状変化を示している．すなわち，ケース1は$a/b=1/16$であり，ケース2は$a/b=1/8$，ケース3では$a/b=1/4$となり，ケース1ほど後退係数の値が大きく，ケース3では従順化係数の値が相対的に大きくなっている．ケース1は，ペンクやキングの主張した地形変化に近いものであり，植生が少なく土壌層が薄く，たまに生起する表面流による侵食が卓越する乾燥地域での変化を表している．一方，ケース3では，デイビスの従順化モデルに近い変化を示しており，湿潤地域の岩石の風化・土層の発達・植生の保護・土壌匍行の卓越などによる地形変化を表している．すなわち，a, b, cの係数の大小により，斜面発達の様式が理解される．

(2) 斜面発達様式に与える岩石物質や地形場の影響

一般に，上記の議論のように，係数の値は気候要素に依存していることが強調されている．しかし，斜面発達の様式は，気候要素のみならず斜面物質や

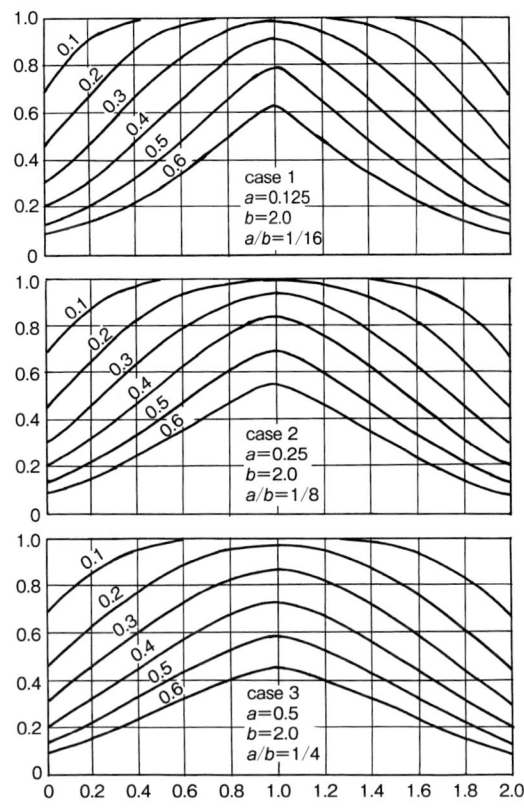

図 11.10 モデル化された河間地の侵食過程（Hirano, 1968）
縦軸は高さ，横軸は水平距離を表す．曲線上の数字は時間 t を示す．

地形場（13.1.1 項参照）などによっても変化するものであることに注意しなければならない．以下に，そのような例をあげておこう．たとえば，Schumm（1956）によれば，アメリカ・サウスダコタ州のバッドランドの小規模な斜面では，透水性のよい頁岩からなるところでは土壌匍行プロセスが卓越するため減傾斜後退し，透水性の悪い岩石のところでは地表流による侵食が主要なプロセスとなるため平行後退するという．また，日本のような温暖湿潤気候下においても，従順化と平行後退の両者が観察される．すなわち，花崗岩山地の表層崩壊が発生するような斜面では平行後退するし（図 7.29 参照），泥岩やハンレイ岩などの地すべり斜面では減傾斜の様式をとる（図 8.4, 8.9 参照）．すなわち，岩型（あるいは斜面プロセス）によって斜面後退様式は異なっている．また，浅間軽石流堆積物地域に発達する開析谷では，垂直な谷壁が平行後退をしている（図 3.17 参照）．これに対して，同じ火砕流堆積物である九州南部のシラス地域にみられる開析谷の谷壁は従順化（減傾斜化）する（図 7.7 参照）．このように，地形場の条件が影響するケースも存在する．

ところで，数学モデルでは係数の値が決まらないと計算ができないが，それと同時に，数学モデルの抱えるもう一つの問題点は，時間 t の問題である．たとえば，$t=1$ といっても，その単位が年なのか 10 万年なのかあるいは 1 億年なのかが不明である．これらの値を議論できるだけの情報を現在の地形学はまだもっていない．いずれにしても，前述したように，これらのモデルによる斜面形状変化は，雨洗や土壌匍行などの恒常的に起こっているプロセスを想定したものであるが，数学モデルがそのプロセス（地形変化メカニズム）がどのようにして起こるかについての情報をもたらすことはない．

11.3.4　定量的経験モデル

定量的経験モデル（quantitative empirical models）とは，実在の斜面について，その斜面縦断形と傾斜の時間的変化を，斜面発達に関与する主要な変数の実測値を基礎に定量的に説明するものである．この例としては，Suzuki and Nakanishi (1990), Suzuki *et al.* (1991) の河成段丘崖のプロファイルを対象にした研究がある．この研究は，段丘の離水年代と初期地形の両方が推定できることをうまく利用したものである（第 13 章参照）．

引　用　文　献

Carson, M. A. (1971 a) The Mechanics of Erosion. Pion, London, 174 p.

Carson, M. A. (1971 b) An application of the concept of threshold slopes to the Laramie Mountains, Wyoming, *Transactions of the Institute of British Geographers, Special Publication*, **3**, 31-48.

Carson, M. A. (1975) Threshold and characteristic angles of straight slopes. *in* Yatsu, E., Ward, A. J. and Adams, F. (eds.) Mass Wasting : 4th Guelph Symposium on Geomorphology, 1975. Geo Abstracts Ltd., Norwich, 19-34.

Carson, M. A. (1976) Mass-wasting, slope development and climate. *in* Derbyshire, E. (ed.) Geomorphology and Climate. Wiley, London, 101-136.

Carson, M. A. and Kirkby, M. J. (1972) Hillslope Form and Process. Cambridge Univ. Press, London,

475 p.

Chandler, R. J. (1969) The effect of weathering on the shear strength properties of Keuper marl, *Géotechnique*, **19**, 321-334.

Chandler, R. J. (1972) Lias clay : Weathering processes and their effect on shear strength, *Géotechnique*, **22**, 403-431.

Clowes, A. and Comfort, P. (1987) Process and Landforms : An Outline of Contemporary Geomorphology. Oliver & Boyd, London, 335 p.

Culling, W. E. H. (1963) Soil creep and the development of hillside slopes, *Journal of Geology*, **71**, 127-161.

Davis, W. M. (1899) The geographical cycle, *Geographical Journal*, **14**, 481-504.

Durgin, P. B. (1977) Landslides and the weathering of granitic rocks, *Geological Society of America, Reviews in Engineering Geology*, **3**, 127-131.

Goudie, A. S. and Day, M. J. (1981) Disintegration of fan sediments in Death Valley, California, by salt weathering, *Physical Geography*, **1**, 126-137.

Goudie, A. S. and Watson, A. (1984) Rock block monitoring of rapid salt weathering in southern Tunisia, *Earth Surface Processes and Landforms*, **9**, 95-99.

Grainger, P. and Harris, J. (1986) Weathering and slope stability on Upper Carboniferous mudrocks in south-west England, *Quarterly Journal of Engineering Geology*, **19**, 155-173.

平野昌繁（1966）斜面発達とくに断層崖発達に関する数学的モデル，地理学評論，**39**，606-617．

Hirano, M. (1968) A mathematical model of slope development, *Journal of Geosciences Osaka City University*, **11**, 13-52.

Hirano, M. (1975) Simulation of development process of interfluvial slopes with reference to graded form, *Journal of Geology*, **83**, 113-123.

Hirano, M. (1976) Mathematical model and the concept of equilibrium in connection with slope shear ratio, *Zeitschrift für Geomorphologie, N. F.*, Supplement. Bd., **25**, 50-71.

King, L. C. (1953) Canons of landscape evolution, *Bulletin of the Geological Society of America*, **64**, 721-752.

小出　博（1952）応用地質，岩石の風化と森林の立地．古今書院，177 p．

黒田和男（1986）地すべり現象に関する日本列島の地質地帯区分，地質学論集，第28号，13-29．

Lautridou, J. P. and Ozouf, J. C. (1982) Experimental frost shattering : 15 years of research at the 'Center de Geomorphologie du CNRS', *Progress in Physical Geography*, **6**, 215-232.

松倉公憲（1980）筑波山周縁に分布する二，三の土の力学的性質と地形学的意味について，地理学評論，**53**，54-61．

松倉公憲（1994）地形材料学からみた斜面地形研究における二，三の課題，筑波大学水理実験センター報告，**19**，1-9．

Penck, W. (1924) Die Morphologische Analyse, Ein Kapitel der Physikalischen Geologie, Engelhorns, Stuttgart. 283 p. 町田　貞訳（1972）地形分析：物理地質学の一つの章．古今書院，401 p．

Quigley, R. M. (1975) Weathering and changes in strength of glacial till. *in* Yatsu, E., Ward, A. J. and Adams, F. (eds.) Mass Wasting : 4th Guelph Symposium on Geomorphology, 1975. Geo Abstracts Ltd., Norwich, 117-131.

Savigear, R. A. G. (1952) Some observations on slope development in South Wales, *Transactions of Institute of British Geographers*, **18**, 31-51.

Scheidegger, A. E. (1961) Mathematical models of slope development, *Geological Society America Bulletin*, **72**, 37-50.

Schumm, S. A. (1956) Evolution of drainage systems and slopes in badlands at Perth Amboy, New Jersey, *Bulletin of the Geological Society of America*, **67**, 597-646.

下川悦郎（1983）崩壊地の植性回復過程，林業技術，**496**，23-26．

下川悦郎・地頭薗　隆・堀　与志郎（1984）花崗岩地帯における山くずれの履歴，日本林学会九州支部研究論文集，**37**，299-300．

下川悦郎・地頭薗　隆・高野　茂（1989）しらす台地周辺斜面における崩壊の周期性と発生場の予測，地形，**10**，267-284．

Spears, D. A. and Taylor, R. K. (1972) The influence of weathering on the composition and engineering properties of *in situ* coal measures rocks, *International Journal of Rock Mechanics and Mining Sciences*, **9**, 729-756.

Statham, I. (1977) Earth Surface Sediment Transport. Clarendon Press, Oxford, 184 p.

Strahler, A. N. (1950) Equilibrium theory of slopes approached by frequency distribution analysis, *American Journal of Science*, **248**, 673-696 and 800-814.

Suzuki, T. and Nakanishi, A. (1990) Rates of decline of fluvial terrace scarps in the Chichibu Basin, Japan, *Transactions of the Japanese Geomorphological Union*, **11**, 117-149.

Suzuki, T., Nakanishi, A. and Tsurukai, T. (1991) A quantitative empirical model of slope evolution through geologic time, inferred from changes in height-ratios and angles of segment of fluvial terrace scarps in the Chichibu Basin, Japan, *Transactions of the Japanese Geomorphological Union*, **12**,

319-334.

Trustrum, N. A. and DeRose, R. C. (1988) Soil depth-age relationship of landslides on deforested hillslopes, Taranaki, New Zealand, *Geomorphology*, **1**, 143-160.

Wallace, R. E. (1977) Profiles and ages of young fault scarps, north-central Nevada, *Geological Society America Bulletin*, **88**, 1267-1281.

Young, A. (1961) Characteristic and limiting slope angles, *Zeitschrift für Geomorphologie, N.F.*, **5**, 126-131.

Young, A. (1972) Slopes. Oliver & Boyd, Edinburgh, 288 p.

第III部

風化速度と削剝（地形変化）速度

12. 風化・侵食速度に関するいくつかの研究例
  12.1 地形材料学からみた風化・削剝速度に関する研究小史
  12.2 風化速度の研究例（その1：安山岩礫における風化皮膜の形成速度）
  12.3 風化速度の研究例（その2：風化による多孔質流紋岩の強度低下）
  12.4 風化速度の研究例（その3：風化による砂岩岩盤の強度低下速度）
  12.5 風化による強度低下速度式
  12.6 侵食速度の研究例（その1：喜界島における石灰岩地表面の低下速度）
  12.7 侵食速度の研究例（その2：房総半島野島崎におけるタフォニの成長速度）
  12.8 侵食速度の研究例（その3：青島橋脚砂岩塊の窪みの形成とその成長速度）

13. 風化・侵食速度に関する地形学公式（岩石物性を取り込んだ解析）
  13.1 地形学公式に関するいくつかの研究例
  13.2 タフォニの成長速度公式
  13.3 青島橋脚砂岩塊に発達する窪みの成長速度公式
  13.4 岩石の風化速度公式：各種岩型を用いた野外風化実験（タブレット実験）
  13.5 岩盤の侵食速度公式
  13.6 滝の後退速度公式

14. 風化・侵食地形の年代学
  14.1 風化・侵食地形の年代学
  14.2 宇宙線生成放射性核種年代測定法

12. 風化・侵食速度に関するいくつかの研究例

　図12.1は，ドイツの工業地帯で有名なライン-ルール地方に建っている砂岩の石像である．この像は，1702年につくられたもので，左の写真は1908年に，右の写真は1969年に撮られたものである．左の写真の像は，左腕が折れてはいるものの，目鼻立ちも衣服の襞も明瞭である．ところが，右の写真では，顔も衣類も溶かされ（風化し）女性の像かどうかすら判別が難しい．これら2枚の写真から，最初の200年間の風化量は小さかったのに対し，その後の60年間で風化が加速していることが読みとれる．このような風化の加速の原因は，19世紀後半からの産業革命に伴う工業化によって，酸性雨が強くなったことにあると考えられている．このように，本章で問題にする**風化速度**は，地形物質の違いによっても異なると同時に，風化環境の変化によっても影響を受ける．

12.1 地形材料学からみた風化・削剝速度に関する研究小史

　第1章でもふれたように，従来，地形学者はしばしば墓石を利用して**風化速度**の見積もりを行ってきた．また，建築年代のわかっている石造り建築物を利用してもそれを知ることができる．このような従来の研究例を，風化速度の大きい順に整理したのが**表12.1**である（松倉，1994，1996，1997）．風化速度の大きいものは，炭酸塩岩（石灰岩や大理石）に集中しており，その平均風化速度は，速いものでは1000年に数十cmにも及んでいる．炭酸塩岩は，化学的風化作用（溶解）により，数十年，数百年間で墓石の銘が判読できないほどになる．一方，表中の炭酸塩岩以外の岩石のデータは，厳密には「風化速度」とはいえない．墓石や石材の表面が風化により劣化し，それが何らかの侵食作用によって剝離や崩落をした量である．しかし，風化により何らかの

図12.1 酸性雨による石像（砂岩）の風化（Winkler, 1994, Fig. 5.1）
左の写真は1908年に撮影，右の写真は1969年に撮影された．

表 12.1 墓石などの人工構造物の風化（溶食・剝落）速度（松倉, 1996）

岩 石	速度* (mm/1000 yr)	地 域	出 典	備 考
石灰岩	1320	ウクライナ	Akimtzev (1932)	要塞
凝灰岩（大谷石）	250〜33	日本	糟谷 (1979, 1982)	墓石・石塀・石倉
石灰岩	200	エジプト	Emery (1960)	ギザのピラミッドからの剝落
石灰岩	100〜50	ヨークシャー	Goodchild (1890)	墓石
大理石	90	エジンバラ（スコットランド）	Geikie (1880)	墓石
石灰岩	78	ロンドン	Trudgill et al. (1989)	セントポール寺院の欄干
大理石	35	インディアナ（USA）	Winkler (1966)	墓石の上部
大理石	34〜2	フィラデルフィア（USA）	Feddema and Meierding (1987)	墓石（都市域で大）
大理石	15	USA	Meierding (1981)	墓石
花崗岩	15	日本	糟谷 (1979, 1982)	墓石・石塀・石倉
砂岩	14〜11	日本	糟谷 (1979, 1982)	墓石・石塀・石倉
砂岩（アルコース）	11	コネティカット（USA）	Matthias (1967)	墓石
大理石	10〜2	北イングランド	Attewell and Taylor (1990)	墓石
花崗岩	9	エジンバラ（スコットランド）	Geikie (1880)	墓石
安山岩	9〜5.6	日本	糟谷 (1979, 1982)	墓石・石塀・石倉
花崗岩	7.6	ニューヨーク	Winkler (1965)	クレオパトラ・ニードル
花崗岩	7.1〜2.9	香川県五色台（日本）	飯島 (1974)	石塔
大理石	6〜1	東オーストラリア	Neil (1989)	墓石
花崗岩	5.7〜3.6	エジプト	Barton (1916)	古代建築物の剝落
石灰岩	平均2.5	リージュ（ベルギー）	Kupper and Pissart (1974)	墓石（工業地区で大）
石灰岩	2.5	イスラエル	Klein (1984)	墓石
大理石	2.5〜1.7	東オーストラリア	Dragovich (1986)	墓石（工場地帯で大）
大理石	1	南オーストラリア	Cann (1974)	墓石
砂岩	200年でも風化程度小	エジンバラ（スコットランド）	Geikie (1880)	墓石

*それぞれの論文で，扱われている風化継続期間は異なっている（したがって，風化速度の単位はまちまちである）が，ここでは，比較しやすいように，すべて1000年あたりの風化速度に換算し直してある．この表は，松倉 (1994) の表3を整理しなおし，速度の大きいものから順に並べたものであり，出典については，その参考文献欄を参照されたい．

劣化が起こらなければ剝落も起こらないであろうから，「風化速度」の一種の目安にはなるであろう．

12.1.1 化学的削剝（溶出）速度

近年では，MEM（micro-erosion meter：微小侵食計）を用いて，地表面低下量が直接計測されていたり（Trudgill, 1976；Trudgill et al., 1981；Viles and Trudgill, 1984；Trudgill et al., 1989），タブレットの欠損重量やその表面の凹凸などが計測されており（タブレットを用いた風化研究については，すでに 4.1.1 項で述べた），これらの値から化学的削剝（溶出）速度が計算される．

一方，化学的削剝速度（chemical denudation rate）は，溶脱によって水に取り込まれた化学成分の量を計測し，それから計算によっても求められる．このような，水質分析による化学種の溶脱速度に関する研究はきわめて多数にのぼり，これらの研究では，化学的削剝量が化学的削剝速度（流域からの年間のネットの溶存物質の除去量と，岩石の平均密度から計算された地表面低下量で表されることが多い）に換算される．一般に，この場合，Bobnoff 単位（B）が使われるが，$1\,B = 1\,mm/1000\,yr$ であり，比重 2.65 の岩石では，およそ $0.02\,t/ha/yr$ の損失に相当する．Waylen (1979) や Saunders and Young (1983, Table IV) のまとめたデータをみても，あらゆる風化環境下において，石灰岩の溶出速度（20〜100 B 程度）が他の岩石に比較してかなり大きいことが示されている．また，石灰岩の他には，siliceous な岩石においても 2〜50 B と比較的大きく（石灰岩の半分から 1/10 程度），ground loss の重要な原因であることが指摘されている．ほぼ同一の風化環境下において，岩質ごとの風化速度

を比較したWaylen (1979) によれば，化学的削剥の速度は，先カンブリア代の火成岩や変成岩で0.5〜7.0 B，同じく先カンブリア代の砂岩で2.0〜3.0 B，古い砂岩で1.5〜22 B，中生代や第三紀の砂岩で16〜34 B，ティルで14〜50 B，チョークで22 B，石炭紀の石灰岩で22〜100 Bとまとめられている．

12.1.2 風化生成物の形成速度

風化速度の研究例としては，土壌形成速度を化学的溶出量を用いて求めたもの（たとえば，Alexander, 1985；Wakatsuki and Rasyidin, 1992）や，粘土鉱物の生産量を求めた研究（たとえば，Garrels and Mackenzie, 1967；Yoshioka, 1975）などがある．しかし，これらはいずれも水質分析による化学的溶出量を用いた計算により，間接的に土壌の形成速度や粘土鉱物の生産量を求めたものである．

風化層・土壌層およびデュリクラスト形成速度を直接に求めたものとしては，**表12.2** の(1)に示したような研究例がある．噴出年代のわかった（すなわち，風化経過時間の見積もりが可能な）火山灰が，その土壌化の速度が大きいことも手伝って，しばしば研究の対象とされてきた．最近，種々の相対年代決定法の手法の進歩・開発に伴い，風化皮膜（wea-thering rinds）の形成速度が議論されるようになってきた（表12.2(2)を参照）．Colman and Pierce (1981) は，北米西部に分布する，第四紀の氷河性堆積物中の安山岩と玄武岩の礫7335個を調べ，風化皮膜の厚さと風化経過時間とのプロットには対数曲線がフィットすることを示している．この対数曲線は，ニュージーランドのグレイワッケの風化皮膜の厚さと時間との関係でも導かれており，そこでは風化皮膜の形成速度は9500年間で6 mmと大きい（Chinn, 1981）．

12.1.3 岩石物性の変化の速度

物性の変化速度，（とくに強度の低下をはじめとする）力学的性質の変化や物理的性質の変化（とくに密度や弾性波速度の低下）に関する研究は，きわめて少ない．

木宮(1975) は，愛知県三河高原と長野県富草地区において，堆積年代（新鮮な礫が供給された年代）が既知の段丘や扇状地の礫層（たとえば，400〜600万年前に堆積した明智礫層，30〜37万年前に堆積した拳母層，12〜13万年前に堆積した碧

表12.2 風化速度のいくつかの例（松倉，1994）

(1) 風化層・土壌層およびデュリクラストの形成速度

岩石（物質）	速度	地域	出典
火山灰から粘土	45〜60 cm/1000 yr (0.45〜0.6 mm/yr)	西インド諸島	Hay (1960)
花崗岩の鉄アルミナ化作用	1 m/22000〜77000 yr	象牙海岸	Leneuf and Aubert (1960)
花崗岩からデュリクラスト	9 m/100万年	ウガンダ	Trendall (1962)
火山岩からシルト・粘土の形成	58 mm/1000 yr	パプア	Ruxton (1966)
未成熟（成熟）土壌の形成	5000 (20000) yr	パプアニューギニア	Haantjens and Bleeker (1970)
未固結堆積岩からAB層の形成	13 cm/50 yr	北カロライナ	Menard (1974)
火山岩からフェリクレートの形成	600万年	西セネガル	Nahon and Lapportient (1977)
レグ土壌のA層の形成	0.5 cm/5000〜10000 yr	イスラエル	Amit et al. (1993)

(2) 風化被膜の成長速度

岩石	速度	地域	出典
花崗岩	45 mm/1万年	コロラド	Birkeland (1973)
花崗岩	3 mm/1万年	シェラネバダ	Burke and Birkeland (1979)
安山岩・玄武岩	約1 mm/10万年	北米	Colman and Pierce (1981)
グレイワッケ	6 mm/9500 yr	ニュージーランド	Chinn (1981)
粗粒玄武岩	4.8〜5.6 mm/12〜20万年	タスマニア	Caine (1983)
ホルンフェルス	4 mm/2000年	日本（神奈川）	朽津 (1991)
花崗閃緑岩	5 mm/2万年	日本（木曽駒ヶ岳）	小泉・関 (1992)
石英斑岩	8 mm/5万年	日本（北アルプス・薬師岳）	小泉・青柳 (1993)

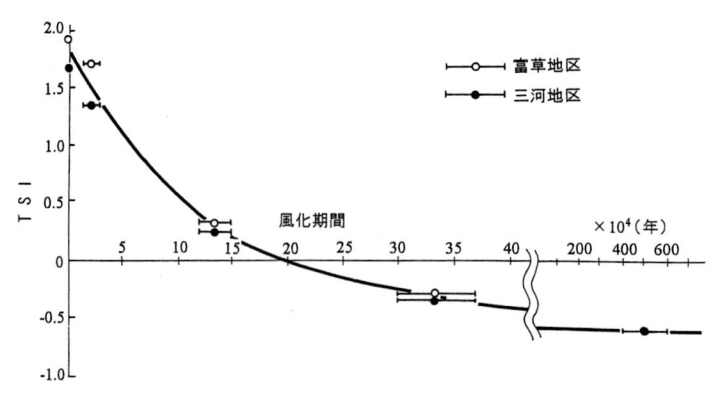

図 12.2 愛知県三河高原と長野県富草地区における段丘や扇状地を構成する花崗岩礫の風化による強度減衰曲線（木宮，1975）

海層など）の中の花崗岩の礫の引張強度を計測し，強度が $250\,\mathrm{kgf/cm^2}$ から $0.02\,\mathrm{kgf/cm^2}$ に低下するには，約 500 万年の期間が必要であることを示した．図 12.2 は，その強度の時間的変化を示している．縦軸の TSI 値は，非整形（点載荷）引張試験により計測された引張強度を対数で表現したもの（$\log_{10} S_t$；ここで S_t は引張強度で，単位は $\mathrm{kgf/cm^2}$）の平均値である．横軸は風化経過年数（段丘の離水したときから現在までの時間）を示す．これは，礫が堆積したときは現河床に堆積しているものと同じ程度の風化程度（きわめて新鮮な状態）であったと仮定し，段丘が離水した直後から風化が始まったという仮定に基づいている．図から，強度の時間的変化は直線的ではなく，減衰曲線で近似されることがわかる．すなわち，風化の初期に強度（TSI 値）の減少が大きく，風化の後期になるとその減少は小さくなる．また，小口ほか（1994），小口・松倉（1996），Oguchi and Matsukura（1999 a）も，伊豆神津島の多孔質流紋岩において，風化の初期における強度（圧縮強度，引張強度の両者）の低下が著しいことを明らかにした（これについては 12.3 節で詳述する）．

一方，高速道路の建設のために切り土したのり面の風化状況を，20 年間にわたり弾性波探査で追跡した研究がある（奥園，1978；多賀ほか，1991）．それによると，P 波の風化帯走時は，年々増加し，風化層が徐々に厚くなっていることを示している．また，Crook and Gillespie（1986）は，段丘礫層中の巨礫における最大 73 万年間の風化の進行を，P 波速度を計測することによって追跡した．その結果，P 波速度の減少は，風化の初期で大きいことが示されている．

12.2 風化速度の研究例（その 1：安山岩礫における風化皮膜の形成速度）

風化速度の研究例として最初に取り上げるのは，風化皮膜の形成速度を議論したものである（Oguchi and Matsukura, 1999 b；Oguchi, 2001, 2004）．従来の"風化皮膜年代測定法"は，風化皮膜の特性が把握されないまま（すなわち風化皮膜の定義が不明確なまま）に，その厚さから相対年代決定の試みのみが先行してきたきらいがある．この研究は，風化皮膜の形成速度が，母岩である安山岩の間隙率に依存していることを明らかにした．

栃木県の那須野ヶ原には，4 段の河成段丘（それぞれの離水年代は，20 ka（ka＝千年前），320 ka，450 ka，830 ka）からなる複合扇状地が発達する．それぞれの地形面の形成年代（離水年代）から現在までの期間を風化継続期間（いわゆる風化皮膜の形成時間）とみなすことにより，風化速度の議論が可能となる．各段丘の段丘礫層には，安山岩礫が共通して含まれており，それらの礫には風化皮膜の形成が明瞭である（図 12.3）．一方，現河床の礫には風化皮膜が見られない．

風化皮膜の特性を，鉱物（薄片，XRD）・色（顕微可視分光器）・化学組成（XRF，EPMA）・間隙物性（PSD）・硬度（ヴィッカース硬度）などに関して分析した．具体的には，年代の異なるそれぞれ

図12.3 栃木県那須野ヶ原の段丘を構成する安山岩礫の風化皮膜(Oguchi and Matsukura, 1999 b)(口絵参照)

数個の礫を対象に,礫の表面(風化皮膜)から内部の新鮮な部分にかけて縦断方向に数 mm 間隔で上記のすべての物性値を計測した.風化皮膜は,主として酸化層と溶脱層とに分帯でき,それらの厚さの差は間隙率の小さい緻密な岩石で小さく,間隙率の大きい多孔質な岩石で大きくなる.また,間隙率が異なると風化皮膜の物性(すなわち発達プロセス)には,以下のような差異が認められた.間隙率の小さい岩石では,元素(Ca)の溶脱開始深さと,色の指標である L*(白)・a*(赤)・b*(黄) の変化し始める深さ,ヴィッカース硬度が低下し始める深さ,および低下しきった深さとの間のすべての開きが小さい.一方,間隙率の大きい岩石では,a*(赤)・b*(黄) が変化し始める深さとヴィッカース硬度が低下しきった深さと,L*(白) の変化し始める深さおよびヴィッカース硬度の低下し始める深さとの間の開きが大きい.すなわち,種々の計測から,鉱物からの元素の溶脱・白色化・強度の低下開始により特徴づけられる溶脱層の厚さと,Fe(III) の酸化(茶褐色化)により特徴づけられる酸化層の厚さは,緻密岩ではほぼ一致するが,多孔質岩では,溶脱層の厚さは酸化層のそれよりも厚いことが示される.これは,緻密な岩石では岩石中にほとんど水が浸透

しないので,溶脱層の厚さは薄くなり,それに規制されて酸化層が十分発達しないのに対し,多孔質な岩石では溶脱層の厚さは厚くなるので,その厚さに規制されずに酸化層が十分発達することができるためと考えられる.

元素の移動に関して一般に用いられる拡散式を用い,拡散係数と間隙率の関係を調べ,さらに風化継続時間を考慮した風化皮膜の発達モデルを構築すると,溶脱層の厚さ (L_{I+II}) および,酸化層の厚さ (L_I) は,それぞれ $L_{I+II} = 0.0431\,e\,(0.4287\,n \cdot t)^{1/2}$

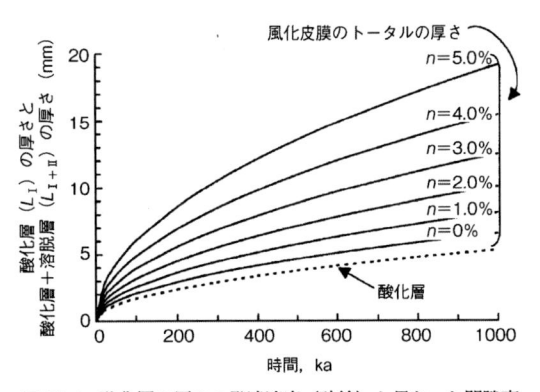

図12.4 酸化層の厚さの発達速度(破線)と異なった間隙率をもつ岩石の風化皮膜の厚さの発達速度(実線)(Oguchi, 2004)

と，$L_1 = 0.0283\, t^{1/2}$ と表された（ここで，層の厚さの単位は mm，n は岩石の間隙率 (%)，t は時間（1000年）を表す）．このことは，岩石の間隙率が大きくなっても，酸化層の拡散係数の値はそれほど大きくならないのに対し，溶脱層のそれは大きくなることを示している（図 12.4）．すなわち，水の侵入の可能性が高くなる間隙率の大きな岩石ほど，溶脱層と酸化層の拡散係数の差が大きくなる．

12.3 風化速度の研究例（その2：風化による多孔質流紋岩の強度低下）

伊豆七島の神津島にある4つの溶岩円頂丘（噴出年代がそれぞれ 1.1 ka，2.6 ka，20 ka，40 ka）をつくる多孔質流紋岩の化学的風化メカニズムについては，すでに第4章（4.2.1項）で述べた．そこでは，溶岩の噴出年代から現在までを風化継続時間と仮定できることも指摘した．そこで，これらの岩石を用いて，過去4万年間の風化によって，岩石物性がどのように変化したかを検討できることになる．

図 12.5 は圧縮強度と引張強度（圧裂引張強度）の計測結果を風化継続時間軸にのせて示したものである（小口ほか，1994；小口・松倉，1996）．この図も，前述した花崗岩や砂岩の礫と同様，風化の初期における強度（圧縮強度，引張強度の両者）の低下が著しいことを示している．このメカニズムとしては，流紋岩に水が接触したとき，岩石を構成するガラスの表面が水和反応で膨張することによってミクロなクラック（1 μm 程度の大きさ）が形成され，これがいわゆる切り欠きの効果（クラック先端の応力集中部から破壊が進展する）をもたらすためであろうと推定される．

なお，これらの流紋岩は，図 4.4 に示したような火山ガラスの柱の束による流理構造をもっている．圧縮強度は，この流理構造に対して直交する方向から加圧して得られたものである．一般に層理，葉理，片理，劈開などの性質をもつ岩石は強度異方性をもつ（層理面などの弱面が加圧軸方向とのなす角を β とし，それと一軸圧縮強度との関係をプロットすると，両者の関係は U 字型のカーブをもつ）．神津島の流紋岩は強度異方性を示すものの，このような U 字型をとらない（松倉，2001；Matsukura

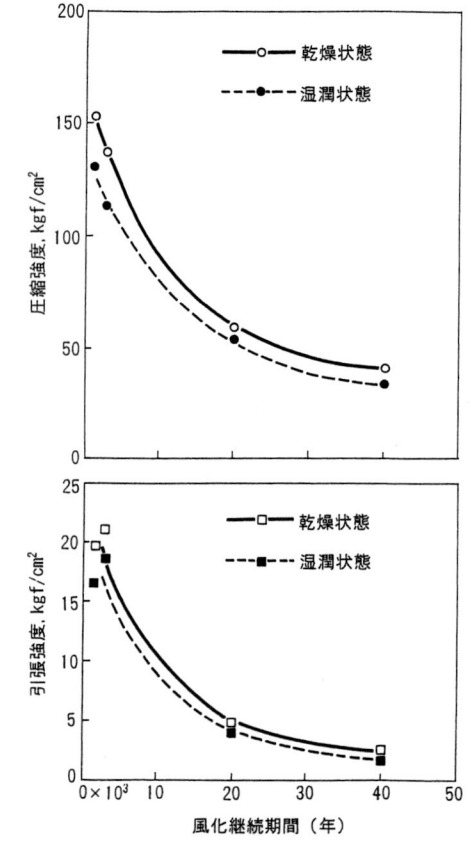

図 12.5 伊豆神津島の多孔質流紋岩の風化による力学的性質の時間変化（小口ほか，1994；小口・松倉，1996）

et al., 2002）．

この神津島を対象とした一連の研究では，強度低下速度のみならず，物理的性質や化学的性質の変化速度についても議論されている（4.2.1項参照）が，それによれば，化学的指標の変化からみて化学的風化は時間とともに加速し，力学的強度の減衰が風化の初期に大きいことと異なった変化傾向を示している（化学的風化速度が加速する現象については，タブレットの風化野外実験によって確かめられている（Matsukura *et al.*, 2001, 2006））．このことは，4.3.1項で述べた花崗岩の風化断面において，風化プロセスに対して力学的変化が最初に応答するということと調和的であり興味深い．もっとも，掘削後4年が経過した砂質泥岩（上総層群・柿の木台層）の切取りのり面では，力学的性質に顕著な変化が見られなかったという志田原ほか（1994）の報告もあるので，風化のごく初期の物性変化につ

12.4 風化速度の研究例（その3：風化による砂岩岩盤の強度低下速度）

Suzuki and Hachinohe (1995) は，房総半島南端の千倉周辺に発達する完新世の海成段丘を構成する基盤岩石（主に砂岩）を，その風化程度によって強風化帯，中風化帯，弱風化帯，微風化帯に分帯し，各分帯ごとの岩盤物性を詳細に調査した．

たとえば，**図 12.6** は，大正面（1923 年の関東大地震によって隆起し離水した侵食段丘面）を構成している鮮新統の細粒砂岩（調査時点の 1992 年までに 69 年間の風化を受けている）の，地表から 25 cm の深さまでのボーリングコアの物性変化の計測結果である．針貫入試験による圧縮強度を見ると，未風化帯のところで 14 MPa であるのに対し，69 年間の風化によって，表層の強風化帯では，およそ 2 MPa まで低下している．

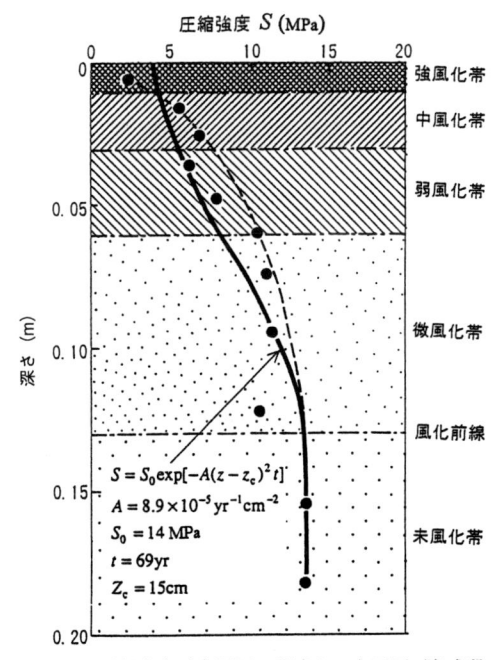

図 12.6 房総半島千倉周辺に発達する大正面（海成段丘）の砂岩岩盤の風化による深さ方向の強度変化（データおよび破線の傾向線は Suzuki and Hachinohe (1995) によるものであり，実線および回帰式は Sunamura (1996) による）（松倉，1997）

また，この論文では，風化帯ごとに，その厚さが時間とともに増加する，すなわち風化速度についての議論を行い，以下の式を提示した．

$$dZ_H/dt = 0.30 \times 10^{-3} \, t^{-0.26} \quad (12.1)$$
$$dZ_M/dt = 0.83 \times 10^{-3} \, t^{-0.25} \quad (12.2)$$
$$dZ_S/dt = 1.4 \times 10^{-3} \, t^{-0.19} \quad (12.3)$$

ここで，Z_H, Z_M, Z_S は，それぞれ地表面から強風化帯，中風化帯，弱風化帯までの厚さを表している．t は時間で単位は年である．各風化帯までの増厚速度は，風化時間の経過とともに徐々に遅くなることが示されている．

12.5 風化による強度低下速度式

12.5.1 Sunamura (1996) の式

Sunamura (1996) は，風化による強度低下を表す一般解を示し，それに上記の小口ほか (1994) と Suzuki and Hachinohe (1995) のデータをあてはめている．その内容は以下のようである．

まず，岩盤表面での強度低下を考えることにする．ある時間 t における強度 $S(t)$ が微小時間 Δt 後，すなわち，$t+\Delta t$ 時間後に $S(t+\Delta t)$ に変化するとする．このとき，微小時間 Δt における強度変化（低下）量は $S(t)-S(t+\Delta t)$ となり，これは $kS(t)\Delta t$ と表される：

$$S(t) - S(t+\Delta t) = kS(t)\Delta t \quad (12.4)$$

ここで，k は次元 $[T^{-1}]$ をもつ単位時間当りの低下（減衰）係数である．$S(t)-S(t+\Delta t)=\Delta S$ であるから，式 (12.4) は次式のように変形される：

$$\frac{\Delta S}{\Delta t} = -kS \quad (12.5)$$

$\Delta t \to 0$ とすると，以下のような微分方程式が得られる：

$$\frac{dS}{dt} = -kS \quad (12.6)$$

$t=0$ で，$S=S_0$ という条件でこれを解くと，次式が得られる：

$$S = S_0 \exp(-kt) \quad (12.7)$$

ここで，S_0 は風化開始時における岩石・岩盤強度である．

この式の妥当性は，図 12.5 に示した小口ほか (1994) のデータがこの関数形にフィットする（以下の式で表される）ことで証明された：

乾燥状態の圧縮強度においては，
$$S = 155 \exp(-3.87 \times 10^{-5} t) \quad (12.8)$$
乾燥状態の引張強度においては，
$$S = 22 \exp(-6.50 \times 10^{-5} t) \quad (12.9)$$
ここで，S と S_0 の単位は kgf/cm²，k，t の単位はそれぞれ，yr⁻¹，yr である．

ところで，風化は，初期には岩盤表面でのみ起こるが，時間経過とともに岩盤内部に進行する．したがって，深さ方向の時間的強度低下をモデリングする必要がある．第4章の花崗岩風化断面で示したように（図4.10参照），一般的には，岩盤内部に向かって風化程度が徐々に弱くなっていく（岩盤表面が最も風化が進行しており，深部ほど新鮮）ことが知られているので，式(12.7)の低下係数 k は，以下のように深さの減少関数で表されなければならない：
$$k = f(z) \quad (12.10)$$
ここで，z は岩盤表面からの深さを示す：$z=0$ が地表面，$z=z_c$ が風化前線（z_c より深部では風化が起こっていない深さ，すなわち，$z=z_c$ で $k=0$）．式(12.10)を式(12.7)に代入すると次式が得られる：
$$S = S_0 \exp[-f(z) t] \quad (12.11)$$
風化断面において，強度変化勾配は風化前線（$z=z_c$）でゼロになるはずであるから，
$$\left(\frac{\partial S}{\partial z}\right)_{z=z_c} = 0 \quad (12.12)$$
$z=z_c$ で $k=0$ となる z の最も単純な関数を以下の式のように仮定する：
$$f(z) = A(z - z_c)^2 \quad (12.13)$$
ここで，A は定数で [T⁻¹L⁻²] の次元をもつ．この式は $0 \leq z \leq z_c$ においてのみ成り立つ．式(12.13)を式(12.11)に代入すると以下の式が導かれる：
$$S = S_0 \exp[-A(z - z_c)^2 t] \quad (12.14)$$
この式を図12.6のデータを用いてチェックしてみよう．前述したように，このデータは，大正地震で隆起した海成段丘（薄く堆積物に覆われている）を構成する細粒砂岩のボーリングコアの深さ方向の強度変化を示したものである．肉眼では13 cm の深さまで風化が進行しているように観察されているが，強度のデータからは風化前線が15 cm ほどであることが読み取れる（それ以深では，14 MPa の強度が変化しない）．そこで，式(12.14)に $S_0=14$ MPa，$t=69$ yr，$z_c=15$ cm を代入し，データに最適なフィッティングをさせると，$A=8.9 \times 10^{-5}$（yr⁻¹・cm⁻²）が得られ，図中の実線がそのラインを示している．この結果は，式(12.14)が岩盤強度低下の深さと時間の関係をうまく表すことを示している．

12.5.2 岩石の強度低下速度に関する今後の研究課題

以上のように，Sunamura (1996) は，岩盤表面における強度低下は，式(12.7)によって表されることを示した．従来，風化開始時の岩盤の圧縮強度や引張強度（新鮮な岩盤の強度に置き換えてよい）については，岩種によって異なるものの，データが蓄積されてきている．したがって，係数 k の値がわかれば，岩盤の風化による強度低下の予測が可能となる．神津島の流紋岩の圧縮強度では $k=3.87 \times 10^{-5}$（yr⁻¹）であった式(12.8)が，岩種が異なれば k の値も異なる．したがって，岩種ごとの k の値を決めることが，風化研究者の当面の課題ということになろう．

また，Sunamura (1996) は，ある深さ z における強度は式(12.14)によって表されることを示した．この式で，任意の深さにおけるある風化経過時間後の強度を推定するためには，風化開始時の（新鮮な）岩盤強度の他に，風化前線の深さ z_c と係数 A の値が必要となる．風化前線の深さも風化継続時間の関数（風化継続時間の経過とともに増加する）であるので，z_c と A とを決めることは難しいが，それらの値を岩種ごとに決めることができれば，強度変化の推定が可能となる．

12.6 侵食速度の研究例（その1：喜界島における石灰岩地表面の低下速度）

12.6.1 台座岩から求められた従来の地表面低下速度

台座岩の形成プロセスについては，すでに4.4.2項で述べた．現在までに報告された台座岩の高さから求められた平均地表面低下速度（石灰岩の溶解速度）は，**表12.3**のようにまとめられる（Jennings, 1985, p.85；Ford and Williams, 2007, p.89）．

表12.3 台座岩から推定された石灰岩地表面低下速度（Ford and Williams（2007），Table 4.3）

地域・場所	台座岩の高さ (cm)	形成時間 (年)	低下量 (mm/ka)	文献
Maren Mts, Switzerland	15	14000	11	Bögli (1961)
Burren, Western Ireland	9	14000	6	Williams pers. comm. (2004)
Leitrim, Western Ireland	51	14000?	36	Williams (1966)
Pennins, Northern England	5-20	15000	3-13	Goldie (2005)
Mt Java, West Irian	30	9500	32	Peterson (1982)
Svartisen, Norway	13	9000	15	Lauritzen (1990)
Patagonia	40-60	8000-10000	40-75	Maire et al. (1999)

データは7例ほどしかないが，それらは3～75 mm/ka の範囲内に存在する．

12.6.2 喜界島の台座岩

Matsukura et al.（2007）は，鹿児島県喜界島において巨礫を載せる石灰岩からなる台座岩を多数発見し，それらの台座岩の高さから地表面低下（溶解）速度の見積もりを行った．喜界島は，琉球列島の中でもとりわけ琉球海溝側に位置していることから，過去13万年間の平均隆起速度が1.7 m/kyr と琉球列島の他の島より一桁大きい（たとえば，Konishi et al., 1974）．このような活発な隆起運動が，それ以降の完新世まで継続してきたため，完新世サンゴ礁段丘が島を縁取るように発達している．それらの隆起サンゴ礁は，第四紀の石灰岩からなり，段丘から採取されたサンゴの ^{14}C 年代値や空中写真判読を用いた地形面区分から，現在の段丘の高度とそれぞれの段丘の離水年代が，以下のように見積もられている（太田ほか，1978）：Ⅰ面は高度約10～15 m で離水年代は6 ka，Ⅱ面は高度5～7 m で離水年代は3.7 ka，Ⅲ面は高度3～5 m で離水年代は3 ka．Ⅳ面は高度1.5～2 m で離水年代は1.5 ka である．

これらの段丘上のあちこちに巨礫が存在する．Ⅳ面の段丘上にある巨礫の下には台座岩が見られないが，Ⅲ面より上の面にある巨礫の下には，台座岩が形成されている（図12.7）．これらの台座岩は，段丘を構成するサンゴ礁石灰岩と同じものでできている．調査対象にした22個の台座岩の高さを計測した（誤差は10 cm）．

台座岩の上に載る巨礫は，琉球列島の地史から考えて，もちろん氷河の運搬した迷子石ではない．河名（1996）が喜界島の北部海岸にある巨礫を津波起

図12.7 喜界島の段丘Ⅱにあるサイト15（末吉神社の鳥居脇）の台座岩（Matsukura et al., 2007）（口絵参照）台座岩の高さは50 cm であり，台座岩の下部はおよそ20 cm ほど土壌に被覆されている．台座岩の上の巨礫は"津波石"の可能性がある．

源と考えていることや，このような**津波石**が琉球列島の至る所で見られる（河名・中田，1996）ことなどから，津波石と考えるのが妥当であろう．ただし，いくつかの巨礫は，段丘背後の百之台の崖からの崩落物の可能性もある．このように，巨礫の供給源に関しては若干不明な点もあるが，台座岩の形成プロセスのシナリオを以下のように考えた．(1) 礁原に巨礫が運搬されてきた．(2) 地盤が隆起し，礁原が離水し段丘化した．(3) 巨礫の周囲の段丘化した石灰岩からなる地表面は雨水による溶解によって徐々に低下したが，巨礫の下の石灰岩は巨礫の傘の効果で雨水の溶解から免れ，台座岩になった．(4) 時間経過とともに台座岩の高さは徐々に増加した．「巨礫の傘の効果」という表現を使用したが，実際には巨礫も石灰岩であるので，雨水により徐々に溶解されていることは十分予想される．

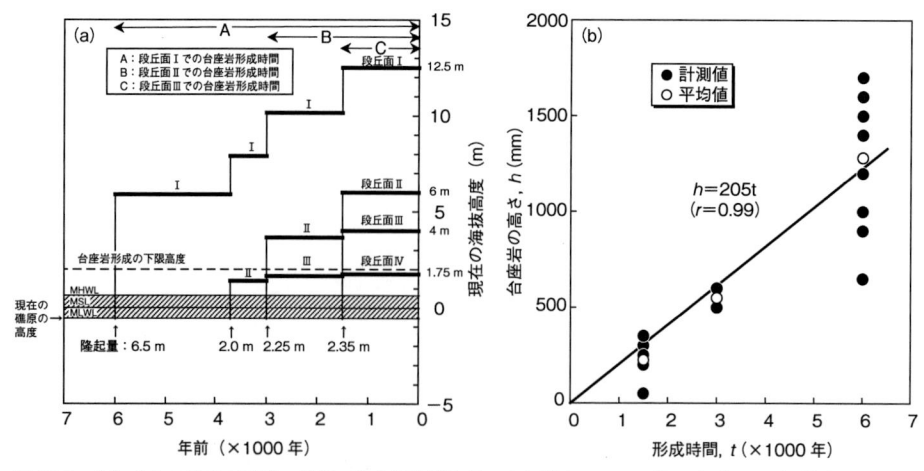

図12.8 (a) 各々の段丘の高度の推移．段丘は地震隆起により離水し，その後の地震のたびに隆起を繰り返している．最下段の段丘IVの上の巨礫の下には台座岩が形成されていないので，台座岩の形成は段丘が海面上2m以上になったのちに始まったとみなした．なお，隆起後の溶解による段丘面の低下についてはこの図では考慮していない．(b) 台座岩の高さと台座岩形成時間との関係：両者の関係が直線回帰され，段丘面低下が等速（1000年で約200 mmの溶解速度）で起こっていることを示している（Matsukura et al., 2007）．

12.6.3 地表面低下速度の見積もり

地表面低下速度の見積もりには，台座岩の高さの他に，台座岩形成の時間に関する情報が必要となる．前述したように段丘I〜III面の上にある巨礫の下には台座岩があるが，IV面上の巨礫は台座岩をもたない．このことは台座岩の形成に段丘の高度が関係していることを示唆している．すなわち，最も低いIV面の段丘（標高2m）上で台座岩が形成されにくい理由は，そこでは巨礫が台風時の高波（波高は6mを越える）によって動かされるためであろうと考えた．

太田ほか（1978）による現在の段丘の高度と離水年代のデータをもとに，各々の段丘の高度の時間的変化をまとめたのが図12.8aである．現在の礁原がほぼ低潮位に位置していることから，離水前の礁原の高度を平均低潮位の−0.6 mとした．段丘IVは，現在の平均高度が1.75 mであるので，1500年前の地震隆起で2.35 mの隆起によって離水したことになる．また，段丘IIIは，3000年前に起こった地震に伴う2.25 mの地盤隆起によって離水し（段丘化した最初の高度は1.65 m），その後の1500年前の2.35 mの地震隆起により，現在の高度の4 mになったと考えられる．段丘化した3000年前から次の隆起の1500年前までの高度は1.65 mであり，これはIV面より低い．したがって，この期間には台座岩の形成はなかったと考えられる．すなわち，III面における台座岩の形成時間は，1500年前に4 mの高度になってから現在までの時間（すなわち1500年間）ということになる．同様に，II面における台座岩の形成時間は，3000年と見積もられる．I面の段丘は，6000年前の地震により6.0 mの高度にまで一気に隆起した．この高さは，台座岩の形成条件を満たしていることから，I面の段丘における台座岩の形成時間は6000年と見積もられた．

図12.8bは，台座岩の高さ（h）と台座岩の形成時間（t）の関係をプロットしたものである．台座岩の高度は，とくにI面のデータが65〜170 cmとばらついている．このような場所ごとの形成速度の差異は，対象とするサンゴ石灰岩の不均質性がもたらすものと考えられる．それぞれの面ごとの平均値で整理すると，$h = 205\,t$ という関係が導かれる（hの単位はmm，tの単位はkyr）．この式は，喜界島における地表面低下の平均速度が205 mm/kyrであることを示している．

12.6.4 他地域における地表面低下速度との比較

喜界島の平均地表面低下速度の205 mm/kyrは，前述した迷子石下部の台座岩から求めた他地域の値（表12.3）と比較すると，1オーダー大きい．この表に示されているものはいずれも石炭紀の緻密な

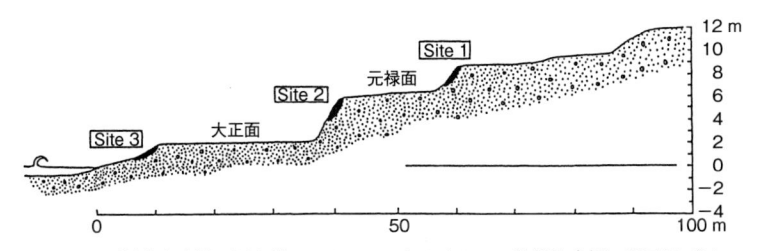

図12.9 房総半島先端の野島崎のサイト1からサイト3の隆起波食棚の断面図 (Matsukura and Matsuoka, 1991)
最下段は大正面（1923年に離水），中段は元禄面（1706年に離水）である．

（間隙率の小さい）岩石であるのに対し，喜界島の石灰岩は間隙率が10〜36%と大きく，また，多数の節理や亀裂をもっており，そのため透水性がよい．このことが，地表面低下速度（石灰岩の溶解速度と読み替えられる）に影響していることが考えられる．その他に，表12.3で扱われた地域に比較して，喜界島は平均気温が高い（年平均気温が22.3℃）こと，あるいは雨量が多いことなどの気候的な影響も考えられる．その定量的評価は今後に残された問題である．

図12.10 野島崎のSite 1のタフォニの様子 (Matsukura and Matsuoka, 1991)

12.7 侵食速度の研究例（その2：房総半島野島崎におけるタフォニの成長速度）

タフォニの形成プロセスについては，第3章（3.2節）で述べた．Matsukura and Matsuoka (1991) は，タフォニの成長速度について考察した．房総半島の先端に位置する野島崎は，離水波食棚からなる数段の海成段丘に囲まれている．**図12.9**は野島崎の西側の地形プロファイルを示している．高度2mの面は，1923年の関東大地震（M 7.9）に伴う地盤隆起によって離水した面（**大正面**）である．この地域は1703年の元禄地震（M 8.2）の際にも約4mの隆起があったとされている．そのときに離水した段丘面は，1923年の隆起量が加算され，現在6mの高さをもっており，**元禄面**と呼ばれる．高度8.5〜9.0mの段丘の正確な離水年代は不明であるが，高度と離水年代の関係を示した中田ほか（1980）のダイアグラムを用いて，その離水年代を1300〜1500年（平均1400年）と推定した．それぞれの段丘は，いずれも凝灰質礫岩（野島崎層）によって構成されている．それぞれの段丘の前面段丘崖にはタフォニが形成されており，それぞれの地点をSite 1, Site 2, Site 3とした（図12.9）．Site 3には蜂の巣状構造のような小さな穴が多い．最も大きいタフォニはSite 1に見られ，間口の長径・短径はそれぞれ160 cm, 60 cmあり，最大深は26 cmほどであった（**図12.10**）．一般に，大きなタフォニは高い段丘崖にあり，小さなタフォニは低い段丘崖に形成されている．

Site 1〜3の3地点は海岸線から60 mの距離内に存在している．以下のような理由から3地点のタフォニの形態の差異を時間的な変化（成長）とみなすことが可能となる．(1) 3地点は同一の岩質（凝灰岩質礫岩）である．(2) 3地点はタフォニ形成の環境（すなわち海水飛沫の塩分の供給と日射や風による乾燥条件など）が同じと考えられる．

タフォニは，時間とともに間口の径と深さを増加させていく．一つのタフォニが成長していくと，隣のタフォニと結合するが，そのとき，間口は一気に増大する．一方，深さは時間とともに徐々に増大する．したがって，タフォニの成長速度の議論には**深さ**のデータを用いるのが妥当であろう．そこで，各

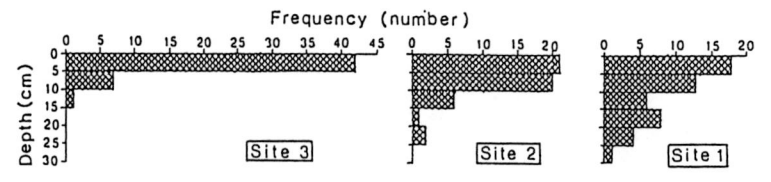

図 12.11 野島崎におけるタフォニの深さの頻度分布（Matsukura and Matsuoka, 1991）
縦軸が深さで，横軸が測定個数を示す．

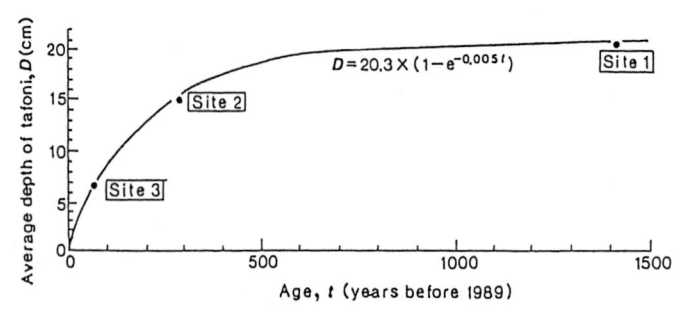

図 12.12 野島崎におけるタフォニの時間的成長曲線（Matsukura and Matsuoka, 1991）
縦軸は最大10個の平均深さがとってある．

地点において，50個のタフォニをランダムに選定し，その深さを計測した（図 12.11）．ここでは，最大のタフォニ10個のデータで，それぞれの地点のタフォニの深さの代表値とした．この値はSite 1で20.3 cm, Site 2で15 cm, Site 3で6.5 cmとなった．

前述したように，大正面は1923年の関東大地震によって2m隆起したために離水したものである．したがって，Site 3におけるタフォニの形成は，そのとき始まったと考えられる．すなわちタフォニの形成・成長時間は1923年からタフォニ計測時の1989年までの66年間と見積もられる．同様に，Site 2の形成時間は1703年から1989年までの286年間，Site 1のそれは1400年間と見積もられる．

図 12.12 は，タフォニの深さと形成時間との関係を見たものである．3つのデータポイントを通る最適なカーブは次式で表される：

$$D = 20.3 \times (1 - e^{-0.005t}) \quad (12.15)$$

ここで，D はタフォニの深さ（最大10個の平均深さ：単位は cm），t は時間（単位は年）である．図は，タフォニの深さの増加する速度が時間の経過とともに減少することを示している．この深さの増加に伴う成長速度の減速は，もしタフォニの形成・成長に塩類風化が必須のプロセスであるとすれば，深さの増加に伴う日射や風に対する露出度の減少によ

り乾燥しにくくなることが一因であろう．

12.8 侵食速度の研究例（その3：青島橋脚砂岩塊の窪みの形成とその成長速度）

12.8.1 窪みの成長速度

宮崎県の青島と九州本島は，1951年に竣工した弥生橋と呼ばれる橋で繋がれている．橋はほぼ東西方向に架かっているので，四角錐台の橋脚の橋脚面はほぼ東西南北を向く（それぞれを以下では，東面，西面，南面，北面と呼ぶ）．4基の橋脚すべてに，整形された砂岩塊が積み石として使われている．この砂岩は，第3章（3.1.1項）で述べた青島の洗濯板状微起伏の突出部を形成している砂岩を利用したものである．高橋（1975, 1976）は，洗濯板状の起伏の形成プロセスを図 12.13 のようにまとめた．その中に砂岩の侵食速度を最大で約5 mm/yrと見積もっているが，この値は，以下に述べるような橋脚砂岩塊の調査によって得られたものである．

図 12.14 は，橋の竣工後20年目（1971年）と38年目（1989年）の様子である．橋脚に使われている砂岩塊の表面には窪みが形成されており，その窪み深さは20年目より38年目の方が大きい．高橋（1975, 1976）は砂岩塊ごとの窪み深さ（窪みの最

12.8 侵食速度の研究例（その3：青島橋脚砂岩塊の窪みの形成とその成長速度）

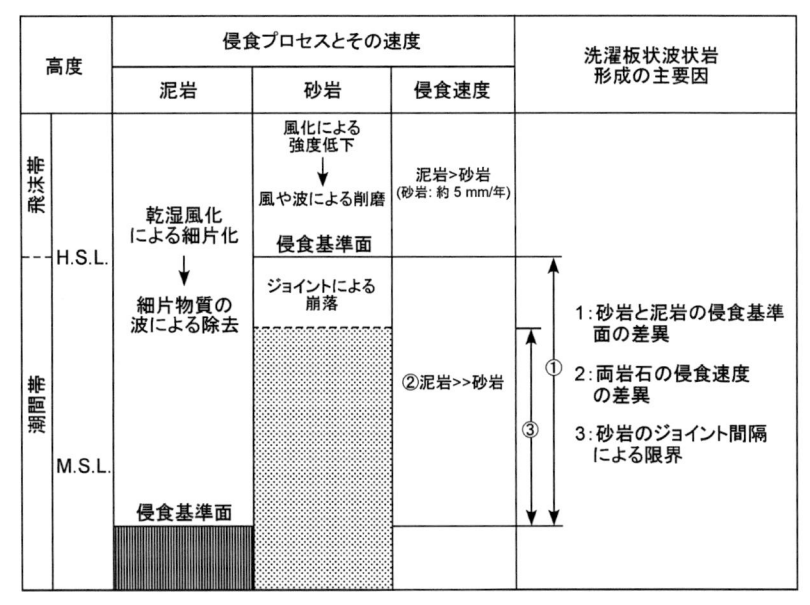

図 12.13 青島の洗濯板状微起伏の形成における差別削剝のメカニズム（高橋, 1975）

図 12.14 青島弥生橋，第2橋脚（青島側から2つ目の橋脚）南面の1971年（竣工後20年目）の様子(a)と1989年（竣工後38年目）の様子 (b)（Takahashi et al., 1994）（口絵参照）
いずれも干潮時に撮影したものである．橋脚基部の海抜高度はほぼ0mであり，満潮時には下部から3〜4層目位まで海面が上昇する．

深部の深さ）を計測した（**図 12.15** 上部）．窪み深さは，南面の平均満潮位（M.H.W.L）の直上付近で約10 cmの最大値をとっている．そこでその値を風化・侵食継続時間（1951年の竣工から1971年の測定時までの20年）で割ると，平均約5 mm/yrという窪み成長速度が得られる．

高橋ほか（1993），Takahashi et al. (1994) および高橋・松倉（2006）は，砂岩塊の窪み深さを1989年に再度計測し（**図 12.15** 下部），窪みの形成とその速さについて，さらに詳しい検討を加えた．**図 12.16** は各層ごとの窪み深さの平均値を高さ方向に整理したものであり（この図には前述した1971年の計測結果も併せて示してある），1971年の最初の計測から1989年の2回目の計測までの18年間における層位別平均窪み深さの増加分が図中の横縞で示されている．1989年には第11層が最上層になっているが，これは，積み石層の最上部12・13層が1978年の橋桁の架け替え（拡幅）工事によって消失したためである．

橋脚の砂岩塊表面に見られる窪みは，後述するようにタフォニの形成と類似のプロセスで形成されたので，式(12.15)を一般化した次式が適用できる：

$$D = D_c \times (1 - e^{-\beta t}) \tag{12.16}$$

この式では，窪みが深くなっていく速度が等速ではなく，時間の経過に伴い一定の割合で減少していることが示される．D_c は窪み深さの限界値，β は成

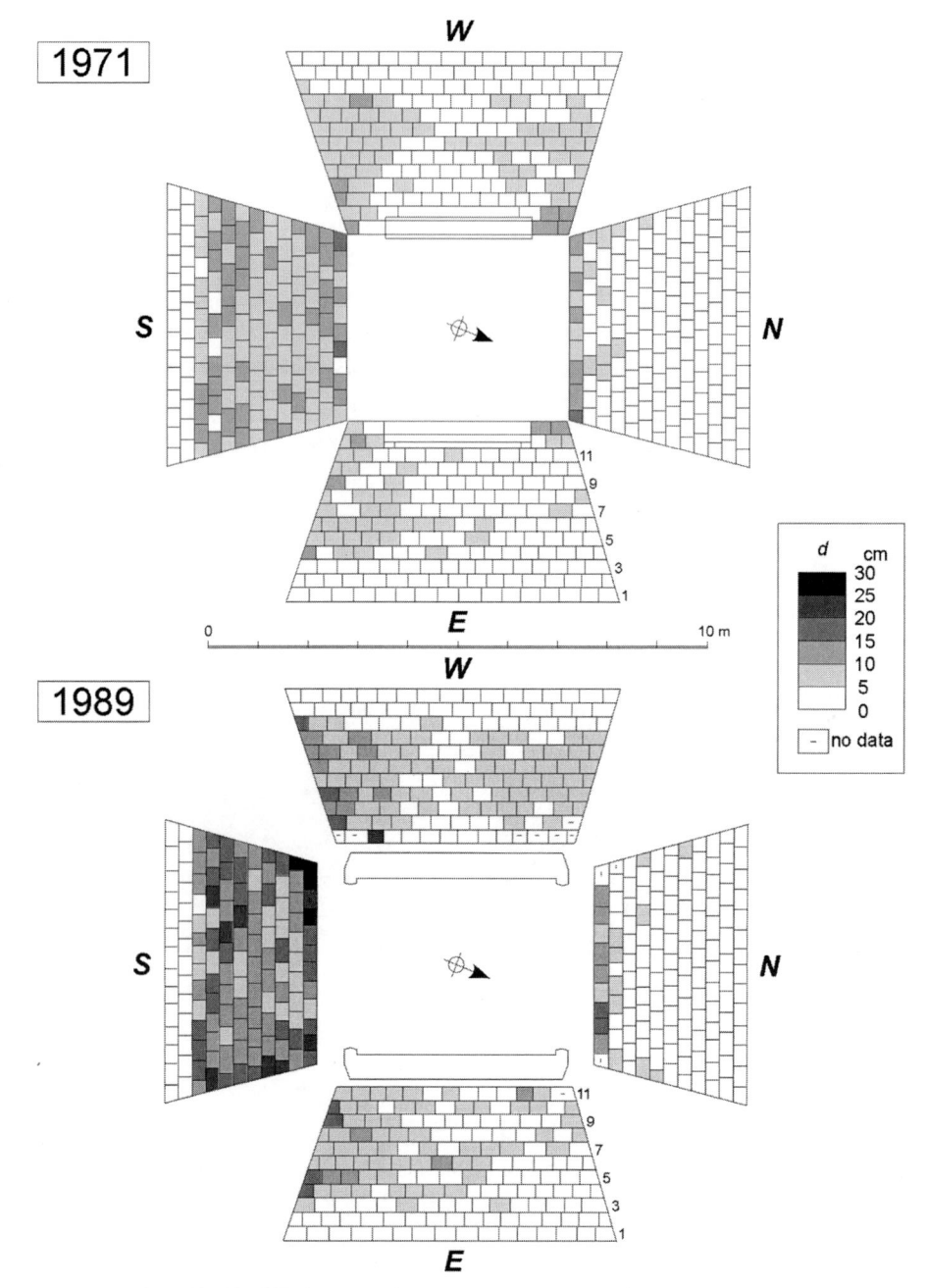

図12.15 青島弥生橋の第2橋脚砂岩塊に発達する窪み深さの分布（東西南北の面に展開して表現してある）
（高橋ほか，1993）
上は橋の竣工後20年後の1971年のデータであり，下は橋の竣工後38年後の1989年のデータである．

長速度の経時的減衰の程度を表し，橋脚面の方位の差異に依存する定数である．潮間帯に位置する第1〜3層とエッジ効果（後述）の影響が著しい第11層とを除き，第4〜10層についてのデータを用いると，橋脚各側面の方位別窪み深さの経年変化は，図12.17のように示される．

係数 D_c は各側面の平均窪み深さの限界値（最大値）で，南面の16.4 cmが他に比べて圧倒的に大きい．ついで西面の7.58 cm，東面の5.97 cmと続き，北面が3.19 cmと最小で，南面の約1/5と

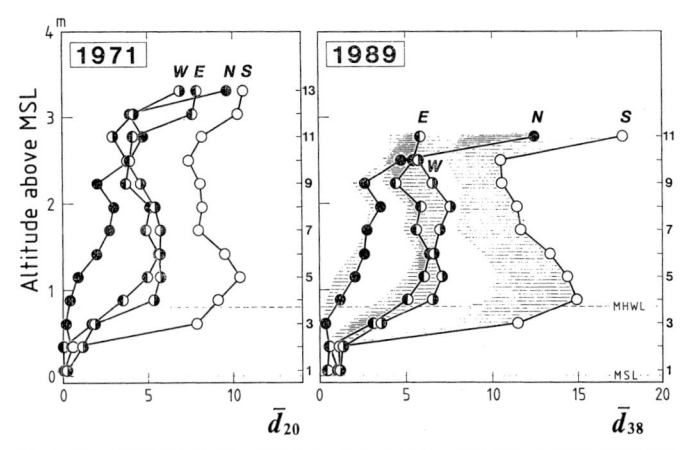

図12.16 青島弥生橋橋脚の石積みの各層における，窪み深さの平均値の高度方向の分布（高橋ほか，1993）

図の左側の数値は海抜高度，右側の数字は，石積みの最下段を1層としたときの層の数を示す．1989年のグラフの横縞の部分は，1971年からの増加分を示している．

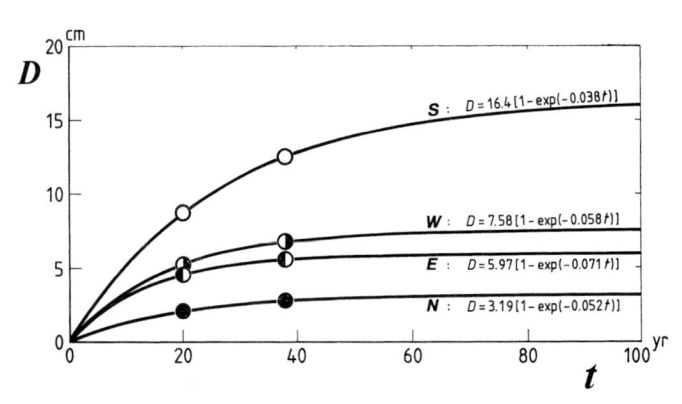

図12.17 青島弥生橋橋脚各側面における砂岩塊の窪み深さのデータを用いた各面の侵食量の増加曲線（高橋ほか，1993）

なっている．各側面の38年目の平均窪み深さが限界値の何%に達しているかをみると，南面：76.2%，西面：89.1%，東面：93.2%，北面：86.2%である．各面とも現時点で限界値に近い値となっている．このことは，砂岩塊表面の窪みが，数十年間で形成される現象であることを示している．一方，係数 β は，その値が大きいほど平均窪み速度の経時的な減衰が著しいことを示す．平均窪み速度が経時的に減衰する理由は，前節の野島崎のタフォニと同様に，窪みの形成によって窪み内部に日射・風が当たりにくくなり（乾燥条件の悪化），塩類風化の作用が減衰するためと考えられる．

12.8.2 窪みの形成・成長プロセス

窪みの形成・成長をタフォニと類似のプロセスと考えたのは窪み深さの分布，その分布と日射量や海水供給量との関係などを，総合的に考察した結果である．以下にそれらを順に述べる．

(1) 窪み深さの分布

橋脚展開図に示された窪み深さの分布状況（図12.15参照）の特徴は，以下のように要約される．窪み深さは，①南面で大きく，西面，東面の順で，北面で最も小さい，②南面の4・5・6層および最上層の第11層で大きい，③北面ではほとんどが5cm以下と小さいが，最上層だけは大きい，④南面・東面では南西寄りで大きく，橋桁の下方で小さい，⑤どの方位でも1・2層は小さい，などであ

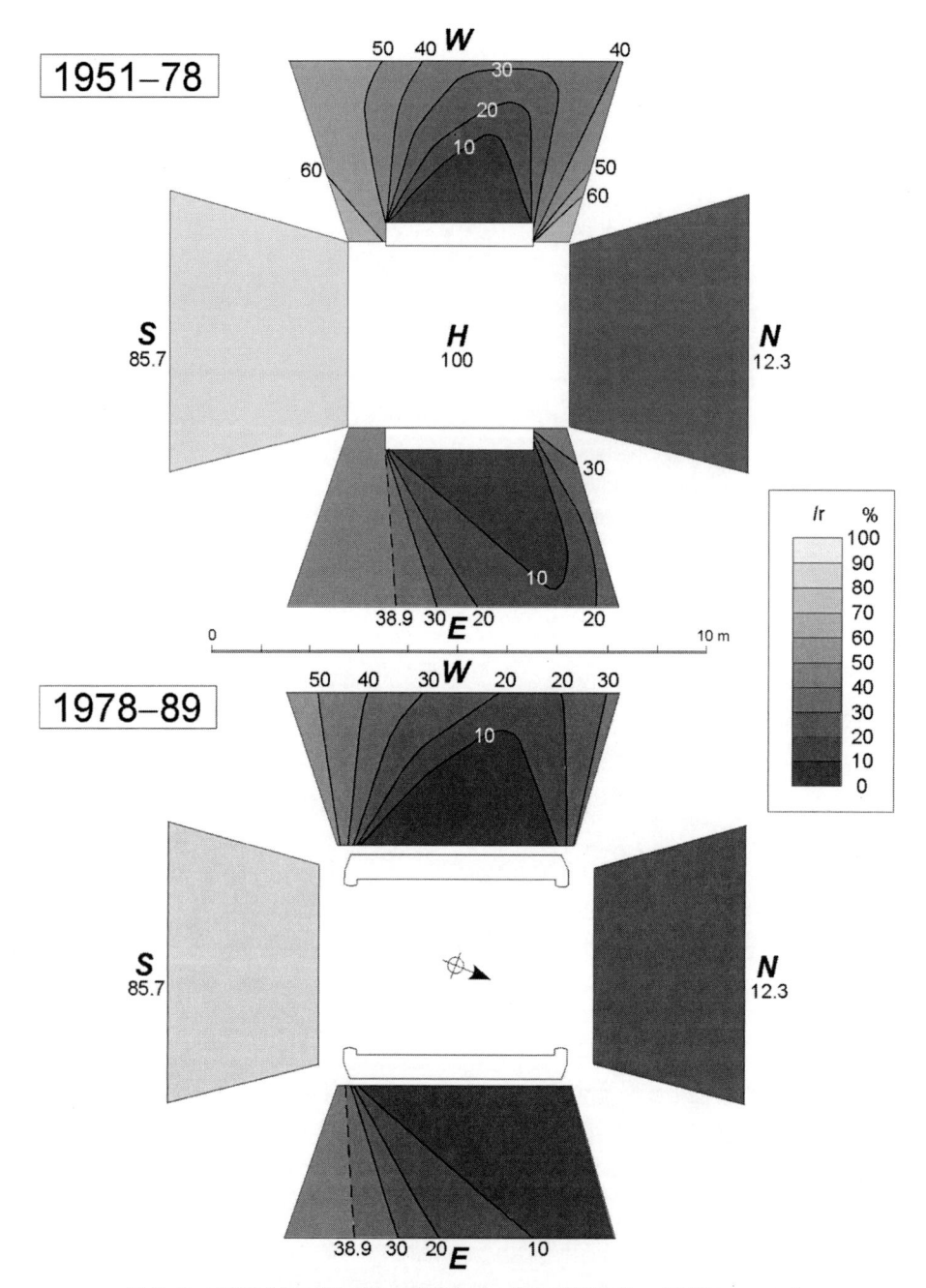

図 12.18 青島弥生橋の第 2 橋脚の各橋脚面での直達日射量の違い（高橋ほか，1993）
水平面を 100% としたときの相対的日射量を計算したものである．東面と西面には橋脚の陰ができる．橋は完全に東西ではなく東北東-西南西の方向をとるので，北面にも夏の夕刻には直達日射が当たることになる．

　る．
　　窪み深さの高度変化は，側面の方位によって著しく異なっている．そこで，橋脚の各側面ごとに層位別平均窪み深さを求め，計測年次別（それらの値を d_{20}, d_{38} と定義）に示したのが，前述の図 12.16 である．この深さの算定に際しては，橋脚の各側面間で生じるエッジ効果の影響を消去するため，各層位両端のデータを除外している．**エッジ効果**とは，橋脚は四角錐台の形状をしているが，その稜線部に位置する石は，隣り合う 2 面（または水平面を含めた

3面）からの風化・侵食を受けるので，両方の窪みが合体して窪み深さが大きくなる現象を指す．図12.16からは，窪み深さの最大をとる高度は，南面が最も低く平均高潮位の直上であり，西面・東面ではやや高くなり，北面では橋脚の天端に近い最上部にあることが読みとれる．

(2) 窪み深さと日射との関係

1月から12月の毎月15日の日出から日入まで，毎時0分ごとの直達日射量を算出し，その合計値を各側面が受ける年間総日射量の指標とした．橋桁の陰が生じる東面・西面の砂岩塊については，毎時日射量の計算と同時に橋脚面に生じる橋桁の陰の角度を算出し，個々の砂岩塊が日陰になるかどうかを図解で判定して，それぞれ日照のある時刻の直達日射量だけを合計して求めた．この指標を，同じ方法で求めた水平面の年間日射総量の指標に対する百分率で表し，各砂岩塊の日射指数 I_r とした．I_r の分布を，橋脚展開図に示したのが，図12.18である．図から，①日射指数は南面で最大であり，北面で最小である，②西面では，橋桁の直下にほぼ逆三角形状に日射指数の小さな領域がある，③東面では，日射指数の小さい領域は橋桁の下方だけではなく北面寄りにかけても広がっている，などの特徴が読みとれる．

窪み深さの d_{20}，d_{38} と日射指数の I_{r20}，I_{r38} との関係をみたのが図12.19である．I_{r20}，I_{r38} は，各砂岩塊が計測年次までの20年間あるいは38年間に受けた日射量の総量を相互に比較するための指数であり，次式によって求められる．すなわち，$I_{r20}=(I_r\times20\,\mathrm{yr})\div20\,\mathrm{yr}$，$I_{r38}=(I_r\times27\,\mathrm{yr}+I_r'\times11\,\mathrm{yr})\div38\,\mathrm{yr}$ である．ここで I_r' は，1978年の橋脚付け替え後の日射指数を表す．窪み深さと日射指数のプロットは，ほぼ一直線上に並び，窪み深さと日射指数との間に密接な相関が存在することを示している．

(3) 窪み深さと海水飛沫による海水供給との関係

調査橋脚の基底面は，ほぼ－0.08 m とほぼ平均海水面にある．干潮時には橋脚基底面まで完全に離水し，満潮時には橋脚下部は海面下に没する．青島の南方25 km にある油津検潮所の潮位記録に基づくと，朔望平均満潮位は0.797 m であり，石積みの3層と4層との境界付近にある．静穏時の波浪は，橋脚の北方から入射し，満潮時には北面に当たって砕け，橋脚の天端まで勢いよく這い上がっていくが，東・西両面や南面を攻撃することはない．これに対して，台風などの暴浪は，青島の南東から入射し，波食棚南側の暗礁地帯で砕けたあと，段波（bore）状の流れとなって橋脚に達し，南面の橋脚下部を激しく攻撃する．

前述したように，砂岩塊の窪み深さは，南面で平均潮位直上と低く，北面では橋脚の天端に近い最上位にある．したがって，上述の波の状況とを考え合わせると，南・北両面における砂岩塊の風化・侵食が，静穏時の波浪の到達高度よりも若干高い領域で著しい，とみることができる．このことは，平常時の静穏な波浪状況が南・北両面における窪み深さの高度分布のパターンを決めており，かつ，砂岩塊の風化過程において海水飛沫の供給量が重要な役割を果たしていることを示唆している．

(4) 窪みの形成プロセス

上記(2)によって，窪み深さの方位別分布は，基本的には日射量の差によって説明される．また，上記(3)により，窪み深さの高度分布は，海水飛沫の供給量によって説明される．したがって，窪み深さは，海水の供給と日射強度との微妙なバランスによってコントロールされていることになる．また，窪みの内壁には，粒状剝離（disaggregation）した

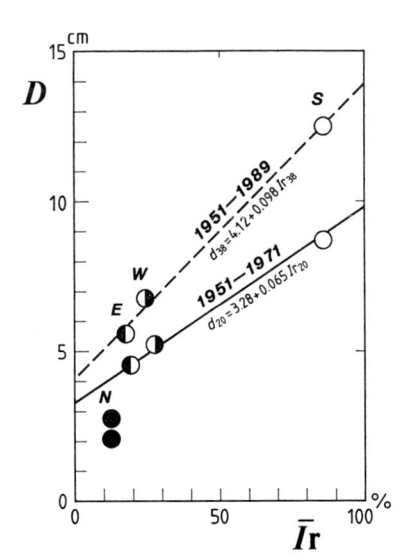

図12.19 青島弥生橋橋脚の各面の日射量と最大窪み深さとの関係（高橋ほか，1993）

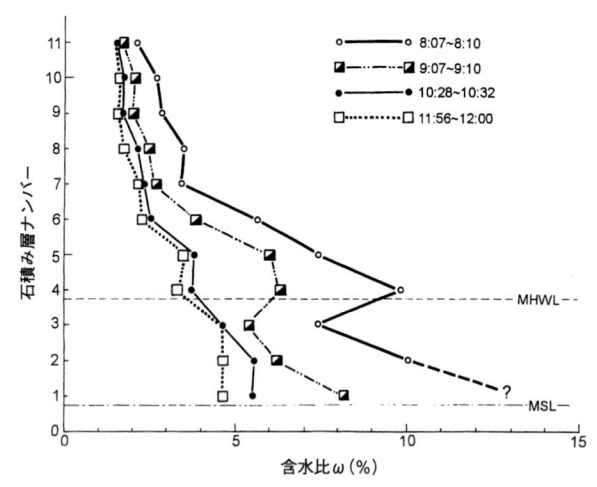

図12.20 青島弥生橋橋脚砂岩塊表面の含水比の時間変化（1998年8月8日のデータ）(Matsukura and Takahashi, 1999)

砂粒子が見られることを考え合わせると，砂岩塊表面の窪みの形成には**塩類風化**が介在している可能性が高い．

砂岩塊表層部の塩類風化による強度低下の進行に応じて，砂岩塊表面は滑らかに侵食され窪みが形成されていく．この侵食過程は，波浪ないし飛砂による磨耗侵食と考えられるが，①調査地域の風食営力が砂岩の強度に比べて小さいこと，②卓越風向が北西～西であり，窪み深さの方位別分布と調和的でないこと，③調査橋脚が飛砂の供給源から離れていること，などの理由から，飛砂による磨耗侵食はほとんど関与していないと判断される．したがって，この侵食過程は主として波浪による磨耗侵食である．

以上のように，砂岩塊表面に見られる窪みは，砂岩塊表層部の塩類風化を介在した波浪の磨耗侵食によって形成された．この過程は，窪みがタフォニの形状と類似し，塩類風化が重要な役割を果たしている点で，タフォニの形成過程に類似している．

(5) 砂岩塊表面の含水比変化

Matsukura and Takahashi (1999) は，弥生橋橋脚を構成する砂岩塊を対象に，赤外線水分計を用いて，満潮時から干潮時に向かう潮位低下に伴う砂岩塊表面の含水比の経時変化を計測した．図12.20は，その結果の一例を示しているが，含水比が4％以上の高い部分で変動を繰り返している橋脚下部の砂岩塊は，風化しないため侵食を受けず，2％を切るような低い含水比まで乾燥する砂岩塊は風化し，侵食されることを明らかにした．このことから，砂岩塊表面の窪みが，塩類風化の介在した侵食プロセスをもち，砂岩塊に対する海水の供給と日射による砂岩塊表面の乾燥との微妙なバランスによって制約されているという上記(4)の考察が補強される．

引用文献

Alexander, E. B. (1985) Rates of soil formation from bedrock or consolidated sediments, *Physical Geography*, **6**, 25-42.

Chinn, T. J. H. (1981) Use of rock weathering and rind thickness for Holocene absolute age dating in New Zealand, *Arctic Alpine Research*, **13**, 33-45.

Colman, S. M. and Pierce, K. L. (1981) Weathering rinds on andesitic and basaltic stones as a Quaternary age indicator, western United States, *U. S. Geological Survey Professional, Paper*, **388A**, 84 p.

Crook, R., Jr. and Gillespie, A. R. (1986) Weathering rates in granitic boulders measured by P-wave speeds. *in* Colman, S. M. and Dethier, D. P. (eds.) Rates of Chemical Weathering of Rocks and Minerals. Academic Press, Orland, 395-417.

Ford, D. C. and Williams, P. W. (2007) Karst Geomorphology and Hydrology (Rev, ed.). Wiley, Chichester, 562 p.

Garrels, R. M. and Mackenzie, F. T. (1967) Origin of the chemical compositions of some springs and lakes. *in* Stumm, W. (ed.) Equilibrium Concepts in Natural Water Systems: Advances in Chemical series, 67, American Chemical Society, 222-242.

Jennings, J. N. (1985) Karst Geomorphology. Basil Blackwell, Oxford, 293 p.

引用文献

河名俊男 (1996) 琉球列島北部周辺海域における後期完新世の津波特性, 地学雑誌, **105**, 520-525.

河名俊男・中田 高 (1996) サンゴ質津波堆積物の年代からみた琉球列島南部周辺海域における後期完新世の津波発生時期, 地学雑誌, **103**, 352-376.

木宮一邦 (1975) 花崗岩類の物理的風化指標としての引張強度, 地質学雑誌, **81**, 349-364.

Konishi, K., Omura, A. and Nakamichi, O. (1974) Radiometric coral age and sea level records from the late Quaternary reef complexes of the Ryukyu Islands, *Proceedings 2nd International Coral Reef Symposium*, **2**, 595-613.

松倉公憲 (1994) 風化過程におけるロックコントロール：従来の研究の動向と今後の課題, 地形, **15**, 202-222.

松倉公憲 (1996) 石造文化財の保存：岩石・石材における風化作用とその速度, 土と基礎, **44-9**, 59-64.

松倉公憲 (1997) 斜面を構成する岩石・岩盤の風化速度, 応用地質, **38**, 224-231.

松倉公憲 (2001) 異方性岩石の一軸圧縮強度特性, 応用地質, **42**, 308-313.

Matsukura, Y. and Matsuoka, N. (1991) Rates of tafoni weathering on uplifted shore platforms in Nojima-zaki, Boso Peninsula, Japan, *Earth Surface Processes and Landforms*, **16**, 51-56.

Matsukura, Y. and Takahashi, K. (1999) A new technique for rapid and nondestructive measurement of rock-surface moisture content: preliminary application to weathering studies of sandstone blocks, *Engineering Geology*, **55/1-2**, 113-120.

Matsukura, Y., Hashizume, K. and Oguchi, T. C. (2002) Effect of microstructures and weathering on the strength anisotropy of porous rhyolite, *Engineering Geology*, **63**, 39-47.

Matsukura, Y., Hirose, T. and Oguchi, T. C. (2001) Rates of chemical weathering in porous rhyolites: 5-year measurements using weight-loss method, *Catena*, **43**, 343-349.

Matsukura, Y., Hattanji, T., Oguchi, C. T. and Hirose, T. (2006) Rates of weathering of porous rhyolites: Ten-year measurements using the weight-loss method, *Tsukuba Geoenvironmental Sciences*, **2**, 3-8.

Matsukura, Y., Maekado, A., Aoki, H., Kogure, T. and Kitano, Y. (2007) Surface lowering rates of uplifted limestone-terraces estimated from the height of pedestals on a subtropical island of Japan, *Earth Surface Processes and Landforms*, **32**, 1110-1115.

中田 高・木庭元晴・今泉俊文・曹 華龍・松本秀明・菅沼 健 (1980) 房総半島南部の完新世海成段丘と地殻変動, 地理学評論, **53**, 29-44.

Oguchi, C. T. (2001) Formation of weathering rinds on andesite, *Earth Surface Processes and Landforms*, **26**, 847-858.

Oguchi, C. T. (2004) Porosity-related diffusion model of weathering-rind development, *Catena*, **58**, 65-75.

小口千明・松倉公憲 (1996) 風化による多孔質流紋岩の組織変化とそれに伴う強度低下, 地形, **17**, 1-15.

Oguchi, C. T. and Matsukura, Y. (1999 a) Microstructural influence on strength reduction of porous rhyolite during weathering, *Zeitschrift für Geomorphologie, N.F.*, Supplement. Bd., **119**, 91-103.

Oguchi, C. T. and Matsukura, Y. (1999 b) The effect of porosity on the increase in weathering-rind thickness of andesite gravels, *Engineering Geology*, **55/1-2**, 77-89.

小口千明・八田珠郎・松倉公憲 (1994) 神津島における多孔質流紋岩の風化とそれに伴う物性変化, 地理学評論, **67A**, 775-793.

太田陽子・町田 洋・堀 信行・小西健二・大村明雄 (1978) 琉球列島喜界島の完新世海成段丘：完新世海面変化研究のアプローチ, 地理学評論, **51**, 109-130.

奥園誠之 (1978) 切取りノリ面の風化とその対策, 土と基礎, **26-6**, 37-44.

Saunders, I. and Young, A. (1983) Rates of surface processes on slopes, slope retreat and denudation, *Earth Surface Processes and Landforms*, **8**, 473-501.

志田原 巧・大山隆弘・千木良雅弘 (1994) 砂質泥岩の化学的風化のメカニズム：自然斜面での長期的風化と切り取り面での短期的風化, 電力中央研究所報告, **U94001**, 1-37.

Sunamura, T. (1996) A physical model for the rate of coastal tafoni development, *Journal of Geology*, **104**, 741-748.

Suzuki, T. and Hachinohe, S. (1995) Weathering rates of bedrock forming marine terraces in Boso Peninsula, Japan, *Transactions of the Japanese Geomorphological Union*, **16**, 93-113.

多賀直大・田山 聡・奥園誠之・八木沢孝哉 (1991) 長期追跡調査による切土のり面の風化の進行と安定性, 土と基礎, **39-6**, 41-47.

高橋健一 (1975) 日南海岸青島の「波状岩」の形成機構, 地理学評論, **48**, 43-62.

高橋健一 (1976) 波蝕棚における差別侵食：とくに日南海岸青島の波蝕棚について, 中央大学理工学部紀要, **19**, 256-316.

高橋健一・松倉公憲 (2006) 日南海岸・青島の弥生橋橋脚砂岩塊の窪み深さと日射の関係, 地形, **27**, 259-281.

高橋健一・松倉公憲・鈴木隆介 (1993) 海水飛沫帯における砂岩の侵蝕速度：日南海岸・青島の弥生橋橋脚の侵蝕形状, 地形, **14**, 143-164.

Takahashi, K., Suzuki, T. and Matsukura, Y. (1994) Erosion rates of sandstone used for a masonry bridge pier in the coastal spray zone. *in* Robinson, D. A. and Williams, R. B. G. (eds.) Rock Weathering and Landform Evolution. John Wiley & Sons, Chichester, 175-192.

Trudgill, S. T. (1976) The subaerial and subsoil erosion of limestones on Aldabra Atoll, Indian Ocean, *Zeitschrift für Geomorphologie, N.F.*, Supplement Bd. **26**, 201-210.

Trudgill, S. T., High, C. J. and Hanna, F. K. (1981) Improvements to the micro-erosion meter, *British Geomorphological Research Group Technical Bulletin*, **29**, 3-17.

Trudgill, S. T., Viles, H. A., Inkpen, R. J. and Cooke, R. U. (1989) Remeasurement of weathering rates, St. Paul's Cathedral, London, *Earth Surface Processes and Landforms*, **14**, 175-196.

Viles, H. A. and Trudgill, S. T. (1984) Long term measurements of micro-erosion meter sites, Aldabra Atoll, Indian Ocean, *Earth Surface Processes and Landforms*, **9**, 89-94.

Wakatsuki, T. and Rasyidin, A. (1992) Rates of weathering and soil formation, *Geoderma*, **52**, 251-263.

Waylen, M. J. (1979) Chemical weathering in a drainage basin underlain by old red sandstone, *Earth Surface Processes*, **4**, 167-178.

Winkler, E. M. (1994) Stone in Architecture (3rd ed.). Springer-Verlag, Wien, 313 p.

Yoshioka, R. (1975) Estimation of amounts of weathered products through chemical composition of waters in the Kamenose landslide area, *Bulletin of Disaster Prevention Research Institute, Kyoto University*, **25**, 1-15.

13. 風化・侵食速度に関する地形学公式 (岩石物性を取り込んだ解析)

滝のある風景は，人を惹きつける魅力をもっており，そのため，多くの滝は観光地になっている．その中でも最も有名なものは北米のナイアガラの滝であろう（**図 13.1**）．「ナイアガラ」とは，原住民の言葉で「雷のように轟く水」を意味するという．ナイアガラの滝はエリー湖とオンタリオ湖の間にあるナイアガラ・エスカープメント（氷食またはケスタ崖）にかかってできたものであり，誕生当時の位置は現在よりも 10 km も下流にあった．それが年間ほぼ 1 m という速度で後退して現在の位置に移動してきたものである．現在は，上流での流量調節もあり，その後退速度は年間数 cm に抑えられている．

河川縦断形曲線を描いたときに，滑らかな下に凸の曲線にならず，ところどころで勾配が急になったり緩くなったりすることがある．このような場所をニックポイント（遷急点）あるいはニックゾーン（遷急区間）と呼ぶ．**滝**は，ニックポイントの一つである．したがって，滝の後退プロセスやその速度の把握は，岩盤河川の縦断形あるいは縦断形変化の理解のうえでも重要である．

図 13.1 北アメリカ，ナイアガラの滝
落差 50 m のアメリカ滝．滝の右にある幅 15 m の細い滝がブライダル・ベール滝．

13.1 地形学公式に関するいくつかの研究例

13.1.1 地形学公式とは

第 1 章において，地形の成り立ちは次式で表現されると述べた：

$$F = f(A, M, T) \tag{13.1}$$

すなわち，地形あるいは地形変化 F は，営力 A と物質 M と時間 T の関数である，というものである．鈴木（1990）は，これらの変数の他に，地形場 S という変数を加えた 4 変数からなる次式を提案した：

$$Q = f(S, A, R, T) \tag{13.2}$$

ここで，Q は問題とする地形量，A は地形営力，R は地形物質であり，式(13.1)のそれぞれ F, A, M に相当する．ここで**地形場**とは，「問題とする任意の場所の地形過程を制約する，(1) その場所およびその周囲の既存地形の形態的特徴ならびに，(2) その既存地形に対するその場所の相対位置の総称」と定義されている．そして，式(13.2)のように，地形量とそれを制約する変数との関係を表した式（経験式）を一括して**地形学公式**と呼んでいる．

13.1.2 風化・侵食速度に関する地形学公式

前章（12 章）では，風化・侵食速度に関する知見と研究例を示した．その多くは，地形学公式の左辺の地形変化量を時間で割った値，すなわち地形変化速度を求めたにすぎない．その地形変化速度は，右辺に残った営力と岩石物性の両方に依存することは明らかである．たとえば，青島橋脚砂岩の窪み深さの研究例では，その窪み深さは橋脚面の向きや高さによって異なっており，このことは窪み深さの拡大速度に風化・侵食力（たとえば，海水飛沫の供給量，日射量，波の攻撃力など）の強さが場所によっ

て異なっていることを示唆している．また，同じ面の同じ高さの岩塊には，同じ大きさの風化・侵食力が作用するはずであるが，岩塊によって微妙に窪み深さが異なっている．これは同じ青島砂岩といっても砂岩塊ごとに岩石物性（間隙率や強度）などに個体差のバラツキが存在することを示唆している．

そこで，次のステップとしては，単に風化・侵食速度のみではなく，その風化・侵食速度と風化・侵食力あるいは岩石物性との関係をみることになる．一般に風化・侵食速度は，風化あるいは侵食営力が大きいほど大きく，風化あるいは侵食に対する抵抗力が大きいほど小さくなると考えられる．そこで式(13.1)は，

$$\frac{F}{T} = f\left(\frac{A}{R}\right) \tag{13.3}$$

と書き直すことができる．ここで A は風化・侵食営力，R は地形物質がもつ風化侵食に対する抵抗力（多くの場合は岩石強度に相当する）である．

13.1.3 地形学公式を提唱した既存の二，三の研究
(1) 海食崖の後退速度

このような研究の先駆けとなったのは，砂村継夫による海食崖の後退速度に関する一連の研究である(Sunamura，1973；1977；1982；1983；1987など)．海食崖の侵食による後退速度は，波の攻撃力(F_W)と海食崖（正確には，波の攻撃を受ける海食崖基部）を構成する岩石の抵抗力(F_R)の比に比例する(Sunamura，1973，1977)．すなわち，

$$\frac{dX}{dt} = \kappa \ln\left(\frac{F_W}{F_R}\right) \tag{13.4}$$

ここで，X は海食崖の後退距離，t は時間，κ は定数で[LT^{-1}]の次元をもつ．また，$F_W = A\rho g H$，$F_R = BS_c$ と表されると仮定する（ρ は海水の密度，g は重力加速度，H は海食崖基部での波高，S_c は海食崖基部を構成する岩石の一軸圧縮強度であり，A と B は無次元定数で，岩盤の研磨材として作用する堆積物の影響および岩石内部の地質的不連続面の影響をそれぞれ表す示数である）．これらの式を式(13.4)に代入すると次式が得られる：

$$\frac{dX}{dt} = \kappa\left[\ln\left(\frac{\rho g H}{S_c}\right) + C\right] \tag{13.5}$$

ここで C は無次元定数である．

この式により，任意の強度をもつ海食崖に，ある波高の波が崖の基部に侵食力として作用する場合の海食崖の後退速度が推定できる．

(2) 風食速度

砂床に直立する岩盤斜面に飛砂が衝突することによる風食に関する室内実験が，Suzuki and Takahashi (1981) によって行われた．実験は，ノズルの先端から砂粒を air-jet で噴射させ（飛砂をアナロジー），ターゲットである岩石に当てることにより，岩石にクレーター状の窪みが徐々に形成されていく（すなわち風食が起こる）というものである．磨耗材は細砂から粗砂の5種類を用い，ターゲットの岩石は，泥岩・砂岩・凝灰岩・石灰岩・蛇紋岩である．実験の結果，岩盤の風食速度は，飛砂粒子の運動エネルギーに比例し，岩盤の圧縮強度に反比例することがわかった．その実験式を，野外における長期間の平均的な岩盤の風食速度に適用可能な形に拡張したのが，次式である：

$$\psi_z = \frac{2 \times 10^{-4}}{S_c} \sum_{i=1}^{n} \{q_{z(i)} \times U_{z(i)}^2 \times T_{(i)}\} \tag{13.6}$$

ここで，ψ_z は砂床面からの高さ z における岩盤の風食速度 (cm/yr)，S_c は岩盤の一軸圧縮強度 (kgf/cm²)，$q_{z(i)}$ は各風階 (Beaufort scale of wind) の風による高さ z における飛砂量 (g/cm²/s)，$U_{z(i)}$ は各風級の風の高さ z における平均風速 (cm/s)，$T_{(i)}$ は各風階の風の1年間における総出現時間 (s/yr) である．

この式により，ある風の条件をもった任意地点での砂床に直立した，任意の強度をもつ岩盤面の高度別の風食速度を計算できる．

(3) 河川の側刻速度

Suzuki (1982) は，青森県岩木川の岩盤河床からなる河川区間での側刻速度について議論した．岩木川流域で側刻幅と地質との関係をみると，硬岩（溶岩や凝灰角礫岩）の分布地域で側刻幅が小さく，軟岩（泥岩や軽石質凝灰岩）の地域ではそれが大きいことがわかった．そこで，多数の地点で側刻幅（谷底侵食低地または侵食段丘面の横断幅から得られる地形量）を計測し，それをコントロールする地形営力や岩石物性および側刻継続時間を求めた．側刻幅を側刻継続時間で割ると，側刻速度となる：

$$\frac{W}{T} = \kappa\left(\frac{\gamma P A \tan\theta}{T_r} \frac{1}{S_c I_d}\right)^{1/2} \tag{13.7}$$

ここで，W は側刻幅 (m)，T は側刻作用の継続

時間（yr），γ は洪水流の単位体積重量（1000 kgf/m³ と仮定），P は流域の平均年降水量（mm/yr），A は流域面積（km²），$\tan\theta$ は側刻面の縦断勾配（河床勾配に相当），T_r は側刻を起こす大規模洪水の再現期間（yr），S_c は基盤岩石の湿潤供試体の一軸圧縮強度（kgf/cm²），I_d は基盤岩石の不連続示数（現場縦波速度/湿潤供試体縦波速度），κ は無次元比例係数（5.3×10^{-4}）である．

この式は，河川の任意地点の年平均側刻速度が，その地点における1年間当りの側刻力（$\gamma PA\tan\theta/T_r$ で代表される）と側刻に対する基盤岩石の抵抗力（S_cI_d で代表される）の比の平方根に比例することを示している．

岩木川で得られたこの式の普遍性を検証するために，鈴木ほか（1983）は信濃川，荒川，多摩川および木曽川の調査を行った．結果は，データの多少のバラツキはあるものの，これらの河川でも式(13.7)はほぼ適合した．

(4) 段丘崖斜面の減傾斜速度

第11章（11.3.4項）で触れたように，Suzuki and Nakanishi（1990）は段丘崖の勾配は以下の式のように表されることを述べた：

$$\theta = \alpha\left(\frac{T}{H}\frac{P\rho w}{I_rS_cI_d}\right)^{-\beta} \quad (13.8)$$

ここで，θ は段丘崖の勾配，T は段丘崖の離水年代（削剝年数，kyr），H は段丘崖の比高（m），P は平均年降水量（mm/yr），ρ は斜面発達に関与して運搬される物質の平均単位体積重量（gf/cm³），w は段丘崖上の単位幅（m），I_r は基盤岩石の有効相対傾斜示数（無次元），S_c は基盤岩石の湿潤圧縮強度（MPa），I_d は基盤岩石の不連続示数，α と β は無次元の定数である．

任意の T における段丘崖各部および全体の減傾斜速度は，P，ρ，I_d の時間的変化を無視しうると仮定すると，式(13.8)を時間 T について微分することにより，

$$\frac{d\theta}{dT} = -\alpha\beta\left(\frac{P\rho w}{HI_rS_cI_d}\right)^{-\beta}T^{-(\beta+1)} \quad (13.9)$$

となる．この式も，勾配の変化速度が，減傾斜させる侵食力の各要素（降水量がその代表）とそれに対する抵抗力（段丘崖構成物質の強度や段丘崖の高さなどがその代表）の比によって表されることを示している．

13.2 タフォニの成長速度公式

13.2.1 タフォニの成長速度

房総半島，佐渡島，紀伊半島において，砂岩，凝灰角礫岩，礫岩，花崗岩，玄武岩，安山岩などの種々の岩石からなる海岸に見られるタフォニ（図13.2）を対象に，その成長速度が議論された（Matsukura and Matsuoka, 1996）．まず，タフォニの形状が計測され，地形発達史の既存研究から離水年代が推定された．前章の12.7節で述べたように，タフォニの成長速度を議論する場合，奥行き（深さ）方向の拡大速度をとるのが妥当であろう．したがって，ある場所でのタフォニの成長速度を D_d/T で表す．ここで D_d は，ランダムに計測された30個のタフォニの深さのデータから最大10個のデータを平均したものであり，T はそこでのタフォニの形成時間（単位は年）である．また，タフォニは海岸段丘の前面段丘崖や，海食崖の崖面に形成されていることが多い．したがって，タフォニは，それらの段丘崖や崖面が離水してから現在までの間に形成され成長したと考えられる．そこで，離水年代から現在までの時間は，タフォニの形成時間 T として読み替えられる．

13.2.2 塩類風化の易風化指数

タフォニの成長プロセスとしては，主に塩類風化のプロセスが考えられている．すなわち，海水飛沫を取り込んだ岩石が乾燥することにより塩類（NaCl）を析出するが，そのとき発生する結晶圧が岩石を破壊させる，という考えである．したがっ

図13.2 新潟県佐渡島の長手岬（凝灰岩）に見られるタフォニ（Matsukura and Matsuoka, 1996）タフォニの深さは平均137 mm．

て，タフォニの成長速度は，塩類風化しやすい岩石で大きいと考えられる．そこで，風化しやすさの指標（易風化指数：WSI＝Weathering Susceptibility Index）として，風化させる力と風化させまいとする力の比で表すことにした．風化させる力は，岩石中で発生する結晶圧（P）であり，これは岩石の間隙径分布から計算される．風化に抵抗する力は岩石自身のもっている強度である．この場合は，岩石が自壊するのに抵抗する力（応力）として引張強度（S_t）を採用するのが妥当であろう．そこで，タフォニが形成されている岩石を採取し，岩石の密度，間隙径分布，引張強度を計測した．

Pは，具体的には以下のようにして計算される．間隙を円筒形と仮定すると，そこでの結晶圧（p）は次式で表現される：

$$p = \frac{4\sigma}{d} \quad (13.10)$$

ここでdは間隙の径，σは固体と液体の間の表面張力で，NaClの場合は9×10^{-3} N/mmである（Gauri et al., 1990）．式(13.10)は，岩石中の間隙が小さいほど大きな結晶圧が発生することを示している．そこで水銀圧入法によって得られた間隙径分布を間隙径の大きさによってd_1からd_4までに区分し，それぞれの平均間隙径を10 μm（d_1-size），1 μm（d_2-size），0.1 μm（d_3-size），0.01 μm（d_4-size）

とすると，それぞれの間隙径で発生する結晶圧は，$p_1 = 0.036$ MPa, $p_2 = 0.36$ MPa, $p_3 = 3.6$ MPa, $p_4 = 36$ MPaとなる．

それぞれの大きさの間隙体積をV_1, V_2, V_3, V_4とし，それらと岩石の密度ρを乗じると，岩石の単位体積当りに含まれるそれぞれの間隙径の間隙量となる．i番目の間隙に対する単位体積当りの結晶圧が$p_i \cdot V_i \cdot \rho$で表されるとすると，単位体積当りの結晶圧の合計は次式のようになる：

$$P = \sum_{i=1}^{4} p_i V_i \rho \quad (13.11)$$

岩石の破壊は，結晶圧が岩石の引張強度を上まわったときと考えられるので，両者の比は岩石の塩類風化のしやすさを表すことになる．すなわち，次式が易風化指数となる：

$$\text{WSI} = \frac{1}{S_t} \sum_{i=1}^{4} p_i V_i \rho \quad (13.12)$$

これらの値は，各岩石の物性値を用いて計算することが可能である．

13.2.3 タフォニの成長速度公式

得られたタフォニの成長速度とWSIの値を整理した結果（図13.3），以下のような関係式が導かれた：

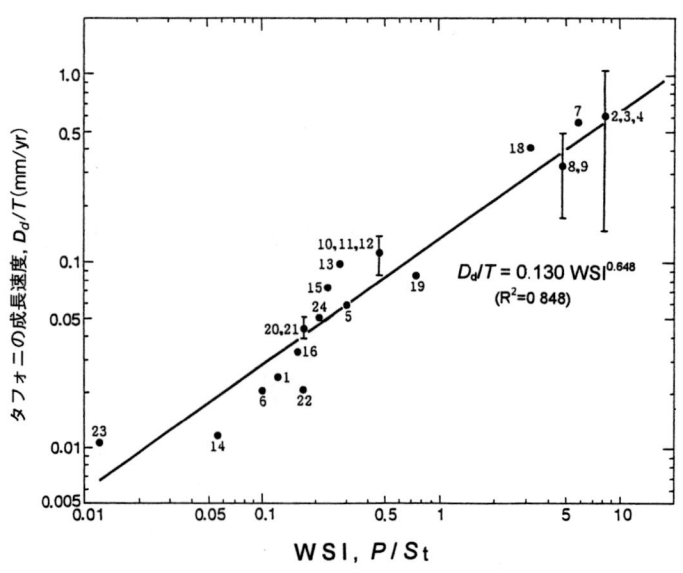

図13.3 易風化指数（WSI）とタフォニ成長速度との関係（Matsukura and Matsuoka, 1996）

$$\frac{D_d}{T} = 0.130 \left(\frac{P}{S_t}\right)^{0.648} \qquad (13.13)$$

ここで，P/S_t は WSI に相当するものである．図から，タフォニの成長速度と WSI 指数（塩類風化のしやすさ）の間には高い正の相関が認められる．すなわち，タフォニの成長速度は，塩類風化によってコントロールされている，ということが示唆される．この式は，式(13.3)で示された地形学公式，すなわち，タフォニに関する地形学公式と呼べるものである．

図13.3に示されたデータには多少のバラツキがあるが（$R^2 = 0.848$），その原因としては，(1) タフォニの成長速度を一定（等速）とみなしていること（タフォニは成長して奥行きを増すほど，海水飛沫の供給量が減少したり日陰のために乾燥しにくくなるため，時間経過とともに徐々に速度を低下させる可能性が高い），(2) 海岸での風化環境（海岸からの水平距離，高度，風向・風速などによる海水飛沫供給量の差異，日射量などの乾燥条件など）にはあまり差がないと仮定していること，(3) 離水年代から推定された T の見積もりの信頼性の問題，などが考えられる．

13.3 青島橋脚砂岩塊に発達する窪みの成長速度公式

13.3.1 タフォニの易風化指数の適用

式(13.10)に青島砂岩の物性値を代入すれば，青島砂岩に形成されるタフォニの形成速度を見積もることができる．そこで，青島砂岩の間隙径分布（pore-size distribution）を計測した．その結果が図13.4である．その結果を用いて計算すると，青島砂岩の WSI は 0.088 となる．式(13.13)にこの値を代入すると，そのタフォニの成長速度は 0.027 mm/yr と計算される（Matsukura, 2000）．

ところで，前章において，青島・弥生橋橋脚の砂岩塊には，タフォニ状の窪みが形成されていることを示した．図12.16のデータを用いると，南面での窪みの平均成長速度は 4.9 mm/yr となる．同様に，西面，東面，北面での窪みの成長速度は，それぞれ 2.9 mm/yr，2.4 mm/yr，1.3 mm/yr となる．これらの速度は，WSI から計算されるタフォニの成長速度より2桁も大きい．したがって，青島の橋脚砂岩塊の窪みの形成は単にタフォニのような塩類風化によってのみ起こっているわけではなく，風化によって粒状風化した部分が波の作用によって速やかに除去されることによって起こっている．すなわち，このことは砂岩塊表面が**風化＋侵食**の場であることを示唆していると考えられる．

13.3.2 青島橋脚砂岩塊に発達する窪みの成長速度公式（タフォニ＋波の侵食）

青島・弥生橋橋脚砂岩塊には，タフォニ状の窪みが形成されている．形成されている窪みは，塩類風化によって劣化した表層が波浪によって侵食されることによって拡大していると考えられている（高橋ほか，1993；Takahashi *et al.*, 1994）．すなわち，風化制約地形（weathering-limited landforms）と考えられる．したがって，この窪み深さもタフォニと同じ岩石物性に依存している．そこで，青島弥生

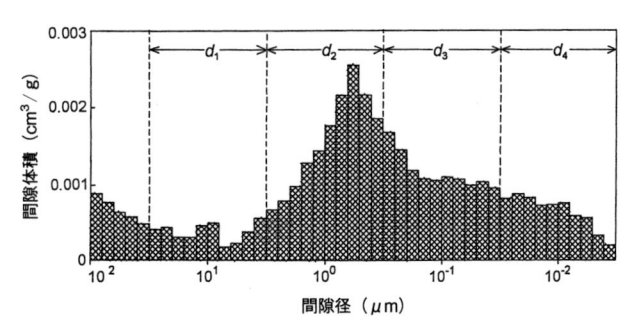

図13.4 水銀圧入法により測定された青島砂岩の間隙径分布（Matsukura, 2000）
間隙はその大きさによって d_1 から d_4 まで4段階に区分されている：$10^{1.5}\,\mu\text{m} \geq d_1 > 10^{0.5}\,\mu\text{m}$；$10^{0.5}\,\mu\text{m} \geq d_2 > 10^{-0.5}\,\mu\text{m}$；$10^{-0.5}\,\mu\text{m} \geq d_3 > 10^{-1.5}\,\mu\text{m}$；$10^{-1.5}\,\mu\text{m} \geq d_4 > 4.6 \times 10^{-3}\,\mu\text{m}$．

橋の第2橋脚の南面において，橋脚竣工後20年目と38年目，50年目に計測された3回の窪み深さのデータを解析し，窪み深さの成長速度（砂岩塊の風化・侵食速度）を表す式が提案された．すなわち，(1) 南面の窪み深さは，満潮位の直上で最大値をとり，高度が高くなるほど小さくなる傾向があること，(2) 同じ高さの層であっても，窪み深さと岩塊の強度（硬度）にはそれぞれ差異があることから，岩塊強度の個体差と高度をパラメータとして取り込んだ次式が提案された（青木・松倉，2005；Aoki and Matsukura, 2007）：

$$D = 68.6 \frac{P}{S_t} e^{-0.0038 h^*} (1 - e^{-0.031 t}) \quad (13.14)$$

ここで，D は窪み深さ（cm），P は岩石中で発生する結晶圧（MPa），S_t は岩塊の引張強度（MPa），h^* は平均高潮位面からの相対的高度（cm），t は時間（年）を表す．この式から，任意の高度の岩塊に任意の時間後に発達する窪み深さを予測することができる．

13.4 岩石の風化速度公式：各種岩型を用いた野外風化実験（タブレット実験）

第4章の4.1節において，タブレットの野外風化実験について述べた．その10年間の計測結果が図4.1であり，この結果を用いて，岩石の風化速度について考察する（Matsukura et al., 2007）．

風化速度と埋設場所との関わりを岩型別に見ていくと，大きく次のような3つのタイプに分類される：① 飽和土壌帯のみがとくに大きく変化したもの，② どの場所でも比較的大きく変化したもの，③ どの場所でも変化の小さかったもの，の3つである．以下に，それぞれのタイプごとに詳細に検討する．①の飽和土壌帯のみがとくに大きく変化したのは，石灰岩と花崗閃緑岩である．これらの風化は，化学的風化によるものと思われる．とくに石灰岩は，飽和土壌帯以外の欠損重量がきわめて小さいので，飽和土壌帯以外では溶解があまり働かないようである．②のどの場所でも比較的風化速度が大きいものとして凝灰岩と流紋岩がある．これらの岩石は，間隙率が大きく，強度が弱いという物性をもつことが共通している．また，③のどの場所でも風化

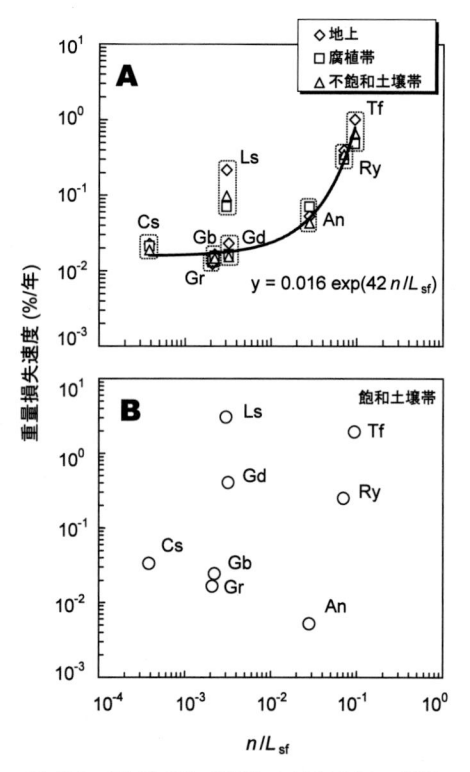

図13.5 易風化指数（WSI）と風化速度との関係 (A) 地表，腐植帯，不飽和土壌帯のデータ，(B) 飽和土壌帯のデータ（Matsukura et al., 2007）．

速度が遅いものとしては，安山岩，結晶片岩，花崗岩，ハンレイ岩がある．安山岩はかなり多孔質であり，他の岩石と間隙率は異なっているが，強度（エコーチップ硬度：L 値）をみると他の3岩型とほぼ類似の大きな値をもっている．

以上のような風化速度の結果をもとに，風化速度が何によってコントロールされているかを検討した．間隙率（n）を強度（L 値）で割った指標と風化速度（重量欠損速度，y（%/年））の関係をみたのが図13.5である．この図によれば，飽和土壌帯のデータ（図13.5B）はランダムにプロットされ，まったく傾向が認められないが，その他の場所のデータ（図13.5A）では，横軸の値が大きくなると風化速度が大きくなる関係が認められた．それを式で表現すると以下のようになる：

$$y = 0.016 \, e^{42(n/L)} \quad (13.15)$$

ここで，右辺の指数中の n は岩石の間隙率であり，L は岩石強度に比例する値であるエコーチップ硬度である．したがって，この指数（n/L）は，タフォニの易風化指数と類似の指標と考えてよい．今まで

13.5 岩盤の侵食速度公式

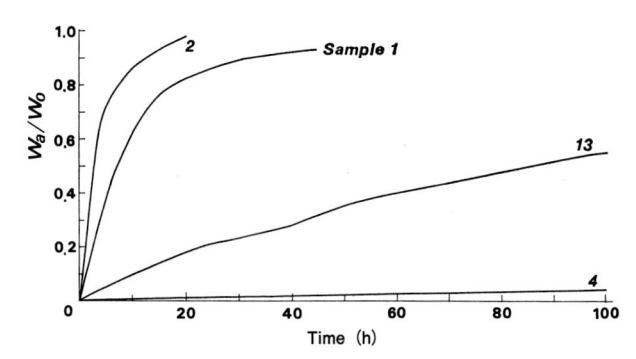

図 13.6 回転ドラム実験における供試体重量の時間的変化（初期重量との重量比でプロットしてある）(Sunamura et al., 1985)

述べてきたように，乾湿風化 (Matsukura and Yatsu, 1982)，凍結破砕 (Matsuoka, 1990) や塩類風化 (Matsukura and Matsuoka, 1996；山田ほか，2005) などの物理的風化速度は，岩石の空隙と強度に強く支配されることが知られている．したがって，式(13.15)が成り立つということは，飽和土壌帯以外の場所では物理的風化作用（たとえば凍結破砕など）が卓越している可能性が高いことを示唆する．

13.5 岩盤の侵食速度公式

従来，岩盤河床の侵食については等閑視されてきた．その理由の一つとしては，岩盤河床の侵食速度が小さく，短時間ではその地形変化をなかなか捉えにくいことがあった．しかし，近年は岩盤河床の侵食の問題を扱う研究が急増しつつある．

13.5.1 岩石磨耗速度

Sunamura et al. (1985) は，鉄鋼製のドラム（内径 50 cm，幅 53 cm）の中に砂，少量の細砂（研磨材）と立方体の岩石試料（1辺約 5 cm）を入れて，ドラムをゆっくり回転させて岩石のせん断（引きずり）磨耗の程度を調べた．実験結果を図 13.6 に示した．この図の縦軸は実験前の試料重量 W_0 で，磨耗された重量 W_a を除して求めた磨耗損失重量比である．試料によっては重量損失速度が急激に減少するものもある（たとえば，試料 1, 2）．最初の 1 時間の W_a/W_0 の値と試料の高さ 5 cm を乗じた値を**平均磨耗速度** R と定義し，その値とその結果，磨耗速度 R と岩石の圧縮強度 S_c との関係

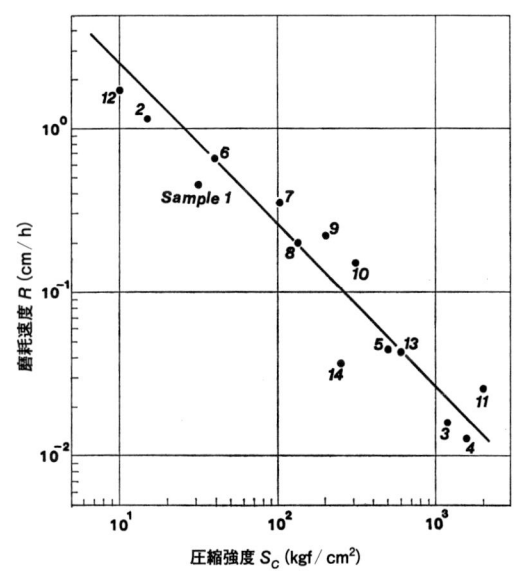

図 13.7 回転ドラム実験における圧縮強度と実験初期の平均磨耗速度との関係 (Sunamura et al., 1985)

は，図 13.7 のようになり，両者の関係は，以下のように示された：

$$R = 25\, S_c^{-1} \tag{13.16}$$

13.5.2 岩盤河床の侵食速度（砂礫還流型水路実験）

Sunamura and Matsukura (2006) は，削磨による岩石表面の低下速度と岩石強度との関係を調べるため，砂礫還流型の閉水路を用いて実験を行った．水平な閉水路に観測部分を設け，その中央に，平らに切断された岩石試料の表面（5 cm×10 cm）が水路底と同じレベルになるようにセットされている．その表面に砂を含んだ水流を作用させた．一定流速の水流（1.7 m/s）に一定量の粗砂（粒径 1.3

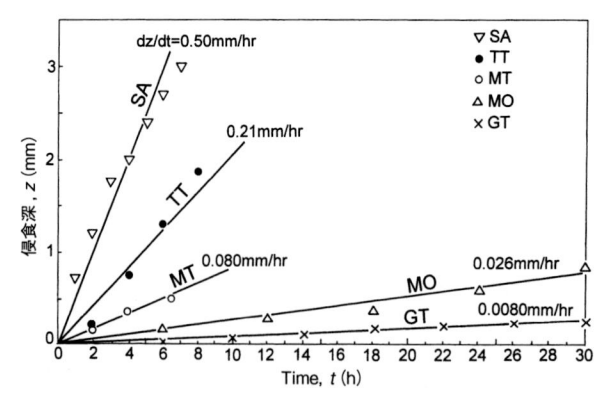

図 13.8 研磨材を入れた還流水路実験による侵食深の時間的変化
(Sunamura and Matsukura, 2006)
SA：泥岩（熊本，教良木層），TT：凝灰岩（茨城，多賀層），MT：泥岩（千葉，黄和田層），MO：泥岩（千葉，大原層），GT：凝灰岩（栃木，大谷層）

mm）を混入させて，ほぼ安定したシートフロー（砂粒の速度：1～1.5 m/s）をつくりだし，この条件下で，種々の強度をもつ8種類の岩石試料の侵食状況を調べた．実験結果は図 13.8 のようになり，強度が相対的に大きい大谷石（GT）や泥岩（MO）で侵食が小さく，強度の小さい泥岩（SA）や凝灰岩（TT）でそれが大きいことが示された．そこで，この表面低下速度と強度との関係をみると，両者の関係は次式のように表されることが示された：

$$\frac{dz}{dt} = A\left(\frac{\tau^*}{aS_s} - 1\right)^n \tag{13.17}$$

ここに，dz/dt は低下速度，τ^* は砂を含んだ水流のせん断応力，S_s は岩石のせん断強度，A は速度の次元をもつ係数，a と n は無次元係数である．この実験では $\tau^* = 16.5\,\text{gf/cm}^2$，$A = 0.013\,\text{mm/hr}$，$a = 3.3 \times 10^{-4}$，$n = 0.91$ であった．なお，せん断応力は $\tau^* = (1/2)\rho^* C_f^* U^{*2}$ で表されている．ここに，ρ^*，C_f^*，U^* は，それぞれ砂を含んだ水流の密度，摩擦係数，速度である．この式 (13.17) は，強度が小さくなると急激に侵食速度が大きくなることを示している．また，砂を含んだ水流の摩擦係数は，砂を含まない水流と比べて，二桁大きいことも実験から導かれている．

13.5.3 上記2実験のまとめ

上記の2つの実験はいずれも，侵食速度と岩盤強度は反比例の関係，すなわち岩盤の強度が大きいほど侵食されにくいことを示している．しかし，上記の実験においては，その実験条件はごく限られたものであり，しかも侵食速度は相対的なものであり，その実験条件のもとでのみ成り立つものである．したがって，上記のような実験結果を，すぐに野外（実際の岩盤河床）に援用することは難しい．野外での侵食は，出水時の流速の大きい，運搬物質が多量に含まれた状態で顕著であろう．しかし，このような出水時の流れや運搬物質に関する情報量も限られている．

13.6 滝の後退速度公式

13.6.1 滝の成因

滝の成因は多様であり，その規模・形態も多様である．滝は，河川の下流側が低下したために形成されたり，何らかの地形事変で一時的に河川の流れが妨げられたりして形成される．前者のタイプには，①何らかの原因で主流の侵食力が突然増大し（回春），支流が懸谷になる，②河川争奪による，③山岳氷河による主流と本流の谷の高さの不一致，④海食崖の後退による，⑤断層によって河川の下流側が低下する，などの場合が相当する．また，後者のタイプとしては，⑥地すべりの河川の塞き止め，⑦溶岩などの火山噴出物による河川の塞き止めや谷埋め，⑧ターミナルモレーンの河川の塞き止め，⑨氷河が河川を新しい場所に移動させ積載谷をもたらす，⑩河川の流れを遮るような隆起（ドーム

や地塁）などによって形成されるものがある（Lobeck, 1939, pp. 196-197）．たとえば，後述する栃木県日光・華厳の滝や富山県称名の滝は⑦のタイプであり，⑤の例としては台湾の1999年の集々地震によってできた滝がある（後述：図13.11参照）．

13.6.2 滝の後退プロセスと速度に関する従来の研究

滝の後退プロセスに関する古典的な見解はGilbert（1896, 1907）によって示された．彼はナイアガラ滝の調査を通し，(1)滝は硬い上部層と軟らかい下部層とからなるキャップロック構造のところに形成される，(2)水流による侵食は，滝壺に落水した水が渦を巻いて下部層の岩盤をえぐることによる，(3)下部層が侵食されたあとに上部層が崩落し，結果的に垂直な崖面を保ちながら後退する，といった点を指摘した．以後，これが滝の一般的な解釈として流布されることになる．しかし，滝の中にはキャップロック構造をとらないものも多く，上記の説と異なるプロセスもいくつか提示されている．たとえば，三野（1958）によれば，華厳滝の後退は，落水の渦流の効果よりも地下水侵食が滝の下部に空洞をつくる効果が大きく，それにより上部岩盤が崩落することによって引き起こされていると説明された．また，オーストラリア南東部の多くの滝の観察から，Young（1985）はキャップロック説に当てはまらないものが数多く存在することを示し，地質構造などの調査だけではなく，滝の垂直面の岩盤強度や侵食力としての流水の力などの動的（力学的）な調査が必要であることを主張した．また，Alexandrowicz（1994）は，砂泥互層にかかる滝において，岩層の傾斜・走向と流路の方向関係を吟味することで滝の形状分類をし，侵食様式としての下刻と谷頭侵食の速度の差異が，滝の後退プロセスをコントロールすることを主張した．しかし，いずれの研究も定性的な議論に止まっている．

滝の後退速度を捉えるためには，滝の生成位置と時間が特定されなければならない．すなわち，滝の生成位置と現在の位置との水平距離が後退した距離であり，それを生成時間から現在までの期間で除することにより平均後退速度が得られることになる．しかし，滝の生成位置と時間のデータを得ることはたやすいことではない．したがって，滝の後退速度に関する従来のデータは，ごく限られた滝でしか得られていなかった（Hayakawa and Matsukura, 2002）．たとえば，ナイアガラ滝の後退速度のデータは最大で2 m/yr，最小で0.077 m/yr，ビクトリア滝（ジンバブエ）は0.09～0.15 m/yr，龍門の滝（栃木県）は0.1～0.2 m/yrと見積もられている．

13.6.3 滝の後退速度に関する地形学公式

Hayakawa and Matsukura（2003）は，房総半島の9か所の滝において，まず，後退速度のデータを次のようにして得た．房総半島には河成段丘，海成段丘の形成に関わって形成された滝がいくつか存在し，それらの段丘の情報から，滝が最初に形成された位置と時間が特定できることから，後退速度（平均後退速度）が求められる（たとえば**図13.9**）．また，房総半島には人為的に生じた滝もある．房総半島の河川は穿入蛇行することが多いが，このような穿入曲流を人工的に短絡させる川廻しと呼ばれる工事が，江戸時代以来行われている．この川廻しに伴い形成された滝は，工事の年代がわかれば，その後退速度が推定できる．

次に，滝の後退速度に影響を与えるパラメータを吟味した．後退速度は侵食力と侵食に対する抵抗力とによって決定される．一般に，河床岩盤の下刻・側刻などの侵食力は，流量と河床礫などの磨耗材の

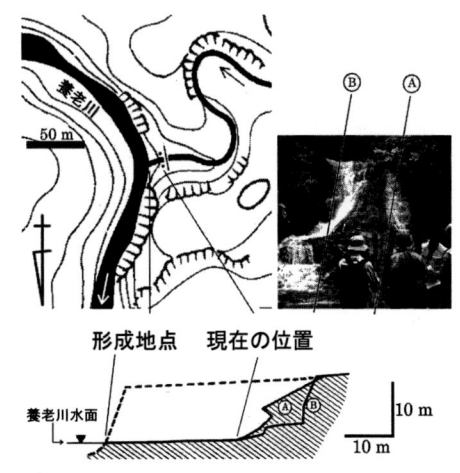

図13.9 房総半島・養老川の支流に架かる"滝沢の滝"の平面形と縦断面形（Hayakawa and Matsukura, 2003）
滝の断面形はAとBの2本のラインで計測した．

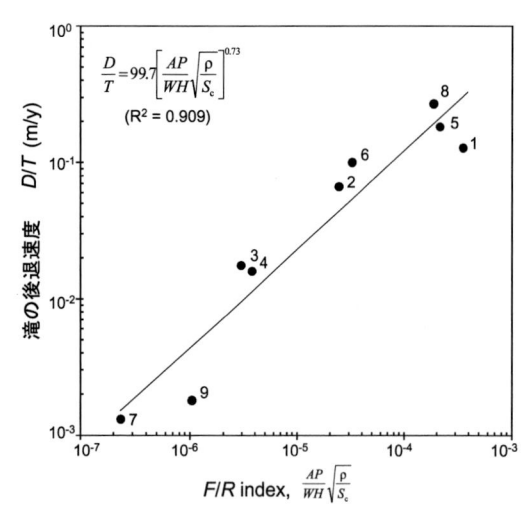

図13.10 F/R 指標と滝の後退速度との関係（Hayakawa and Matsukura, 2003）
1～9はいずれも房総半島に分布する滝のデータである．

多寡によって決まると考えられる．また，同じ侵食力であっても，滝の規模が大きければ後退量は小さくなることが予想されることから，滝の大きさも後退速度に影響を与えるパラメータとして採用した．一方，侵食に対する抵抗力は，滝を構成する岩盤の強度であろう．これらのことから，侵食力 (F) と抵抗力 (R) の各パラメータを次元解析により組合せ，以下のような指標を考えた：

$$\frac{F}{R} = \frac{AP^*}{WH}\sqrt{\frac{\rho}{S_c}} \tag{13.18}$$

ここで，A は流域面積，P^* は降水量，W は滝の幅，H は滝の高さ，ρ は水の密度，S_c は滝を構成する岩石の一軸圧縮強度である．

得られた滝の後退速度と各パラメータの値からデータを整理すると（**図13.10**），両者は両対数のグラフでほぼ直線関係が認められ，両者の関係は，以下の式で表された：

$$\frac{D}{T} = 99.7 \left[\frac{AP^*}{WH} \times \sqrt{\frac{\rho}{S_c}}\right]^{0.73} \tag{13.19}$$

ここで，D は滝の後退距離，T は後退に要した時間である．

13.6.4 滝の後退速度式の検証

Hayakawa（2005）は，上記9個の滝以外のさらに房総半島の8個の滝についての追加調査を行い，その結果も式(13.18)の妥当性を補強するものであることを示した．しかし，Hayakawa and Matsukura（2003）によって示された滝の後退速度式(13.19)は，房総半島というごく限られた地域において構築されたものである．そこで，その後，この式が他の場所の滝にも適応できるかどうか，すなわち式の一般性（汎用性）についての検討が行われた．もちろん検証できる滝は，左辺の後退速度が計算できるものであり，しかも右辺の諸変数のデータが得られるものに限られる．アメリカ・コロラド州のPoudre Falls（Hayakawa and Wohl, 2005）や長野県・松川村の雷滝（Hayakawa et al., 2004），日光・華厳滝（早川・松倉, 2003），阿蘇火山・立野峡谷の鮎返ノ滝と数鹿流ヶ滝（早川ほか, 2005）においても，上記の式がほぼ適合することが示されている．

13.6.5 式(13.19)が適合しない滝

しかし，いくつかの滝では式(13.19)が適合しない．たとえば，その一つは富山県の立山から流下する常願寺川にかかる称名の滝である．この滝は，本邦で最も落差の大きい滝として有名であるが，10万年前に流れ出た溶岩流の先端部分に最初の滝が形成されたと考えられている．地質図や野外調査から得られた溶岩流の分布をもとにすると，10万年間の滝の後退距離はおよそ15kmないし8kmと見積もられた．したがって，その平均後退速度は0.08～0.15km/yrと計算される（これを計測値と呼ぶ）．一方，式(13.19)に関わる値は以下のように得られた．$A = 19$ km，$P = 3500$ mm，$W = 10$ m，$S_c = 33.3$ MPa．これらを式(13.19)に代入して計算された後退速度は，0.011 m/yrとなった（これを計算値と呼ぶ）．計算値は計測値より1オーダー小さい値となっている（Hayakawa et al., 2008a）．

台湾中西部で1999年の9月にM7.7の大地震（集集地震）が発生し，南北に走る逆断層（車籠埔断層）が地表に現れた．この断層は，東から西に向かう河川群に直交する形になり，いくつかの河川で滝が形成された（Hayakawa et al., 2009）．これらの滝のうち最大のものは，大甲溪のもので高さは7mほどもあった（**図13.11a**）．この滝は，地震から6年が経過した2005年夏には，20mほど上流に後退した（図13.11b）．同様に，峡谷をなす大里溪の滝では349m，乾溪の滝では211mもの後退が

図13.11 1999年台湾・集集地震によって形成された滝（Hayakawa *et al*., 2009）
(a) は1999年の形成直後，(b) は6年後の2005年の様子．

確認された．滝の後退速度は，3.3〜58.2 m/yr とかなり大きな値となった．基盤岩石（滝を構成する岩石）は主に第四紀から中新世の泥岩であり，場所によってはシュミットハンマーでも計測不能なほどの軟岩である．そのような場合は，山中式土壌硬度計での計測を行い，その強度を見積もった．それらのデータと侵食力のパラメータデータを集め，式(13.19)の右辺に代入すると，後退速度の値として，0.64〜1.71 m/yr という計算値が得られる．この値は，実測値の3.3〜58.2 m/yr に比較して，1オーダー以上の差がある．

以上のように，称名の滝および台湾の断層による滝の後退速度は，実測値の方が，式(13.19)による計算値よりはるかに大きい．この理由としては，いずれの場合にも河川の侵食力を過小に見積もっていることによると思われる．実は，式(13.19)では，河川の侵食力を流量で置き換えている．これは，河川に砂礫などの運搬物質（河川侵食の観点からすると磨耗材となる）がほとんどない房総半島では，その影響は小さいと考えられる．一方，称名の滝のある常願寺川では，上流から大きな火山岩の砂礫が運搬されてきており，滝の上・下流の河床には大量の礫が堆積しているのが観察された．また，台湾の河床には，上流から運搬されたと思われる砂岩礫が堆積しているのが観察される．出水時には，このような砂岩礫が運搬されることによって弱い泥岩河床を削ることは容易に想像される．すなわち，称名の滝や台湾の滝の後退速度が大きい理由の一つとして，このような河床礫による磨耗効果が大きいのではないかと考えられる．今後，この効果をパラメータとして式に組み込む必要があろう．

13.6.6 滝の後退速度式の援用

式(13.19)が，場所のいかんを問わず，より一般的に適用できるものと仮定すると，右辺の変数がすべて既知の場合には，式にそれらを代入することにより，左辺の値，すなわち滝の後退速度が計算できることになる．滝の後退速度がわかれば，滝の過去の位置の遡知および未来の位置を予知できることになる．また，ある滝で式(13.19)の右辺のパラメータのデータが得られ，(1)滝の生成時期（すなわち後退時間）が既知の場合には，滝の最初の生成位置の推定が可能となり，(2)滝の最初の生成位置が既知の場合は，滝の生成時期の推定が可能となる．以下には，(1)のケースについて議論してみよう．

阿蘇火山は過去27万年の間に，4回の大規模火砕流の噴出があった．27万年前の最初の大噴火により，阿蘇1火砕流が四方に広がった．火砕流堆積面の下部ではその熱と重みにより溶結し，いわゆる溶結凝灰岩が形成される．溶結凝灰岩は，緻密（密度が大きく）であり強度も大きい．したがって，火砕流堆積後の河川による侵食が始まったとき，溶結凝灰岩の先端部に最初の滝が懸かると思われる．その後，滝は徐々に後退するが，現在は阿蘇山の南北，および東側に分布する火砕流台地の中に数多く残在している．火砕流台地を刻む谷には礫はあまり存在しない（磨耗材の効果は小さいと考えられる）ので，式(13.19)が適用できる．そこで，それらの中からいくつかの滝を選び，式の右辺のパラメータのデータを採取した．それらをもとに滝の後退速度を見積もると，0.01〜0.07 m/yr という値が得られる．また，阿蘇1火砕流の溶結凝灰岩を滝が侵食してきた期間は18万年間（阿蘇1の堆積から9万年前の阿蘇4の堆積までの期間）〜27万年間と見積

もられる．そこで，この値と上述で見積もられた滝の後退速度を用いると，27万年前の最初の滝の位置は現在よりおよそ10 km下流にあったことが推定できる．その位置は，火砕流の分布限界に一致し，後退速度の見積もりが妥当であることが示唆された（Hayakawa et al., 2008 b）．

引用文献

Alexandrowicz, Z. (1994) Geologically controlled waterfall types in the Outer Carpathians, *Geomorphology*, **9**, 155-165.

青木　久・松倉公憲（2005）海水飛沫帯における橋脚砂岩塊のくぼみ深さに関する定量的把握：日南海岸・青島弥生橋の事例，地形，**26**，13-28．

Aoki, H. and Matsukura, Y. (2007) Effect of rock strength and location heights on growth of tafoni-like depression at sandstone blocks used for a masonry bridge pier in the coastal spray zone: An example of Yayoi Bridge at Aoshima Island in Japan, *Zeitschrift für Geomorphologie, N.F., Supplementary Issue*, **1**, 115-132.

Gauri, K. L., Chowdhury, N. P., Kulshreshtha, N. P. and Punnuru, A. R. (1990) Geologic features and durability of limestones at the Sphinx, *Environmental Geology Water Science*, **16**, 57-62.

Gilbert, G. K. (1896) Niagara Falls and their history. in National Geographic Society: The Physiography of the United States, American Society Civil Engineering, New York, 203-236.

Gilbert, G. K. (1907) Rate of recession of Niagara Falls, *U. S. Geological Survey Bulletin*, **306**, 1-31.

Hayakawa, Y. (2005) Reexamination of a predictive equation of waterfall recession rates in Boso Peninsula, Chiba Prefecture, Japan, *Geographical Review of Japan*, **78**, 265-275.

Hayakawa, Y. and Matsukura, Y. (2002) Recession rates of waterfalls: A brief review, *Annual Report of the Institute of Geoscience, University of Tsukuba*, **28**, 1-4.

早川裕一・松倉公憲（2003）日光，華厳滝の後退速度，地学雑誌，**112**，521-530．

Hayakawa, Y. and Matsukura, Y. (2003) Recession rates of waterfalls in Boso Peninsula, Japan and a predictive equation, *Earth Surface Processes and Landforms*, **28**, 675-684.

Hayakawa, Y. and Wohl, E. E. (2005) Recession rate of Poudre Falls in Rocky Mountain Front Range, Colorado, USA, *Geographical Review of Japan*, **78-12**, 853-858.

Hayakawa, Y., Aoki, H. and Matsukura, Y. (2004) Evaluation of recession rates of Kaminari Falls in the upper Matsukawa River, Takayama Village, Nagano Prefecture, *Annual Report of the Institute of Geoscience, University of Tsukuba*, **30**, 21-25.

Hayakawa, Y., Matsuta, N. and Matsukura, Y. (2009) Rapid recession of fault-scarp waterfalls: Six-year changes following 921 Chi-Chi Earthquake in Taiwan, *Transactions of the Japanese Geomorphological Union*, in press.

Hayakawa, Y., Obanawa, H. and Matsukura, Y. (2008 a) Post-volcanic erosion rates of Shomyo Falls in Tateyama, central Japan, *Geografiska Annaler*, **90A**, 65-74.

早川裕一・横山勝三・松倉公憲（2005）阿蘇火山・立野峡谷付近における滝の後退速度，地形，**26**，439-449．

Hayakawa, Y., Yokoyama, S. and Matsukura, Y. (2008 b) Erosion rates of waterfalls in post-volcanic fluvial system around Aso volcano, southwestern Japan, *Earth Surface Processes and Landforms*, **33**, 801-812.

Lobeck, A. K. (1939) Geomorphology: An Introduction to the Study of Landforms. McGraw-Hill, New York, 731 p.

Matsukura, Y. (2000) Formation of tafoni-like depression in the coastal spray zone: A quantitative approach to the effect of weathering, *Transactions of the Japanese Geomorphological Union*, **21**, 31-38.

Matsukura, Y. and Matsuoka, N. (1996) The effect of rock properties on rates of tafoni growth on coastal environments, *Zeitschrift für Geomorphologie, N.F.*, Supplement Bd., **106**, 57-72.

Matsukura, Y. and Yatsu, E. (1982) Wet-dry slaking of Tertiary shale and tuff, *Transactions of Japanese Geomorphological Union*, **3**, 25-39.

Matsukura, Y., Hattanji, T., Oguchi, C. T. and Hirose, T. (2007) Ten year measurement of weight-loss of rock tablets due to weathering in a forested hillslope of a humid temperate region, *Zeitschrift für Geomorphologie, N.F.*, **51** *Supplementary Issue* 1, 27-40.

Matsuoka, N. (1990) Mechanisms of rock breakdown by frost action: An experimental approach, *Cold Regions Science Technology*, **17**, 253-270.

三野（石川）与吉（1958）日光，華厳滝について，藤本治義教授還暦論文集，344-363．

Sunamura, T. (1973) Coastal cliff erosion due to waves: Field investigations and laboratory experiments, *Journal of Faculty of Engineering, University of Tokyo*, **32**, 1-86.

Sunamura, T. (1977) A relationship between wave-induced cliff erosion and erosive force of waves, *Journal of Geology*, **85**, 613-618.

Sunamura, T. (1982) A predictive model for wave-induced cliff erosion, with application to Pacific coast of Japan, *Journal of Geology*, **90**, 167-178.

Sunamura, T. (1983) Processes of sea cliff and platform erosion. *in* Komar, P. D., CRC Handbook of Coastal Processes and Erosion. CRC Press, Boca Raton, Florida, 233-265.

Sunamura, T. (1987) Coastal cliff erosion in Nii-jima Island, Japan: Present, past, and future — an application of mathematical model. *in* Gardiner, V. International Geomorphology, 1986, Part I. Wiley, Chichester, 1199-1212.

Sunamura, T. and Matsukura, Y. (2006) Laboratory test of bedrock abrasion by sediment-entrained water flow: A relationship between abrasion rate and bedrock strength, *Transactions of the Japanese Geomorphological Union*, **27**, 85-94.

Sunamura, T., Matsukura, Y. and Tsujimoto, H. (1985) A laboratory test of tractive abrasion of rocks in water, *Transactions of the Japanese Geomorphological Union*, **6**, 65-68.

Suzuki, T. (1982) Rate of lateral planation by Iwaki River, Japan, *Transactions of the Japanese Geomorphological Union*, **3**, 1-24.

鈴木隆介 (1990) 実態論的地形学の課題, 地形, **11**, 217-232.

Suzuki, T. and Nakanishi, A. (1990) Rates of decline of fluvial terrace scarps in the Chichibu Basin, Japan, *Transactions of the Japanese Geomorphological Union*, **11**, 117-149.

Suzuki, T. and Takahashi, K. (1981) An experimental study of wind abrasion, *Journal of Geology*, **89**, 509-522.

鈴木隆介・野田弘幸・阿倍義郎 (1983) 日本における河川の側刻速度, 地形, **4**, 33-47.

高橋健一・松倉公憲・鈴木隆介 (1993) 海水飛沫帯における砂岩の侵蝕速度：日南海岸・青島の弥生橋橋脚の侵蝕形状, 地形, **14**, 143-164.

Takahashi, K., Suzuki, T. and Matsukura, Y. (1994) Erosion rates of sandstone used for a masonry bridge pier in the coastal spray zone. *in* Robinson, D. A. and Williams, R. B. G. (eds.) Rock Weathering and Landform Evolution. John Wiley & Sons, Chichester, 175-192.

山田　剛・青木　久・高橋　学・松倉公憲 (2005) 塩類風化速度に与える岩石物性の影響に関する一実験, 応用地質, **46**, 72-78.

Young, R. W. (1985) Waterfalls: Form and process, *Zeitschrift für Geomorphologie*, N.F., Supplement Bd., **55**, 81-95.

14. 風化・侵食地形の年代学

　12章，13章にわたって，風化速度や侵食速度研究に関するいくつかの研究例を紹介した．これらの研究例をみても，岩石・岩盤の風化速度や侵食速度を正確に把握することはなかなか難しい．研究の困難さの最大の理由は，(1)一般に，岩石・岩盤の風化量・侵食量は数年では計測できないほど小さいこと，(2)風化・侵食の開始時期や継続時間の認定が難しいこと，などである．これらの困難を克服するために，タブレットの長期実験を行ったり，青島の例のように，人工構造物を使うという工夫がなされている．他には，年代が既知の段丘地形や噴出年代が既知の火山（噴出物）などが研究対象になっている．これらの場合には，地形発達史分野の研究成果が利用されている．

　風化・侵食速度の見積もりが難しい理由のもう一つに，それらの地形においては，風化・侵食された物質が除去されてしまうため，それらの地形の年代を測定する試料が得にくいということがある．そのような不利を克服するために，種々の方法が考案され利用されてきた（たとえば，Watchman and Twidale, 2002）．本章では，従来の方法の他に，最近，その有用性に注目が集まっている**宇宙線生成放射性核種**を用いた年代測定法について紹介する．

14.1 風化・侵食地形の年代学

14.1.1 相対年代法

　岩石の風化程度を知る方法として，シュミットハンマー（松倉・青木，2004）やエコーチップ（青木・松倉，2004；Aoki and Matsukura, 2007）がある．たとえば，同一の風化環境にある礫の反発硬度を比較した場合，それらの値が小さいほど風化が進んでいる，すなわち風化継続時間が長いことになる．このように，風化の絶対時間はわからないもの

の，相対的な時間の関係や配列を推定する方法を相対年代法という．相対年代法は，絶対年代資料と組合せることによって，はじめて数値年代に読み替えることができる．

　相対年代法は，以下の3種に分類される（渡辺，1990）．(1)生物（地衣類）を指標とした相対年代法（ライケノメトリー），(2)岩石・鉱物の風化度を基準とした相対年代法，(3)土壌の発達に基づく相対年代法．(1)のライケノメトリーとは，地図ゴケの直径が，時間とともに大きくなっていくことを利用するものである．たとえば，年代未知の礫や場所にある地図ゴケの大きさを計測したとする．地図ゴケの大きさに大小があったとすると，相対的な年代の新旧が推定できる．もし，この地図ゴケの計測地の近くで墓石に生育している地図ゴケや^{14}C年代が得られている場所に生育している地図ゴケの直径を計測し，その生長曲線（一般に，最初の100年間は急成長するが，その後の成長速度は遅くなる）が描けるとすると，その成長曲線をあてはめることにより，年代未知の礫や場所での地図ゴケの数値年代が得られることになる．(2)の岩石・鉱物の風化度を基準とした相対年代法としては，①風化皮膜，②花崗岩表面の風化面積インデックス，③風化ピット，④酸化した礫の割合，⑤シュミットハンマー反発値，⑥風化に強い鉱物の突出高，⑦礫の風化度インデックス，などがある．これらは，(3)の土壌の発達に基づく相対年代法も含めて，風化の進行度の大小を風化時間に置き換えようというものである．たとえば，風化皮膜の研究例については，12.2節で述べたように，皮膜が厚いほど風化時間が長いことになる．ただし，皮膜の成長は岩石の種類や風化環境によって大きく異なる．また，岩種によっては，風化皮膜が不明瞭なものもあり，そのような岩石に対してはこの方法は使えない．従来の風

化皮膜の研究の年代適用範囲は，数千年から数十万年である．

14.1.2 地すべり・山崩れの年代推定法
(1) デンドロクロノロジー（dendrochronology：年輪編年学）

日本のような湿潤温帯では，山崩れなどによって形成された裸地には直ちに植生が侵入し，やがて森林へと遷移する．したがって，侵入してきた樹木の年輪を計測することによって，森林の生育開始時期，すなわち山崩れの発生時期を把握することができる．この手法を用いる場合は，できるだけ森林の遷移過程で最初に侵入するアカマツ，ハンノキ，カバなどを選ぶのがよい．この手法の適用範囲は，数十年から200〜300年である．

(2) 埋没土や埋れ木の^{14}C年代測定

地すべり地の埋没有機物の^{14}C年代も，地すべり発生期を知る有効な手段となる（たとえば，寺川ほか，1986）．しかし，埋没有機物が地すべり発生時に取り込まれたものかどうかの検討が必要である．

(3) テフロクロノロジー

テフロクロノロジー（tephrochronology：火山灰編年学）も山崩れの発生時期の把握に有効である．たとえば，山崩れが発生する斜面上に，あるテフラ以降のテフラが累積して堆積していれば，そのテフラの堆積以降には山崩れが起こっていない，換言すれば，最下のテフラ降下年代以前に山崩れが起こったことを示す．この手法を用いて，山崩れの崩壊周期や発生頻度を推定することもできる（たとえば，吉永ほか，1989；柳井・薄井，1989；清水ほか，1995）．また，テフロクロノロジーは，地すべり地形にも応用できる（中村・檜垣，1991）．たとえば地すべり土塊をほぼ一様にテフラが覆っている場合は，そのテフラ降下前に地すべり地形が形成されていたことになる．テフラが著しく撹乱されて移動土塊と混ざり合っている場合は，テフラ降下後に地すべりが活動したことが読みとれる．

14.2 宇宙線生成放射性核種年代測定法

14.2.1 原理

この方法は，地球表層岩石と宇宙線が反応するこ

表14.1 原位置宇宙線生成放射性核種の半減期と，岩石中のターゲットになる元素（横山ほか，2005）

核種	半減期（年）	地表面物質中のターゲット元素
^{3}He	安定核種	O, Mg, Si, Fe
^{10}Be	1.5×10^{6}	O, Mg
^{14}C	5.73×10^{3}	O
^{21}Ne	安定核種	Mg, Al, Si
^{26}Al	7.1×10^{5}	Si
^{36}Cl	3.0×10^{5}	Cl, K, Ca, Fe
^{36}Ar	安定核種	Cl, K, Ca
^{38}Ar	安定核種	K, Ca
^{41}Ca	1.0×10^{5}	Ca, Ti, Fe
^{53}Mn	3.7×10^{6}	Fe
^{129}I	1.56×10^{7}	Te, Ba, 希土類

とによって生成される**原位置宇宙線生成核種**（Terrestrial *in situ* Cosmogenic Nuclides，以下TCNと略称する）を利用するものである．TCNは，地表面が宇宙線に曝されている間，地表面物質中に生成されるため，その蓄積量から，地表面が露出していた時間を算出することができる．こうして得られる年代値は**TCN年代**（Terrestrial *in situ* Cosmogenic Nuclides ages）と呼ばれ，年代を求める手法は**原位置宇宙線生成核種年代測定法**（TCN dating，以下，**TCN年代測定法**と呼ぶ）と呼ばれている．

TCN年代測定法において，地球科学的に重要なTCNとターゲット元素を**表14.1**に示した．種々のTCNは，それらの半減期によって，地形イベントの検出感度が異なり，複数の核種の測定を組合せることによって地形プロセスをより精度よく議論することが可能になる．現在広く用いられているのが，^{10}Beと^{26}Alのペアである．これらはそれぞれ，酸素とケイ素を主なターゲットとして生成される．したがって，これらの核種の計測としては，石英が最も適したものとなる．この他，^{36}ClはCaをターゲットとするので，石灰岩の研究に適用できる．TCN年代測定法の原理とその具体的な手法については，若狭ほか（2004）や横山ほか（2005）に詳しい．

14.2.2 TCN年代の測定例：花崗岩ドームに発達するシーティングの剝離速度

(1) 花崗岩ドームのシーティング剝離

TCN年代測定法を利用して，岩盤の侵食速度を

推定した一つの研究例（Wakasa *et al*., 2006）を以下に紹介する．韓国・ソウルの北方郊外には，いくつかの花崗岩ドームが存在する．この花崗岩ドームの表層には数多くのシーティング節理が発達しており（図14.1），それらのシートは，外側のものから順に剝離していっているように観察された．すなわち，ドームの表面は厚さ数十cmから数mの数枚のシートにより構成されており，それらのシートは階段状に配列をしている．最も外側に位置するシートをシート1と呼び，ステップが低くなる方向にシート2，3，4，5と呼ぶことにした（図14.2a）．シート1の表面では，石英の粒子が突起をつくり，全体的にざらざらした感触であり，風化が進行していることがうかがわれた．一方，シート4，5の表面はきわめて滑らかであり，ほとんど風化していない．シートの表面においてエコーチップ硬度を計測したところ，以下のような結果が得られた．シート1で228，シート2で279，シート3で321，シート4で384，シート5で455．これらの値からも，シート1が最も風化継続（露出）時間が長く，シート5の露出時間が短いことが予想された．

図14.1 韓国，ソウル北の北漢山の花崗岩ドーム（Wakasa *et al*., 2006）（口絵参照）
ドームの下部斜面にシーティング節理の発達がよい．

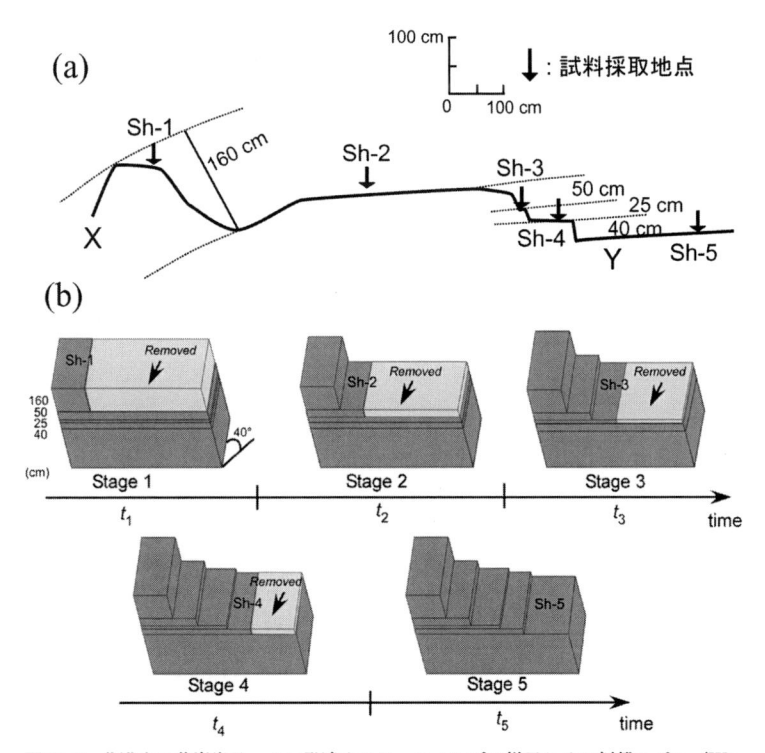

図14.2 北漢山の花崗岩ドームに発達するシーティングの様子とその剝離モデル（Wakasa *et al*., 2006）
(a) シーティングの断面形とシートの厚さ．矢印は岩石試料採取地点（表層から採取した）；(b) シートの剝離の模式図．Stage n は，Sh-n が露出してから Sh-n が剝離することによって Sh-$(n+1)$ が露出するまでの期間．各ステージの時間をそれぞれ t_n とする．

表 14.2 北漢山ドームにおける各々のシートに蓄積された原位置宇宙線生成放射性核種（^{10}Be と ^{26}Al）の濃度（Wakasa et al., 2006）

シート	石英 (g)	^{9}Be 担体 ($\times 10^{-4}$ g)	^{27}Al 濃度 (μg/g qtz)	^{10}Be ($\times 10^5$ atoms/g qtz)	^{26}Al ($\times 10^5$ atoms/g qtz)	^{26}Al/^{10}Be
Sh-1	41.05	3.01	159.9	3.69±0.20	24.5±0.56	6.63±0.38
Sh-2	46.95	3.01	143.9	1.54±0.09	10.1±0.24	6.59±0.40
Sh-3	44.67	3.00	165.9	0.85±0.05	5.45±0.13	6.38±0.43
Sh-4	49.93	3.02	174.4	0.68±0.04	4.63±0.11	6.85±0.47
Sh-5	49.79	3.03	178.5	0.36±0.03	2.40±0.06	6.62±0.56

(2) TCN 濃度の測定結果

各シートの表面から試料を採取し，^{10}Be と ^{26}Al の TCN 濃度を計測した．計測結果は**表 14.2** に示されている．^{10}Be と ^{26}Al ともにシート 1 で最も濃度が高く，シート 2, 3, 4, 5 と順に濃度が低くなる．すなわち，地表露出時間がシート 1 で最も長く，シート 5 が最も短いことがわかる．したがって，図 14.2 b に示したように，これらのシートは，シート 1 から順に剥離してきたことがうかがえる．そこで，シート n が露出してからシート $n+1$ が剥離するまでをステージ n とし，その時間の長さは t_n と定義した．

ところで，TCN は，地表近くの表層で最も生成率が高く，岩盤内部ほどその生成率は指数関数的に低減する．そこで，それぞれのシートの厚さを勘案し，それぞれのステージごとに TCN の生成率が計算された．シート 1 の表面は露出以来，現在の生成率（7.6 atoms/(g qtz a)）が継続しているが，たとえば，シート 3 は，ステージ 1 では上に 2 枚のシートが厚さ（210+50 cm）で覆っているので，そこでの生成率は 0.027 atoms/(g qtz a) と小さい．シート 1 が剥離したステージ 2 になると，シート 3 の上には 50 cm の厚さのシート 2 が載っているだけなので，その生成率は 2.0 atoms/(g qtz a) と大きくなる．

(3) 剥離速度

以上のような各ステージごとの生成率と各シートで得られた TCN 濃度をもとに，各シートの露出時間を計算したところ，シート 1 は 49±5 kyr，シート 2 は 20±4 kyr，シート 3 は 8.1±2.9 kyr，シート 4 は 6.5±1.9 kyr，シート 5 は 2.6±0.7 kyr と求められた．そこで，各シートの露出年数とエコーチップ硬度の値をプロットすると**図 14.3** のようになった．露出年数を風化継続期間と読み替えると，

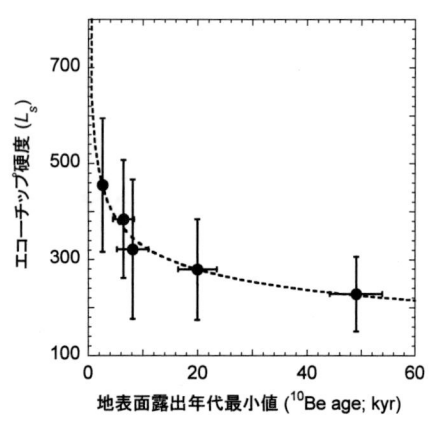

図 14.3 北漢山ドームにおける各々のシートの地表面露出時間と，シート表面のエコーチップ硬度（L_s 値）との関係（Wakasa et al., 2006）
右側から順にシート 1, 2, 3, 4, 5 のデータ．L_s 値のエラーバーは標準偏差，露出時間のエラーバーは，モンテカルロ・シミュレーションでの 1σ の範囲を示す．

風化による強度低下は等速ではなく，その初期に急激に低下することになる．このような関係は，12.3 節で述べたような，流紋岩の風化による強度低下パターンに類似する．

ところで，シート 1 は 4.9 万年前に，シート 2 は 2 万年前にそれぞれ露出したという結果から，シート 2 の上にあったシート 1 が剥離するのには，およそ 4.9−2.0＝2.9 万年を要したことになる．すなわち隣り合う各シートの露出年代の差は，各シートの剥離時期間の時間間隔である（これを剥離期間と呼ぶことにする）．そこで，この剥離期間と各シートの厚さとの関係をみたのが**図 14.4** である．この図から，厚いシートほどそれが剥離するのに要する期間は長く，薄いシートのそれは短いことがわかった．仮に両者に図に示したような関係が成り立つとすると，たとえば厚さ 1 m ほどの厚さのシートが

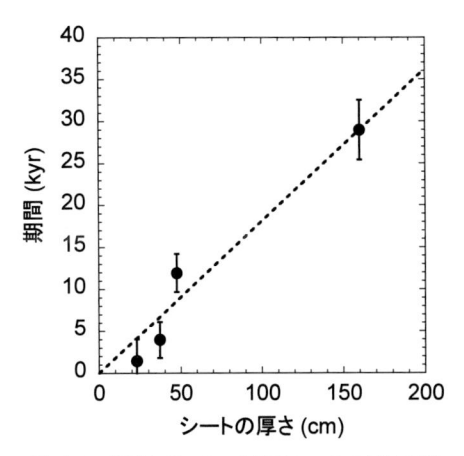

図14.4 北漢山ドームにおけるシートの厚さと露出期間 t_n との関係 (Wakasa et al., 2006)
エラーバーは，モンテカルロ・シミュレーションでの 1σ の範囲を示す．平均剝離速度は，5.6 ± 0.1 cm/kyr と計算される．

剝離するのには，約1.8万年を要すると計算される．

14.2.3 地形学におけるTCN法の有用性と今後の発展性

地表近傍に存在する岩石の鉱物中に，直接その場で生成する宇宙線生成核種，とくに ^{10}Be および ^{26}Al を用いた地形学的な研究は，1980年代後半に始まり，1990年代から2000年代へと急速に増え続けている．Lal and Arnold (1985) や Lal (1988, 1991) によって基本的なモデルが提示されて以来，手法の潜在的な可能性は，Nishiizumi et al. (1993) や Bierman (1994) によって指摘されてきた．その後，種々の具体的な方法論や，研究の進展状況が Gosse and Phillips (2001)，Bierman et al. (2002)，Bierman and Nichols (2004)，Cockburn and Summerfield (2004) などによって詳細にレビューされている．そして現在，世界的にはこの手法は，地形学における新たな方法論の一つとして定着しつつある．

日本においてもTCNの応用が期待されるが，その適用例はきわめて少ないのが現状である．上記の例の他に ^{10}Be や ^{26}Al を用いた侵食速度の研究としては，Wakasa et al. (in preparation) の韓国の開析ペディメントの侵食速度，Matsushi et al. (2006) の房総半島の鹿野山周辺の侵食速度，若狭ほか (2008) の長野県・木曽川の寝覚ノ床の下刻速度，森口ほか (2008) の山口県・秋吉台の侵食速度などに関するものがあり，^{36}Cl を用いた研究例としては，松四ほか (2008) の石灰岩ピナクルの溶食速度の推定などが行われつつある．

日本のように，隆起量が大きく，降水の供給および陸域の水循環が活発な湿潤変動帯では，急峻な山地斜面において活発な地形変化が起こっている．ごく近年，TCNを用いて，温暖湿潤帯における岩石の化学的風化と地表の物理的侵食の相互作用に関する定量的な議論もなされ始めた (Riebe et al., 2001, 2003)．今後，これらの風化・侵食プロセスに及ぼす気候環境あるいはテクトニクスの影響を追求する上で，日本のような湿潤変動帯における長期的な山地斜面の削剥速度，土層の形成速度，流域からの土砂生産速度などは，きわめて有用な情報として世界に発信されるべきであろう (松四ほか，2007; Matsushi et al., 2008)．

引 用 文 献

青木 久・松倉公憲 (2004) エコーチップ硬さ試験機による砂岩表面風化層の強度低下量の把握，地形，**25**，371-382．

Aoki, H. and Matsukura, Y. (2007) A new technique for non-destructive field measurement of rock-surface strength: An application of an Equotip hardness tester to weathering studies, *Earth Surface Processes and Landforms*, **32**, 1759-1769.

Bierman, P. R. (1994) Using in situ produced cosmogenic isotopes to estimate rates of landscape evolution: A review from the geomorphic perspective, *Journal of Geophysical Research*, **99** (**B7**), 13, 885-13, 896.

Bierman, P. R. and Nichols, K. K. (2004) Rock to sediment — Slope to sea with ^{10}Be — Rates of landscape change, *Annual Review of Earth and Planetary Sciences*, **32**, 215-255.

Bierman, P. R., Caffee, M. W., Davis, P. T., Marsella, K., Pavich, M., Colgan, P., Mickelson, D. and Larsen, J. (2002) Rates and timing of earth surface processes from *in situ*-produced cosmogenic Be-10, *Reviews in Mineralogy and Geochemistry*, **50**, 147-205.

Cockburn, H. A. P. and Summerfield, M. A. (2004) Geomorphological applications of cosmogenic isotope analysis, *Progress in Physical Geography*, **28**, 1-42.

Gosse, J. C. and Phillips, F. M. (2001) Terrestrial in

situ cosmogenic nuclides : Theory and application, *Quaternary Science Reviews*, **20**, 1475-1560.

Lal, D. (1988) In situ-produced cosmogenic isotopes in terrestrial rocks, *Annual Review of Earth and Planetary Sciences*, **16**, 355-388.

Lal, D. (1991) Cosmic ray labeling of erosion surfaces : in situ nuclide production rates and erosion models, *Earth and Planetary Science Letters*, **104**, 424-439.

Lal, D. and Arnold, J. R. (1985) Tracing quartz through the environment, *Proceedings of the Indian Academy of Sciences (Earth and Planetary Sciences)*, **94**, 1-5.

松倉公憲・青木 久（2004）シュミットハンマー：地形学における使用例と使用法にまつわる諸問題，地形，**25**，371-382.

Matsushi, Y., Matsuzaki, H. and Matsukura, Y. (2008) Potential of in situ-produced cosmogenic nuclides for quantifying strength reduction in soil-mantled hillslope, *Quaternary Geochronology*, **3**, 262-267.

Matsushi, Y., Wakasa, S., Matsuzaki, H. and Matsukura, Y. (2006) Long-term denudation rates of actively uplifting hillcrests in the Boso Peninsula, Japan, estimated from depth profiling of in situ-produced cosmogenic ^{10}Be and ^{26}Al, *Geomorphology*, **82**, 283-294.

松四雄騎・若狭 幸・松崎浩之・松倉公憲（2007）宇宙線生成核種 ^{10}Be および ^{26}Al のプロセス地形学的応用，地形，**28**，87-107.

松四雄騎・笹 公和・高橋 努・長島泰夫・松倉公憲（2008）In situ ^{36}Cl を用いた石灰岩ピナクルの溶食速度推定，地形，**29**，80-81.

森口有里・松四雄騎・松崎浩之・松倉公憲（2008）秋吉カルストの成立年代と台地面の削剥速度：非石灰質中の ^{10}Be・^{26}Al の定量，地形，**29**，80.

中村浩之・檜垣大助（1991）地すべり地形の生成と変化，地すべり学会シンポジウム「地すべり斜面災害斜面のうつりかわりと地下水排除・効果」論文集，68-70.

Nishiizumi, K., Kohl, C. P., Arnold, J. R., Dorn, R., Klein, J., Fink, D., Middleton, R. and Lal, D. (1993) Role of in situ cosmogenic nuclides ^{10}Be and ^{26}Al in the study of diverse geomorphic processes, *Earth Surface Processes and Landforms*, **18**, 407-425.

Riebe, C. S., Kirchner, J. W. and Finkel, R. C. (2003) Long-term rates of chemical weathering and physical erosion from cosmogenic nuclides and geochemical mass balance, *Geochimica et Cosmochimica Acta*, **67**, 4411-4427.

Riebe, C. S., Kirchner, J. W., Granger, D. E. and Finkel, R. C. (2001) Strong tectonic and weak climatic control of long-term chemical weathering rates, *Geology*, **29**, 511-514.

清水 収・長山孝彦・斎藤政美（1995）北海道日高地方の山地小流域における過去 8000 年間の崩壊発生域と崩壊発生頻度，地形，**16**，115-133.

寺川俊浩・和久紀夫・大西吉一・中島章夫（1986）グリーンタフ地域における mass movement 多発期について，北村信教授記念地質学論文集，527-544.

若狭 幸・松崎浩之・松倉公憲（2004）原位置宇宙線生成核種年代測定法：侵食地形変化速度の解明への適用，地形，**25**，247-265.

Wakasa, S., Matsuzaki, H., Tanaka, Y. and Matsukura, Y. (2006) Estimation of episodic exfoliation rates of rock sheets on a granite dome in Korea from cosmogenic nuclide analysis, *Earth Surface Processes and Landforms*, **31**, 1246-1256.

若狭 幸・森口有里・松崎浩之・松倉公憲（2008）宇宙線核種濃度から推定される木曽川上流・寝覚ノ床における下刻速度，季刊地理学，**60**，69-76.

Wakasa, S., Tanaka, Y., Matsushi, Y., Matsuzaki, H. and Matsukura, Y. (in preperation) Paleo erosion rates of a granite piedmont and the adjacent gneiss highland near Seoul, Korea.

渡辺悌二（1990）氷河・周氷河堆積物を主対象とした相対年代法，第四紀研究，**29**，49-77.

Watchman, A. L. and Twidale, C. R. (2002) Relative and 'absolute' dating of land surfaces, *Earth-Science Reviews*, **58**, 1-49.

柳井清治・薄井五郎（1989）堆積地のテフロクロノロジー的解析による崩壊発生頻度の測定，新砂防，**42-2**，3-10.

横山祐典・阿瀬貴博・村澤 晃・松崎浩之（2005）宇宙線照射生成核種を用いた地球表層プロセスの研究，地質学雑誌，**111**，693-700.

吉永秀一郎・西城 潔・小岩直人（1989）崖錐の成長からみた完新世における山地斜面の削剥特性，地形，**10**，179-193.

単位換算表

1. 力

N	dyn	kgf	lbf	pdl
1	1×10^5	1.01972×10^{-1}	2.248×10^{-1}	7.233
1×10^{-5}	1	1.01972×10^{-6}	2.248×10^{-6}	7.233×10^{-5}
9.80665	9.80665×10^5	1	2.205	7.093×10
4.44822	4.44822×10^5	4.536×10^{-1}	1	3.217×10
1.38255×10^{-1}	1.38255×10^4	1.410×10^{-2}	3.108×10^{-2}	1

注 $1\,\mathrm{dyn}=10^{-5}\,\mathrm{N}$,$1\,\mathrm{pdl}$(パウンダル)$=1\,\mathrm{ft\cdot lb/s^2}$

2. 圧力

Pa	bar	kgf/cm²	atm	mH₂O	mHg	lbf/in²
1	1×10^{-5}	1.0197×10^{-5}	9.869×10^{-6}	1.0197×10^{-4}	7.501×10^{-6}	1.450×10^{-4}
1×10^5	1	1.0197	9.869×10^{-1}	1.0197×10	7.501×10^{-1}	1.450×10
9.80665×10^4	9.80665×10^{-1}	1	9.678×10^{-1}	1.0000×10	7.356×10^{-1}	1.422×10
1.01325×10^5	1.01325	1.0332	1	1.033×10	7.60×10^{-1}	1.470×10
9.80665×10^3	9.806×10^{-2}	1.0000×10^{-1}	9.678×10^{-2}	1	7.355×10^{-2}	1.4222
1.3332×10^5	1.3332	1.3595	1.3158	1.360×10	1	1.934×10
6.895×10^3	6.895×10^{-2}	7.031×10^{-2}	6.805×10^{-2}	7.031×10^{-1}	5.171×10^{-2}	1

注 $1\,\mathrm{Pa}=1\,\mathrm{N/m^2}$,$1\,\mathrm{bar}=10^5\,\mathrm{Pa}$,$1\,\mathrm{lbf/in^2}=1\,\mathrm{psi}$

3. 応力

Pa	N/mm²	kgf/mm²	kgf/cm²	lbf/ft²
1	1×10^{-6}	1.01972×10^{-7}	1.01972×10^{-5}	2.089×10^{-2}
1×10^6	1	1.01972×10^{-1}	1.01972×10	2.089×10^4
9.80665×10^6	9.80665	1	1×10^2	2.048×10^5
9.80665×10^4	9.80665×10^{-2}	1×10^{-2}	1	2.048×10^3
4.786×10	4.786×10^{-5}	4.882×10^{-6}	4.882×10^{-4}	1

注 $1\,\mathrm{N/mm^2}=1\,\mathrm{MPa}$

4. 角速度

rad/s	°/s	rpm
1	5.730×10	9.549
1.745×10^{-2}	1	1.667×10^{-1}
1.047×10^{-1}	6	1

注 $1\,\mathrm{rad}=57.296°$,rpm は r/min とも書く

5. 熱伝導率

W/(m·K)	kcal/m·h·℃	BTU/ft·h·℉
1	8.600×10^{-1}	5.779×10^{-1}
1.163	1	6.720×10^{-1}
1.731	1.488	1

6. 仕事,エネルギー及び熱量

J	kW·h	kgf·m	kcal	ft·lbf	BTU
1	2.778×10^{-7}	1.0197×10^{-1}	2.389×10^{-4}	7.376×10^{-1}	9.480×10^{-4}
3.6×10^6	1	3.671×10^5	8.600×10^2	2.655×10^6	3.413×10^3
9.807	2.724×10^{-6}	1	2.343×10^{-3}	7.233	9.297×10^{-3}
4.186×10^3	1.163×10^{-3}	4.269×10^2	1	3.087×10^3	3.968
1.356	3.766×10^{-7}	1.383×10^{-1}	3.239×10^{-4}	1	1.285×10^{-3}
1.055×10^3	2.930×10^{-4}	1.076×10^2	2.520×10^{-1}	7.780×10^2	1

注 $1\,\mathrm{J}=1\,\mathrm{W\cdot s}$,$1\,\mathrm{kgf\cdot m}=9.80665\,\mathrm{J}$,$1\,\mathrm{W\cdot h}=3600\,\mathrm{W\cdot s}$,$1\,\mathrm{cal}=4.18605\,\mathrm{J}$

索 引

事 項 索 引

■A
avalanche 106

■B
Bobnoff 単位（B） 196

■C
Culmann の解析 92

■E
Elm の岩屑流 170
EPMA 元素マップ 65

■F
floating state 108

■G
Gault 粘土 157,167
Griffith 理論 127

■N
non-floating state 108

■O
Obanawa and Matsukura モデル 111

■P
pH-溶解度曲線 24

■S
SEM 画像 17,62
slab failure 126
spalls 41
Sunamura の式 201

■T
taluvial slope 181
TCN 年代測定法 230
tea pot effect 38
TSI 値 198

■X
X 線粉末回折分析 37,45,64,65,66,72,147,148

■あ
アイスレンズ 164
青島砂岩 219
浅間軽石流（浅間第一軽石流）堆積物 44,116,125,189
庵治石 28
阿蘇1火砕流 225
アッターベルグ限界 143
安山岩 43,59,64,197,198,217,220
安山岩溶岩 51
安全率 87,91,136,153,176
安息角 101,102,107
安定（垂直）自立高さ 116

■い
一軸圧縮強度 93,117
一面せん断試験 103
入戸火砕流堆積物 117,121,129
伊奈川花崗岩 71,133
易風化鉱物 57
易風化指数 41,217
今市地震 154
今市パミス 155
イライト/スメクタイト混合層鉱物 37
イライト/モンモリロナイト混合層鉱物 144,147
インゼルベルグ 73
インタクト（な岩石） 117
インターロッキング 110

■う
ヴィッカース硬度 199
ウェーブロック 74
雨洗 189
運搬制約侵食 11

■え
鋭敏比 171
液性限界 167
エコーチップ 229
エッジ効果 210
エルゴディック仮説 187
円弧すべりの安定解析 96
塩の熱による膨張 20
塩類風化 19,35,38,212
——のメカニズム 20
塩類風化実験 38

■お
応力緩和 12
応力腐食 43
大井川鉄道 160
大型一面せん断試験機 108
大谷石 38,117,174
大谷石採石場の陥没 174
鬼マサ 66
小原花崗閃緑岩 71,133

■か
過圧密粘土 142,180
海食崖 55,115
——の後退速度 216
崖錐 99,169
——の勾配 102
崖錐発達の数学モデル 111
開析谷（シラス台地） 118
外的営力 4
回転ドラム実験 221
カオリナイト 72
化学的削剥 11
化学的削剥（溶出）速度 25,196
化学的風化作用 23,57,67
拡散モデル 70
崖崩れ 117,125,128
花崗岩 1,9,13,25,28,35,39,41,53,59,66,73,134,136,137,189,198,217,220
——の化学的風化プロセス 66
——の溶出実験 68
花崗岩ドーム 73,230
花崗閃緑岩 59,61,220
下刻 117,156
火砕流堆積物 44
火砕流台地 225
火山角礫岩 53
火山ガラスの風化変質過程 23
火山岩 61
火山泥流 166
火山噴気 66
荷重沈下 174
加水分解 23
河川の側刻速度 216

事 項 索 引

加速クリープ　158
片持ち梁の安定解析　94,127
褐色森林土　31
カードハウス構造　171
鹿沼パミス　149
空谷　55
ガリー侵食　38,123
軽石質凝灰岩　216
軽石層　156
カルスト地形　76
カルストの削剥速度　75
川廻し　223
岩塩　45
間隙径分布　219
間隙水圧　96
間隙率　199
乾湿風化　13
乾湿風化作用　36
岩石の風化量　57
岩石物性の変化の速度　197
岩石磨耗速度　221
岩屑　99
岩屑なだれ　169
岩屑流　161,169
完全軟化強度　142
乾燥岩屑流　106,110
　——の厚さ　110
関東大地震　89,205
鎌原火砕流　166
岩盤河床の侵食速度　221
岩盤強度　176
岩盤クリープ　162
岩壁後退速度　100
陥没　173
岩量変化率　111

■き

気候地形学　3,4
北向き谷壁　44
きのこ岩　38
ギブサイト　30
キャップロック　31,37,53
キャンバリング　162
吸光度計　41
吸着理論　18
凝灰角礫岩　51,216,217
凝灰岩　14,36,39,59,218,222
凝灰質礫岩　205
強度異方性　200
強度低下速度式　201
巨大崩壊　169
切り欠き　200
ギルバート　3
キレート化　27
キンク褶曲　162

■く

クイッククレイ　171
空間-時間置換　122,179,187
駆動力　90
窪み成長速度　207

窪み深さ　206
グライク　78
繰返し一面せん断試験　143
クリープ　158
クリープ曲線　158
クリント　78
グレイワッケ　197
黒雲母　67
黒雲母流紋岩　61
クーロンの式　91

■け

珪岩　25
傾斜箱　107
ケスタ　52
ケスタ崖　52
ケスタ背面　52
頁岩　184
結晶圧　40
結晶成長　21
結晶片岩　59,89,220
原位置宇宙線生成核種　230
原位置宇宙線生成核種年代測定法　230
限界安息角　101
限界間隙比　103
限界勾配　153,183
限界自立高さ　116
減傾斜　129
減傾斜後退　111
減傾斜後退モデル　186
減速クリープ　158
減速クリープ型　159
元素の相対的易動度　69
玄武岩　13,197,217
元禄面　205

■こ

コアストーン　66
降雨閾値　138
豪雨型山崩れ　133
硬水　26,57
厚層風化　66
厚層風化説　74
黄土　116,122
黄土台地　122
黄土ドリーネ　173
谷頭侵食　117
谷壁斜面の発達過程（シラス台地における）　120
谷壁の向き　48
黒曜石　13,27
小諸地すべり　156
転がり摩擦　107
混合溶解　26

■さ

再現周期　139
最終勾配　185
最終氷期　55
砂岩　1,13,36,39,138,181,195,201,206,216,217
砂岩泥岩互層　89
サギング　162
削剥　5
砂質土　89
サヌカイト　53
砂漠ワニス　31
差別削剥　207
差別削剥地形　49
差別侵食　74
砂礫還流型水路実験　221
酸化　27
残丘　9
サンゴ礁　179
酸性雨　25,195
残留応力　12
残留強度　142
残留強度定数　167
残留係数　151
残留重量率　15
残留摩擦係数　143

■し

ジェリフラクション　162
磁石石　43
地震による地すべり　154
地震による斜面崩壊　90
地震の加速度　156
地すべり　86,166
　——の再活動　153
　——の定義　141
　——の分類　141
地すべり性崩壊　141
地すべり粘土　142
　——の諸物性　144
シーティング　11
シーティング剥離　230
地盤沈下　173
絞出し　156
島尻層群　14
霜柱　49,164
霜柱クリープ　163
斜長石　65,72
斜面構成物質　116
斜面交代モデル　187
斜面勾配　183
斜面の限界自立高さ　92
斜面発達の数学モデル　188
斜面発達モデル　124,185
斜面プロセス　85,179
斜面変動　87
蛇紋岩　216
ジャロサイト　65
周氷河説　74
自由面　99
重量損失速度　59
シュミットハンマー反発値　41,51,52,62,229
消極的抵抗性　53
蒸発岩　19
除荷作用　11

初生地すべり　141
シラス　89, 116, 180, 189
シラス台地　117
シラスドリーネ　173
伸縮計　159
侵食　5, 229
　——の閾値　11
侵食基準面　129
侵食輪廻説　3
深層風化　66

■す

水冷火砕岩　129
水和　27
水和作用　21
スウェーデン式貫入試験（サウンディング）　145, 155
ストックパイル　106
すべり　86
すべり摩擦　107
すべり面粘土　142
スライス法　96
スレーキング　13, 37
スレーキング曲線　15
スレーキング速度　16
寸法効果　117, 132, 176

■せ

正規圧密粘土　142
脆性度　95, 132
生物風化作用　27
石英　67
赤外線水分計　41, 212
積算寒度　46
赤色土　30
石灰岩　25, 53, 59, 61, 74, 103, 169, 183, 195, 196, 202, 216, 220
　——の風化特性　74
　——の溶解量　75
石灰岩台地　76
石灰岩ペイブメント　78
積極的抵抗性　53
石膏　21, 45, 65
0字谷地形　133
潜在破壊面　91, 92
潜在崩壊面　91, 127, 138
線状凹地　162
選択的侵食説　35
せん断強度　91, 175
せん断抵抗角　91, 102, 107
せん断抵抗力　154
せん断破壊　127

■そ

造岩鉱物の風化変質過程　23
相対的易動度　69
相対年代法　229
塑性指数　143
ソリフラクション　162

■た

大規模崩壊　169
台座岩　78, 202
大正面　201, 205
大理石　1, 195
ダーウィン　3, 179
高場山地すべり　159
滝　215
　——の後退速度　223
　——の後退プロセス　223
　——の成因　222
田切　44, 124
多孔質流紋岩　61, 198, 200
谷密度　49
束沸石　73
タフォニ　35, 41, 205
　——の成長速度　205, 217
　——の成長速度公式　218
タブレット野外風化実験　57
タルビウム (taluvium)　182, 183
タワーカルスト　76
段丘崖斜面の減傾斜速度　217
炭酸塩岩　57
炭酸カルシウムの飽和平衡曲線　26
弾性波（P波）速度　19, 39, 176

■ち

地衣類　27
地温　48
地形営力論　4
地形学公式　215
地形学的数式　4
地形過程　4
地形形成プロセス　4
地形材料学　4
地形材料論　4
地形場　188, 215
地形発達史　4
地形物質　4
地形プロセス学　4
地形分析　3
集集（チーチー）地震　224
地表面低下速度　204
地表露出時間　232
チョーク　13, 25, 54, 111, 116, 157, 183
直達日射　48
沈下　173

■つ

津波石　203

■て

泥岩　14, 36, 138, 142, 146, 181, 183, 216, 222, 225
抵抗力　90
停止安息角　101
定常クリープ速度　159
デイビス　3
泥流　166
定量的経験モデル　189

適従谷　52
テフロクロノロジー　230
デュリクラスト　31
転倒崩壊　86, 94
デンドロクロノジー　230

■と

トア　41, 64, 73
等価摩擦係数　170
凍結深　46
凍結層　46
凍結破砕　17, 46
　——と塩類風化の複合作用　23
凍結破砕速度　19
凍結風化　17
凍上力　18
透水係数　49
十勝沖地震　156
特性勾配　183, 187
兎口地すべり　159
土研式貫入試験器　135
土壌　30
土壌雨量指数　89
土壌層の厚さ　29
土壌匍行　162, 189
土石流　168
　——の物質　168
　——の流下到達範囲　169
土石流扇状地　169
土層厚　136
土層構造　138
土層の形成速度　180
トップリング　94, 132
豊浦標準砂　101
豊浜トンネルの岩盤崩落　129
ドリーネ　76
ドロマイト　25

■な

内的営力　4
内部摩擦角　91
長野県西部地震　156
流れ山　90, 154, 166
ナマ　43, 64
軟岩　49
軟水　57
難風化鉱物　57

■に

二次地すべり　141
二重山稜　162
日射指数　211
日射風化　12

■ね

熱衝撃破壊　13
熱風化　12
粘性土　89
粘着力　91
粘土含有量　143

事項索引

■の
ノッチ　35,44,124,130
　　──の侵食速度　133
のり先　92
　　──を通る平面破壊　92
のり（法）面　92

■は
パイピング　123
背面亀裂　129
破壊面の鉛直深　95
バクテリア　28
剝離速度　232
波状岩　36
蜂の巣構造　35
バッドランド　36
バッドランド地形　51
パミス　156
バリーバルジング　162
ハロイサイト　72,156
斑晶　64
ハンレイ岩　9,27,59,71,148,220
　　──の化学的風化プロセス　71

■ひ
ピーク強度　142
非対称谷　164
非対称山稜　52
引張強度　16,95
引張亀裂　126,127,130
引張破壊　94
ピナクル　79
被覆カルスト　78
ビュート　53
表層崩壊　121,133,138
疲労破壊　23

■ふ
風化　5,10,179,229
　　──による斜面物質の強度低下　180
　　──による斜面物質の粒径変化　181
風化継続時間　62,198
風化系列　24,57
風化作用　10
　　──の不連続性　183
風化・侵食速度に関する地形学公式　215
風化生成物　30
　　──の形成速度　197
風化制約斜面　136
風化制約侵食　11
風化制約地形　11
風化前線　10,29,66,202
風化層の厚さ　29
風化速度　1,59,68,195
風化帯　201
風化断面　29
風化皮殻　45

風化皮膜　31,64,198
風化-物性（強度）-斜面安定の関係　153
風化フロント　29
風化分帯　28
風食速度　216
腐植　30
腐植帯　59
普通角閃石　72
物理的風化作用　11
フード　36
不飽和帯　59
フレアードロック　74
不連続風化　181
分解　23
分解・変質作用　10
分解・崩壊　10

■へ
平均摩耗速度　221
平行後退　111,129
平行後退モデル　186
平衡相対湿度　20
平面破壊　118,126
　　──の安定解析　127
ヘキサハイドライト　45
ペディメント　73
ペディメント斜面　186
ペデスタルロック　78
ベルクシュルント　18
片岩　1,103,183
ペンク　3
片麻岩　137,184

■ほ
崩壊　86,121
　　──の冠部（滑落崖）　134
　　──の再現周期　133
　　──の周期性　136
崩壊クリープ型　159
崩壊性地すべり　142
方解石　25
崩壊発生時期の予測モデル　159
崩壊発生頻度　133
膨潤圧　16
膨潤性緑泥石　72,142,144,149
崩積土　149,165
飽和側方流　95
飽和帯　59
ボーキサイト　30
ホグバック　52,169
ポドゾル　31
ボルンハルト　73
ホルンフェルス　108

■ま
迷子石　78
マサ　9,66,180
マサ土　89
マスウェイスティング　5,85
マストランスポート　5,85

マスムーブメント　5,85,179
　　──の素因と誘因　89
　　──の分類　86
眉山崩れ　90

■み
南向き谷壁　44
ミラビライト　45

■む
無限長斜面の安定解析　95,135,148,150,155

■め
メサ　53
免疫性の獲得　136
綿毛構造　171

■も
毛管水縁　45
毛管力理論　18
持上げ　86
モール円　93
モール・クーロンの破壊基準　94
モンモリロナイト　16,142,147,167,185

■や
野外風化実験　59
谷津榮壽　4
山崩れ　86
山津波　168
山中式土壌硬度計　37,49

■よ
溶解　25
溶解度　20,24
溶岩　216
溶岩円頂丘　61
溶結凝灰岩　39,121,225
溶出　70
溶出陽イオン　68
溶脱　11
溶脱理論　171
ヨークストーン　183

■ら
ライケノメトリー　27,229
落石　100
落下　86
ラテライト　30
ラハール　166
ランキンの主働状態　128

■り
琉球石灰岩　131
粒状体斜面　110
粒状剝離　211
流動　86
流紋岩　39,59
リレンカレン　79

■れ

冷却溶解　26
礫岩　217
礫の転動　107
レゴリス　30

レス　89,116,122
レンジナ　25
連続風化　182

■ろ

麓屑面　73

露出年代　232

■わ

割れ目指数　176

地 名 索 引

■ A

Austwick（イングランド・ヨークシャー） 78

■ B

Blackhawk（landslide）（南カリフォルニアモハーベ砂漠） 170
Black Ven（イングランド・Dorset） 167

■ D

Dorset（イングランド南部） 54, 166
Drumheller（カナダ・アルバータ） 36
Durdle Door（イングランド・Dorset） 54

■ E

Elm（スイス） 170

■ H

Hutton Roof（イングランド北西部） 78

■ K

Kärkevagge（ラップランド） 100

■ L

Lulworth Cove（イングランド・Dorset） 54

■ M

Mesa Verde（コロラド） 185

■ P

Pendine（南ウェールズ） 187

■ S

Saidmarreh（南西イラン） 169
Sangre de Cristo Mountains（アメリカ・ニューメキシコ） 25
Sherman（landslide）（アラスカ） 170
Sky 島（西スコットランド） 105
Stone barrow（イングランド・Dorset） 166

■ V

Verdugo Hill（カリフォルニア） 185

■ あ

青島（宮崎市） 36, 206, 219
秋吉台（山口県） 54, 76, 79
浅間山 44, 124
阿蘇（熊本県） 64, 225
阿武隈山地 59
阿武隈洞（福島県） 76
雨畑川（山梨県） 162
荒崎海岸（沖縄島南部） 130
荒崎海岸（神奈川県三浦半島） 36
阿波命山（神津島） 61

■ い

飯縄山（長野県） 174
稲田（茨城県笠間市） 66
岩木川（青森県） 216

■ え

エアーズロック（オーストラリア） 35
エンジェルフォール（ギアナ高地） 117

■ お

王滝村（長野県） 156
大沢山（神津島） 62
大谷町（栃木県宇都宮市） 174
御嶽山（長野県） 156

■ か

柿岡盆地（茨城県） 72
柿岡盆地東山（茨城県） 148
雷滝（長野県松川村） 224
カルパティア地方（ポーランド） 100
カーン（フランス） 183

■ き

ギアナ高地（南米） 117
紀伊半島 217
喜界島（鹿児島県） 203
北松浦地方（長崎県） 192
京畿道（韓国） 137
霧島市（鹿児島県） 117

■ く

崩山（青森県白神山地） 154

■ け

桂林（中国） 76
華厳滝（栃木県） 223
ケルート火山（インドネシア） 166

■ こ

神津島（東京都） 61, 200
黄土高原（中国） 123
神戸山（神津島） 61
五剣山（香川県） 53
コネチカット州（アメリカ） 1
小諸（地すべり）（長野県） 156
コルシカ島（フランス領） 35
金剛石林山（沖縄北部） 79
根釧原野（北海道） 166

■ さ

佐渡島（新潟県） 217
三戸・八戸地方（青森県）

■ し

秋芳洞（山口県） 76
浄土松公園（福島県郡山市） 38
称名の滝（富山県） 224

■ す

スカンジナビア半島 170
スピッツベルゲン 103

■ せ

石林（中国・雲南省） 79
セブンシスターズ（イングランド南部） 55, 116
仙酔峡（阿蘇） 43, 64
仙台平（福島県田村市） 74, 76
セントヘレンズ山（アメリカ・ワシントン州） 90, 111, 166

■ そ

宗谷（北海道） 49

■ た

台湾中西部 224
多賀山地（阿武隈山地南部） 134
高場山（地すべり）（新潟県） 159
滝沢の滝（千葉県） 223
立野峡谷（阿蘇） 224
ダートモア（イングランド南西部のコーンウォール半島） 74
タートル山（カナダ・アルバータ州フランク） 88
多良間島（沖縄） 179

■ ち

千倉（房総半島） 201
チュニジア 183

■ つ

津軽十二湖（青森県） 154
筑波山（茨城県） 9

■ て

デスバレー（アメリカ） 183
天上山（神津島） 61
デンマーク 167

■ と

塔のへつり（福島県下郡町） 35
十勝岳（北海道） 166
徳崇山（韓国） 41
兎口（地すべり）（新潟県） 159
ドーバー海峡（イングランド） 55

富草地区（長野県） 197
豊浜トンネル（北海道） 115,129

■な

ナイアガラの滝 215
那須野ヶ原（栃木県） 198
七座（秋田県） 49

■に

西三河地方（愛知県） 133

■ね

ネゲブ砂漠（イスラエル） 27
根府川（神奈川県） 89

■の

野島崎（房総半島） 205

■は

バイオント谷（イタリア） 12
ハイデン（オーストラリア） 74
磐梯山（福島県） 90,99,166

■ひ

東平安名崎（宮古島） 130
ひき岩（和歌山県田辺市） 52

ピサ（イタリア） 175
氷見丘陵（富山県） 142
平尾台（福岡県） 54,76,79

■ふ

フォークストーン（イングランド南部） 157
北漢山（韓国ソウル郊外）

■へ

ペナイン（イングランド中部） 78, 185
ベニス（イタリア） 174

■ほ

房総丘陵 49
房総半島 138,217

■ま

マーシャル群島（ミクロネシア） 179
眉山（長崎県） 90
万座毛海岸（沖縄県） 130

■み

御影新田（長野県御代田町） 44
三河高原（愛知県） 197

嶺岡地域（房総半島） 145
妙義山（群馬県） 51

■む

室瀬（地すべり）（栃木県今市市） 154

■も

モントリオール（カナダ） 106

■や

焼岳の上々堀沢（長野県） 168
屋島（香川県） 53
弥生橋（宮崎市青島） 206

■よ

ヨセミテ公園（アメリカ西部） 12

■り

リサ（ノルウェー） 171

■わ

ワスカラン山（ペルー） 161

著者略歴

松倉　公憲
（まつくら　ゆきのり）

1946年　青森県に生まれる
1976年　東京教育大学大学院理学研究科博士課程修了
　　　　筑波大学大学院生命環境科学研究科教授を経て
2010年　筑波大学定年退職
　　　　理学博士

本書にて，2009年度日本地理学会賞（優秀賞）受賞

地形変化の科学 ―風化と侵食―　　　定価はカバーに表示

2008年11月10日　初版第1刷
2017年 3月25日　　　第6刷

著　者　松　倉　公　憲
発行者　朝　倉　誠　造
発行所　株式会社　朝　倉　書　店

東京都新宿区新小川町6-29
郵便番号　162-8707
電　話　03(3260)0141
ＦＡＸ　03(3260)0180
http://www.asakura.co.jp

〈検印省略〉

© 2008 〈無断複写・転載を禁ず〉　　壮光舎印刷・渡辺製本

ISBN 978-4-254-16052-9　C 3044　　Printed in Japan

〈(社)出版者著作権管理機構 委託出版物〉

本書の無断複写は著作権法上での例外を除き禁じられています．複写される場合は，そのつど事前に，(社)出版者著作権管理機構（電話 03-3513-6969，FAX 03-3513-6979，e-mail: info@jcopy.or.jp）の許諾を得てください．

好評の事典・辞典・ハンドブック

火山の事典（第2版） 　　下鶴大輔ほか 編　B5判 592頁

津波の事典 　　首藤伸夫ほか 編　A5判 368頁

気象ハンドブック（第3版） 　　新田 尚ほか 編　B5判 1032頁

恐竜イラスト百科事典 　　小畠郁生 監訳　A4判 260頁

古生物学事典（第2版） 　　日本古生物学会 編　B5判 584頁

地理情報技術ハンドブック 　　高阪宏行 著　A5判 512頁

地理情報科学事典 　　地理情報システム学会 編　A5判 548頁

微生物の事典 　　渡邉 信ほか 編　B5判 752頁

植物の百科事典 　　石井龍一ほか 編　B5判 560頁

生物の事典 　　石原勝敏ほか 編　B5判 560頁

環境緑化の事典 　　日本緑化工学会 編　B5判 496頁

環境化学の事典 　　指宿堯嗣ほか 編　A5判 468頁

野生動物保護の事典 　　野生生物保護学会 編　B5判 792頁

昆虫学大事典 　　三橋 淳 編　B5判 1220頁

植物栄養・肥料の事典 　　植物栄養・肥料の事典編集委員会 編　A5判 720頁

農芸化学の事典 　　鈴木昭憲ほか 編　B5判 904頁

木の大百科［解説編］・［写真編］ 　　平井信二 著　B5判 1208頁

果実の事典 　　杉浦 明ほか 編　A5判 636頁

きのこハンドブック 　　衣川堅二郎ほか 編　A5判 472頁

森林の百科 　　鈴木和夫ほか 編　A5判 756頁

水産大百科事典 　　水産総合研究センター 編　B5判 808頁

価格・概要等は小社ホームページをご覧ください．